프레스 금형설계

실무 응용

조민진 저

복두책

Prologue

본 교재는 6대 뿌리산업 중 핵심기술인 프레스금형에 대한 설계 방법을 UG NX 3D CAD를 활용, 실무 중심의 단계적 따라하기 방식으로 집필하였다. Full 3D로 집필하는 과정에서 많은 어려움이 있었지만, 금형 분야에서 많이 사용되고 있고, 초·중급자도 쉽게 접근할 수 있어 UG NX 소프트웨어를 활용하였다. 또한 생산성, 효율성, 안전성 측면에서 우수한 Progressive 금형을 선정하여 집필하였다.

1장 프레스금형 표준 부품

프레스금형 설계과정에서 공정별로 필요한 금형의 주요 표준 부품을 설계 이론과 설계 기준에 맞게 이미지와 설명을 통해 쉽게 이해할 수 있도록 내용을 구성하였다.

2장 판금 부품 설계

철이나 비철 금속의 판재를 사용하는 판금 부품 형상을 UG NX 3D CAD 활용, 단계별 따라하기 방식으로 판금 제품의 설계 방법을 익힐 수 있도록 구성하였다.

3장 프레스금형 설계 응용 1

평면에 구멍과 양쪽에 굽힘 형상이 있는 부품도면을 기준으로 금형의 종류는 Progressive, 설계의 주요 공정은, 공차 적용을 통한 목적 치수 결정, 굽힘 형상 전개를 통한 스트립 레이아웃 작성, 벤딩 펀치 및 다이편 설계, 스크랩 배출구 및 도피구 설계 등, 실제로 금형의 설계과정을 따라하기 방식으로 내용을 구성하였다.

4장 프레스금형 설계 응용 2

평면에 구멍과 L굽힘 및 Z굽힘 형상이 있는 부품도면을 기준으로 금형의 종류는 Progressive, 설계의 주요 공정은, 공차 적용을 통한 목적 치수 결정, 굽힘 형상 전개를 통한 스트립 레이아웃 작성, Z-L벤딩 펀치 및 다이편 설계, 스트리퍼편 설계, 스크랩 배출구 및 도피구 설계, 가이드 리프트 핀 배치 등, 실제로 금형의 설계과정을 따라하기 방식으로 내용을 구성하였다.

끝으로 본 교재의 출판을 위해 많은 도움을 주신 김장섭 교수님과 복두출판사 관계자분들께 깊은 감사를 드립니다.

2025년 03월

본 교재에 수록된 3D 이미지들은
복두출판사 홈페이지(www.bogdoo.co.kr) 자료실에서
다운로드 할 수 있습니다.

CONTENTS

Chapter 1

프레스 금형 표준부품

UG NX 12.0 3D CAD

프레스 금형 표준 부품
UG NX 12.0 3D CAD

프레스금형 부품 표준	부 품 명	Piercing punch	재질	STD11 SKH51
	호칭 방법	Catalog No. ØD-L-P 예) SHAL 5-68-P3.50	경도	HRC60~63

피어싱 펀치는 제품에 구멍을 가공하기 위한 금형 부품으로, 피어싱 가공 후 금형을 통해 배출된 부분(형상)은 스크랩으로 처리된다.

▌설계 기준:

피어싱 펀치를 설계할 때, P값이 Ø3.0 이상일 경우 또는 피가공재 두께(t)의 1.5배 이상일 경우, 일반적으로 스트레이트 펀치를 적용하고, 그렇지 않을 경우, 2단 펀치를 적용한다.

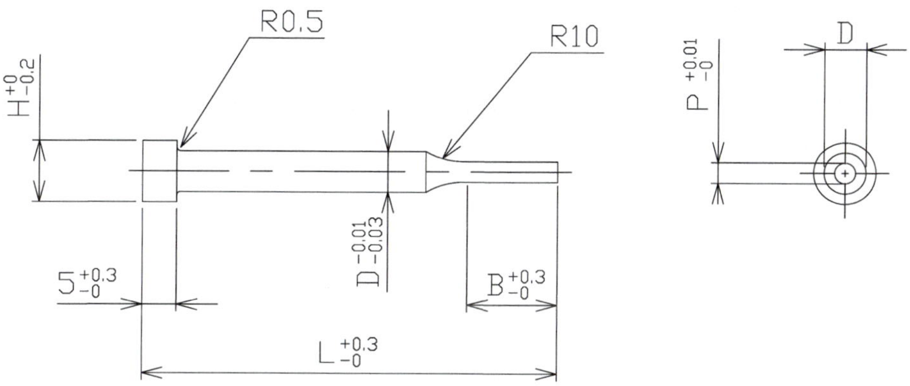

MISUMI Catalog		L	P	B	H
Type	D				
SPAL SHAL PHAL	3	50 ~ 100	1.00 ~ 2.99	13	5
	4		1.00 ~ 3.99		7
	5		2.00 ~ 4.99		8
	6		2.00 ~ 5.99		9
	8		3.00 ~ 7.99	19	11
	10		3.00 ~ 9.99		13
	13		6.00 ~ 12.99		16
	16	60 ~ 100	10.00 ~ 15.99	25	19
	20		13.00 ~ 19.99		23
	25		18.00 ~ 24.99		28

프레스금형 부품 표준	부 품 명	Scrap Cutting punch	재질	STD11
	호칭 방법	예) SCP A-B-L	경도	HRC60~63

스크랩 컷팅 펀치는 주로 프로그레시브 금형에서 블랭킹 가공 후 제거되지 않고 남아있는 불필요한 스트립(Strip)을 절단하여 금형 밖으로 배출하는 금형 부품으로 스크랩을 효율적으로 제거하여 깨끗하고 안전한 작업 환경을 유지할 수 있다.

▌설계 기준:

스크랩 컷팅 펀치는 잔여 스트립을 효율적으로 절단할 수 있도록 주로 스트립 진행 방향의 금형 외측에 설치되며, 유지보수가 용이하도록 펀치 플레이트에 볼트로 고정하고, 재질은 냉간 공구강을 사용하여 내마모성과 내충격성을 높여준다.

- A 치수: Strip layout 폭 치수 + 5.0 ㎜
- B 치수: 10~15.0 ㎜
- C 치수: M6 볼트, 카운터 보어 가공 시, 겹치지 않도록 설계
- L 치수: 금형이 닫힌 상태에서, 다이 플레이트 안으로 5.0 ㎜

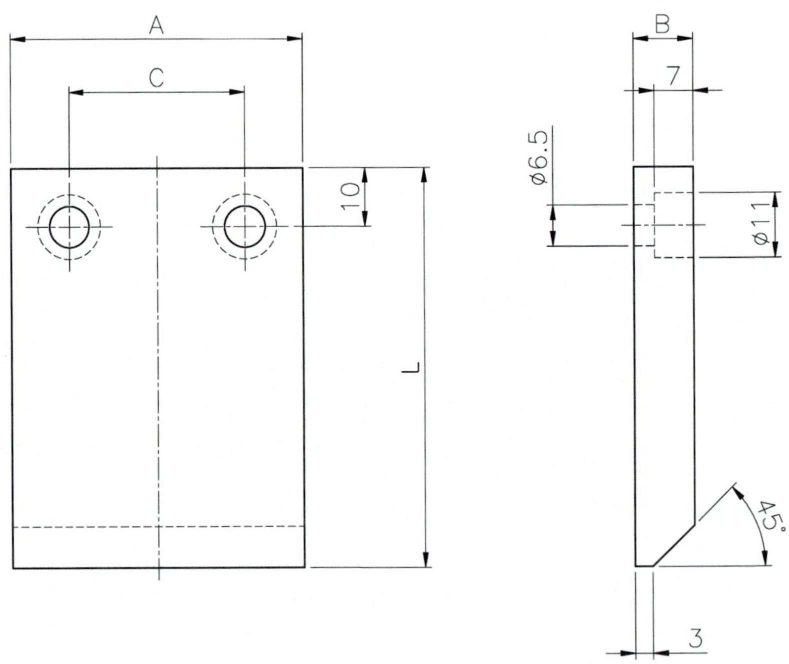

<table>
<tr><td rowspan="2">프레스금형
부품 표준</td><td>부 품 명</td><td>Pilot pin</td><td>재질</td><td>STD11
SKH51</td></tr>
<tr><td>호칭 방법</td><td>Catalog No. ∅D-L-P
예) STAL ∅D-60-P3.50</td><td>경도</td><td>HRC60~63</td></tr>
</table>

파일럿 핀(Pilot pin)은 주로 Progressive 금형에서 Strip layout을 지정된 위치에 정확하게 위치결정 해주기 위한 금형부품이다.

▌설계 기준:

파일럿 핀을 설계할 때, P값이 ∅3.0 이상 또는 스트리퍼 플레이트에 설치할 경우, 일반적으로 스트레이트 타입을 적용하고, 그렇지 않을 경우, 2단 핀을 적용한다.

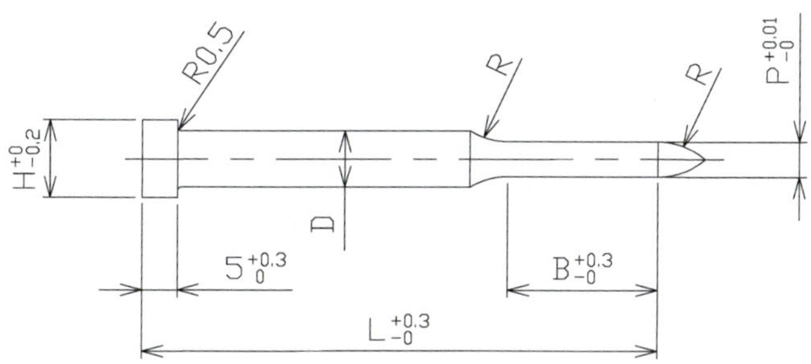

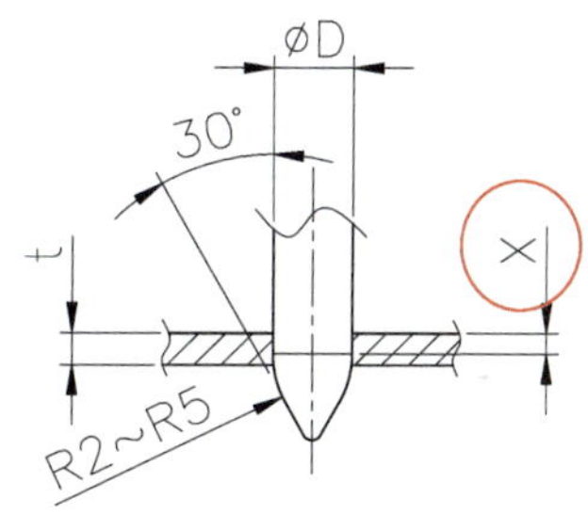

X = 최소 0.5mm 이상,
두께(t)에 50~70%

<table>
<tr><td colspan="2">MISUMI
Catalog No.</td><td rowspan="2">L</td><td rowspan="2">P</td><td rowspan="2">B</td><td rowspan="2">H</td></tr>
<tr><td>Type</td><td>D</td></tr>
<tr><td rowspan="9">STAL
HSTAL</td><td>2</td><td rowspan="5">52~92</td><td>1.00~1.99</td><td rowspan="5">15</td><td>4</td></tr>
<tr><td>3</td><td>1.00~2.99</td><td>5</td></tr>
<tr><td>4</td><td>1.00~3.99</td><td>7</td></tr>
<tr><td>5</td><td>2.00~4.99</td><td>8</td></tr>
<tr><td>6</td><td>2.00~5.99</td><td>9</td></tr>
<tr><td>8</td><td rowspan="3">52~102</td><td>3.00~7.99</td><td rowspan="3">21</td><td>11</td></tr>
<tr><td>10</td><td>3.00~9.99</td><td>13</td></tr>
<tr><td>13</td><td>6.00~12.99</td><td>16</td></tr>
<tr><td>16</td><td>62~102</td><td>10.00~15.99</td><td>27</td><td>19</td></tr>
</table>

<table>
<tr><td rowspan="2">프레스금형
부품 표준</td><td>부 품 명</td><td>Guide lifter pin</td><td>재질</td><td>SK4
STD11</td></tr>
<tr><td>호칭 방법</td><td>Catalog No. ØD-L-A-FL
예) GLSH 10-35-2.5-WL40</td><td>경도</td><td>HRC53~58</td></tr>
</table>

가이드 리프터 핀은 프레스 원소재를 다이 위로 들어 올려주는 역할과 소재가 금형 안의 정해진 위치로 들어갈 수 있도록 안내 해주는 금형부품이다.

▌설계 기준:

가이드 리프터 핀을 설계할 때, 프레스 원소재 폭과 가이드 리프터 핀 내경과의 간격은 일반적으로 편측 0.2 mm 정도 적용한다.

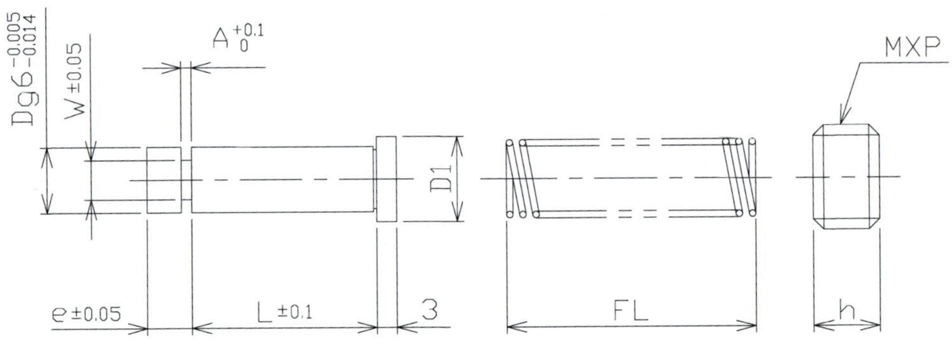

MISUMI Catalog No.		e	W	D1	M×P	h	L (0.1 mm)	A	스프링 (WL~WH)
Type	D								FL
GLSH	6	7	3.6	8.0	10×1.5	10	10.0~75.0	0.5~3.0	20 ~ 100
	8		5.0	10.0	12×1.5		10.0~75.0	0.7~4.5	
	10		6.0	13.0	16×1.5		10.0~90.0	0.7~4.5	
	13		7.0	16.0	20×1.5	12	10.0~90.0	1.0~6.0	
	16	12	8.0	19.0	22×1.5		10~100.0	1.0~6.0	
	20		10.0	23.0	27×1.5		15~100.0	1.0~6.0	
	25		13.0	28.0	33×1.5		10~100.0	1.0~6.0	

프레스금형 부품 표준	부 품 명	Lifter pin (표준형)	재질	SK4 STD11
	호칭 방법	Catalog No. ØD-L-FL 예) LPSH 5-35-WL40	경도	HRC53~58

표준형 리프터 핀의 역할은 프레스 금형 내에서 Strip layout 또는 원소재가 이송 중 처지지 않도록 받쳐주면서 다이 위로 들어 올려주는 금형부품이다.

▮ 설계 기준:

표준형 가이드 핀을 설계할 때, 원소재 두께와 폭을 고려하여 Strip layout이 처지거나 다이편에 끼이지 않도록 적절한 간격으로 리프터 핀을 설치한다.

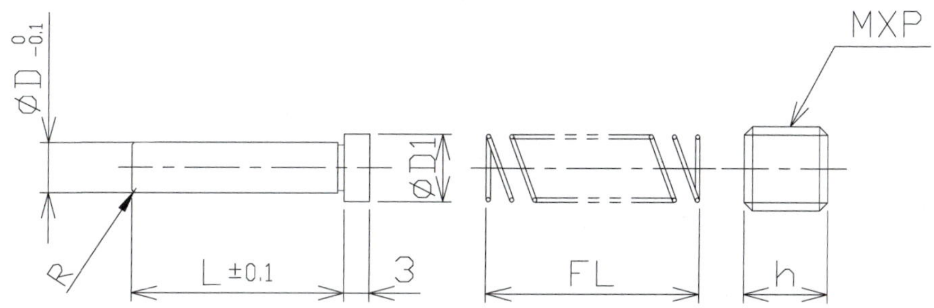

MISUMI Catalog No.		D1	R	M×P	h	L (0.1 ㎜)	스프링 (WL~WH)
Type	D						FL
LPSH	3	5.0	0.3	6X1.0	10	10.0~40.0	20 ~ 100
	4	6.0		8X1.25		10.0~50.0	
	6	8.0	0.5	10X1.5		10.0~60.0	
	8	10.0		12X1.5		10.0~60.0	
	10	13.0		16X1.5		20.0~60.0	
	13	16.0	2.0	20X1.5	12	20.0~70.0	
	16	19.0		22X1.5		30.0~70.0	
	20	23.0		27X1.5		30.0~70.0	

프레스금형 부품 표준	부 품 명	Lifter pin (파일럿 릴리프 형)	재질	SK4 STD11
	호칭 방법	Catalog No. ØD-L-A-FL 예) LHSH 8-40-4.5-WL40	경도	HRC53~58

파일럿 릴리프 형 리프터 핀은 주로 Progressive 금형에서 파일럿 핀과 동일한 위치에 설치하여 Strip layout을 다이 위로 들어주어야 할 때, 리프터 핀의 가운데 도피 구멍이 있는 파일럿 릴리프 형을 설치하여 사용한다.

▌설계 기준:
파일럿 릴리프 형 리프터 핀을 설계할 때, 도피 구멍의 직경은 파일럿 핀 직경 대비, 0.5~1 ㎜ 정도 크게 적용하고, 작동 중 파손되지 않도록 설계한다.

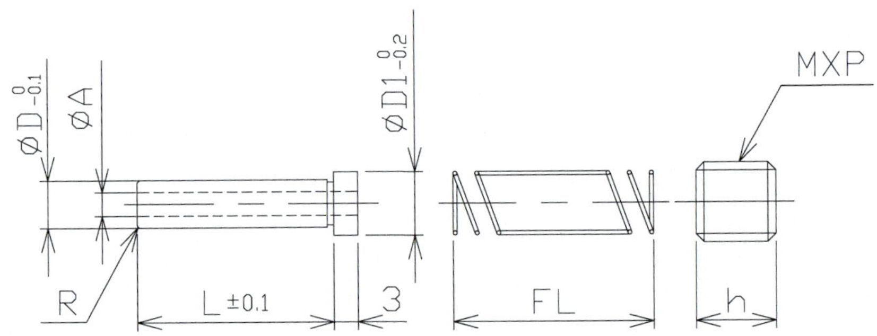

MISUMI Catalog No.		D1	R	M×P	h	L (0.1 ㎜)	A	스프링 (WL~WH) FL
Type	D							
LHSH	5	7	0.5	8X1.25	10	10.0~50.0	1.4~3.0	20~100
	6	8		10X1.5		10.0~50.0	1.4~3.5	
	8	10		12X1.5		10.0~50.0	1.4~5.3	
	10	13		16X1.5		10.0~60.0	1.4~5.3	
	13	16	1.0	20X1.5	12	10.0~60.0	1.8~9.3	
	16	19		22X1.5		10.0~60.0	2.0~11.5	
	20	23		27X1.5		15.0~60.0	2.0~15.5	

프레스금형 부품 표준	부 품 명	Dowel pin	재질	SUJ2
	호칭 방법	Catalog No. ØD-L 예) MS 10-60	경도	HRC58~

다웰 핀(맞춤 핀)은 견고한 원통형 모양을 가지고 있고, 프레스금형에서는 플레이트 간의 빠르고 정확한 위치결정과 측면 이동을 방지하는 목적으로 사용하는 금형부품이다.

▌설계 기준:

다이 플레이트와 하 홀더(다이 홀더)를 위치 결정하기 위해 다웰 핀을 사용할 때는 일반적으로 최소 3개 이상, 다이 플레이트와 소재 안내 가이드의 경우 2개 이상 적용하고, 낙하를 방지하기 위해 2단 다웰 핀을 적용할 수 있다.

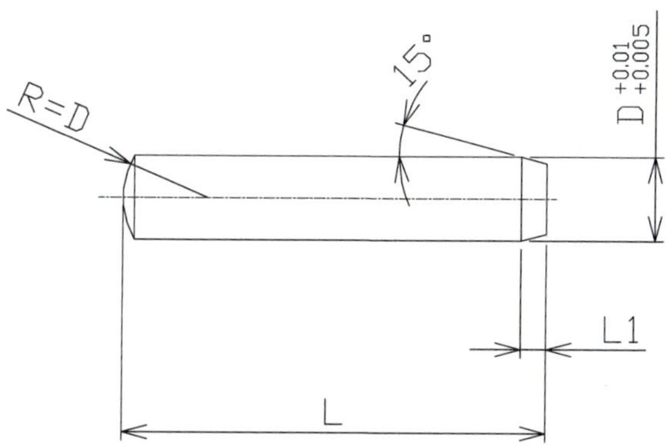

MISUMI Catalog No.		치수공차	L	L1
Type	D			
MS	3	+0.012 +0.004	6~40	1.0
	4		8~50	1.5
	5		8~50	
	6	+0.015 +0.006	8~60	2.0
	8		10~80	2.5
	10	+0.018 +0.007	15~80	3.0
	12		20~80	3.5

<table>
<tr><td rowspan="2">프레스금형
부품 표준</td><td>부 품 명</td><td>Guide post</td><td>재질</td><td>SUJ2</td></tr>
<tr><td>호칭 방법</td><td>Catalog No. ØD-L
예) MRP 32-160</td><td>경도</td><td>HRC58~</td></tr>
</table>

가이드 포스트(Guide post)는 주로 하형 금형의 하 홀더(Lower holder)에 설치되며, 상형 금형과 하형 금형이 닫힐 때, 정확하게 형합되도록 안내해주는 금형부품이다.

■ 설계 기준:

스틸 다이세트의 경우, 가이드 포스트는 하 홀더(다이 홀더)의 모서리 부분에 4개 설치하며, 타발할 때 열 발생이 심하므로 일반적으로 볼 리테이너가 포함된 가이드 방식을 적용한다.

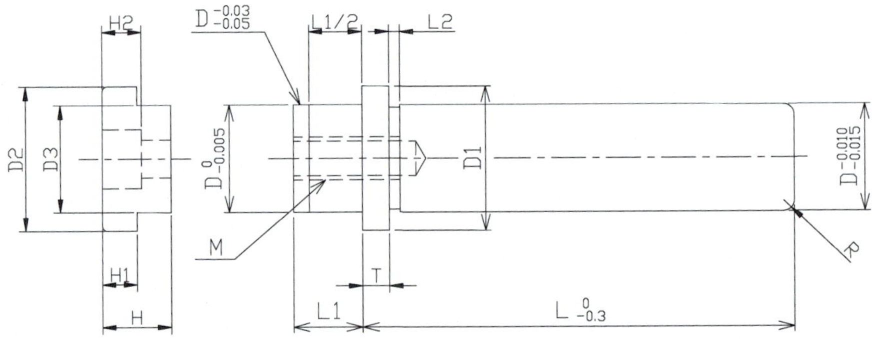

<table>
<tr><td colspan="2">MISUMI
Catalog No.</td><td rowspan="2">D1</td><td rowspan="2">D2</td><td rowspan="2">D3</td><td rowspan="2">T</td><td rowspan="2">L1</td><td rowspan="2">L2</td><td rowspan="2">M</td><td rowspan="2">H</td><td rowspan="2">H1</td><td rowspan="2">H2</td><td rowspan="2">R</td><td rowspan="2">L
(5 mm)</td></tr>
<tr><td>Type</td><td>D</td></tr>
<tr><td rowspan="5">MRP</td><td>25</td><td>36</td><td>35</td><td>24.5</td><td>8</td><td>18</td><td rowspan="2">7</td><td rowspan="3">M12</td><td>14</td><td>7</td><td>8.5</td><td>3</td><td>80-130</td></tr>
<tr><td>28</td><td>39</td><td>36</td><td>27.5</td><td rowspan="2">10</td><td>20</td><td rowspan="2">16</td><td rowspan="2">8</td><td rowspan="2">10.5</td><td rowspan="2">3.5</td><td>100-160</td></tr>
<tr><td>32</td><td>44</td><td>40</td><td>31.5</td><td>23</td><td rowspan="2">12</td><td>120-160</td></tr>
<tr><td>38</td><td>53</td><td>49</td><td>37.5</td><td rowspan="2">12</td><td>27</td><td rowspan="2">M16</td><td rowspan="2">18</td><td rowspan="2">10</td><td rowspan="2">12.5</td><td rowspan="2">4</td><td>140-180</td></tr>
<tr><td>45</td><td>59</td><td>55</td><td>44.5</td><td>32</td><td>15</td><td>140-180</td></tr>
</table>

<table>
<tr><td rowspan="2">프레스금형
부품 표준</td><td>부 품 명</td><td>Guide bushing</td><td>재질</td><td>SUJ2</td></tr>
<tr><td>호칭 방법</td><td>Catalog No. ØD-L
예) LBB 55-80</td><td>경도</td><td>HRC58~</td></tr>
</table>

가이드 부시(Guide bushing)는 주로 상형 금형의 상 홀더(Upper holder)에 설치되며, 상형 금형과 하형 금형이 닫힐 때, 정확하게 형합되도록 안내 해주는 금형부품이다.

▮ 설계 기준:

스틸 다이세트의 경우, 가이드 부시는 상 홀더(펀치 홀더)의 모서리 부분에 4개 설치하며, 일반적으로 볼 리테이너 가이드 포스트와 함께 적용한다.

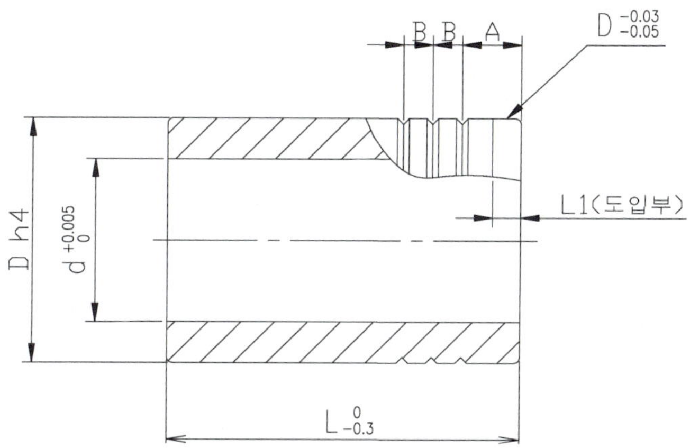

MISUMI Catalog No.		d	D	A	B	L1	L (10 mm)
Type	포스트 직경						
LBB	25	31	45	10	6	4	60~80
	28	36	50	12	7	5	60~80
	32	40	55	12	7	5	80~100
	38	48	64	15	10	6	80~100
	45	55	74	15	10	6	100~120

프레스금형 부품 표준	부 품 명	Stripper guide pin	재질	SUJ2
	호칭 방법	Catalog No. ØD-L 예) SGPH 20-90	경도	HRC58~

스트리퍼 가이드 핀(Stripper guide pin)은 상형 금형의 펀치 플레이트에 (Punch plate)에 설치하며, 주요 역할은 스트리퍼 플레이트와 펀치 플레이트 그리고 다이 플레이트와의 반복 위치정밀도를 유지 해주는 금형부품이다.

▌설계 기준:

타발하는 과정에서 메인 플레이트(펀치, 스트리퍼, 다이)의 반복 위치정밀도를 확보하기 위해서 일반적으로 4개의 스트리퍼 가이드 핀을 적용하며, 타발할 때 열 발생이 심하므로 볼 리테이너가 포함된 가이드 방식을 적용한다.

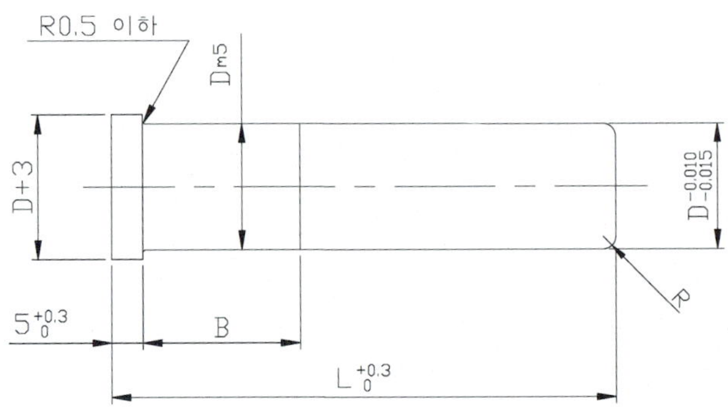

MISUMI Catalog No.		m5	R	B	L (10 mm)
Type	D				
SGPH	16	-0.015 -0.007	1.5	20	50~140
	20	-0.017 -0.008	2.0	25	60~140
	25			28	70~140

프레스금형 부품 표준	부 품 명	Stripper bolt	재질	SCM435 SUS304
	호칭 방법	Catalog No. ØD-L 예) MSB 10-50	경도	HRC38~43

스트리퍼 볼트는 가동식 스트리퍼 플레이트 구조에서 사용되며, 스트리퍼 플레이트의 작동 거리를 정해진 간격만큼만 움직이도록 제한하여 금형의 각 부품이 정확한 위치에서 작동할 수 있도록 제어하는 금형부품이다.

▌ 설계 기준:

스트리퍼 볼트는 스트리퍼 플레이트의 균형과 안정성을 고려하여 일반적으로 4개 이상을 전체 균등하게 배치하며, 금형의 크기와 복잡성, 전단 형상에 따라 더 많은 스트리퍼 볼트가 필요할 수도 있다.

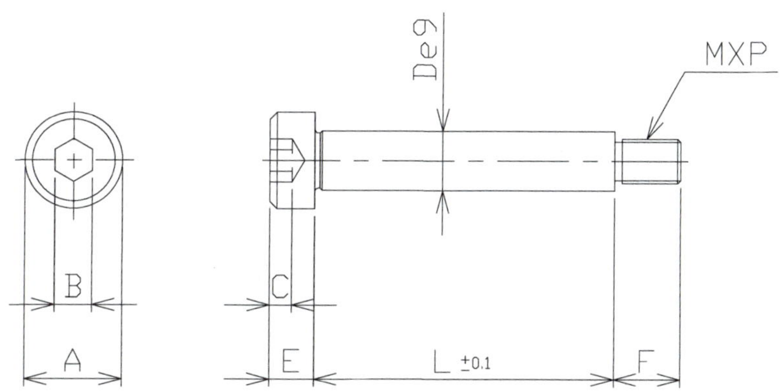

<table>
<tr><th colspan="2">MISUMI
Catalog No.</th><th rowspan="2">A</th><th rowspan="2">B</th><th rowspan="2">C</th><th rowspan="2">E</th><th rowspan="2">F</th><th rowspan="2">M×P</th><th rowspan="2">L
(5 mm)</th></tr>
<tr><th>Type</th><th>D</th></tr>
<tr><td rowspan="5">MSB
SMSB</td><td>5</td><td>8</td><td>2.5</td><td>1.6</td><td>3.5</td><td>6</td><td>3×0.5</td><td>10~50</td></tr>
<tr><td>6</td><td>9</td><td>3.0</td><td>2.0</td><td>4.0</td><td>7</td><td>4×0.7</td><td>10~70</td></tr>
<tr><td>8</td><td>13</td><td>5.0</td><td>3.0</td><td>6.0</td><td>9</td><td>6×1.0</td><td>10~120</td></tr>
<tr><td>10</td><td>16</td><td rowspan="2">6.0</td><td rowspan="2">4.0</td><td rowspan="2">8.0</td><td rowspan="2">12</td><td rowspan="2">8×1.25</td><td>10~120</td></tr>
<tr><td>12</td><td>17</td><td>10~100</td></tr>
</table>

프레스금형 부품 표준	부 품 명	육각 홀붙이 볼트	재질	SCM435
	호칭 방법	Catalog No. M-L 예) CB 10-50	경도	HRC38~43

육각 홀붙이 볼트는 머리 모양이 작아 좁은 공간에서도 쉽게 체결할 수 있고, 육각형 홈이 파여 있어 강한 토크를 견딜 수 있으며, 볼트 머리를 노출시키지 않고, 체결할 수 있어 다양한 산업 분야에서 널리 사용되고 있다.

▮설계 기준:

육각 홀붙이 볼트의 크기는 M6, M8, M10 등으로 표기되며, 숫자가 클수록 볼트의 직경이 커진다. 강도는 등급에 따라 8.8, 10.9, 12.9 등으로 구별되며, 숫자가 클수록 인장강도가 높다. 따라서 프레스 금형에서는 직접 하중과 충격 하중을 지속적으로 받기 때문에 일반적으로 12.9 등급의 볼트를 적용한다.

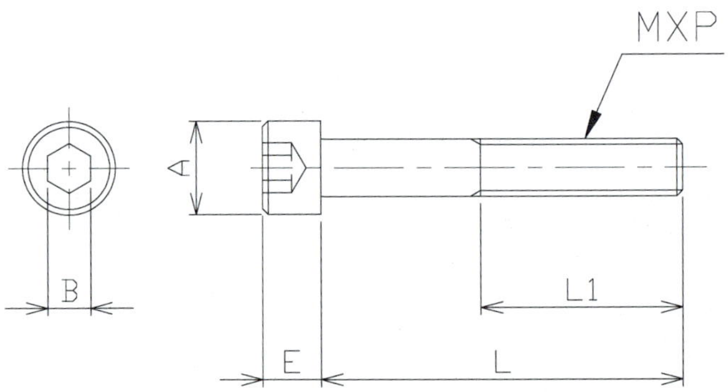

MISUMI Catalog No.		L	A	E	L1
Type	M				
CB	3	5~65	5.5	3	L25 미만 전체 나사 (L25 이상, 18 ㎜ 나사)
	4	5~75	7	4	L30 미만 전체 나사 (L30 이상, 20 ㎜ 나사)
	5	5~140	8.5	5	L30 미만 전체 나사 (L30 이상, 22 ㎜ 나사)
	6	6~150	10	6	L35 미만 전체 나사 (L35 이상, 24 ㎜ 나사)
	8	8~200	13	8	L40 미만 전체 나사 (L40 이상, 28 ㎜ 나사)
	10	10~210	16	10	L45 미만 전체 나사 (L45 이상, 32 ㎜ 나사)
	12	15~290	18	12	L55 미만 전체 나사 (L55 이상, 36 ㎜ 나사)

프레스금형 부품 표준	부 품 명	스크류 플러그(무드 볼트)	재질	SCM435
	호칭 방법	Catalog No. M-L 예) MSW 30-12	경도	HRC34~43

스크류 플러그는 코일 스프링을 뒤에서 받쳐주면서 밀어주는 역할로 스트리퍼 플레이트가 원활하게 작동하도록 하고, 밀핀을 뒤에서 받쳐주면서 밀어주는 역할로 성형품이 금형에서 쉽게 분리될 수 있도록 한다. 또한 구멍을 밀봉하여 이물질이 들어가는 것을 방지하는 등 다양한 산업 분야에서 널리 사용되고 있다.

▮설계 기준:

스크류 플러그의 크기는 M6, M8, M10 등으로 표기되며, 숫자가 클수록 볼트의 직경이 커진다. 강도는 등급에 따라 8.8, 10.9, 12.9 등으로 구별되며, 숫자가 클수록 인장강도가 높다. 설계와 사용 조건에 따라 적절히 적용한다.

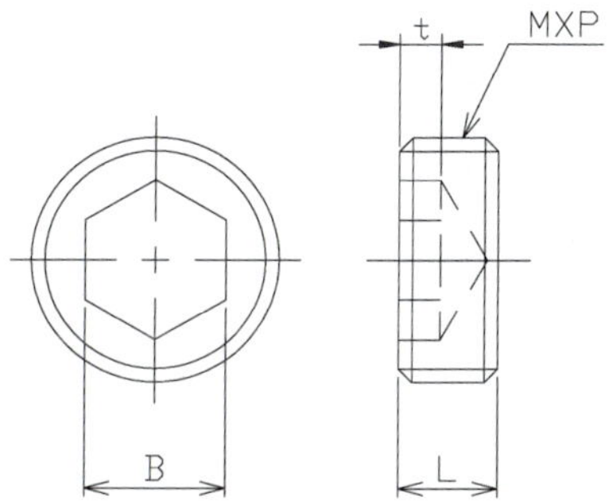

MISUMI Catalog No.		L	B	t
Type	M			
MSW	10	10	5	5
	12		6	6
	14			5
	16		8	5
	18		10	5
	20	12		6
	22		12	6
	24		14	6
	27			6
	30		17	6
	33			6

프레스금형 부품 표준	부 품 명	코일 스프링(Coil spring)	재질	MISUMI 참조
	호칭 방법	Catalog No. ØD-L 예) SWG 27-65	경도	MISUMI 참조

코일 스프링은 스트리퍼 플레이트를 뒤에서 지지하여 원활한 작동을 돕고, 스트리퍼 플레이트가 원래 위치로 돌아오도록 반복 위치정밀도를 유지해 주며, 금형 작동 시 발생하는 충격을 흡수하여 프레스금형의 내구성을 높여주는 금형부품이다.

▮설계 기준:

스트리퍼 플레이트 지지용 코일 스프링을 적용할 때, 주로 MISUMI 표준품을 사용하며, 사용 조건에 따라 적절한 크기와 강도 등급을 선택하는데, 일반적으로 크기는 Ø10~Ø30 이며, 강도는 SWH, SWB, SWG 등급을 사용한다.

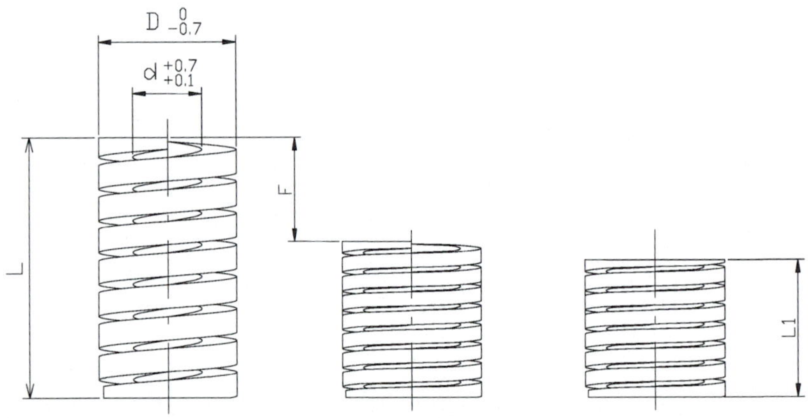

MISUMI Catalog No.		L	d	F	L1
Type	D	(5 ㎜)			
SWH SWB SWG	10	15~200	5	상세 자료 참조	상세 자료 참조
	12		6		
	14		7		
	16		8		
	18		9		
	20		10		
	22		11		
	25		12.5		
	27		13.5		
	30		15		

〈 스트리퍼 지지용 코일 스프링 2종(∅27, ∅30)에 대한 Type별 상세 자료 〉

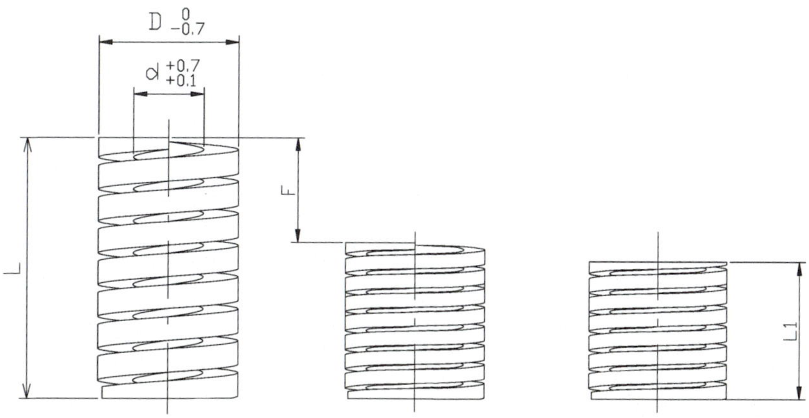

MISUMI Catalog No.			L (5 mm)	F=L×24% (mm)	스프링정수 (kgf/mm)	L1 (mm) (밀착 길이)
Type	D	d				
SWH (그린)	27	13.5	60	14.4	15.2	43.2
			65	15.6	14.0	46.8
			70	16.8	13.0	50.4
			75	18.0	12.2	54.0
			80	19.2	11.4	57.6
	30	15	60	14.4	18.7	43.2
			65	15.6	17.3	46.8
			70	16.8	16.1	50.4
			75	18.0	15.0	54.0
			80	19.2	14.1	57.6

MISUMI Catalog No.			L (5 mm)	F=L×20% (mm)	스프링정수 (kgf/mm)	L1 (mm) (밀착 길이)
Type	D	d				
SWB (브라운)	27	13.5	60	12.0	24.2	45.6
			65	13.0	22.3	49.4
			70	14.0	20.7	53.2
			75	15.0	19.3	57.0
			80	16.0	18.1	60.8
	30	15	60	12.0	30.0	45.6
			65	13.0	27.7	49.4
			70	14.0	25.7	53.2
			75	15.0	24.0	57.0
			80	16.0	22.5	60.8

〈 버링 밀핀 지지용 코일 스프링 2종(∅12, ∅14)에 대한 Type별 상세 자료 〉

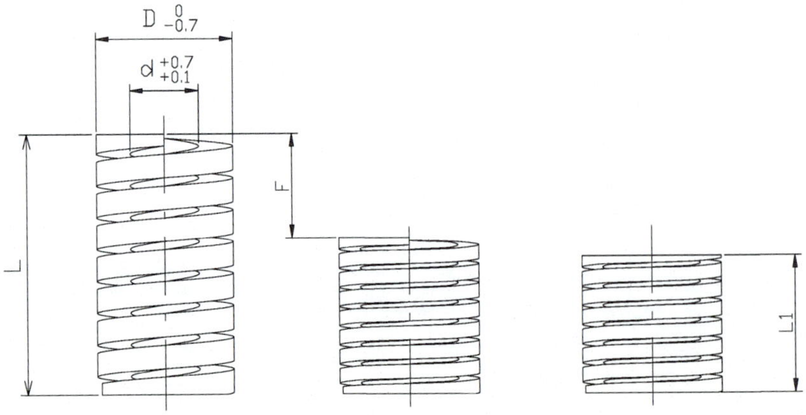

MISUMI Catalog No.			L (5 mm)	F=L×20% (mm)	스프링정수 (kgf/mm)	L1 (mm) (밀착 길이)
Type	D	d				
SWB (브라운)	12	6	30	6.0	9.7	23.2
			35	7.0	8.3	27.1
			40	8.0	7.3	31.0
			45	9.0	6.4	34.8
			50	10.0	5.8	38.7
	14	7	30	6.0	12.5	23.2
			35	7.0	10.7	27.1
			40	8.0	9.4	31.0
			45	9.0	8.3	34.8
			50	10.0	7.5	38.7

MISUMI Catalog No.			L (5 mm)	F=L×20% (mm)	스프링정수 (kgf/mm)	L1 (mm) (밀착 길이)
Type	D	d				
SWG (블랙)	12	6	30	6.0	12.5	22.8
			35	7.0	10.7	26.6
			40	8.0	9.4	30.4
			45	9.0	8.3	34.2
			50	10.0	7.5	38.0
	14	7	30	6.0	16.2	22.8
			35	7.0	13.9	26.6
			40	8.0	12.1	30.4
			45	9.0	10.8	34.2
			50	10.0	9.7	38.0

프레스금형 부품 표준	부 품 명	이송 및 앞뒤 잔 폭 결정	재질	-
	호칭 방법	예) 이송 잔 폭 예) 앞뒤 잔 폭	경도	-

프레스 원소재의 이송 및 앞뒤 잔 폭을 적절히 설정하는 것은 금형 내에서 원소재가 안정적으로 이송될 수 있도록 하며, 원소재의 변형을 방지하고, 금형 제품의 정밀도와 품질을 높이는 데 매우 중요한 역할을 한다.

▌설계 기준:

이송 및 앞뒤 잔 폭을 원소재 두께의 1.2~1.5배로 설정하는 것이 일반적인데, 원소재 두께가 얇을 경우, 최소 잔 폭을 원소재 두께의 2배 이상으로 설정하는 것이 권장되며, 원소재의 재질 및 두께에 따라 잔 폭을 적절히 조정해야 한다.

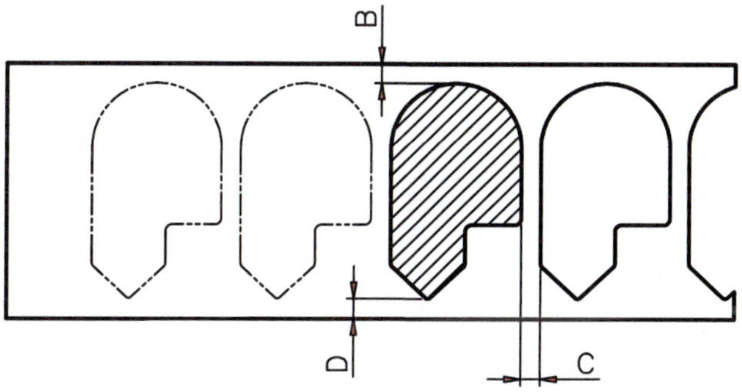

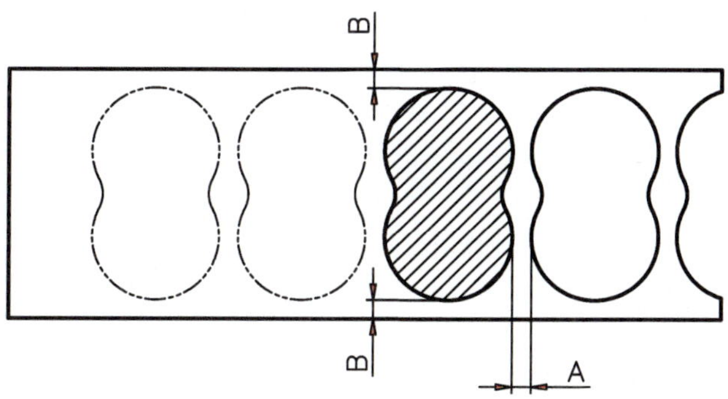

원소재 두께(t)	이송 잔 폭		앞뒤 잔 폭	
	A	C	B	D
~t0.3	2.0	2.0	2.0	2.5
t0.5 ~ t2.0	1.2	1.5	1.2	2.0
t2.0 ~ t3.2	1.2	1.5	1.2	1.5

프레스금형 부품 표준	부 품 명	전단력(P)	재질	-
	호칭 방법	-	경도	-

전단력(P) 계산은 프레스 원소재를 절단하거나 변형시킬 때 필요한 힘을 미리 예측할 수 있어, 과도한 전단력으로 인한 금형이나 기계의 파손, 작업자의 안전 등을 사전에 예방할 수 있다. 또한 전단력 계산을 통해 가공 공정을 최적화할 수 있어, 제품의 품질향상과 생산성을 높일 수 있다.

▌설계 기준:

- 전단력(P): 전단 길이(l) × 원소재 두께(t) × 전단응력(τ)
  - ↳ 전단 길이 l 은 실제 전단가공 형상의 길이,
    (참고로 원의 전단 길이는 $\pi\times d$, 여기서 d는 원의 직경)
  - ↳ 전단응력(τ)은 원소재의 재질, 경도 등에 따라 다르므로 해당 재료의 전단응력 또는 인장강도 값을 참고해야 한다.

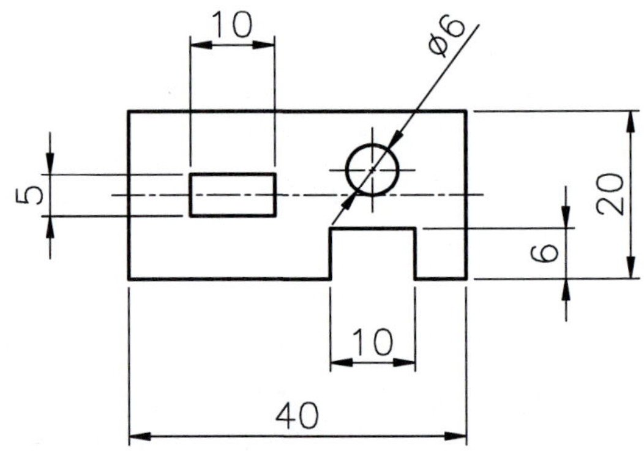

예) 위 그림과 같은 제품을 프레스가공 하는데, 필요한 전단력(P)을 계산하시오?
단, 전단응력(τ)은 32 kgf/㎟, 원소재 두께(t)는 t2.0 ㎜이다.

※ 전단 길이(L) = L1 + L2 = 180.85

- L1(외곽 전단 길이) = (2×40)+(2×6)+(2×20) = 132.0
- L2(구멍 전단 길이) = (2×10)+(2×5)+(6×π) = 48.85

※ 전단력(P) = L × t × τ

= 180.85 × 2 × 32

= 11,574.4 kgf (∴ 11.6 ton)

프레스금형 부품 표준	부 품 명	다이 플레이트 두께(H) 결정	재질	STD11
	호칭 방법	두께(t)	경도	HRC58~60

다이 플레이트의 두께(H)를 결정하기 위해서는 원소재의 두께(t)와 전단응력 그리고 전단 길이를 고려해서 전단력(P)을 먼저 계산한 다음, 다이 플레이트 두께(H)를 구한다. 다이 플레이트는 하중에 변형 및 파손이 발생하지 않도록 충분한 강도를 가져야 한다.

▌설계 기준:

- 다이 플레이트 두께(H) = k × $\sqrt[3]{P}$
  - ↳ k는 보정 계수(아래 표 참조)
  - ↳ P는 전단력(kgf)

▌참고 사항:

- 다이 플레이트 두께 결정 시, 제품 생산 수량을 고려해야 한다.
- 다이 플레이트 재질을 SKH로 적용할 경우, 두께를 20~30% 축소할 수 있으며, 두께는 일반적으로 20~35.0 ㎜ 사이에서 5.0 ㎜ 단위로 적용한다.

구분	전단 길이에 따른 보정 계수 k 값				
전단 길이 (L)	50~75	75~150	150~300	300~500	500 이상
보정 계수 (k)	1.12	1.25	1.37	1.50	1.60

예) 전단 길이가 180.0 ㎜일 때, 다이 플레이트 두께(H)를 계산하시오?
단, 전단력(P)는 15,000 kgf 이다.

※ 보정 계수 k = 1.37
- 전단 길이가 180.0이므로 보정 계수는 150~300구간의 1.37 적용한다.

※ 다이 플레이트 두께(H) = k × $\sqrt[3]{P}$

$$= 1.37 \times \sqrt[3]{15{,}000}$$

$$= 33.787 \text{ mm } (\therefore\ 35.0 \text{ mm})$$

프레스금형 부품 표준	부 품 명	다이 플레이트 크기 결정	재질	STD11
	호칭 방법	가로 × 세로	경도	HRC58~60

다이 플레이트의 크기를 결정하기 위해서는 먼저 전단력(P)을 계산하고, 전단력(P)을 기준으로 다이 플레이트 두께(H)를 계산한 다음, 다이 플레이트의 전단 형상에 따라 두께(H)에 안전율을 적용해서 외곽까지의 거리를 결정한다.
다이 플레이트의 크기는 금형의 종류, 형상, 수량, 정밀도에 따라 다르며, 하중에 변형 및 파손이 발생하지 않도록 충분한 강도를 가져야 한다.

▌설계 기준:

- 외곽까지의 거리 값(L) = 다이 플레이트 두께(H) × 안전율(1.2 ~ 2.0)
  ↳ 안전율은 다이의 전단 형상에 따라 다르게 적용함. (아래 이미지 참조)

<u>전단 형상에 따른 안전율</u>

$W_1 \geqq 1.2H$

$W_2 \geqq 1.5H$

$W_3 \geqq 2.0H$

(H: 다이 플레이트 두께)

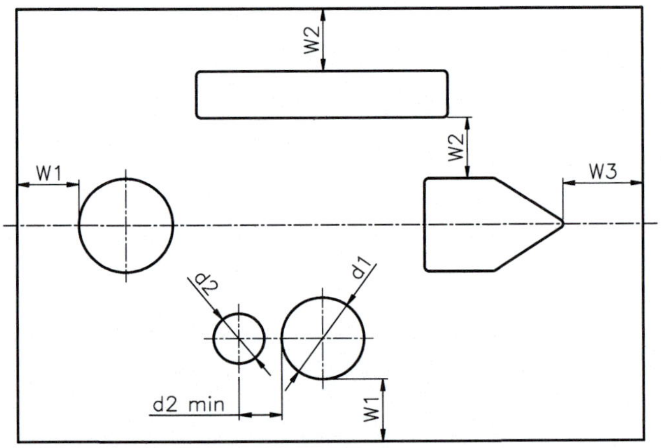

예) 다이 플레이트 두께(H)가 35.0일 때, 외곽까지의 거리(L)를 계산하시오?
단, 다이의 전단가공 형상은 W_2을 적용한다.

※ 안전율 $W_2 \geqq 1.5H$
- 전단가공 형상은 W_2이므로, 안전율은 1.5H 적용한다.

※ 외곽까지의 거리(L) = 다이 플레이트 두께(H) × 안전율(W1~W3)
= 35.0 × 1.5
= 52.5 mm

Chapter 2

판금 부품 설계

UG NX 12.0 3D CAD

판금 부품 설계

UG NX 12.0 3D CAD

2.1 Double Bracket 판금 부품 형상 모델링 따라하기

■ **품명**: Double Bracket

* 주기
- 원재료는 SPCC t2.0 적용할 것.
- 글자 폰트는 굴림체, 각인깊이는 0.2 ㎜ 적용할 것.
- 도시되고 지시 없는 라운드는 R0.3 적용할 것.

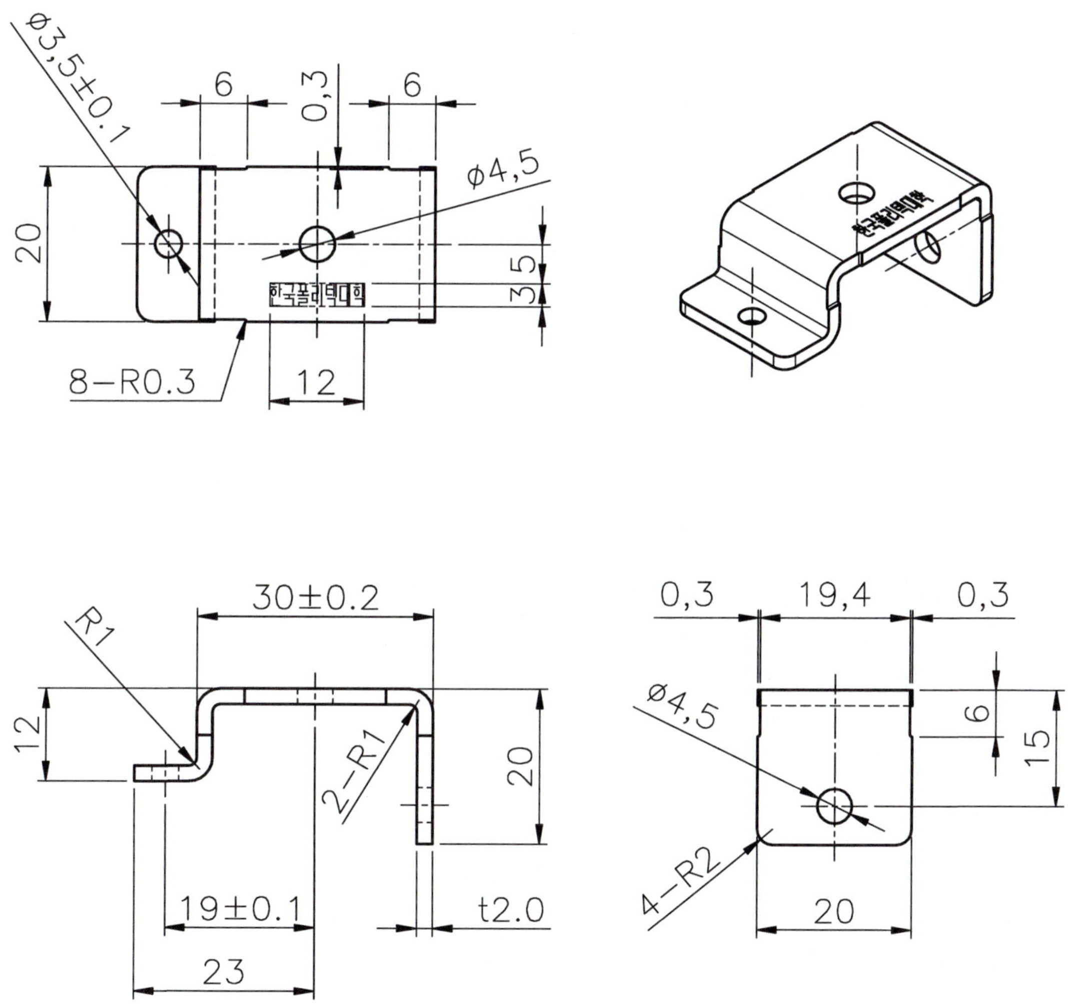

1) 바탕화면에 있는 NX 12.0 아이콘을 더블 클릭해서 실행시킨다.

※ 시작프로그램에서 NX 12.0을 실행할 수 있다.

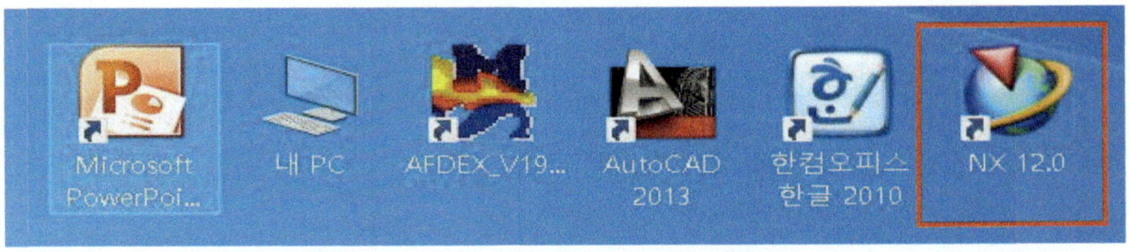

2) NX 12.0이 실행되면 아래와 같은 화면이 표시된다.

3) 새로운 파일을 만들기 위해 '새로 만들기' 아이콘을 클릭한다.

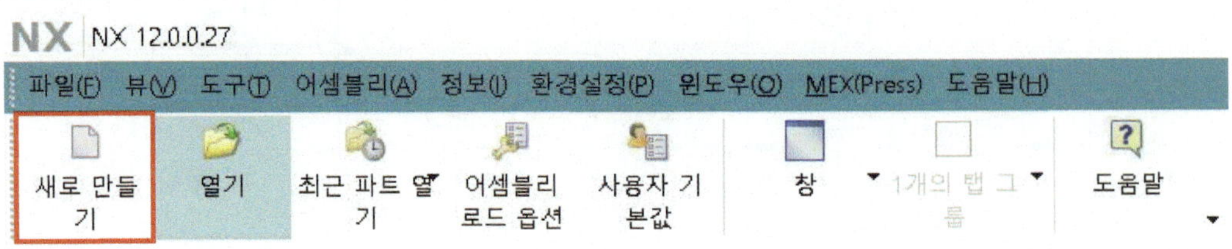

4) 새로 만들기, 모델 탭에서 '판금' 선택하고, 생성될 파일 이름과 저장될 경로를 아래와 같이 정의한 다음, '확인' 클릭한다.

※ 새로 생성될 파일이 저장될 나만의 폴더를 미리 만들어놓는다.

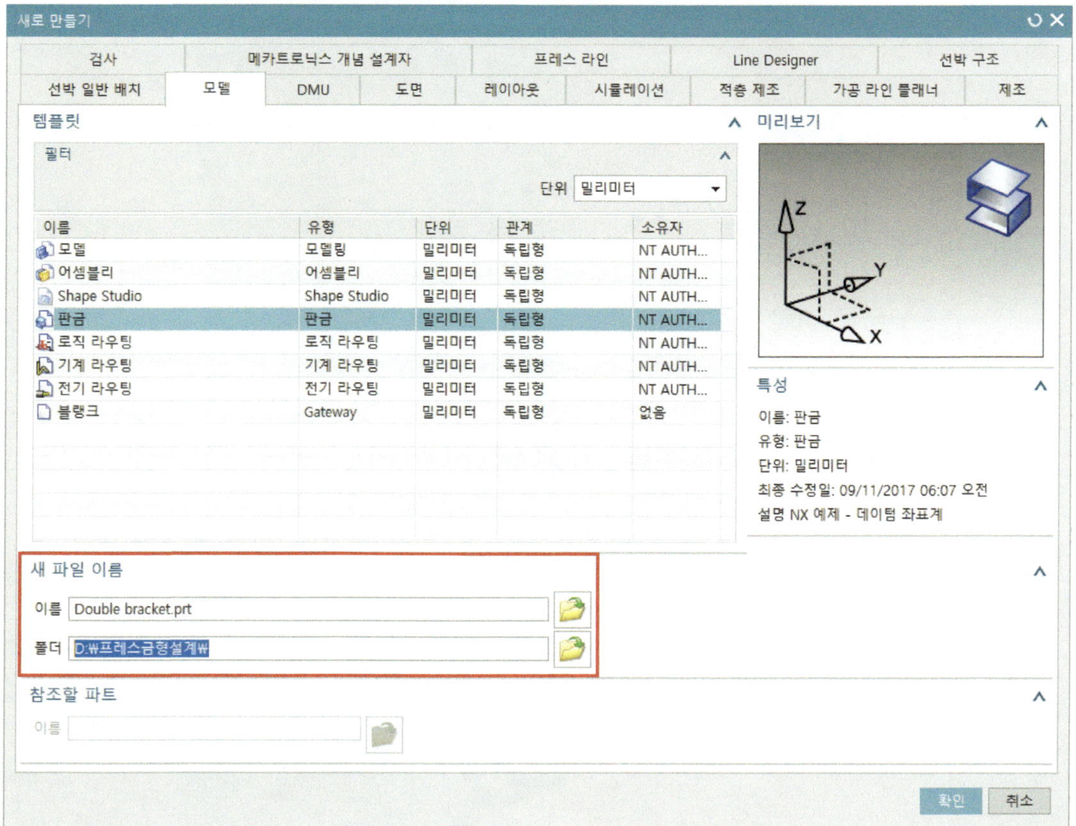

5) 기본 BASE 형상을 만들기 위해 상단에 위치한 메뉴의 '탭' 아이콘을 선택한 다음, 두께 값 '2' 입력하고, 곡선 선택에서 우측의 '스케치' 아이콘을 클릭하면, X-Y 평면을 자동으로 설정되며 스케치를 위해 '확인' 클릭한다.

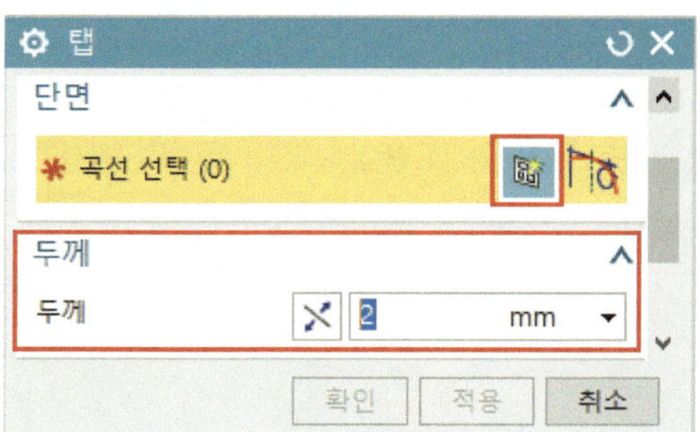

6) 직접스케치 도구바의 선, 원, 직사각형, 급속 치수, 지오메트리 구속조건 등을 이용하여 아래와 같이 스케치한 다음, '**스케치 종료**' 클릭한다.

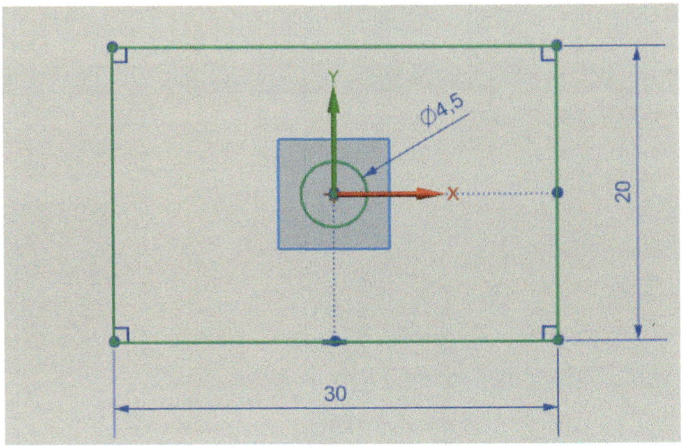

7) '**방향 반전**' 아이콘을 클릭하여 돌출 방향을 하면(아랫면)으로 변경한 다음, '**확인**' 클릭한다.

※ 데이텀 좌표계가 항상 윗면에 표시되도록 한다.

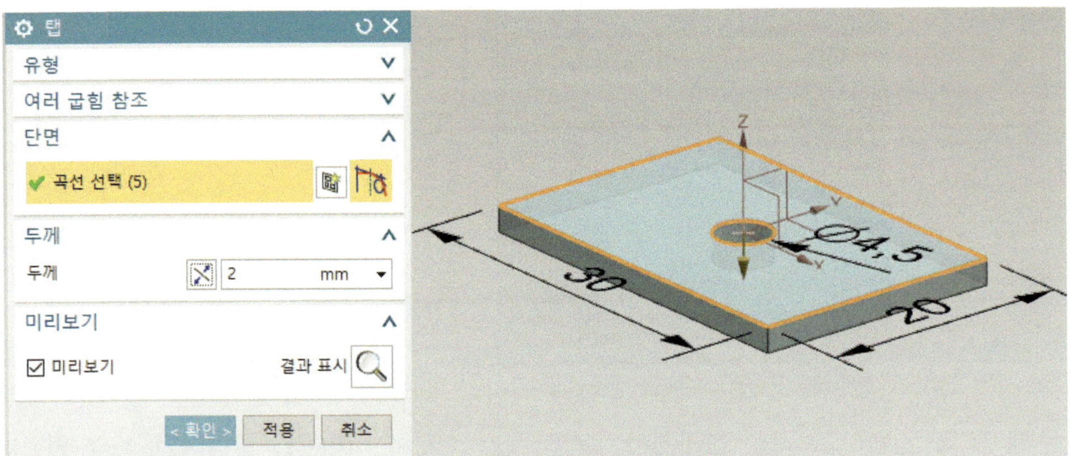

8) 오른쪽 굽힘 형상을 만들어주기 위해 '플랜지' 아이콘을 클릭, 플랜지 특성 그룹에서 길이는 '20', 길이 참조는 '외부', 각도는 '90°', 굽힘 매개변수 그룹에서 굽힘 반경은 '1' 입력한 다음, 굽힘 부위 '하측 모서리' 선택하고, '적용' 클릭한다.

※ 참고로 굽힘 반경 값이 변경이 안 되면, '=' 클릭한 다음, '로컬 값 사용' 클릭하면, 값을 변경할 수 있다.

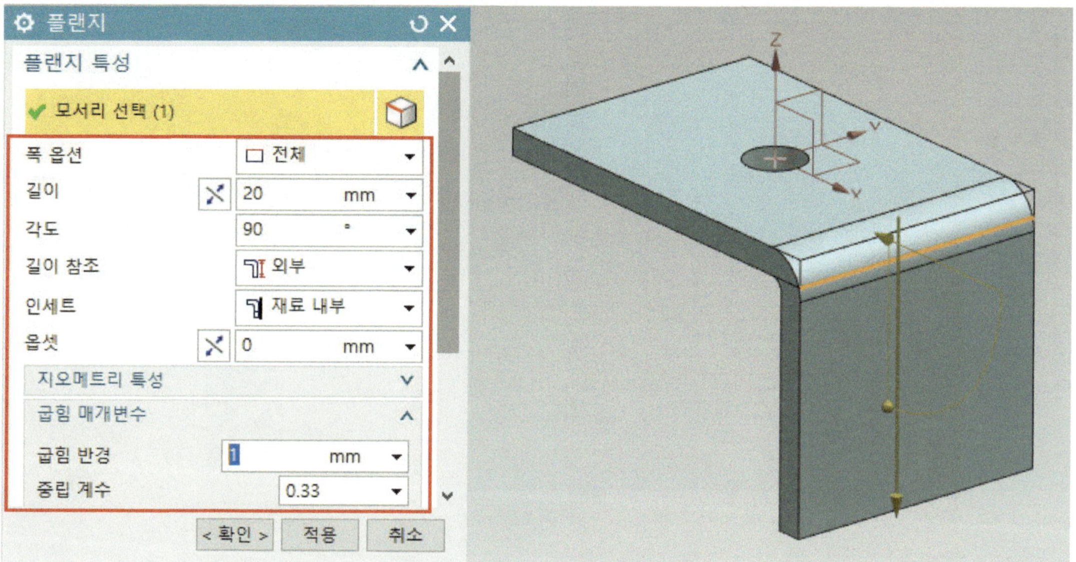

9) 다음은 반대쪽 굽힘 형상을 만들어주기 위해 플랜지 특성 그룹에서 길이는 '12', 길이 참조는 '외부', 각도는 '90°', 굽힘 매개변수 그룹에서 굽힘 반경은 '1' 입력한 다음, 굽힘 부위 '하측 모서리' 선택하고, '확인' 클릭한다.

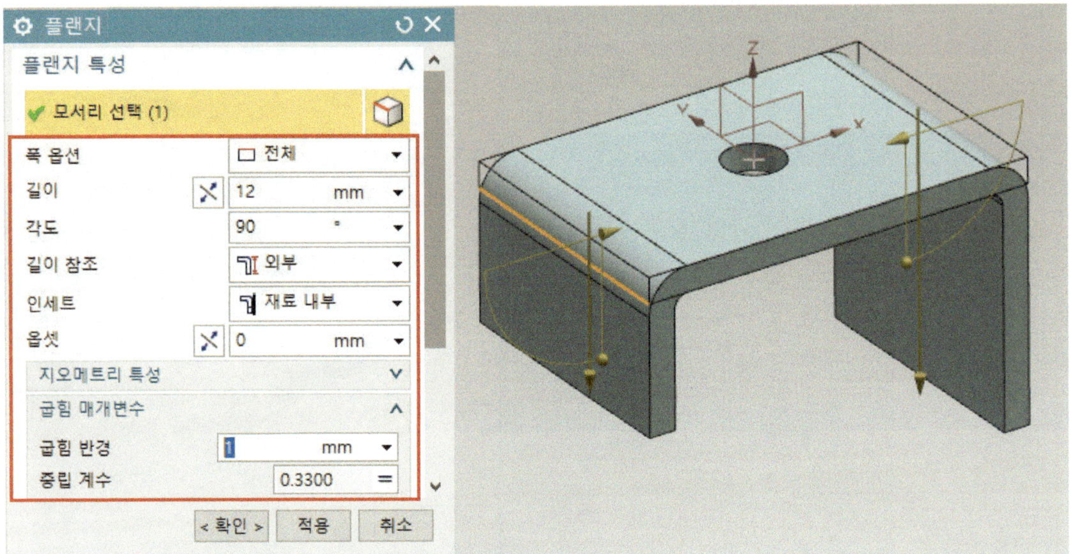

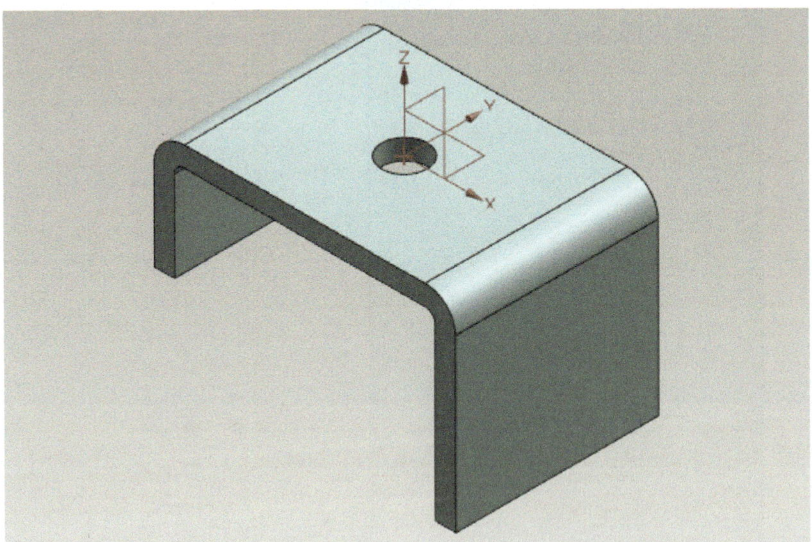

10) 계속해서 반대쪽 Z굽힘 형상을 만들어주기 위해 플랜지 특성 그룹에서 길이는 '10', 길이 참조는 '외부', 각도는 '90°', 굽힘 매개변수 그룹에서 굽힘 반경은 '1' 입력한 다음, 굽힘 부위 '왼쪽 모서리' 선택하고, '확인' 클릭한다.

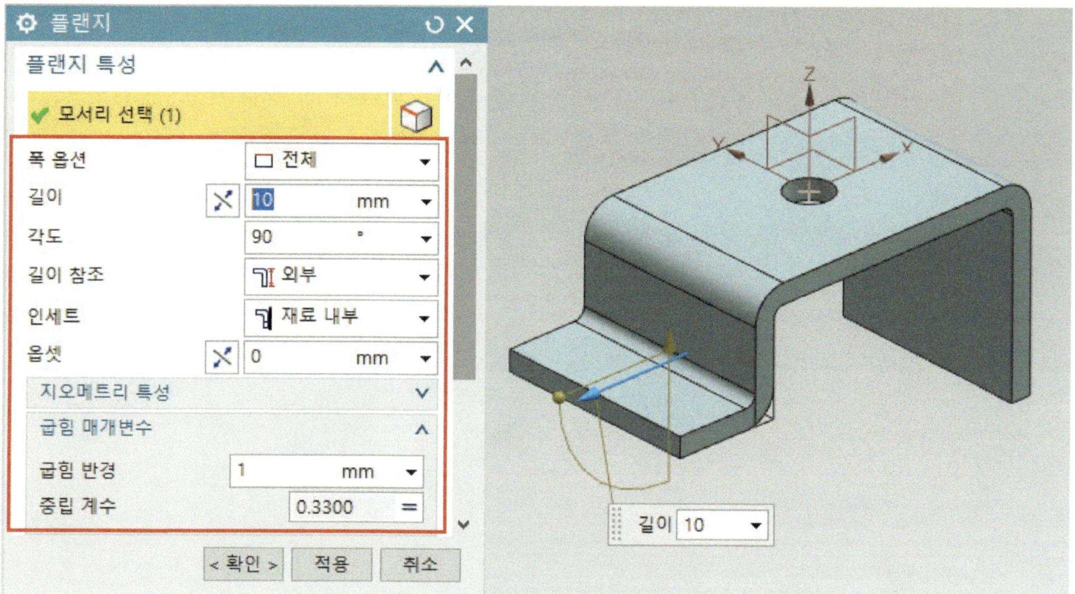

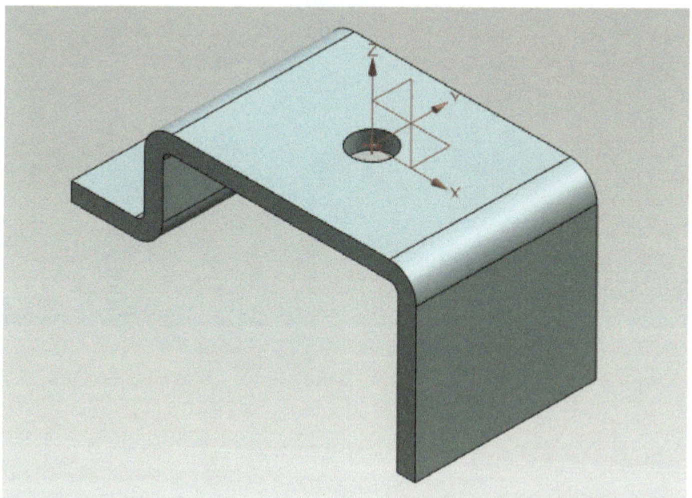

11) 굽힘 형상 외측 모서리 4개소에 R2, 라운드 형상을 만들어주기 위해 '분할 코너' 아이콘 클릭, 분할 특성 그룹에서 반경에 '2' 입력하고, 모서리 4개소를 클릭 또는 드래그하여 선택한 다음, '확인' 클릭한다.

※ 분할 코너 아이콘이 보이지 않을 경우, 닫힌 코너 옆의 역삼각형을 클릭한다.

※ 해당 모서리가 포함된 면을 선택해도 라운드를 생성할 수 있다.

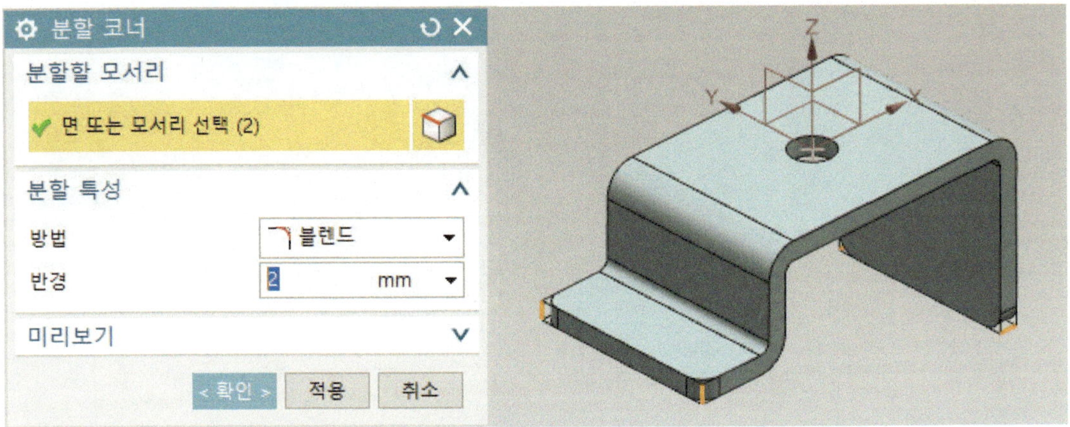

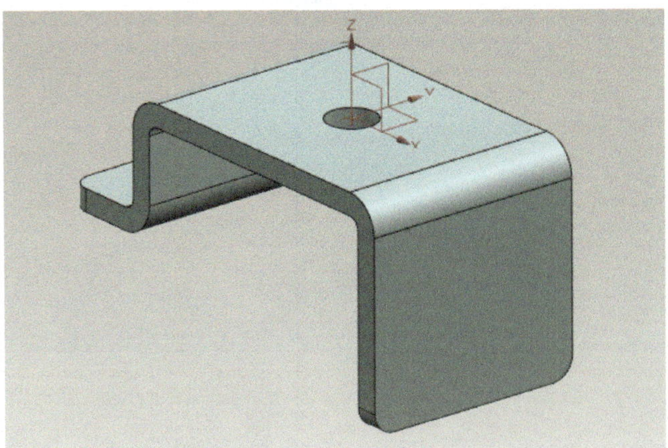

12) 오른쪽 L굽힘 면에 ∅4.5 구멍을 만들어주기 위해 '보통 컷 아웃' 아이콘을 클릭, 두께 값 '2' 입력하고, L굽힘 면을 선택한 다음, 아래와 같이 스케치하고, '스케치 종료' 클릭한 다음, '확인' 클릭한다.

※ 보통 컷 아웃 아이콘이 보이지 않을 경우, 돌출 옆의 역삼각형을 클릭한다.

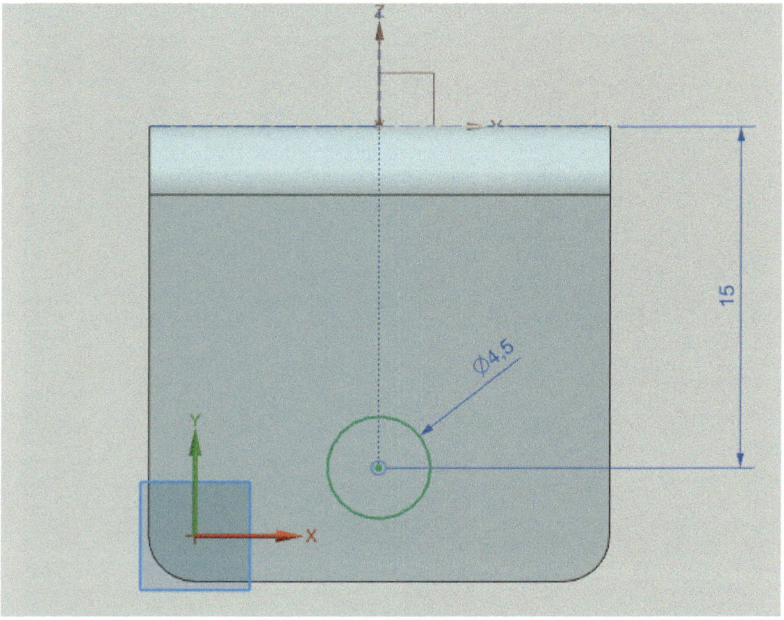

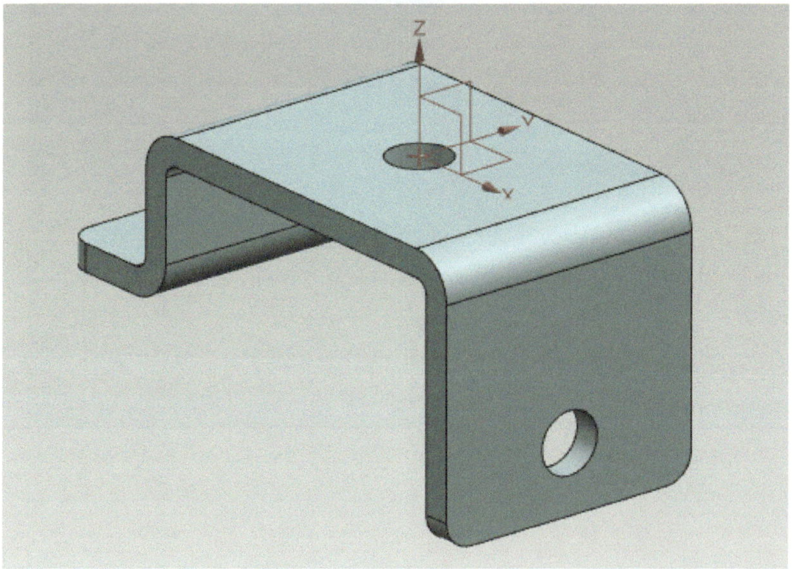

13) 왼쪽 Z굽힘 면에 ∅3.5 구멍을 만들어주기 위해 '**보통 컷 아웃**' 아이콘을 클릭, 두께 값 '**2**' 입력하고, L굽힘 면을 선택한 다음, 아래와 같이 스케치하고, '**스케치 종료**' 클릭한 다음, '**확인**' 클릭한다.

※ 보통 컷 아웃 아이콘이 보이지 않을 경우, 돌출 옆의 역삼각형을 클릭한다.

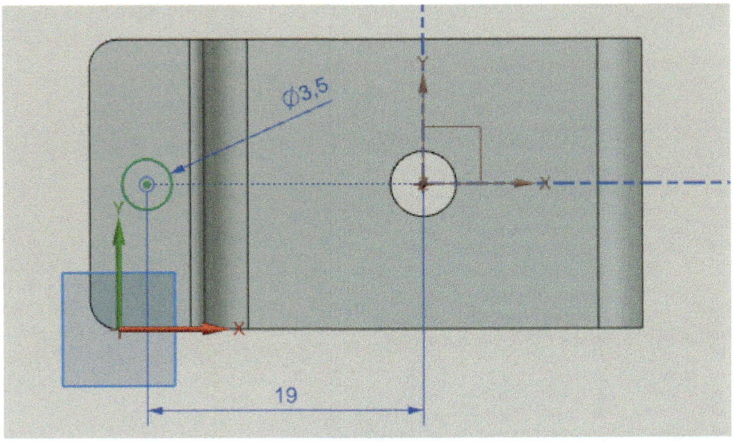

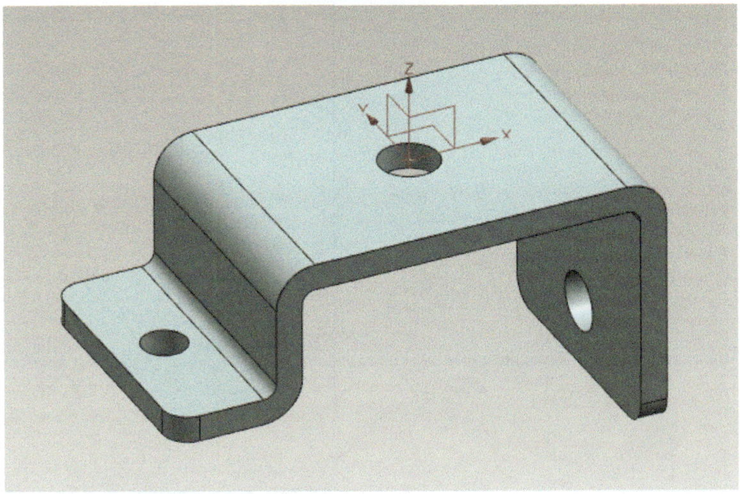

14) 굽힘 가공하면, 프레스 원소재의 외측에는 인장응력, 내측에는 굽힘 응력이 발생하게 되어, 외측의 굽힘 라운드 부위는 늘어나게 되고, 내측의 굽힘 라운드 부위는 재료가 서로 겹치게 되어, 결국 굽힘 부위 양쪽 단면으로 재료의 일부가 밀려나오게 되는데, 이것을 프레스 금형에서는 '부풀음' 이라고 정의하며, 부풀음은 일반적으로 프레스 원소재 두께의 10~15% 정도 형성된다.

따라서 굽힘 부위에 발생될 부풀음에 대한 도피구를 미리 만들어주기 위해 '보통 컷 아웃' 아이콘을 클릭, 두께 값 '0.3' 입력하고, 곡선 선택에서 우측의 '스케치' 아이콘을 클릭, Z굽힘 단면을 선택한 다음, '확인' 클릭하고, 아래와 같이 스케치한 다음, '스케치 종료' 클릭, '확인' 클릭한다.

※ 도피구 깊이(0.3): 원소재 두께(t2)의 15% 적용한다.(0.3 = 2 × 15%)

※ 도피구 폭(3): 원소재 두께(t2)의 1.5배 적용한다.(3 = 2 × 1.5)

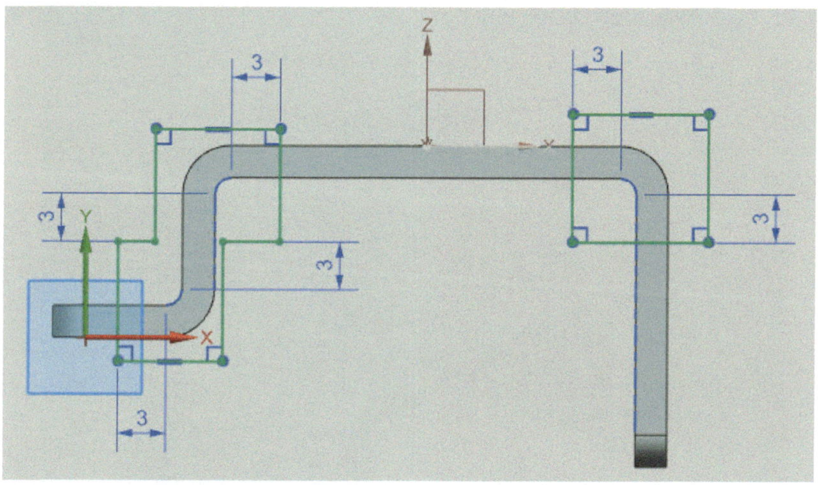

15) 생성된 부품을 도피구 내측 모서리 4개소에 라운드 형상을 적용하기 위해 '분할 코너' 아이콘을 클릭, 분할 특성 그룹에서 반경에 '0.3' 입력하고, 모서리 4개소를 선택한 다음, '확인' 클릭한다.

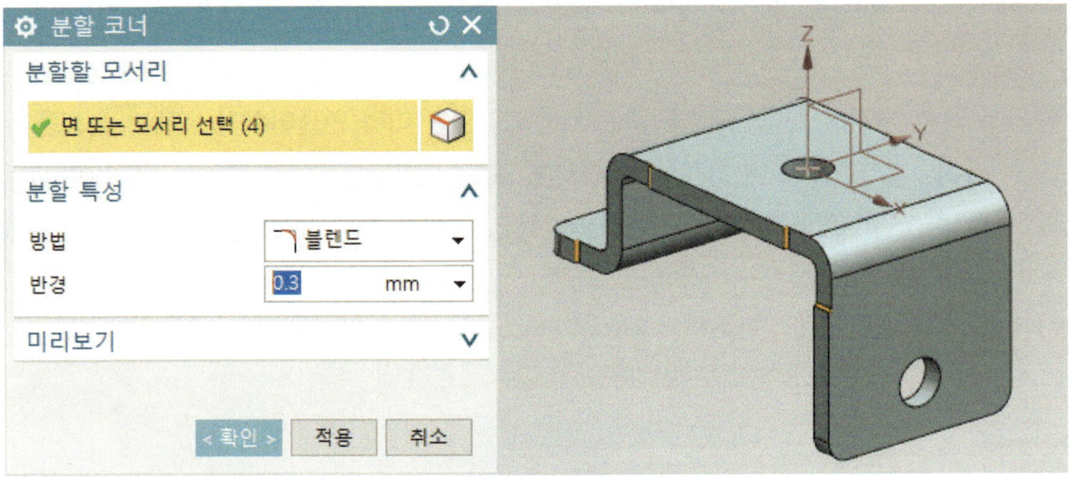

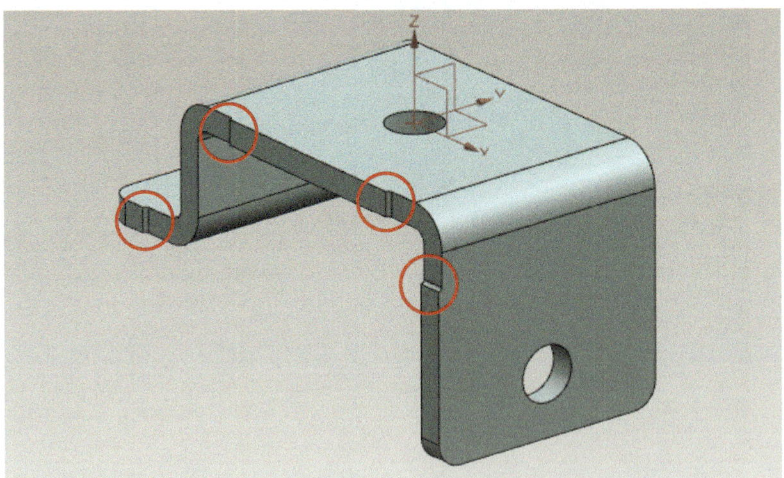

16) 반대편 굽힘 부위에도 부풀음 도피구를 만들어주기 위해 '**대칭 특징형상**' 아이콘을 클릭, 14), 15)에서 생성한 형상을 모두 선택하고, 대칭 평면 그룹에서 평면에 '**새 평면**', 평면 지정에 '**이등분선**' 선택한 다음, 양쪽 단면을 선택하고, '**확인**' 클릭한다.

※ 참고로 대칭 복사할 형상을 선택할 때 우측 탐색기를 클릭하면 용이하다.

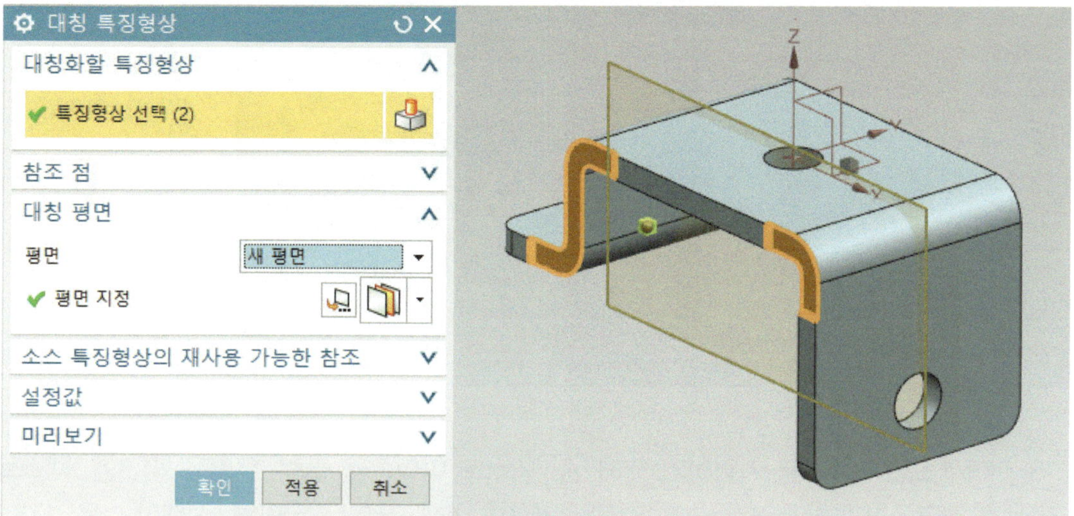

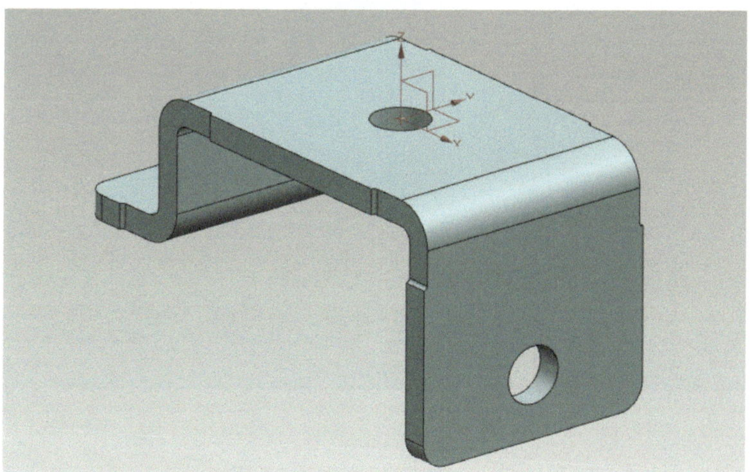

17) 제품 윗면에 글자를 기입하기 위한 기준점을 설정하기 위해 '스케치' 아이콘을 클릭, 제품 형상의 윗면을 X-Y 평면으로 설정하고, 아래와 같이 스케치한 후 '스케치 종료' 클릭한다.

※ 점 대신, 사각 박스를 스케치하여 글자를 사각박스 안에 기입할 수 있다.

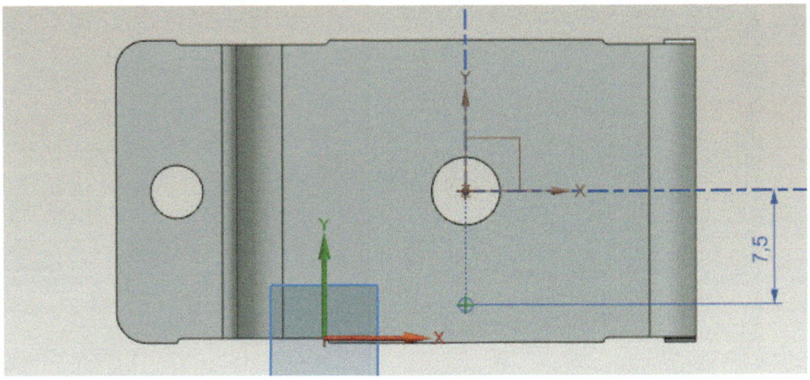

18) 이어서 표면에 글자를 기입하기 위해 A '텍스트' 아이콘을 클릭, 유형은 '평면형', 텍스트 특성에 '한국폴리텍대학' 입력, 고정 위치는 '가운데 아래', 폰트는 '굴림체', 선택한 다음, 17)에서 스케치한 기준점을 클릭하고, 치수 그룹에서 길이는 '12', 높이는 '3' 입력한 다음, '확인' 클릭한다.

※ 참고로 글자의 폰트와 폰트 스타일은 텍스트 특성에서 변경할 수 있다.

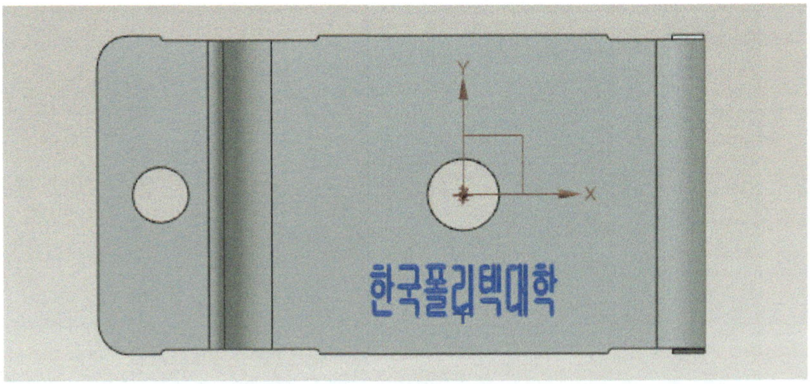

19) 기입한 글자를 0.2 ㎜ 만큼 파내기 위해 '돌출' 아이콘을 클릭, 선택 박스에서 '연결된 곡선' 선택한 다음, 글자를 모두 선택한 다음, 돌출 거리는 '-0.2', 부울은 '없음', 바디 선택에서 제품을 선택한 다음, '확인' 클릭한다.

※ 'Ctrl+W' 이용, 스케치와 곡선은 모두 숨기기 한다.

※ 글자를 선택할 때 우측 탐색기의 텍스트(00)를 클릭하면 용이하다.

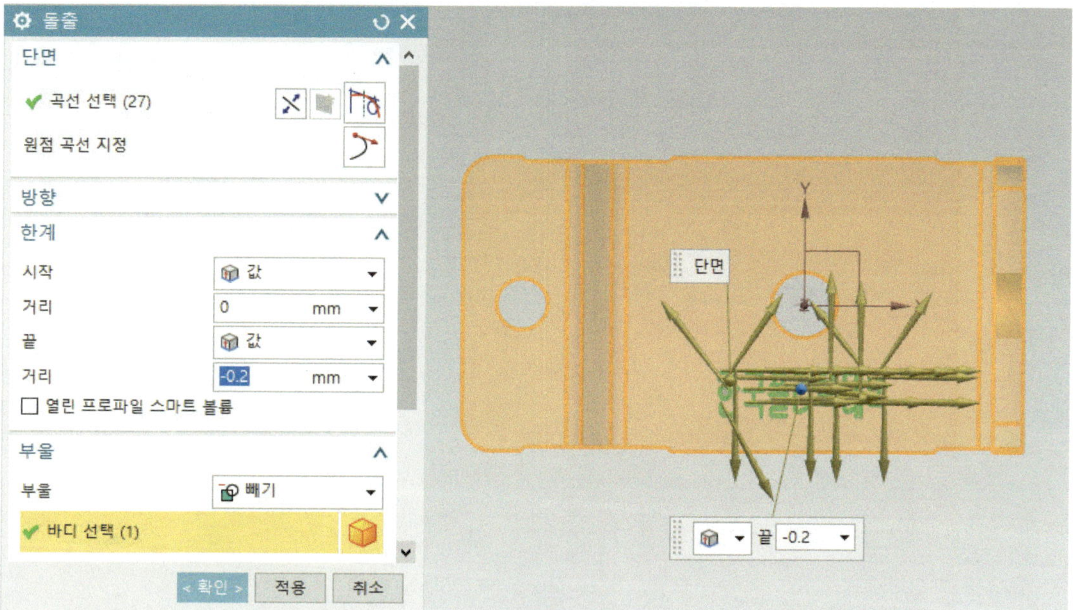

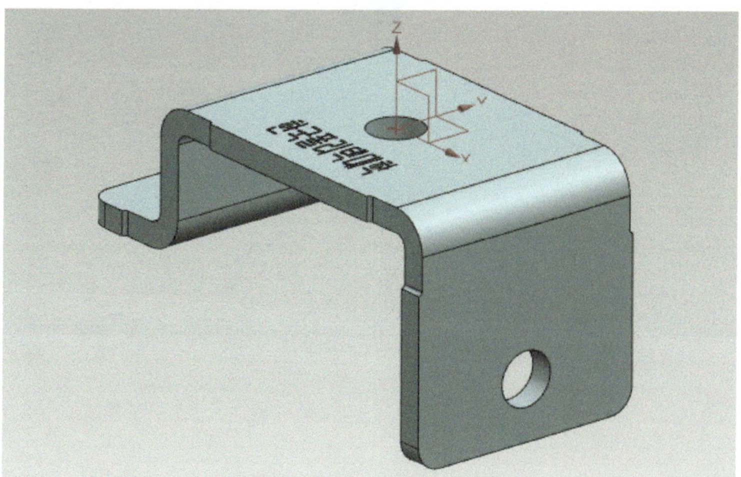

20) 최종 완성된 Double Bracket 제품 형상 모델링

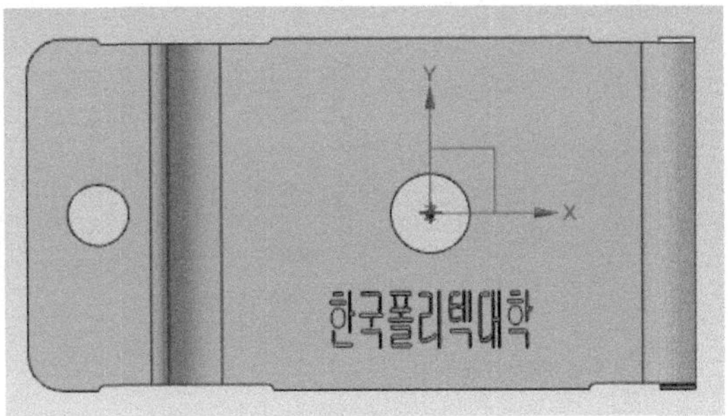

평면도

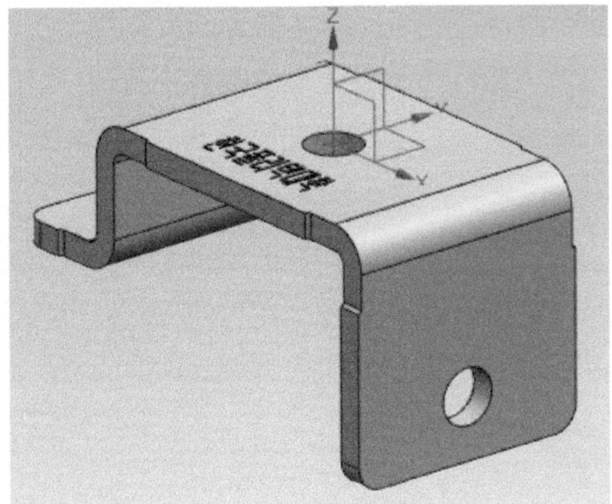

등각도

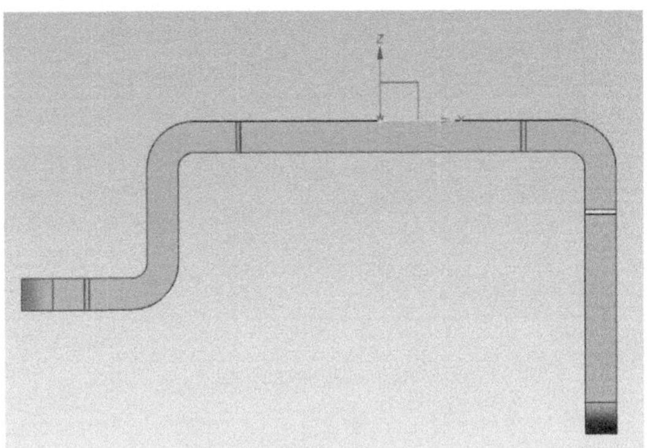

정면도

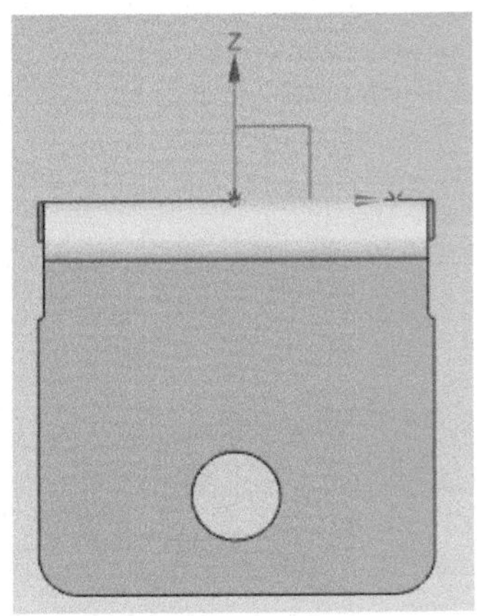

우측면도

2.2 Guide bracket 판금 부품 형상 모델링 연습하기

■ 품명: Guide bracket

* 주기

- 원재료는 SPCC t1.0 적용할 것.
- 글씨체는 굴림체, 각인 깊이는 0.2 mm 적용할 것.
- 도시되고 지시 없는 라운드는 R1 적용할 것.
- 척도: N/S, Burr 방향: 무

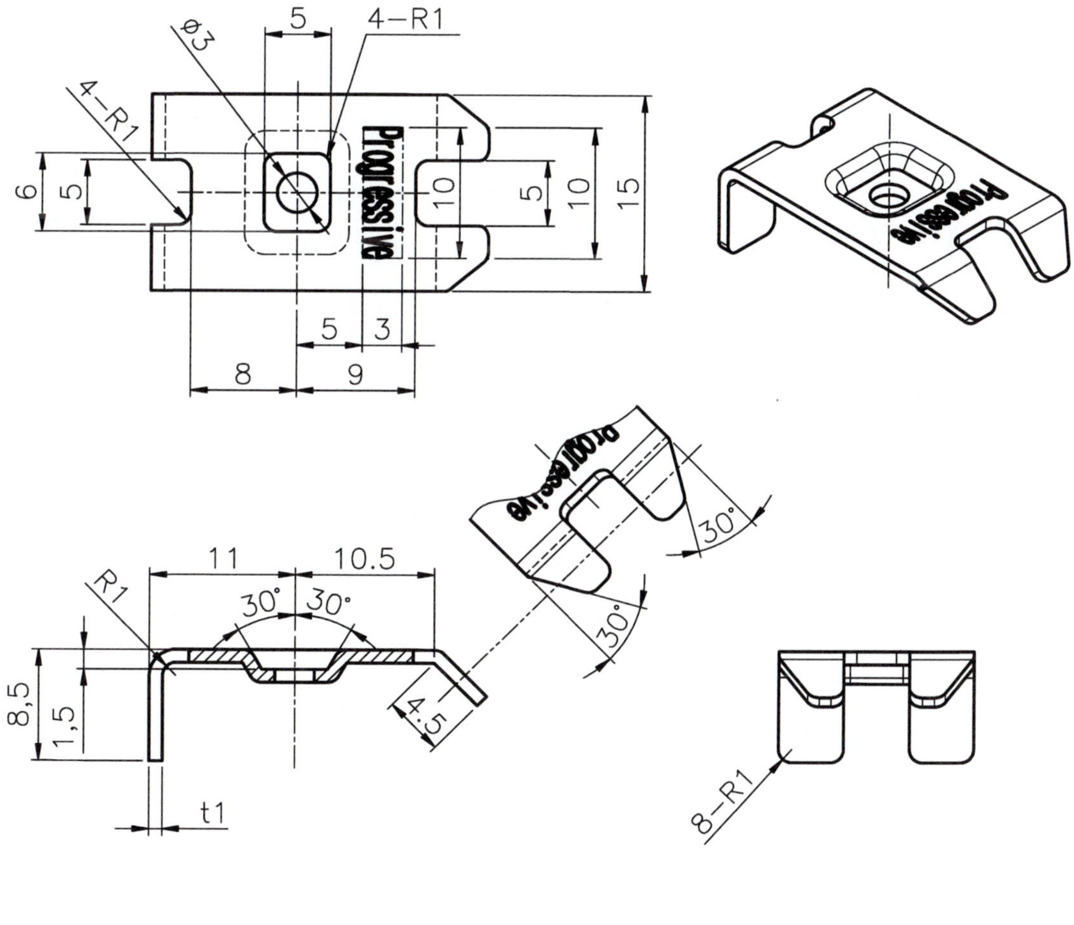

2.3 Angle bracket 판금 부품 형상 모델링 연습하기

■ 품명: Angle bracket

* 주기

- 원재료는 SPCC t1.0 적용할 것.
- 글씨체는 굴림체, 각인 깊이는 0.2 mm 적용할 것.
- 도시되고 지시 없는 라운드는 R1 적용할 것.
- 척도: N/S, Burr 방향: 무

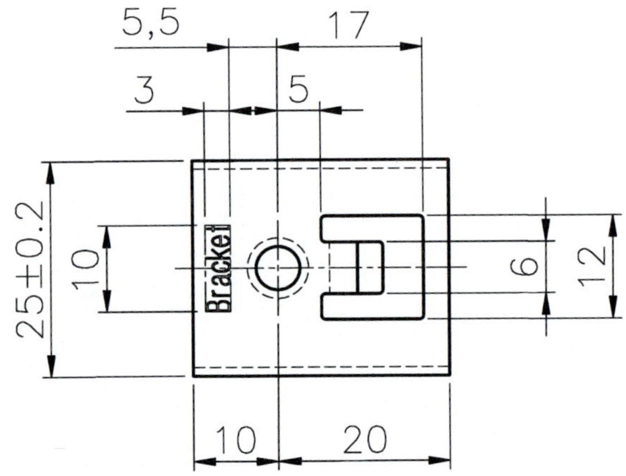

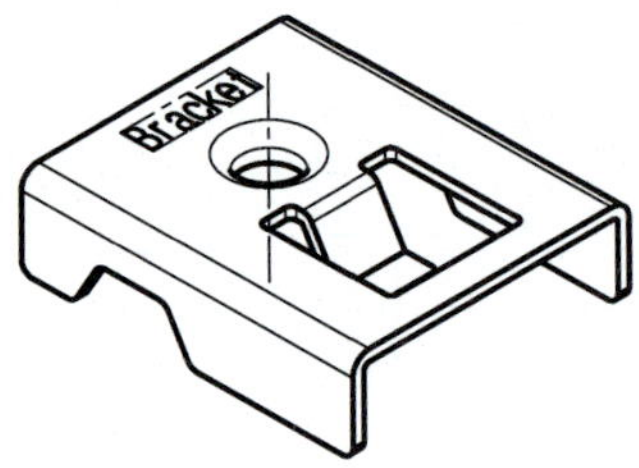

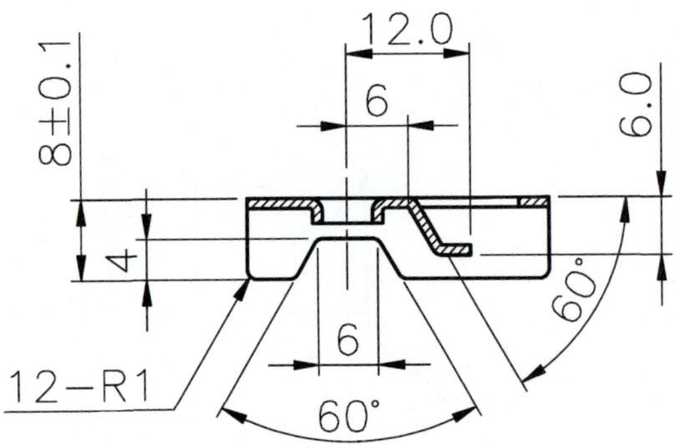

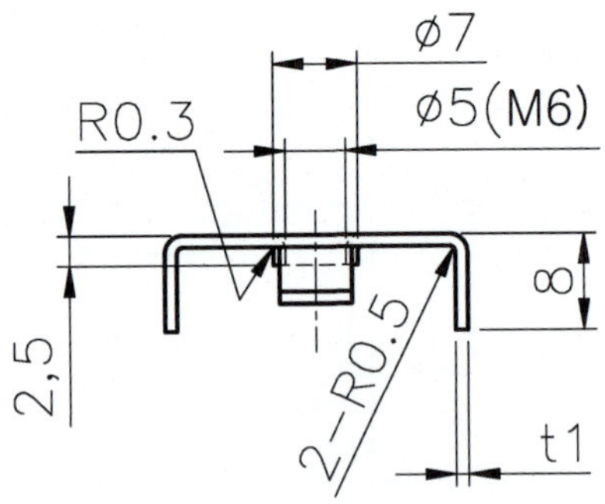

Chapter 3

프레스 금형설계(응용1)

UG NX 12.0 3D CAD

프레스 금형설계 (응용1)

UG NX 12.0 3D CAD

3.1 Bracket 목적치수 결정하기

1) NX 12.0 실행한 다음, 'Bracket.prt' 파일을 Open 한다.

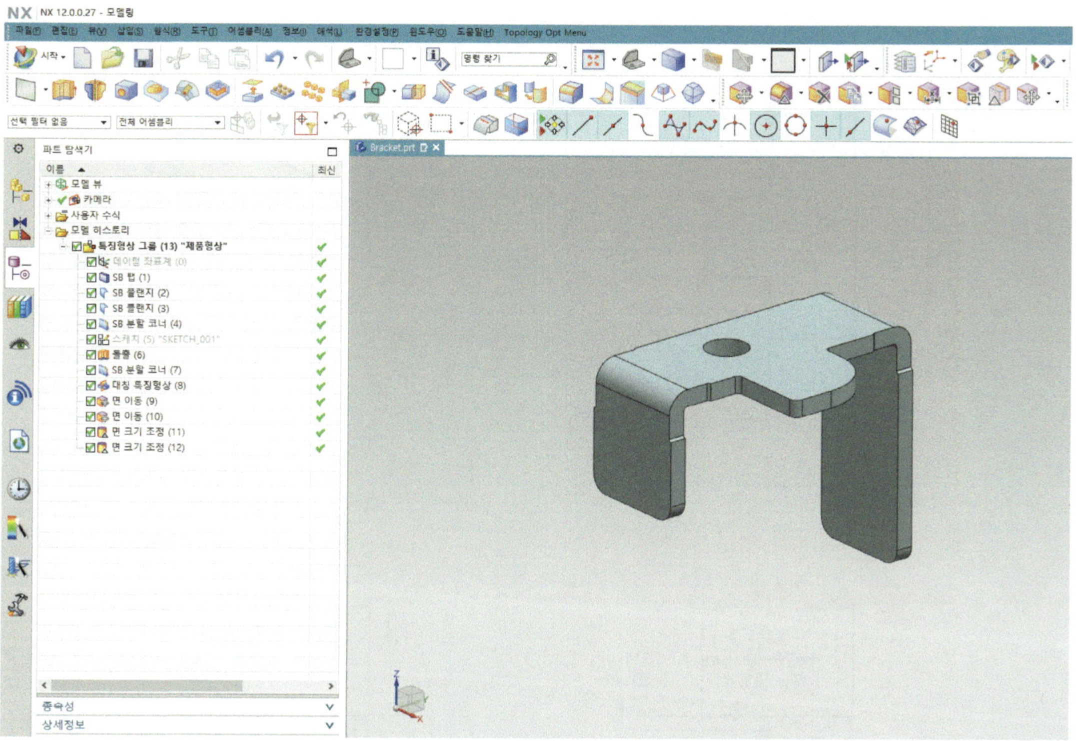

※ 프레스 금형설계의 작업성을 높이기 위해 응용프로그램은 '**모델링**', 메뉴는 '**클래식**'을 사용한다.
(NX 12.0의 경우, 판금에서 모델링으로 전환해도 판금의 성질을 유지한다.)

2) 프레스금형 제품의 최종 목적치수를 결정하기 위해 아래 2D 도면을 해독, 허용 공차를 계산하여 3D 모델링에 적용한다.

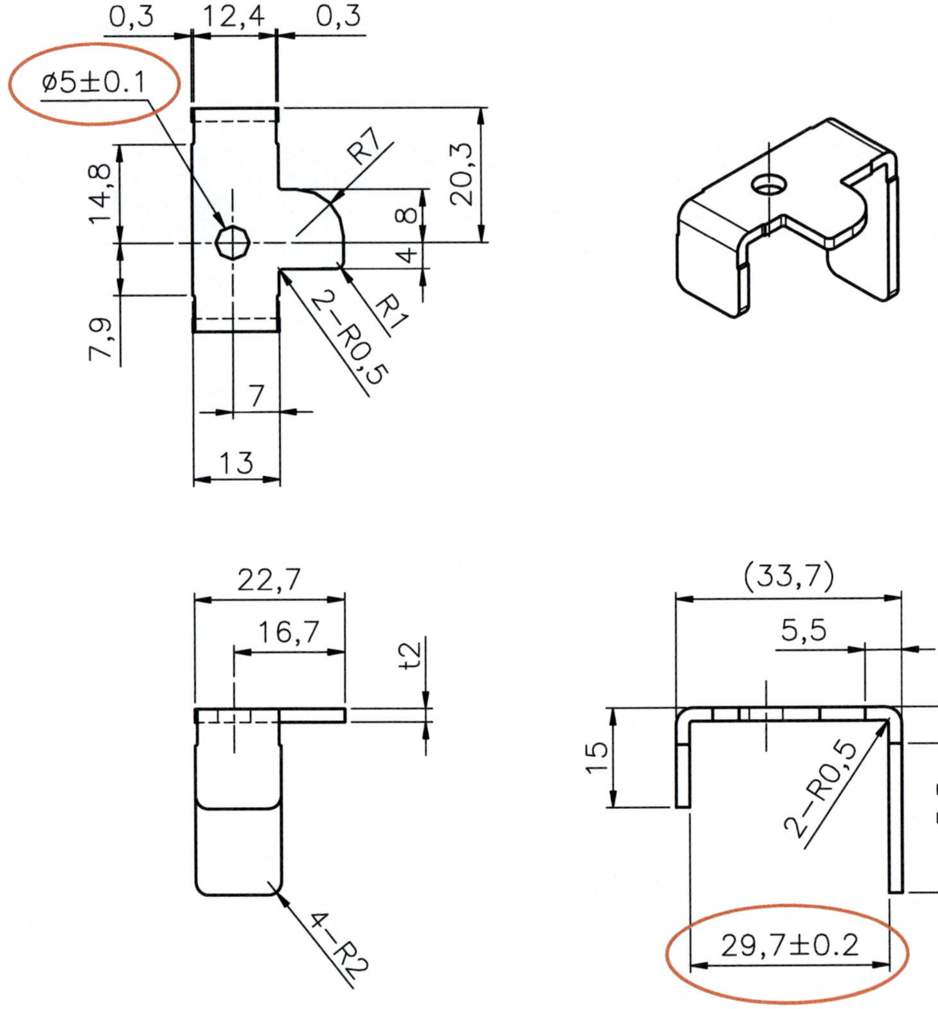

※ 공차가 적용된 치수 2개소에 대해 목적치수를 적용해 보면,

- 홀 ∅5.0±0.1의 경우, 공차의 80% 적용하면 ∅5.08(5.0+0.08)인데, 파일럿 핀 치수를 ∅5.0으로 적용하기 위해 피어싱 치수는 '**∅5.05**'로 결정한다.
- 벤딩 내측 29.7±0.2의 경우, 벤딩가공 시 발생하는 스프링백 감안, 공차의 80% 작게 적용하여, '**29.54**'(29.7−0.16)로 결정한다.

3) 벤딩 내측치수 '29.7'에 목적치수를 적용하기 위해 동기식 모델링의 면 이동 아이콘을 클릭, 먼저 변환 그룹에서 벡터는 'X축' 지정, 거리 값은 '0.08' 입력한 다음, 당길 면을 드래그하여 선택하고, '적용' 클릭한다.

4) 반대편도 동일하게 적용하기 위해 동기식 모델링의 면 이동 아이콘을 클릭, 먼저 변환 그룹에서 벡터는 'X축' 지정, 거리 값은 '0.08' 입력한 다음, 당길 면을 드래그하여 선택하고 '확인' 클릭한다.

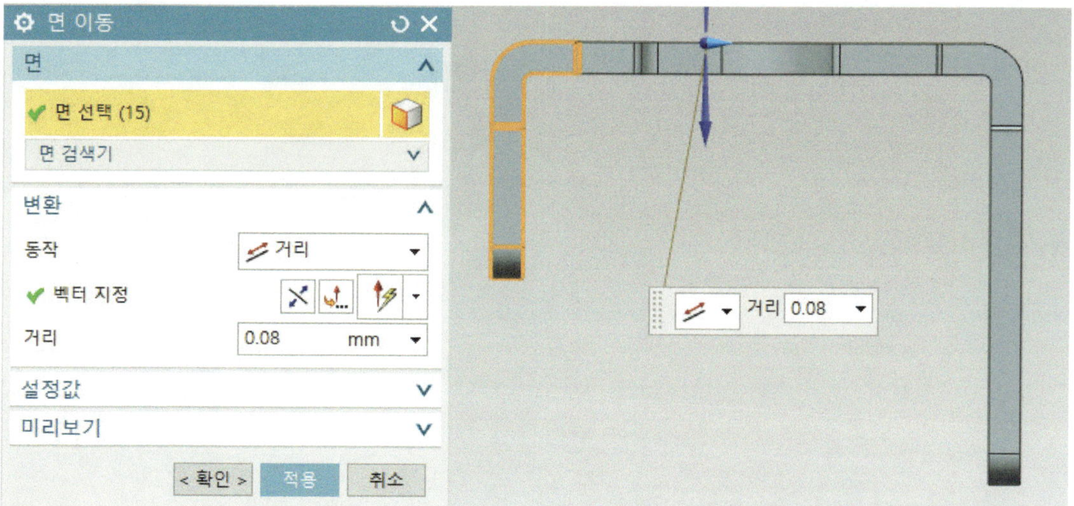

5) 가운데 구멍 치수 '∅5'에 목적치수를 적용하기 위해 동기식 모델링의  면 크기조정 아이콘을 클릭, 먼저 면 그룹의 면 선택에서 홀의 '내경'을 선택하고, 크기 그룹의 직경에서 5.0을 '5.05'로 변경한 다음, '확인' 클릭한다.

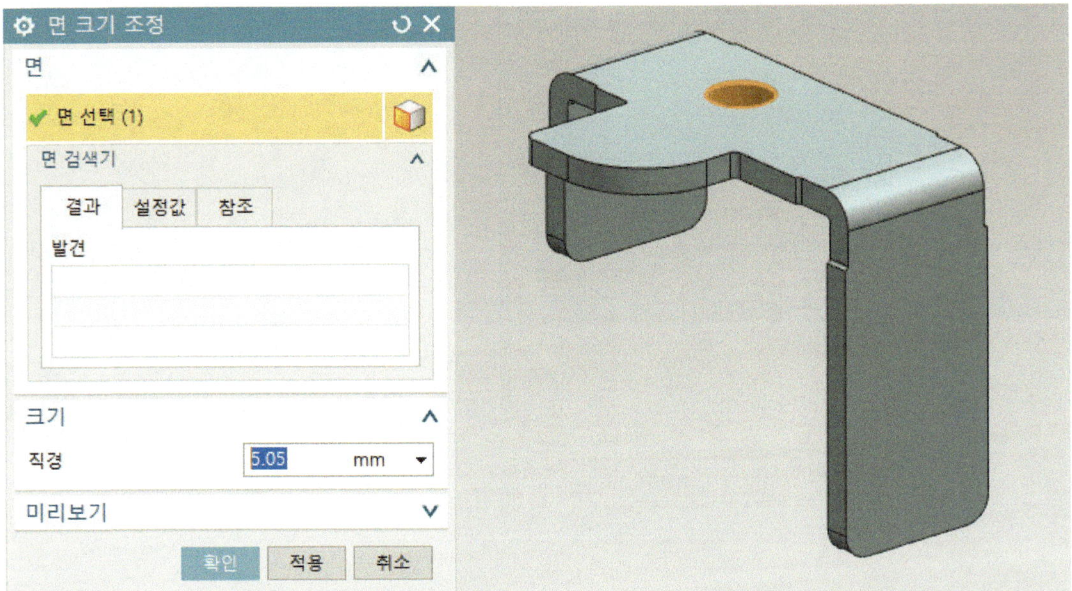

6) 목적치수가 정확하게 적용되었는지 확인하기 위해 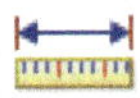 거리 측정 아이콘을 클릭, 유형 그룹에서 '직경' 선택하고, 구멍의 '안쪽 면'을 클릭한 다음, '적용' 클릭한다.

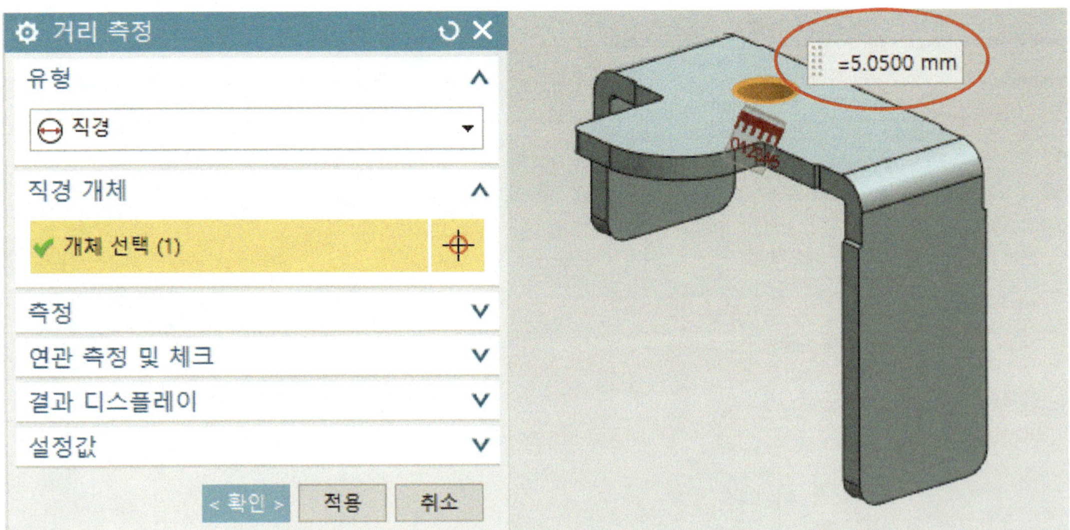

7) 목적치수가 정확하게 적용되었는지 확인하기 위해 거리 측정 아이콘을 클릭, 유형 그룹에서 '투영 거리', 벡터 그룹에서 'X축' 선택하고, 벤딩 부위 '안쪽 면 또는 모서리 2개소'를 클릭한 다음, '확인' 클릭한다.

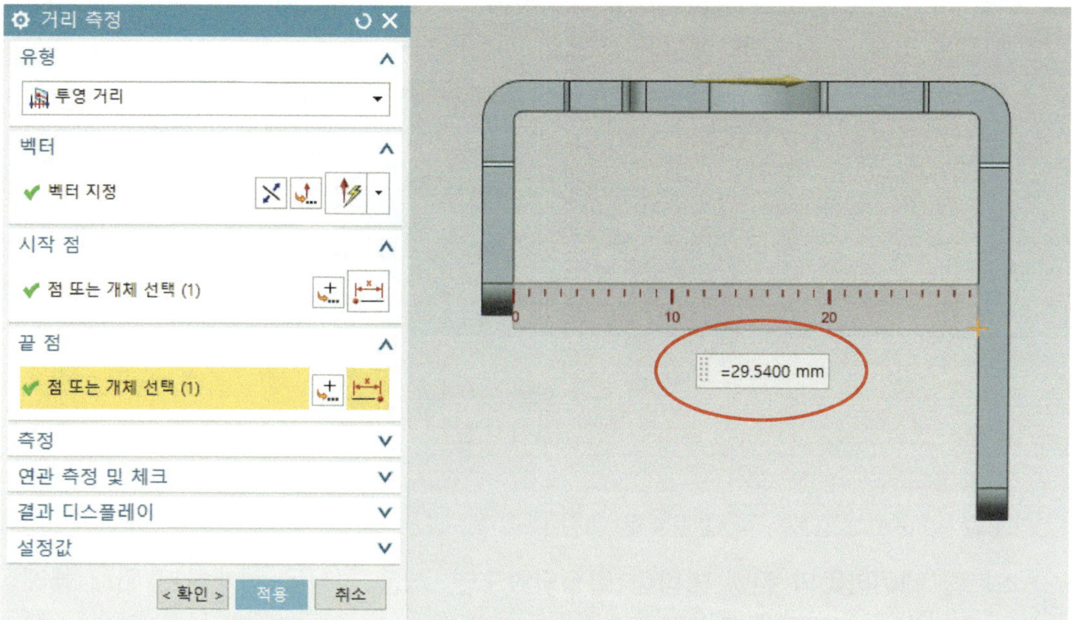

3.2 스트립 레이아웃 설계하기

1) 목적 치수를 확정한 다음, 제품(부품) 도면을 해독하여 벤딩 방향, Burr 방향, 파팅 후 취출 시 무게중심 등을 종합적으로 고려하여 스트립 레이아웃 진행 방향을 결정한다. (본 제품은 'X축' 기준, '좌측에서 우측'으로 진행)

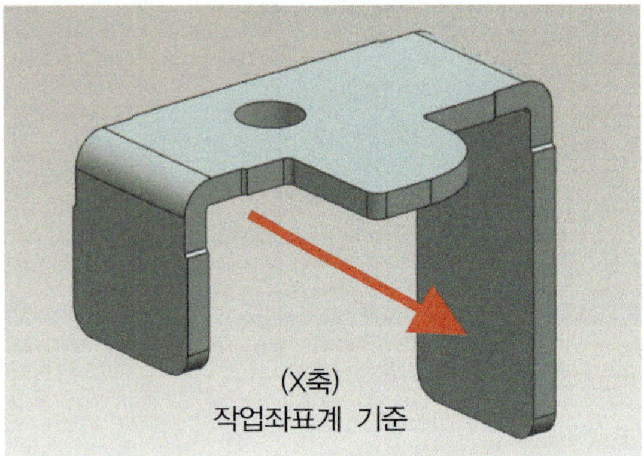

2) 스트립 레이아웃의 진행 방향이 결정되었으면, 제품 형상을 전개하기 위해 클래식 메뉴 시작 탭의 '판금(L)' 클릭한다.

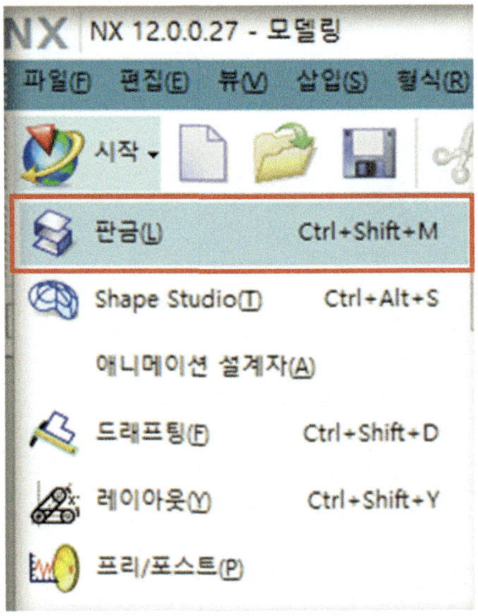

3) 굽힘 형상을 전개하기 위해 '평면 솔리드' 아이콘을 클릭한다.

4) 평면 솔리드 대화상자의 면 선택 항목에서 판금 제품의 윗면을 선택한 다음, '확인' 클릭한다.

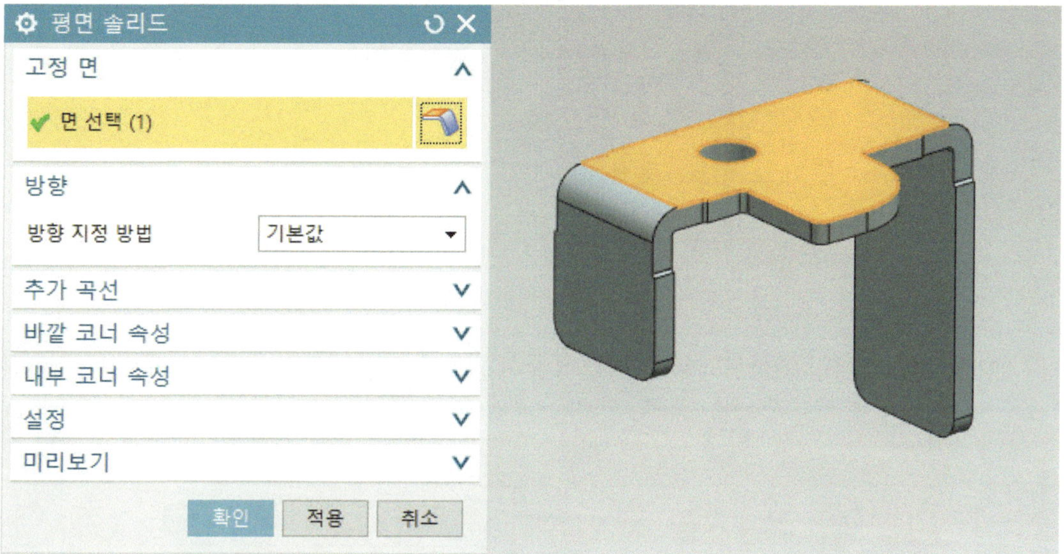

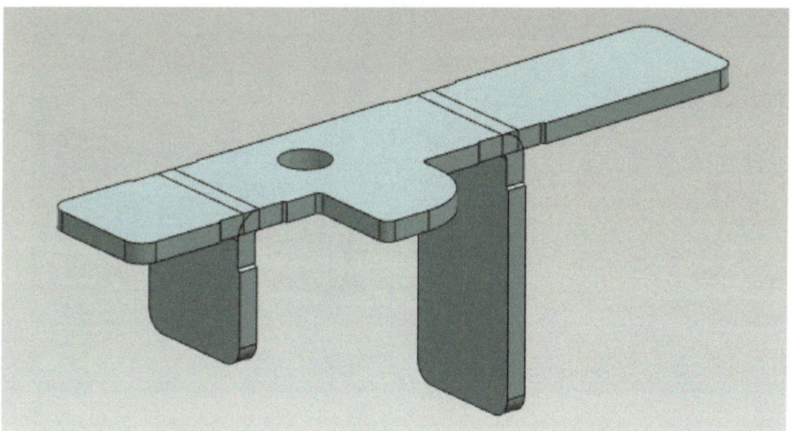

5) 스트립 레이아웃을 설계하기 위해 시작 탭에서 '모델링(D)' 클릭한다.

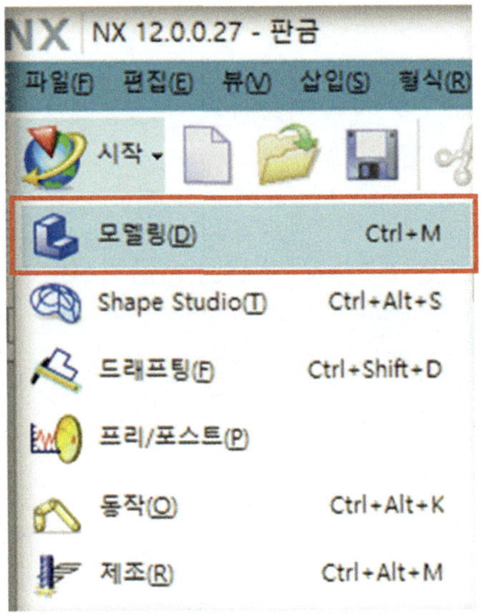

6) 전개된 제품형상의 외형선과 내측 홀을 추출하기 위해 '지오메트리 추출' 아이콘을 클릭한다.

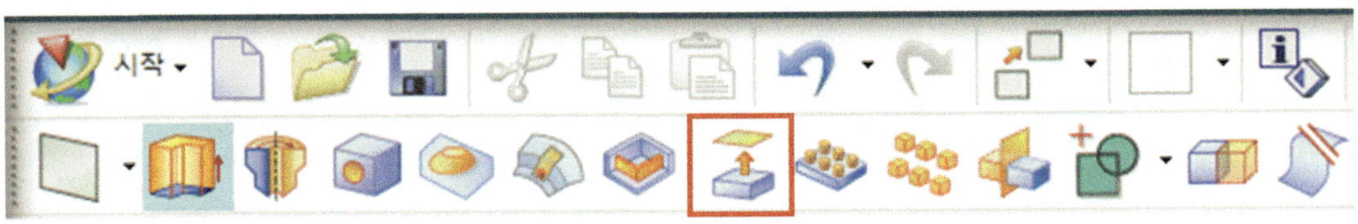

7) 유형 그룹에서 '복합 곡선' 선택한 다음, 전개된 솔리드 바디의 홀과 외곽 모서리를 모두 선택하고, '확인' 클릭한다.

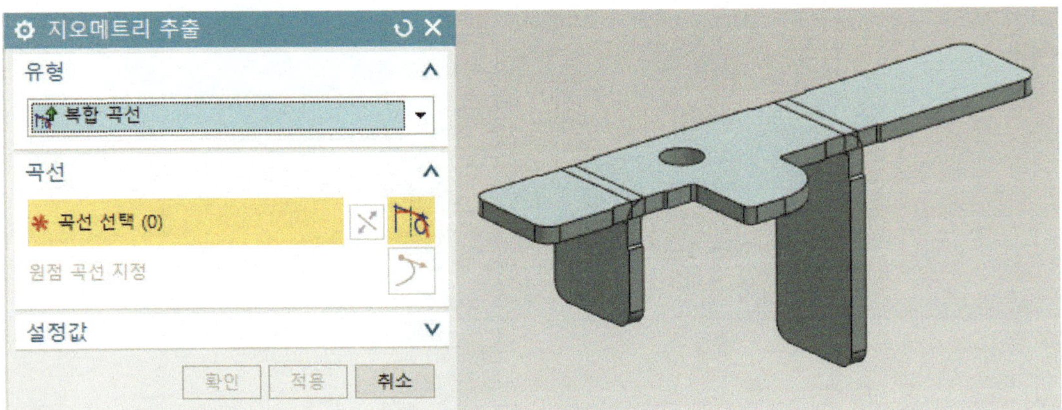

8) 우측 파트 탐색기에 생성한 복합 곡선을 선택하고, 'Ctrl+J' 클릭, 선을 구분하기 위해 선의 두께와 색상을 아래와 같이 변경한다.

※ 색상은 'Silver Gray', 선 폰트는 '이점쇄선', 선의 폭은 '0.13'으로 변경한다.

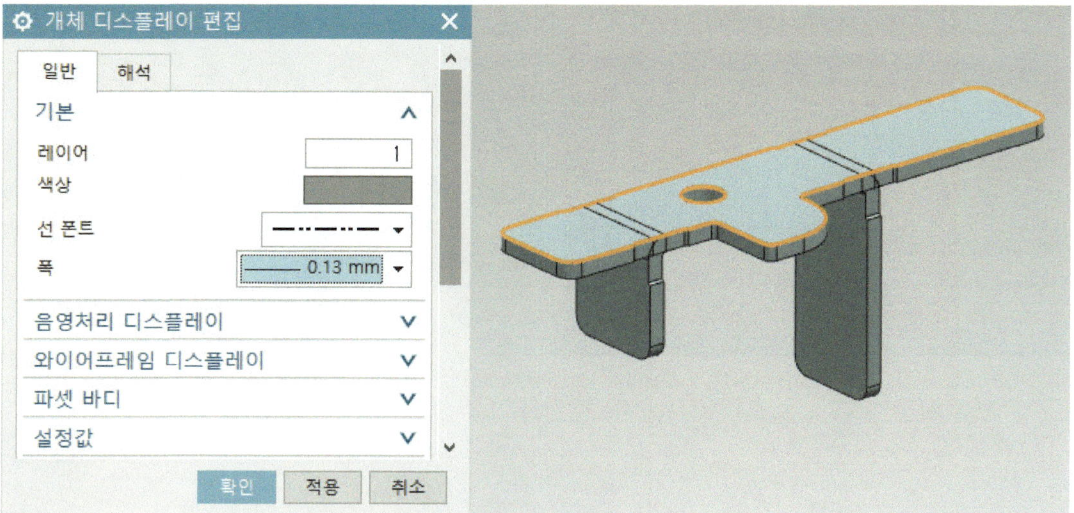

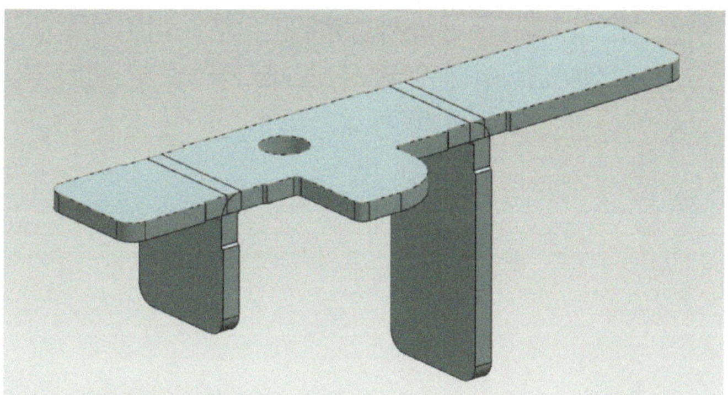

9) 추출한 복합 곡선을 복사하기 위해 '패턴 지오메트리' 아이콘을 클릭한다.

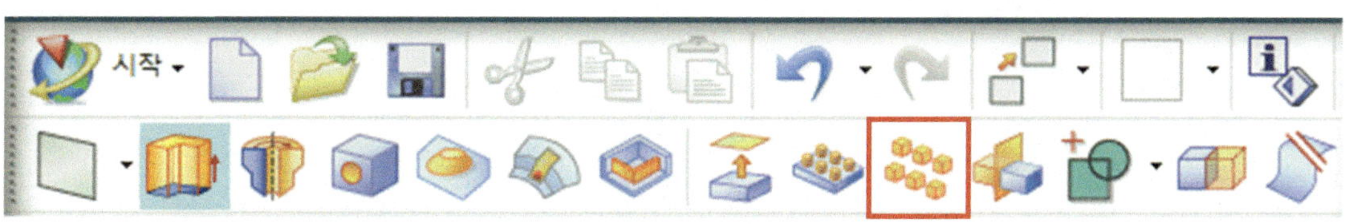

10) 파트탐색기에서 '복합 곡선' 선택, 아래와 같이 입력한 다음, '확인' 클릭한다.

※ 피치 거리: 25.7 (25.7 = 외곽치수 22.7 + 이송 잔폭 3.0)

※ 이송 잔폭: 재료 두께(t2)의 1.5배 적용하면, 3.0임

※ 선 색상은 'Silver Gray', 선 폰트는 '이점쇄선', 폭은 '0.13'으로 변경한다.

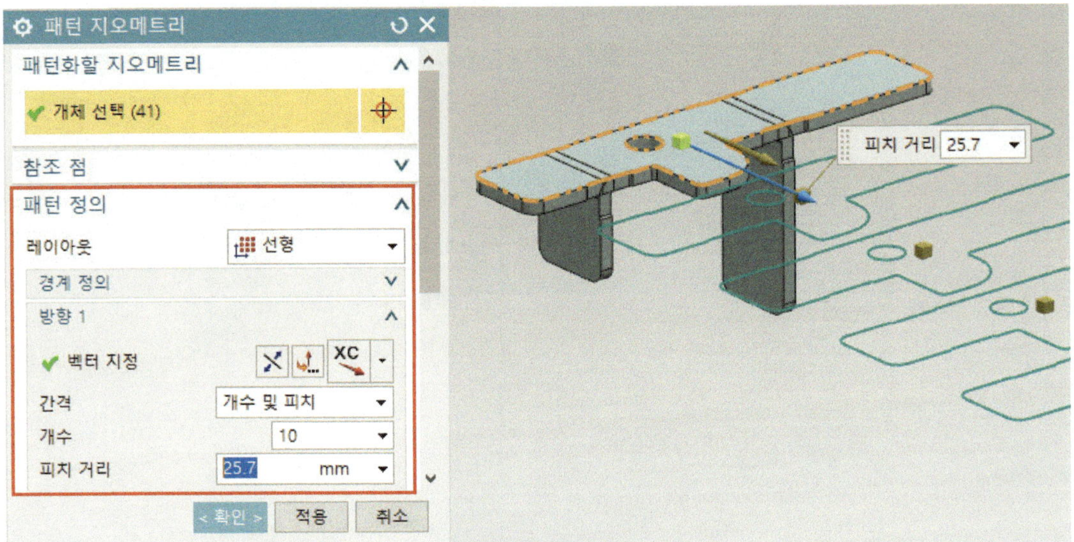

11) 프레스 원소재의 폭 치수를 결정하기 위해 '스케치' 아이콘을 클릭, 전개한 형상의 윗면을 X-Y 평면으로 설정하고, 아래와 같이 스케치한 후 '스케치 종료' 클릭한다.

※ 폭 치수: '76.2' (76.2 = 전개치수 70.2 + 앞뒤 잔폭 3.0 * 2)

※ 앞뒤 잔폭은 재료 두께(t2)의 1.5배 적용하면, 3.0임

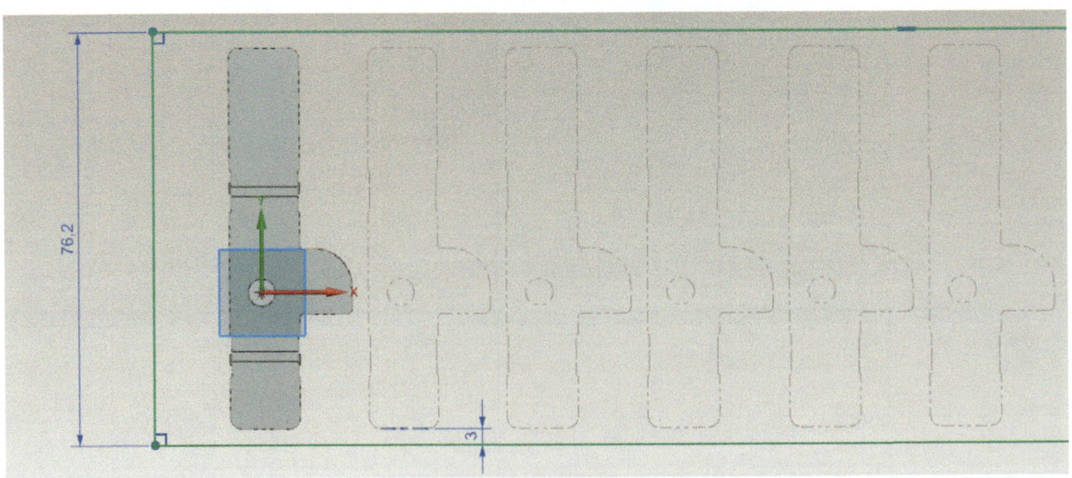

12) 원소재 두께를 생성해주기 위해 '돌출' 아이콘을 클릭, 스케치한 선을 선택한 다음, 두께는 '2', 부울은 '없음' 입력하고, '방향 반전' 클릭하여 돌출방향을 하면(아랫면)으로 변경한 다음, '확인' 클릭한다.

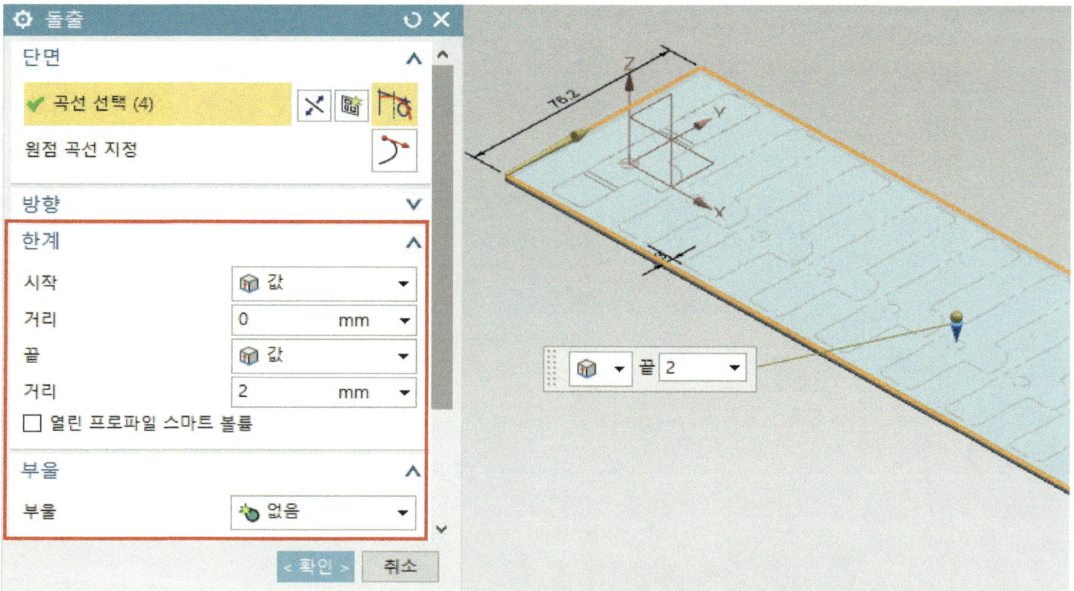

13) 첫 공정에서 제품의 홀과 파일럿 피어싱 홀을 가공하기 위해 '스케치' 아이콘을 클릭하여 아래와 같이 스케치한 다음, '스케치 종료' 클릭한다.

※ 간접 파일럿 피어싱 홀(2개소)도 제품 홀과 동일하게 ∅5.05로 스케치 한다.

※ 홀 직경: ∅5.05(파일럿 핀 직경보다 0.05 크게 피어싱 가공함)

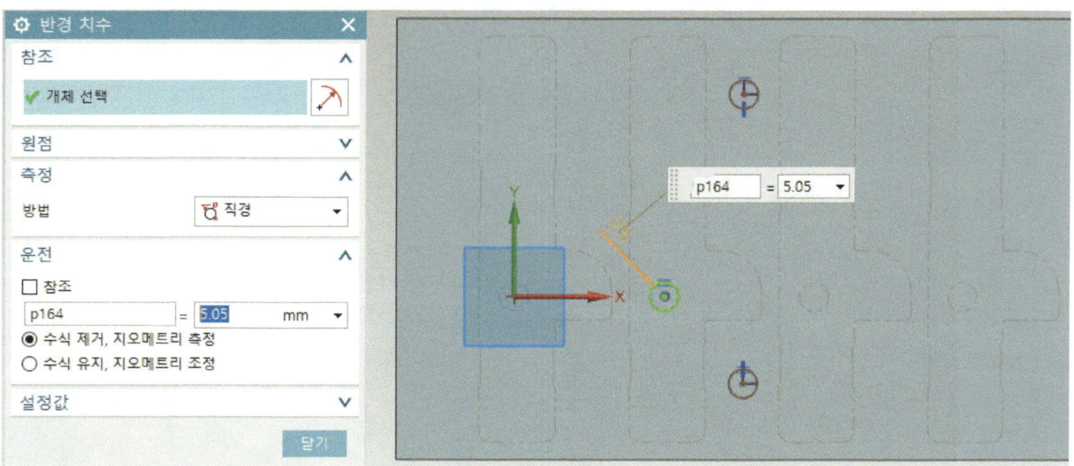

14) 홀을 생성해주기 위해 '돌출' 아이콘을 클릭, 스케치한 선을 선택한 다음, 돌출 거리는 '-10', 부울은 '없음' 입력하고, '확인' 클릭한다.

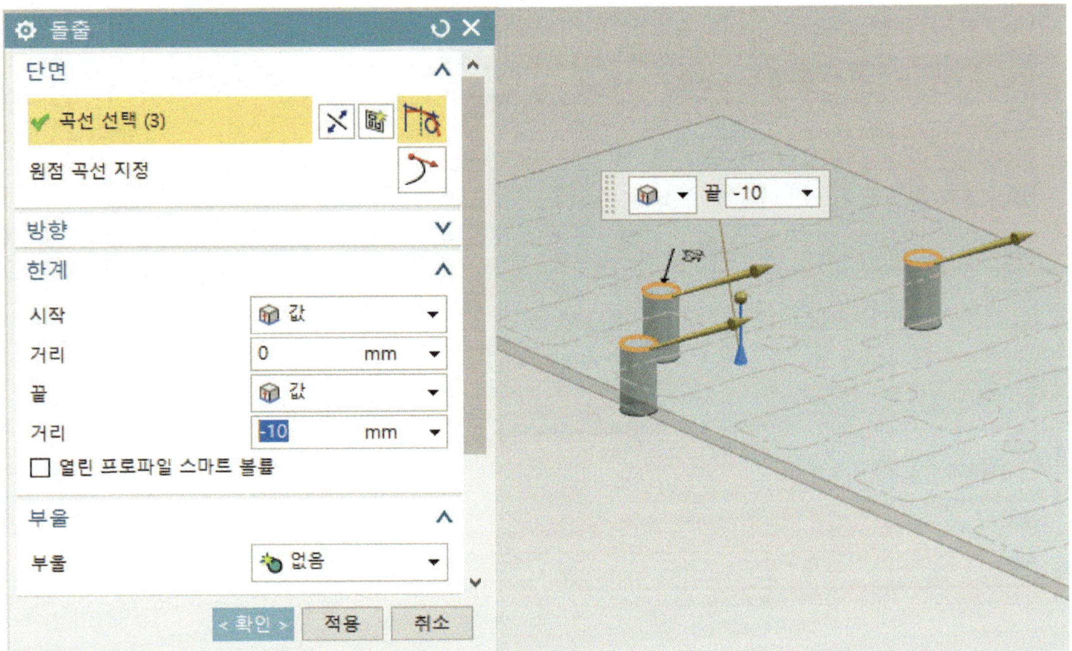

15) 돌출한 홀 형상을 다중복사하기 위해 '패턴 지오메트리' 아이콘을 클릭, 파트 탐색기에서 '돌출(OO)' 선택한 다음, 레이아웃은 '선형', 벡터는 'X축', 개수는 '10', 피치 거리는 '25.7' 입력하고, '확인' 클릭한다.

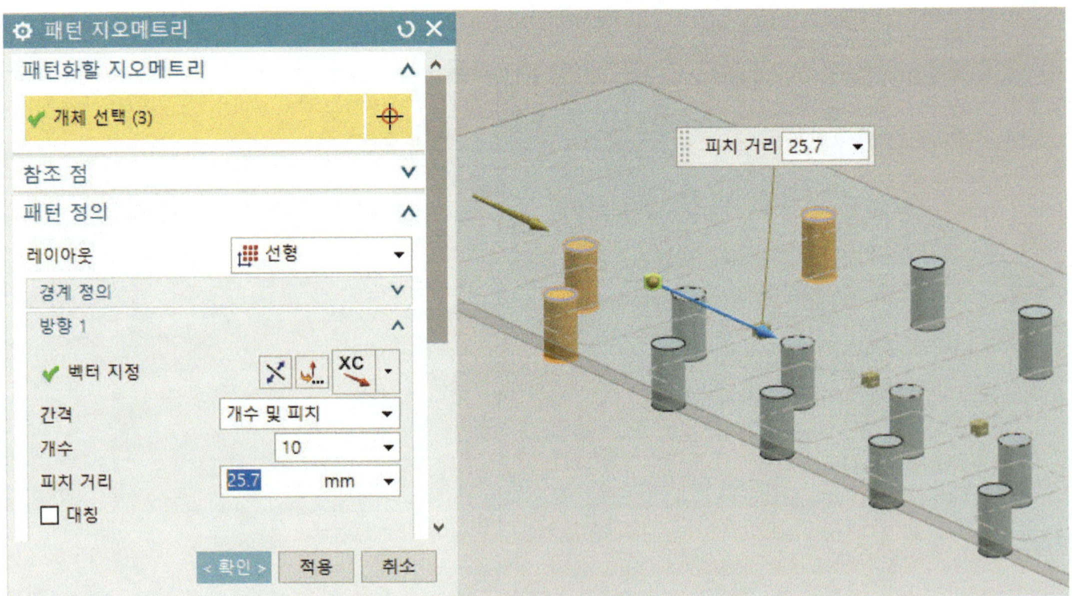

16) 프레스 원소재에 구멍 형상을 만들기 위해  '빼기' 아이콘을 클릭, 타깃 바디선택에서 프레스 원소재를 선택한 다음, 16)에서 생성한 홀 형상을 모두 선택하고, '확인' 클릭한다.

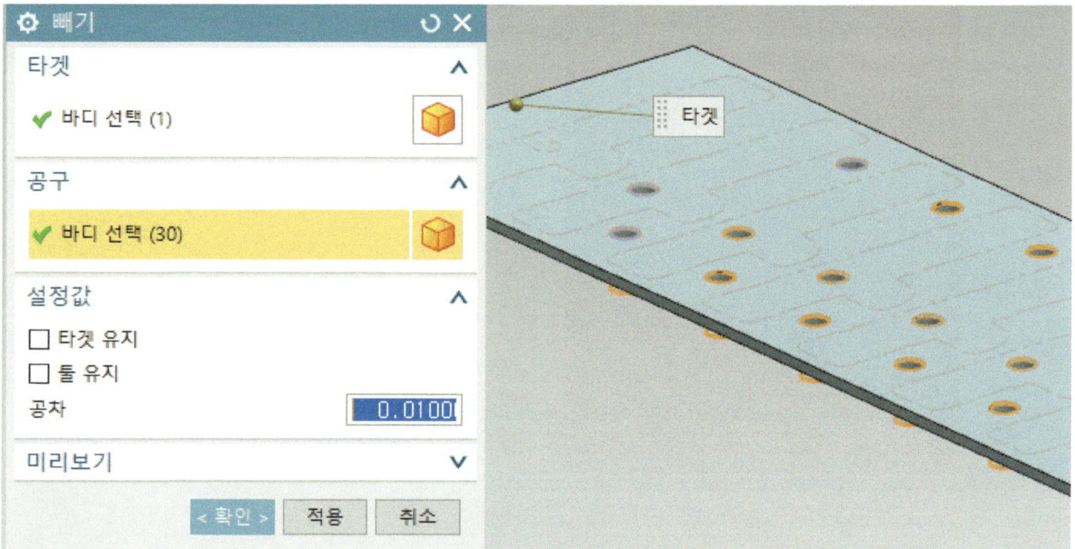

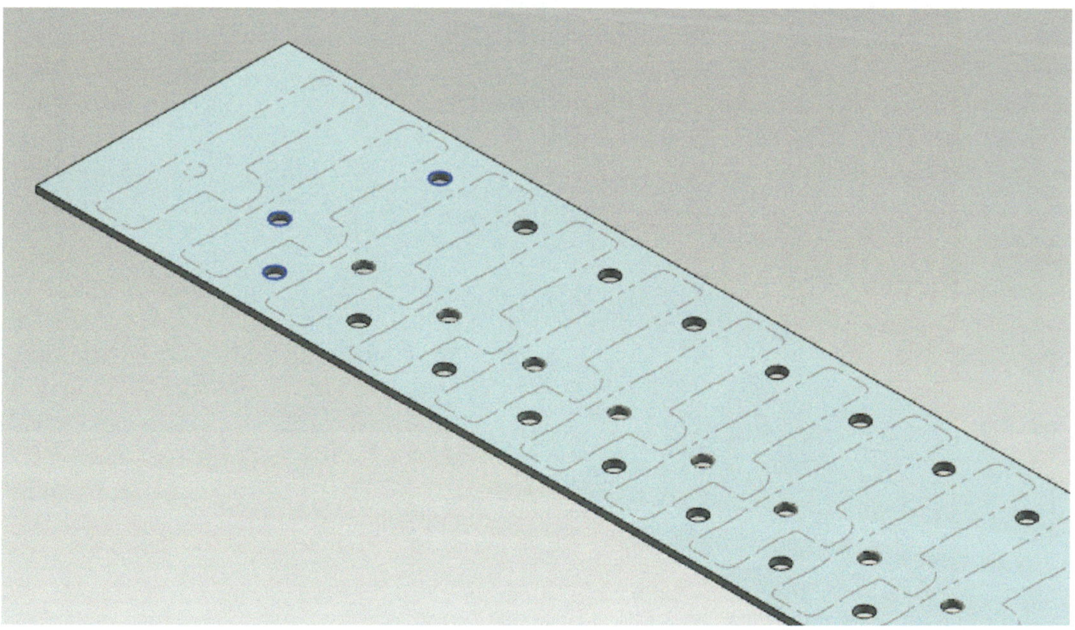

굽힘 형상(2개소) 제품을 생산하기 위한 프로그레시브 금형의 전체 공정을 정리해 보면, 다음과 같이 총 9개의 공정으로 구성할 수 있다.

1 공정: 제품 홀과 간접 파일럿 피어싱 홀 가공
2 공정: 아이들 가공
3 공정: 아이들 가공
4 공정: 노칭 공정
  - 양쪽 동시 노칭가공으로 틀어짐, 쏠림 등 방지
5 공정: 아이들 가공
6 공정: 벤딩 공정
  - 양쪽 동시 벤딩가공으로 틀어짐, 쏠림 등 방지
7 공정: 아이들 가공
  - 1차 벤딩가공 후 교정을 위한 여유 공정
8 공정: 아이들 가공
9 공정: 파팅 가공

※ 여기서 이들 공정이란? 가공이 이루어지지 않고 쉬어가는 공정으로 주로 금형의 강도보강, 제품 설계변경, 금형 시험작업 시 제품의 치수교정 등을 대비하기 위해 스트립 레이아웃 설계단계에서 적용한다.

17) 굽힘 가공을 위한 외곽 노칭 형상을 만들어주기 위해 '스케치' 아이콘을 클릭, 원소재의 윗면을 X-Y 평면으로 설정하고, 아래와 같이 스케치한 후 '스케치 종료' 클릭한다.

※ 기존 복합곡선을  투영해서 사용하면 스케치 시간을 단축할 수 있다.

※ 치수 적용 시 2D 형상이 틀어지면, 지오메트리 구속의  고정 아이콘을 이용하여 틀어짐을 방지할 수 있다.

※ 와이어 컷팅 가공할 때 일반적으로 ∅0.25~∅0.30 와이어를 사용하므로 펀치 & 다이의 코너 부위 최소 R은 R0.2 적용한다.

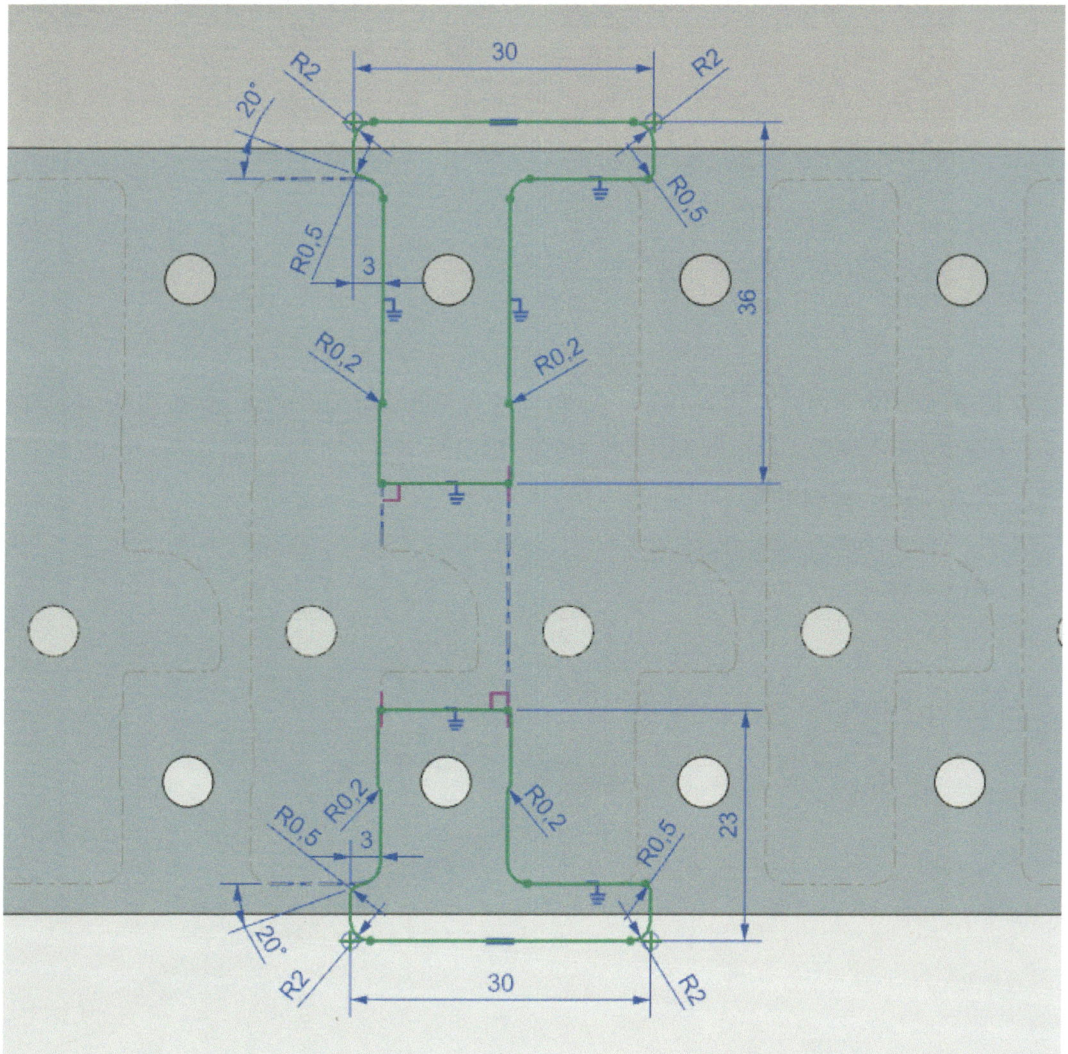

18) 노칭 펀치 형상을 생성해주기 위해 '돌출' 아이콘을 클릭, 스케치한 선을 선택한 다음, 돌출 거리는 '-10', 부울은 '없음' 입력하고, '확인' 클릭한다.

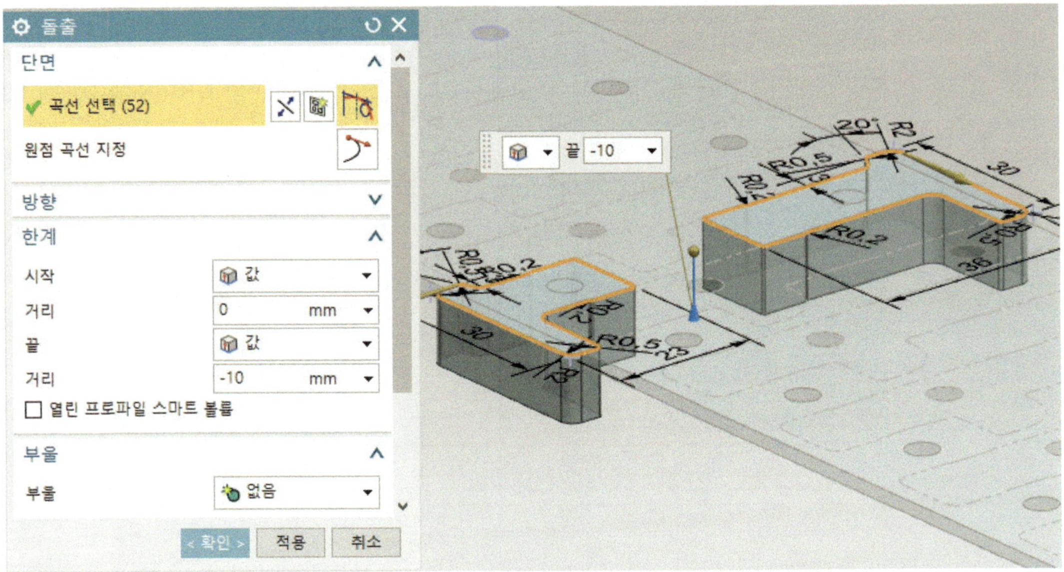

19) 돌출한 노칭 형상을 다중복사하기 위해 '패턴 지오메트리' 아이콘을 클릭, 파트 탐색기에서 '돌출(OO)' 선택한 다음, 레이아웃은 '선형', 벡터는 'X축', 개수는 '6', 피치 거리는 '25.7' 입력하고, '확인' 클릭한다.

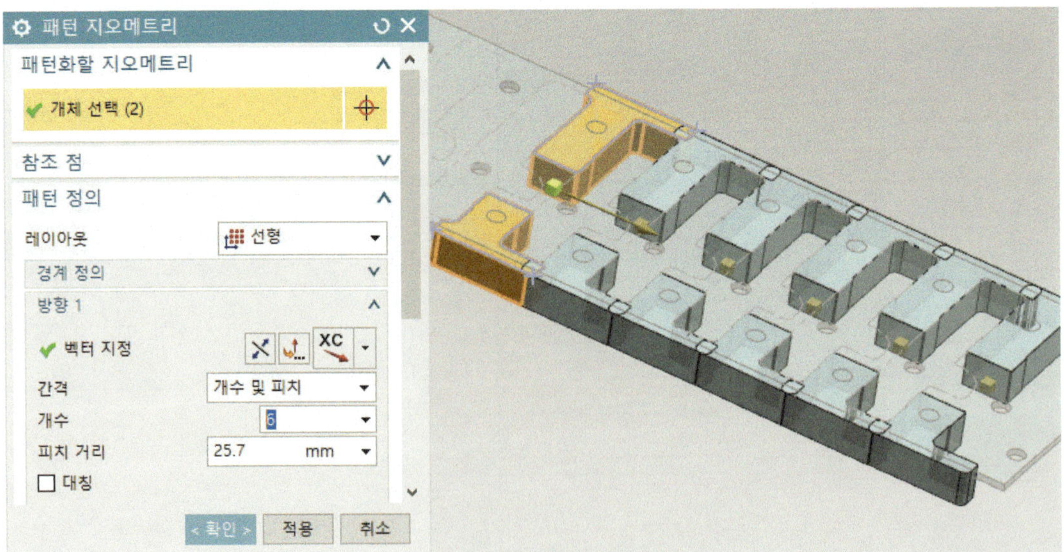

20) 프레스 원소재에 노칭 형상을 만들기 위해 '빼기' 아이콘을 클릭, 타깃 바디선택에서 프레스 원소재를 선택한 다음, 20)에서 생성한 노칭 형상을 모두 선택하고, '확인' 클릭한다.

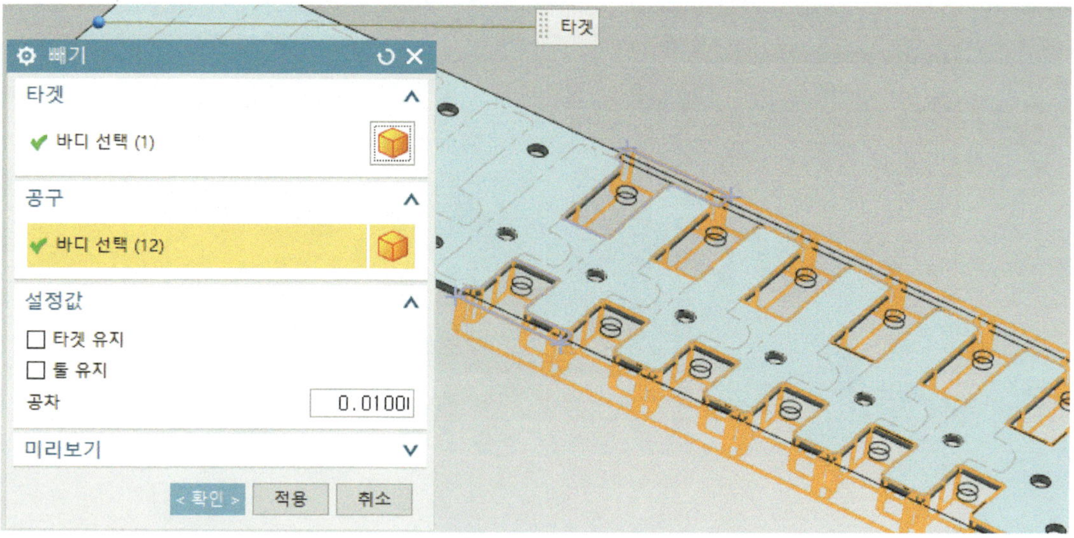

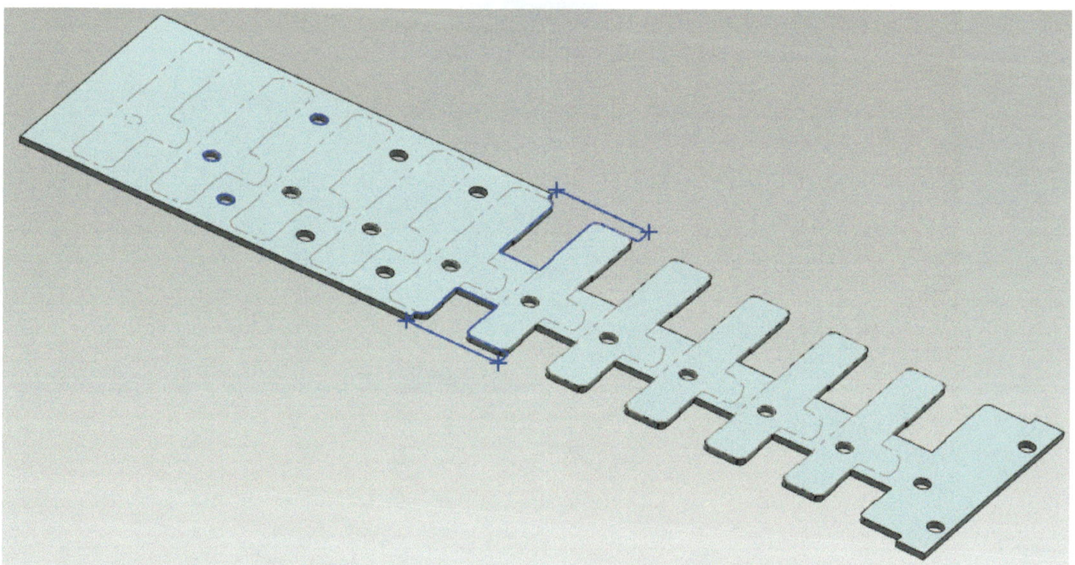

21) 굽힘 형상을 추가하기 위한 빈 공간을 만들어주기 위해 '**돌출**' 아이콘을 클릭, 선택 박스에서 '**영역 경계곡선**' 선택한 다음, '**여섯 번째 공정**'부터 마지막 공정까지 원소재에서 전개 형상을 모두 클릭하고, 부울은 '**빼기**' 선택한 다음, '**확인**' 클릭한다.

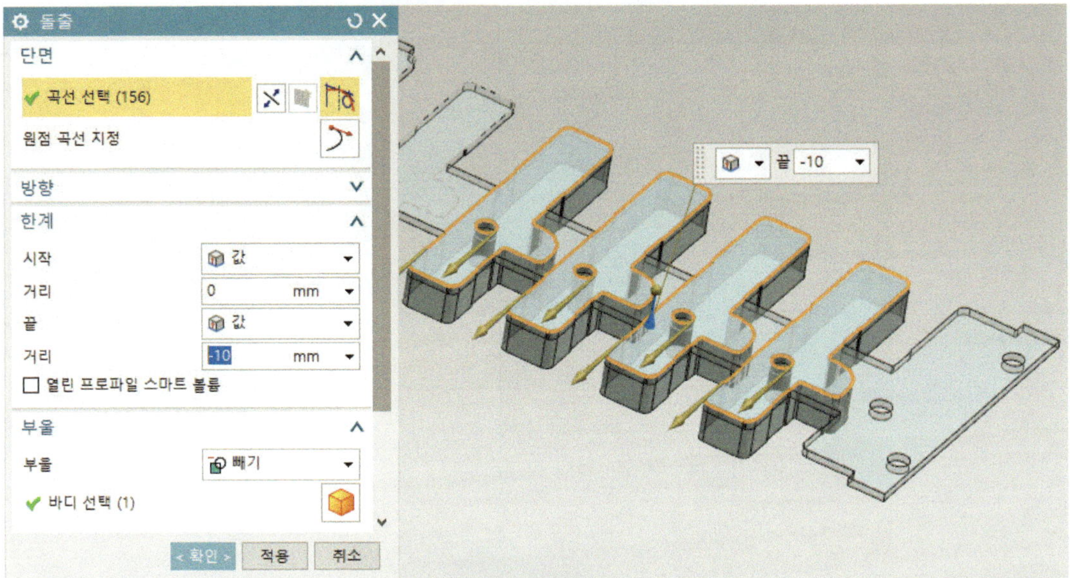

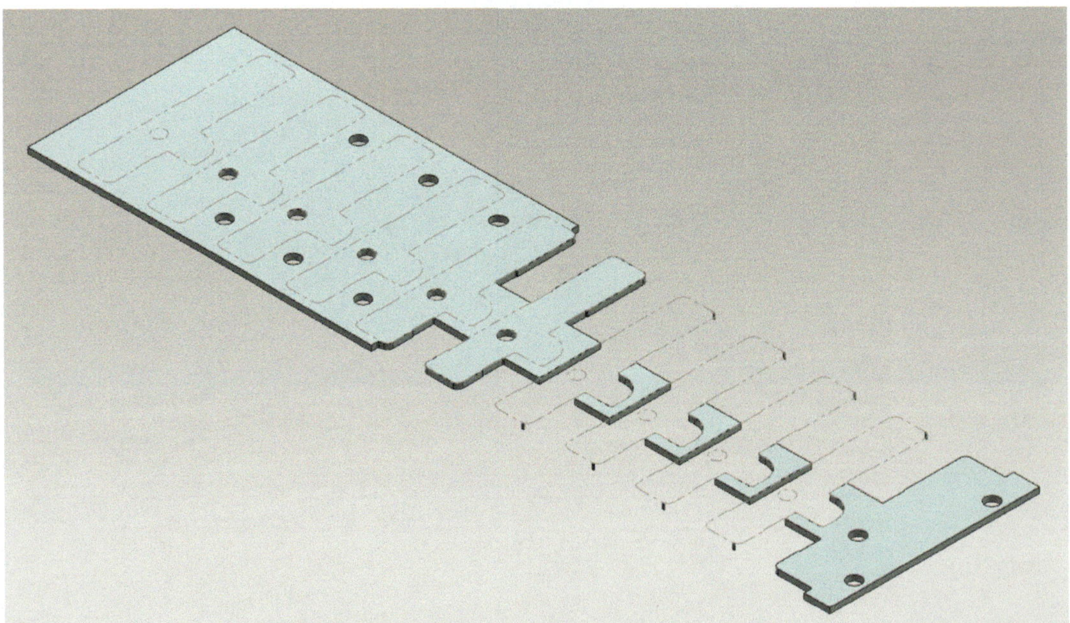

22) 스트립 레이아웃에 제거되지 않고, 남아 있는 잔여 형상을 삭제하기 위해 바디 삭제 아이콘을 클릭, 아래와 같이 잔여 형상을 모두 선택한 다음, '확인' 클릭한다.

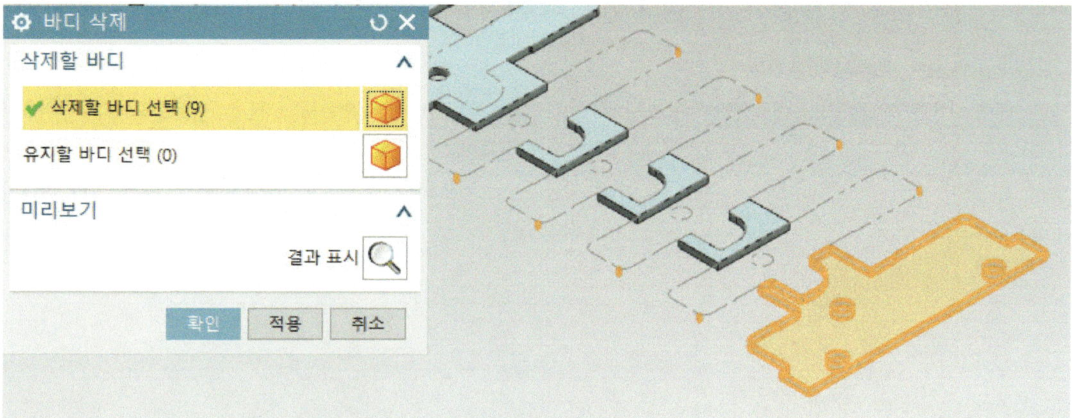

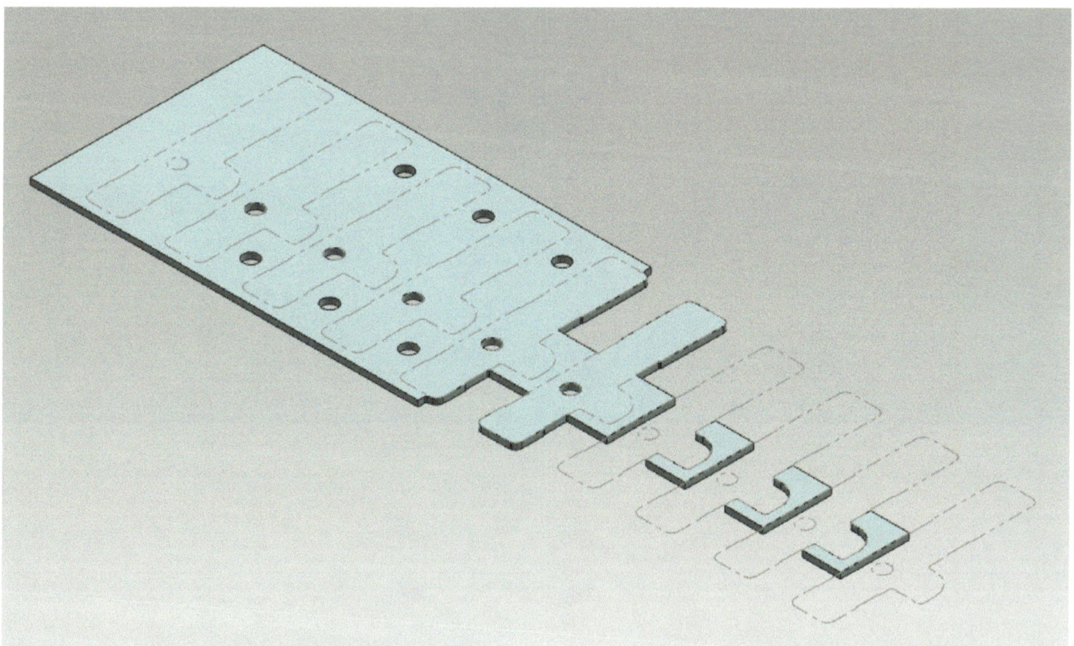

23) 굽힘 형상을 다중복사하기 위해 '패턴 지오메트리' 아이콘을 클릭, 스트립 레이아웃을 회전시켜 뒷면의 굽힘 형상을 선택하고, 레이아웃은 '**일반**', From 점 지정은 다중 복사할 제품 형상의 원 중심점 클릭, To 점 지정은 각 공정의 원 중심점 클릭한 다음, '**확인**' 클릭한다. (아래 이미지 참조)

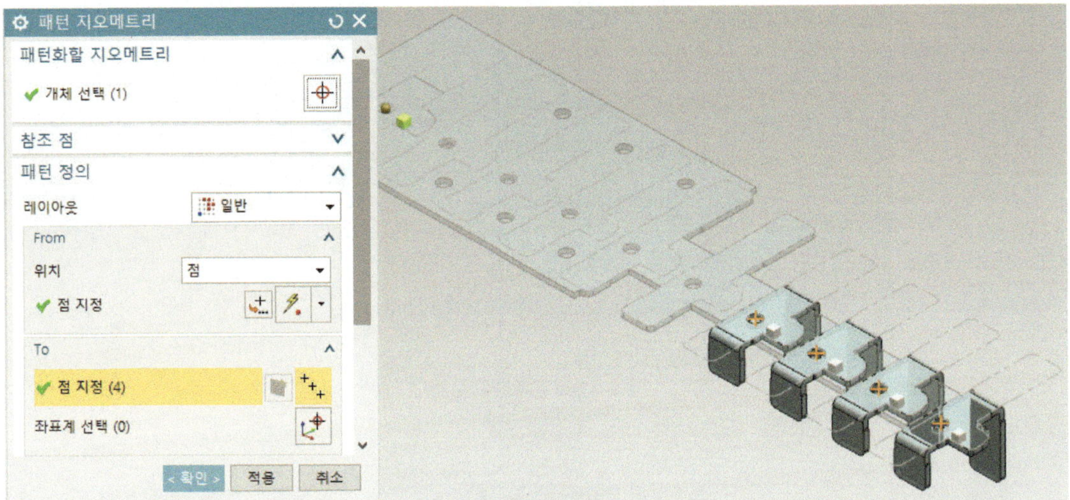

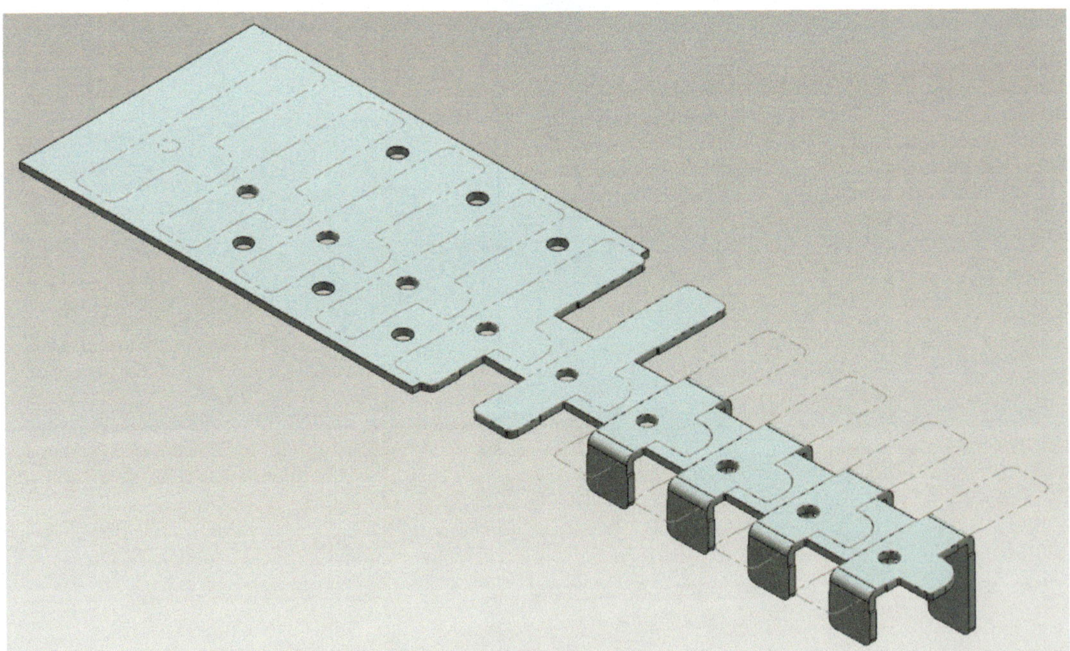

24) 최종 파팅 가공을 위한 파팅 펀치형상을 만들어주기 위해 '스케치' 아이콘을 클릭, 원소재의 윗면을 X-Y 평면으로 설정하고, 아래와 같이 스케치한 다음, '스케치 종료' 클릭한다.

※ 기존 복합곡선을 투영해서 사용하면 스케치 시간을 단축할 수 있다.

※ 치수 적용 시 2D 형상이 틀어지면, 지오메트리 구속의 고정 아이콘을 이용하여 틀어짐을 방지할 수 있다.

※ 와이어 컷팅 가공할 때 일반적으로 ∅0.25 ~ ∅0.30 와이어를 사용하므로 펀치 & 다이의 코너 부위 최소 R은 R0.2 적용한다.

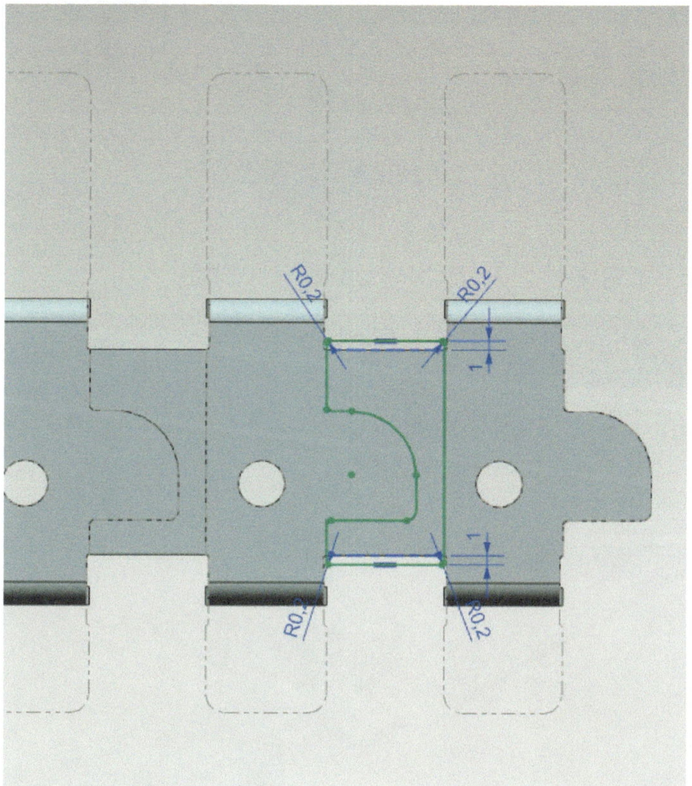

25) 스트립 레이아웃에 제거되지 않고, 남아 있는 파팅 스크랩 형상을 삭제하기 위해 바디 삭제 아이콘을 클릭, 아래와 같이 파팅 스크랩 형상을 선택한 다음, '확인' 클릭한다.

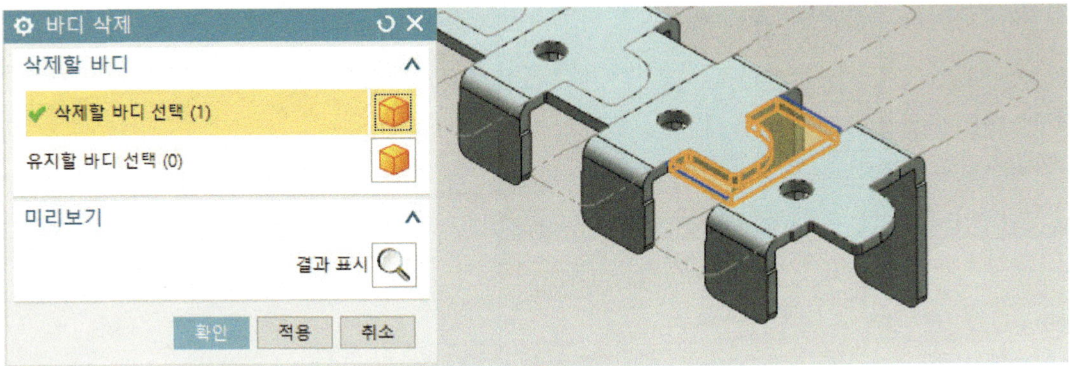

※ 총 9공정으로 설계된 굽힘 제품의 스트립 레이아웃

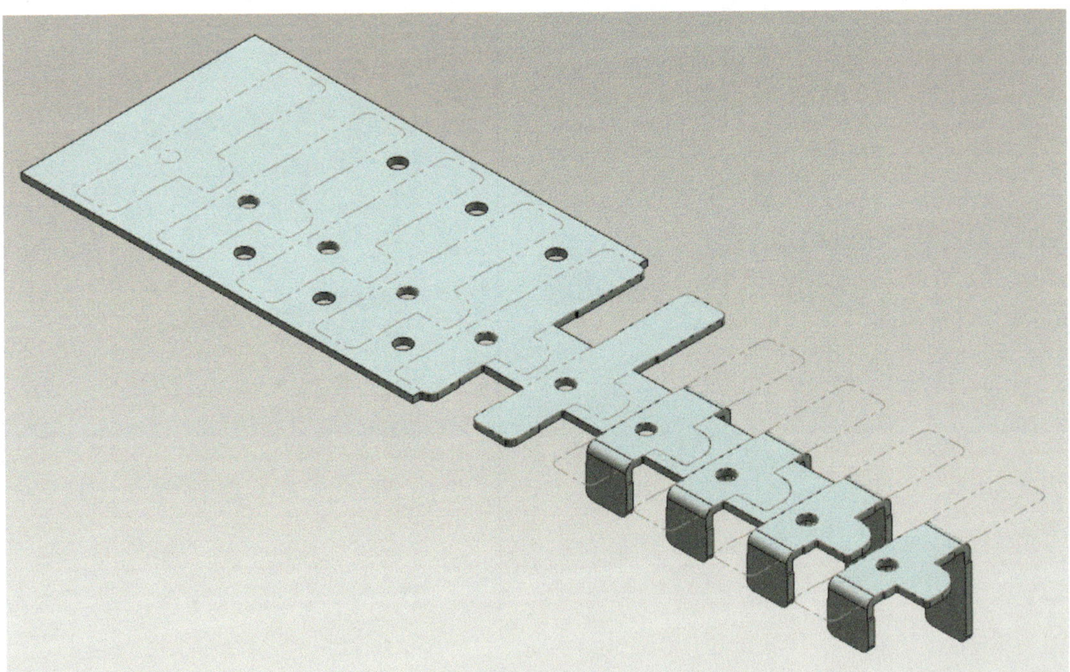

3.3 펀치 및 파일럿 핀 설계하기

1) 스트립 레이아웃에서 첫 공정의 제품 홀과 간접 파일럿 피어싱 펀치를 생성하기 위해 돌출 아이콘을 클릭, 선택 박스에서 '연결된 곡선' 선택하고, 홀 형상의 윗면 모서리 3개소를 선택한 다음, 아래와 같이 입력하고 '확인' 클릭한다.

※ 생성한 펀치는 구분하기 쉽게 'Ctrl+J' 이용, 'Magenta' 색상으로 변경한다.

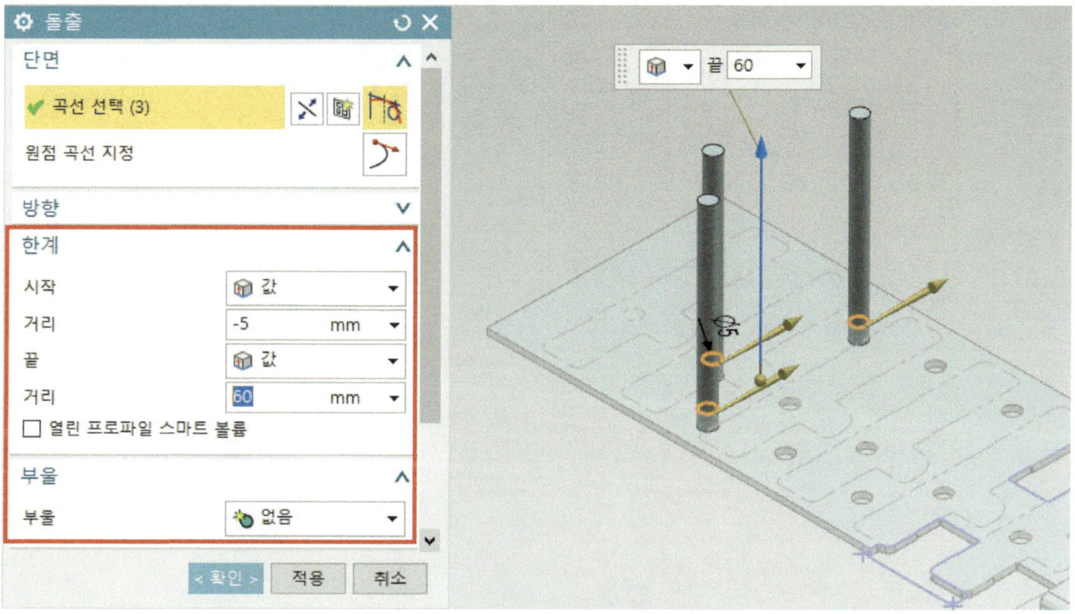

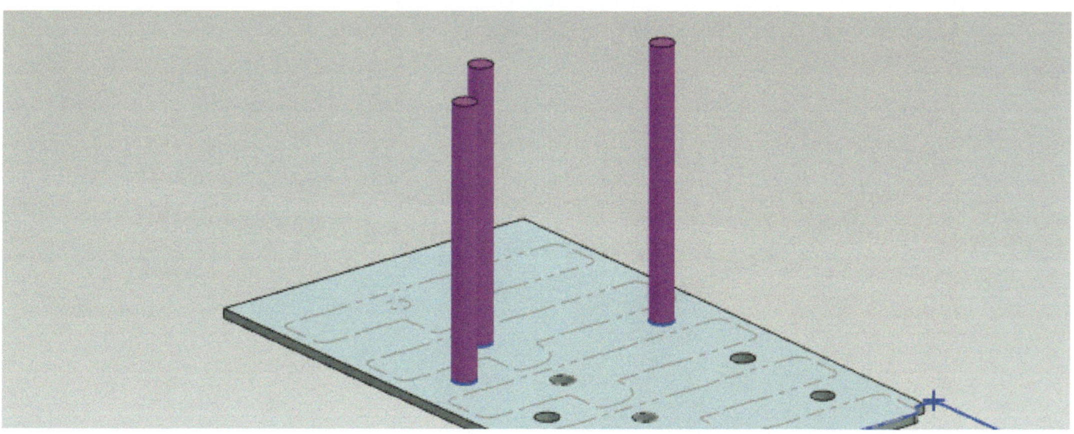

2) 피어싱 펀치에 턱걸이(플랜지)를 생성하기 위해 돌출 아이콘을 클릭, 선택 박스에서 '면 모서리' 선택하고, 피어싱 펀치의 윗면을 선택한 다음, 아래와 같이 입력하고 '확인' 클릭한다.

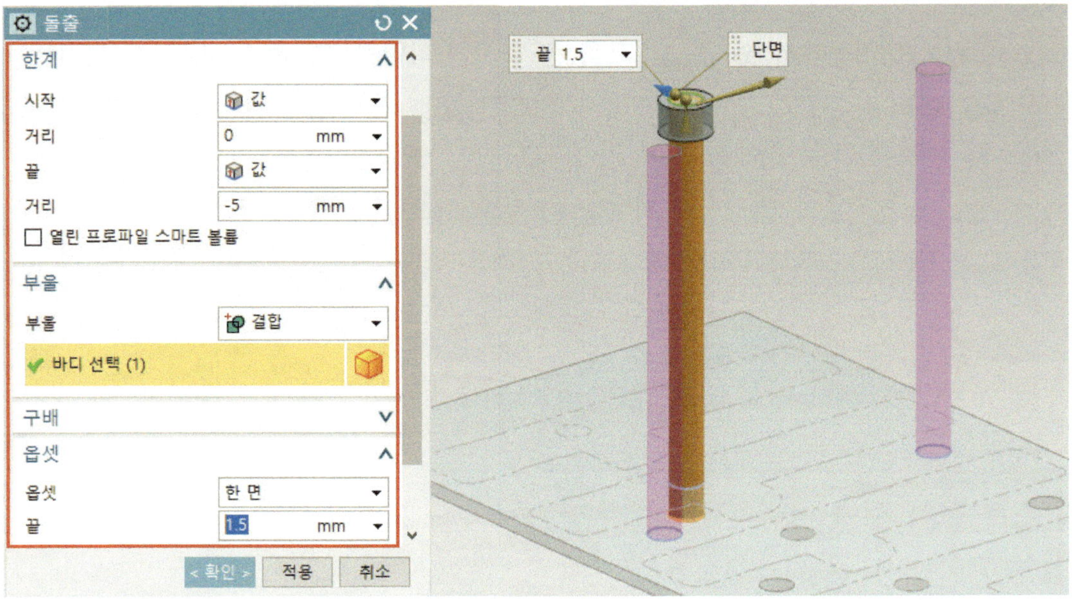

※ 나머지 피어싱 펀치도 위와 동일한 방법으로 턱걸이를 생성해준다.

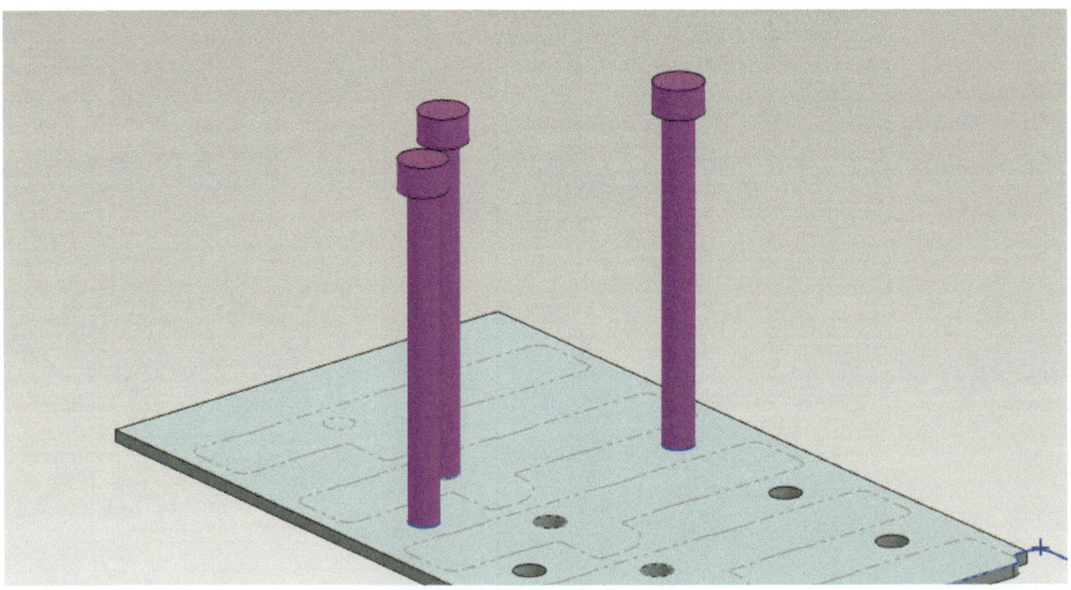

3) 두 번째 공정부터는 스트립 레이아웃을 정확하게 위치 결정해주기 위한 파일럿 핀을 생성하기 위해 [icon] 돌출 아이콘을 클릭, 선택 박스에서 '**연결된 곡선**' 선택하고, 파일럿 핀 홀 형상의 윗면 모서리 1개소를 선택한 다음, 아래와 같이 입력하고, '**확인**' 클릭한다.

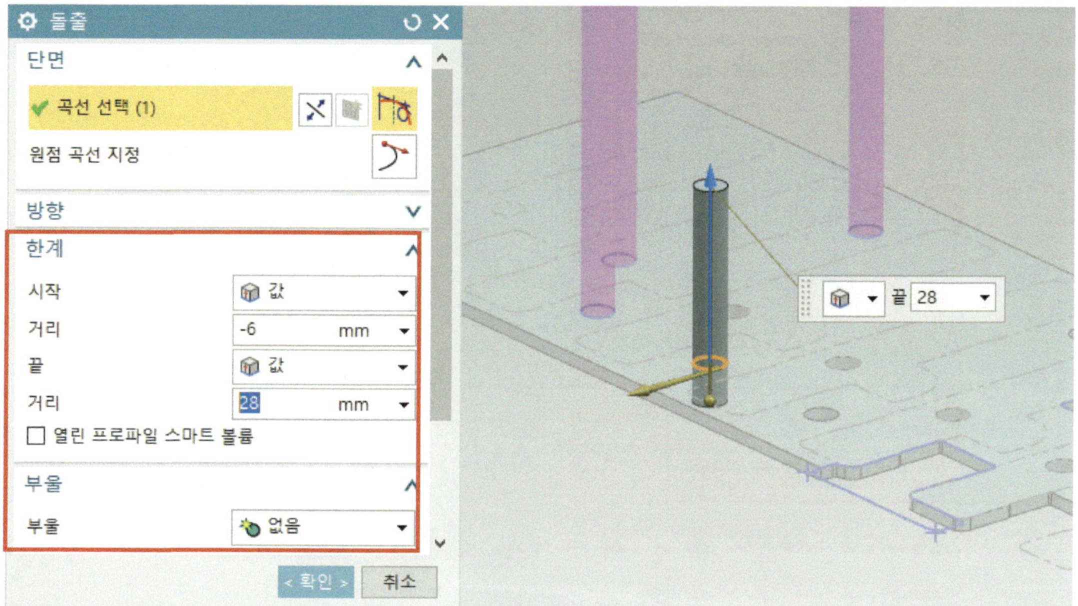

※ 파일럿 핀은 구분하기 쉽게 '**Ctrl+J**' 이용, '**Yellow**' 색상으로 변경하고, 동기식 모델링의 '**면 크기 조정**' 이용, 몸통 크기를 '**∅5.05→∅5.0**'으로 축소한다.

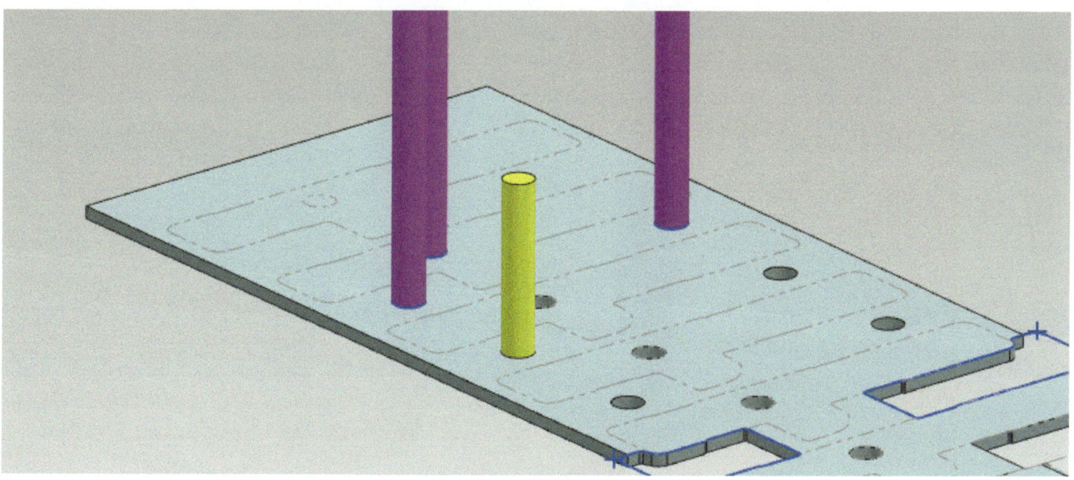

4) 파일럿 핀에 턱걸이(플랜지)를 생성하기 위해 돌출 아이콘을 클릭, 선택 박스에서 '면 모서리' 선택하고, 파일럿 핀의 윗면을 선택한 다음, 아래와 같이 입력하고, '확인' 클릭한다.

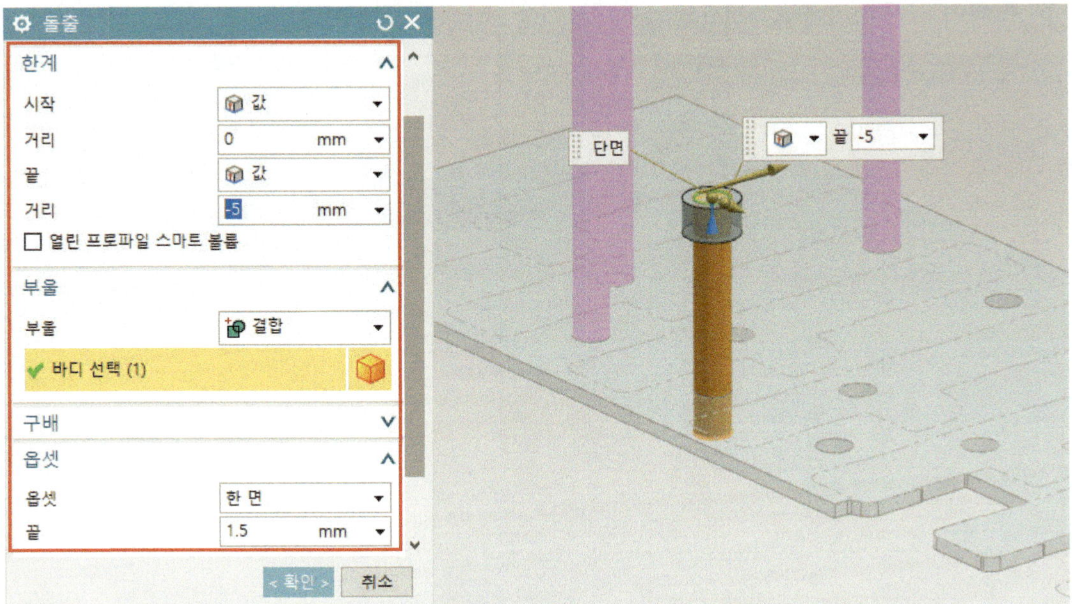

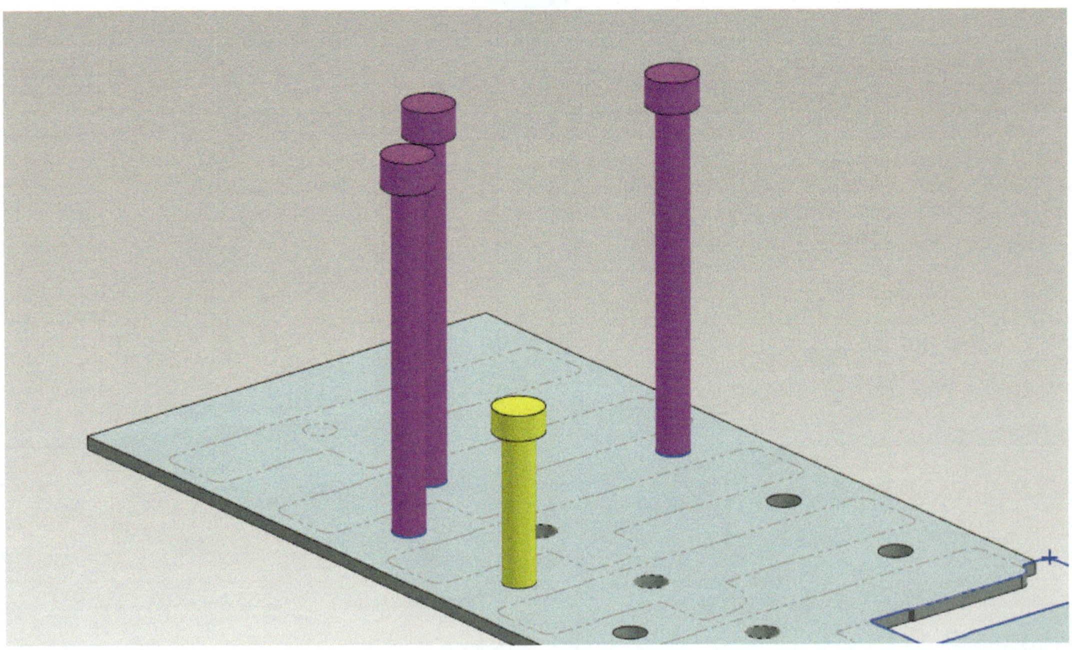

5) 파일럿 핀의 선단부에 테이퍼 형상을 만들어주기 위해 모따기 아이콘을 클릭, 옵셋 그룹에서 단면은 '옵셋 및 각도', 거리는 '4', 각도는 '30°', 입력하고, 파일럿 핀의 선단부 모서리를 선택(드래그)한 다음, 아래와 같이 입력하고, '확인' 클릭한다.

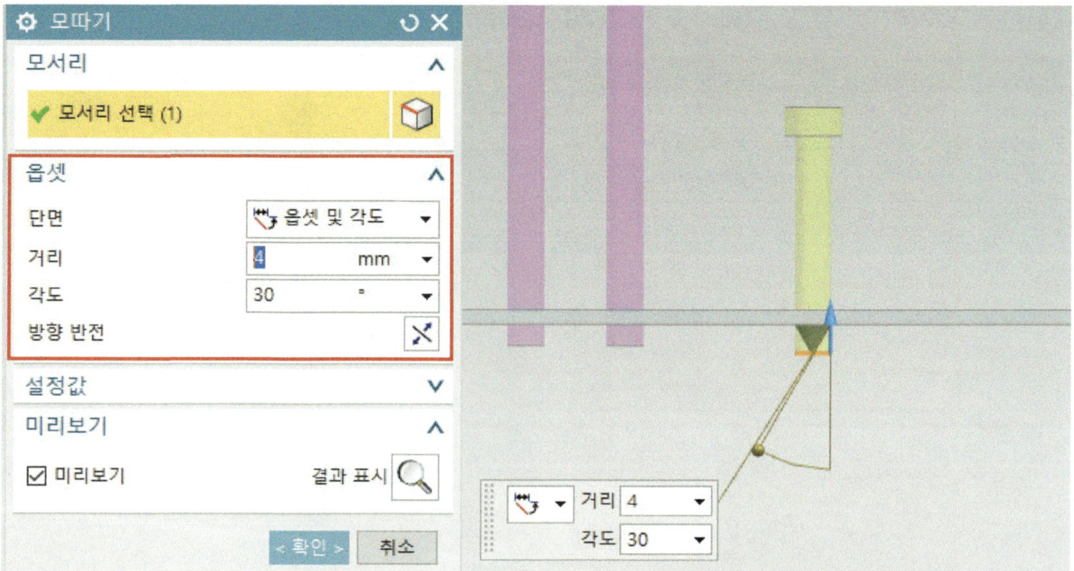

6) 다음은 파일럿 핀의 선단부에 라운드 형상을 만들어주기 위해 모서리 블렌드 아이콘을 클릭, 형상그룹의 반경 1에 '3', 입력하고, 5)에서 생성한 모따기 형상을 선택(드래그)한 다음, '확인' 클릭한다.

※ 스트립 레이아웃 선택, 'Ctrl+J' 클릭, 반 투명도를 '80%' 정도 적용한다.

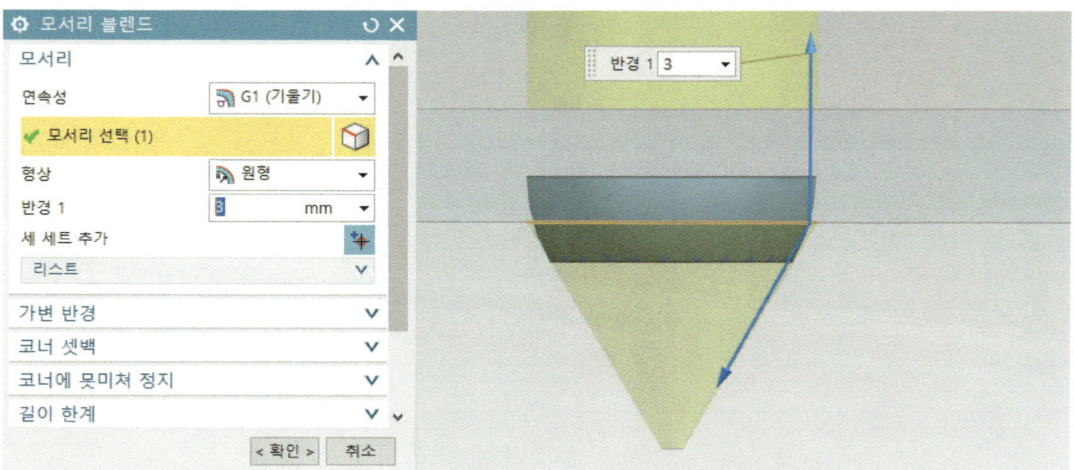

7) 다음은 스트립 레이아웃 상면에서 파일럿 핀의 라운드 적용된 부분까지의 직선구간 거리 값을 확인하기 위해 아이콘을 클릭, 유형은 '**투영 거리**', 벡터는 '**Z축**', 선택하고, 아래와 같이 두 점을 찍어서 거리 값을 확인한다.

(직선구간 거리 = 재료 두께의 50~70% 적용함)

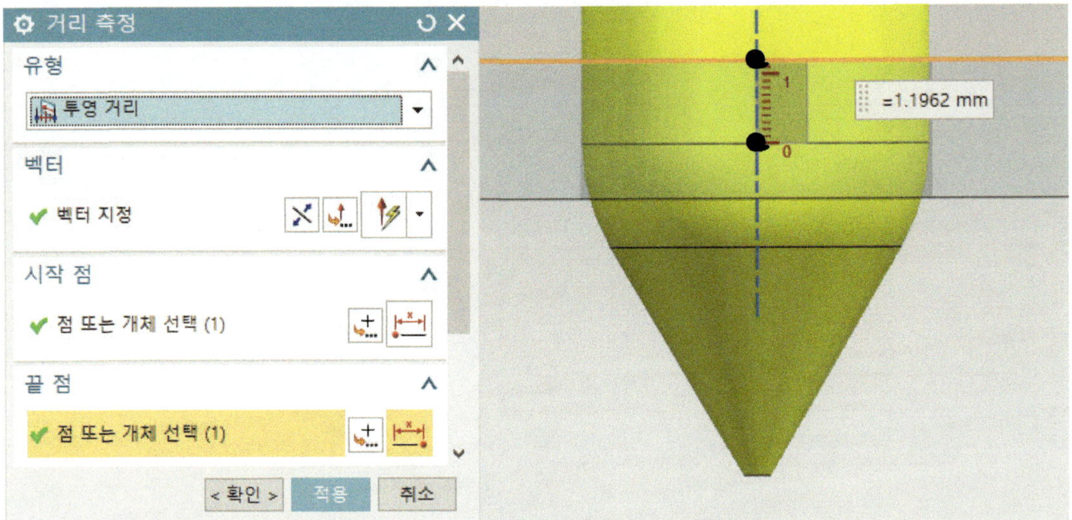

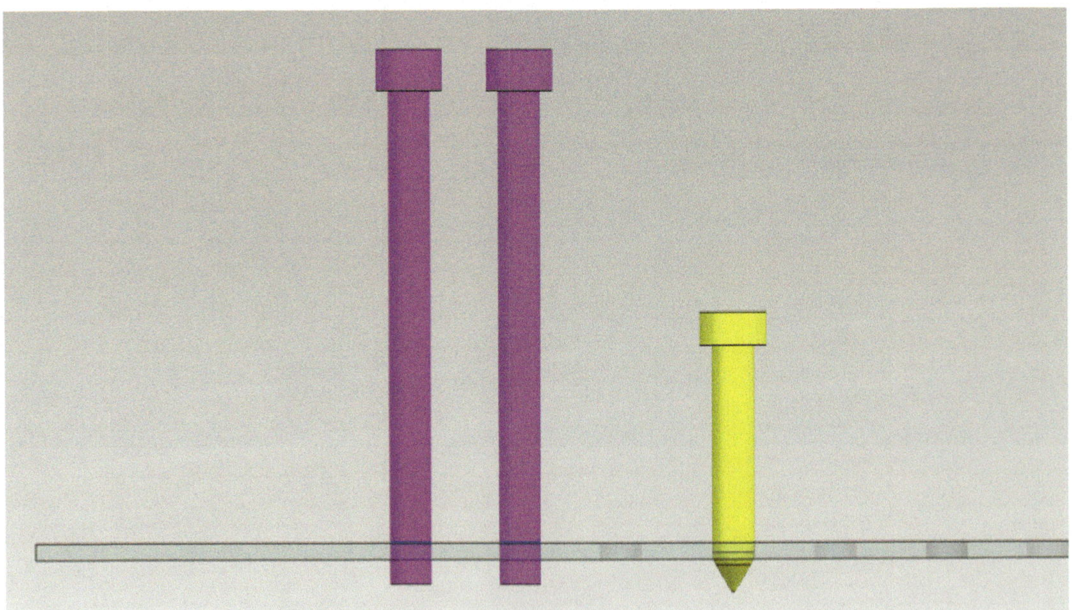

8) 파일럿 핀을 다중 복사하기 위해 '패턴 지오메트리' 아이콘을 클릭, 파일럿 핀을 선택하고, 레이아웃은 '일반', From 점 지정은 생성한 파일럿 핀의 홀 중심점 클릭, To 점 지정은 다중 복사할 스트립 레이아웃의 파일럿 핀 홀 중심점 선택한 다음, '확인' 클릭한다. (아래 이미지 참조)

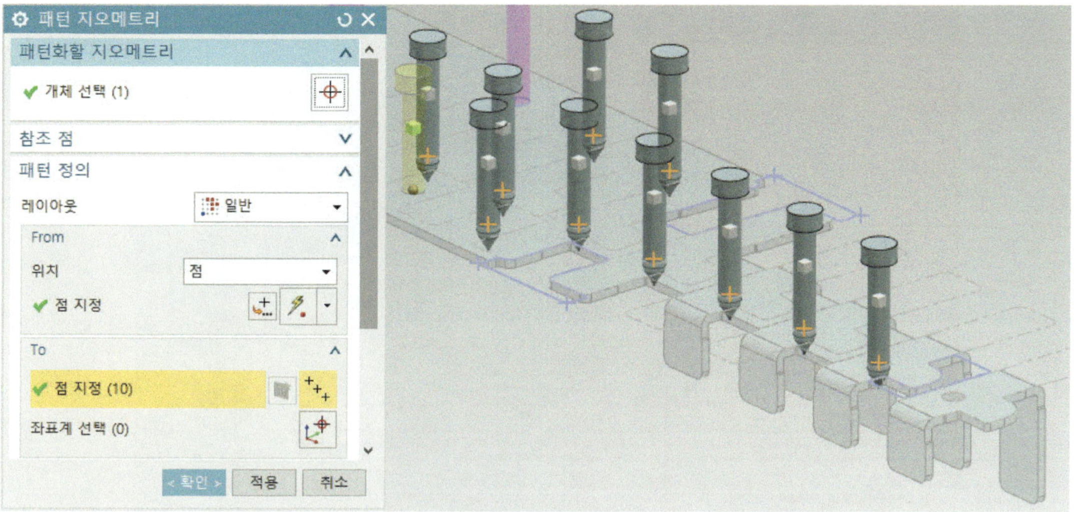

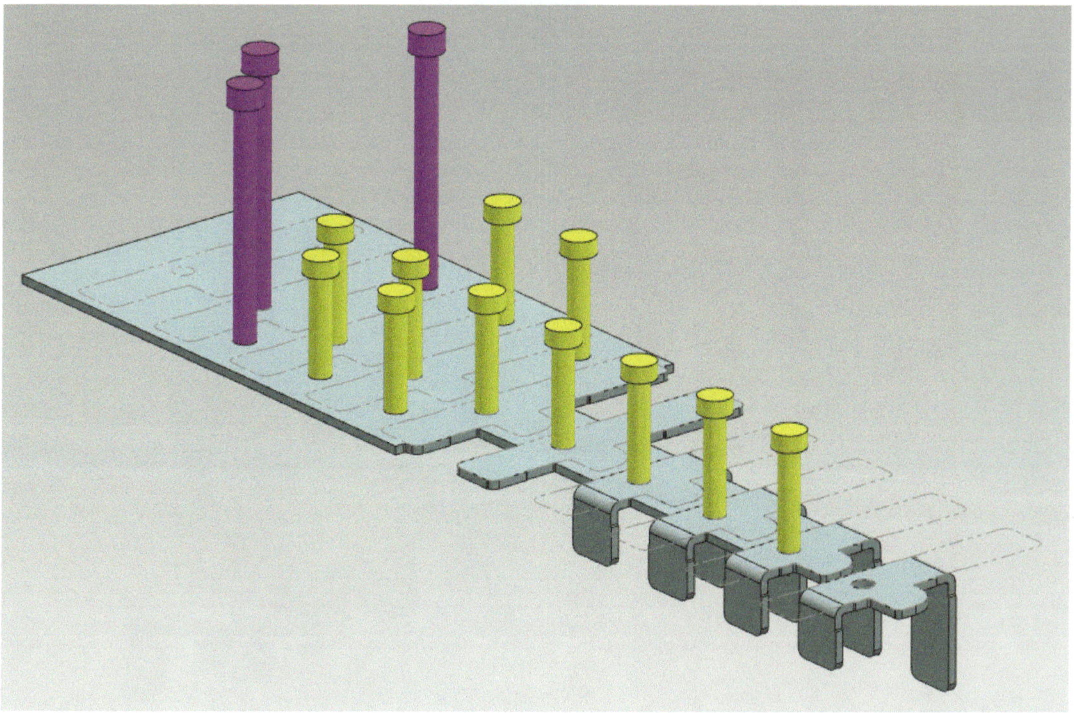

9) 다음은 '노칭 펀치'와 '파팅 펀치'를 생성하기 위해 돌출 아이콘을 클릭, 선택 박스에서 '연결된 곡선' 선택하고, 펀치 형상의 스케치를 선택한 다음, 아래와 같이 입력하고, '확인' 클릭한다.

※ 생성한 펀치는 구분하기 쉽게 'Ctrl+J' 이용, 'Magenta' 색상으로 변경한다.

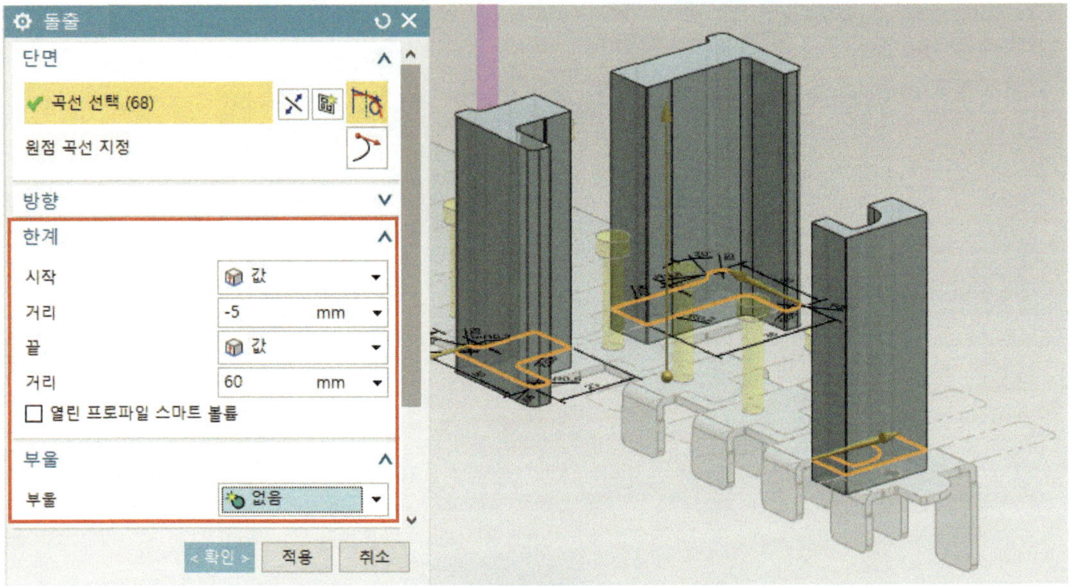

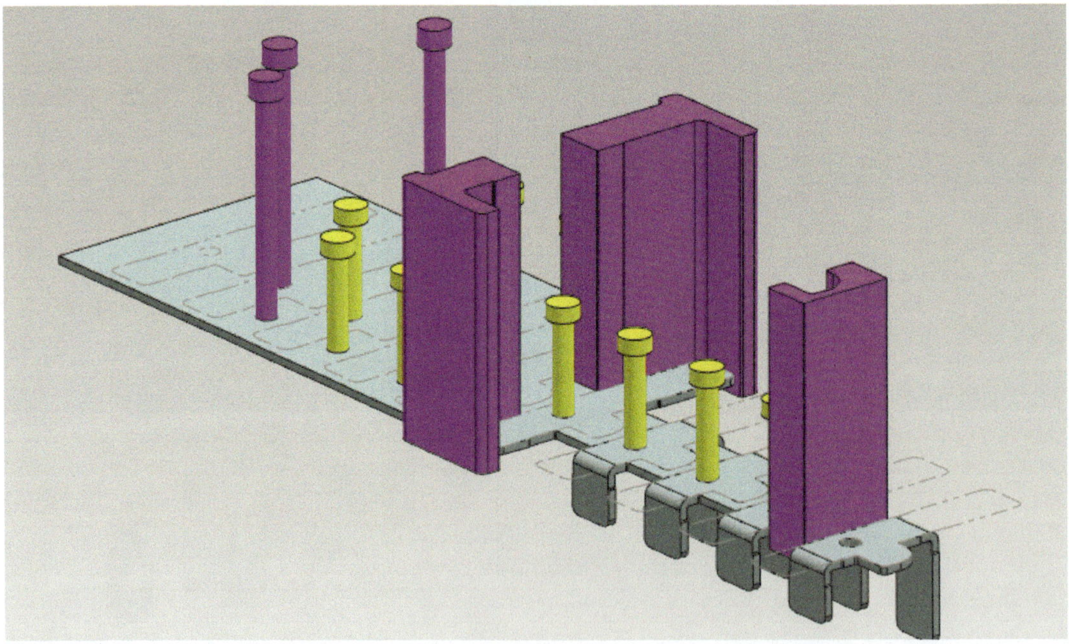

10) 다음은 벤딩 펀치를 생성하기 위해 돌출 아이콘을 클릭, 선택 조건에서 '면 모서리' 선택하고, 벡터는 '+Z 방향', 6공정 굽힘 형상의 외측 라운드 면을 선택한 다음, 아래와 같이 입력하고, '확인' 클릭한다.

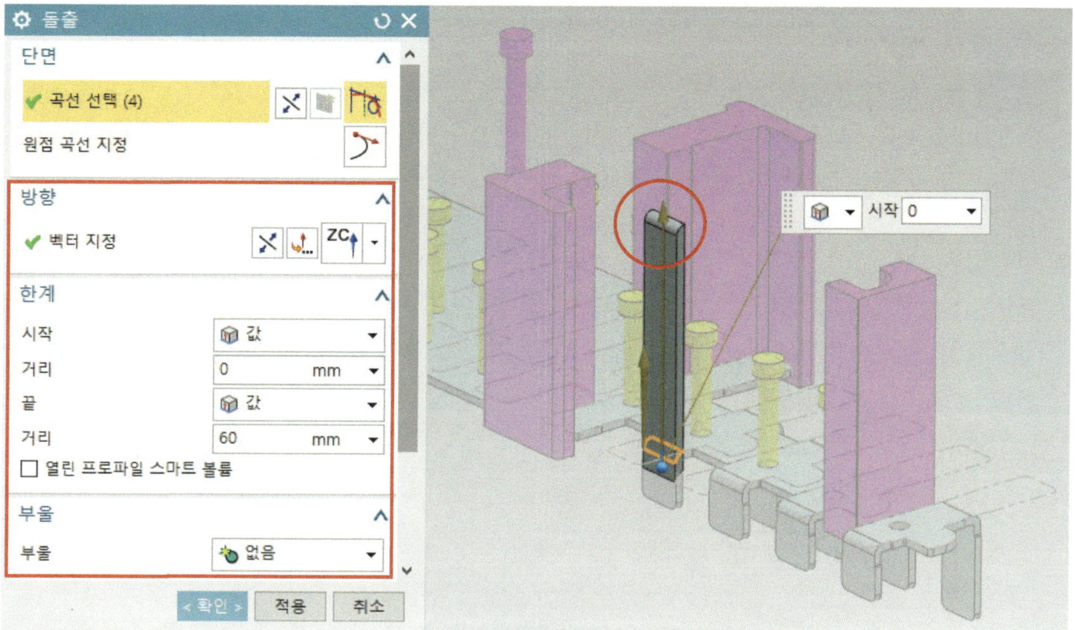

11) 벤딩 펀치 윗면을 평면으로 만들어주기 위해 면 교체 아이콘을 클릭, 초기 면 그룹의 면 선택에서 돌출한 '벤딩 펀치의 라운드 면' 선택하고, 교체할 새로운 면(기준면) 그룹의 '면 선택' 클릭한 다음, 기존에 생성된 '노칭 펀치 윗면'을 선택하고, '확인' 클릭한다.

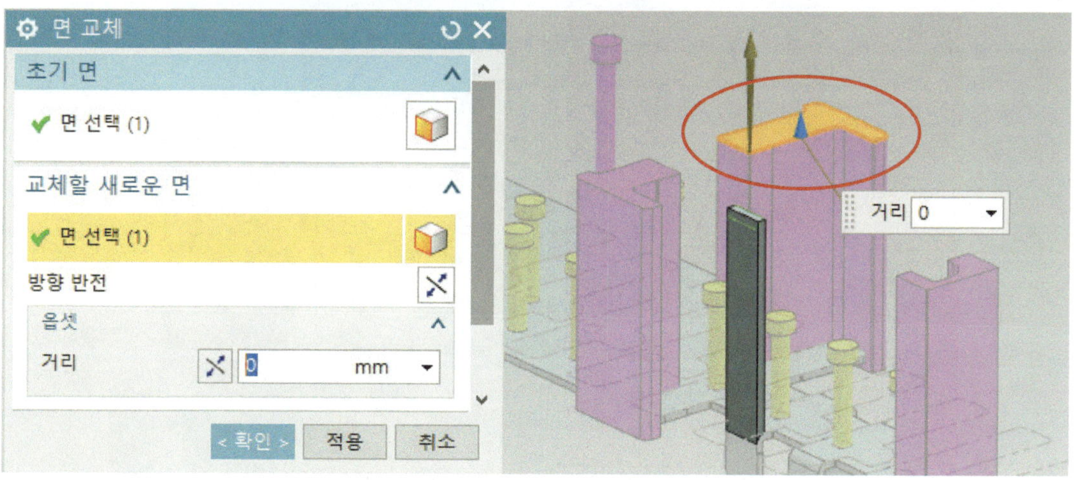

12) 벤딩 펀치의 폭을 확대하기 위해 면 당기기 아이콘을 클릭, 면 그룹의 면 선택에서, 11)에서 돌출한 벤딩 펀치의 측면을 선택한 다음, 벡터 확인하고, 아래와 같이 거리 값 '20' 입력하고, '확인' 클릭한다.

※ 거리 값 20은 대략적인 치수이며, 벤딩 전개 길이 확인 후 재설정 필요!

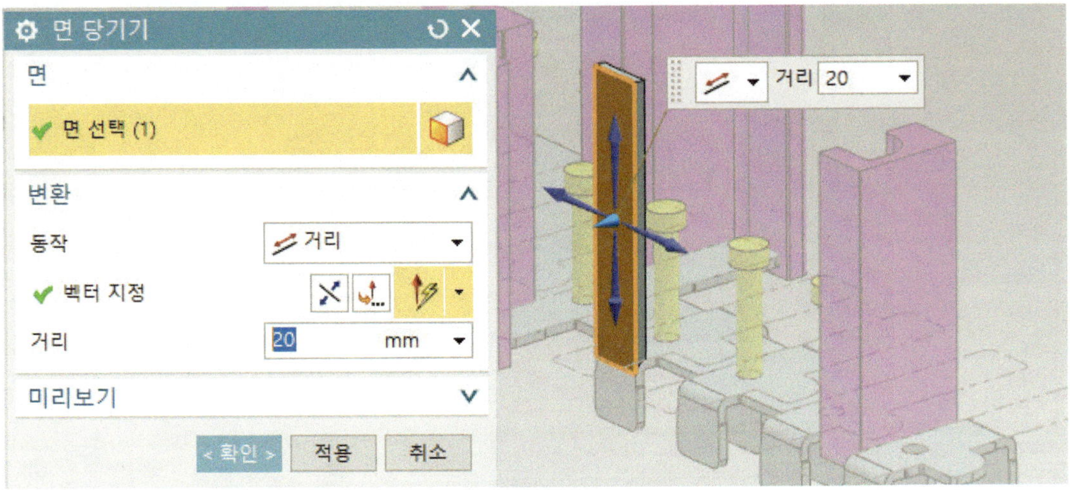

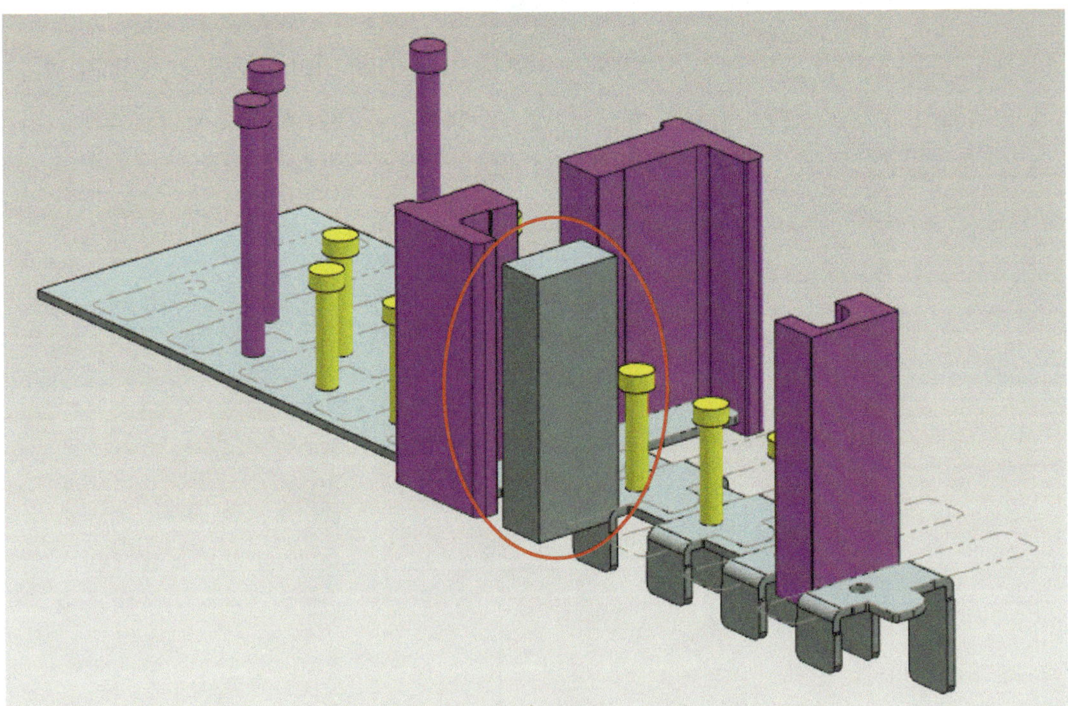

13) 벤딩 펀치의 반대쪽 폭을 확대하기 위해 면 당기기 아이콘을 클릭, 면 그룹의 면 선택에서, 12)에서 면 당기기한 펀치의 반대 면을 선택한 다음, 벡터 확인하고, 아래와 같이 거리 값 '1' 입력하고, '확인' 클릭한다.

※ 거리 값 1은 벤딩 부위 압착을 위한 평면으로 다이편 설계 후 확인 필요!

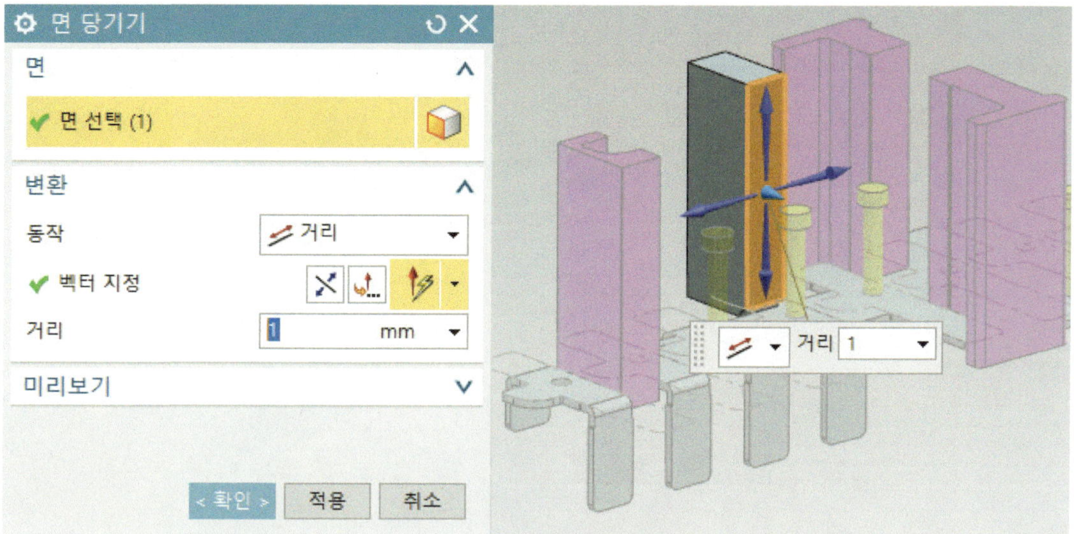

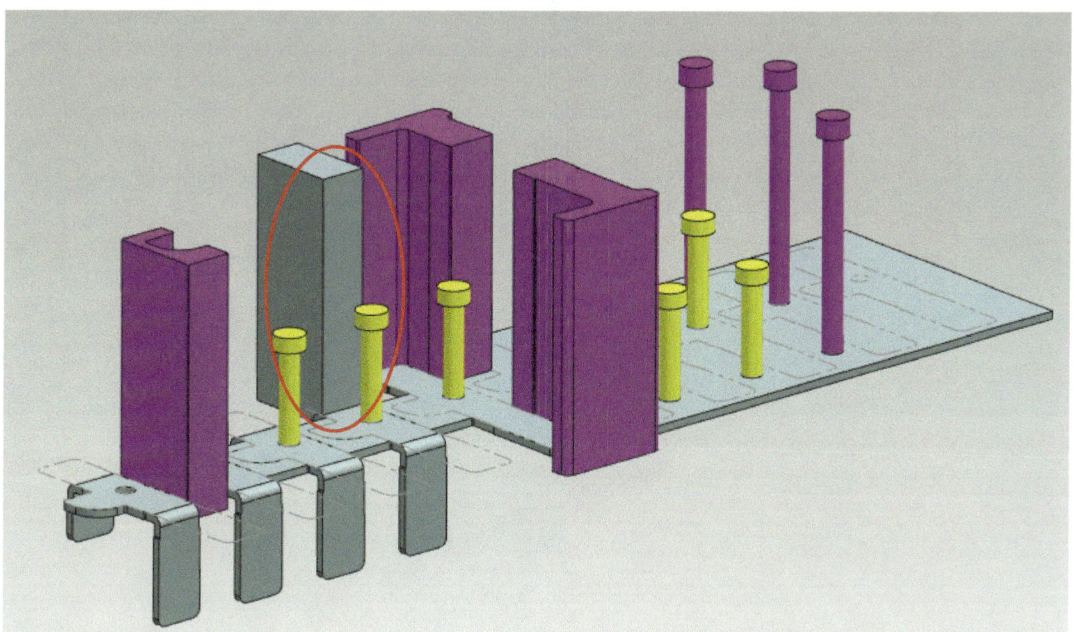

14) 벤딩 펀치의 아랫면(하면)을 확대하기 위해 면 당기기 아이콘을 클릭, 면 그룹의 면 선택에서, 벤딩 펀치의 하면을 선택한 다음, 벡터 확인하고, 아래와 같이 거리 값 '7' 입력하고, '확인' 클릭한다.

※ 거리: 7 (직선 부위 길이, t의 2배 '4' + 펀치 선단부 R, t의 1.5배 '3')

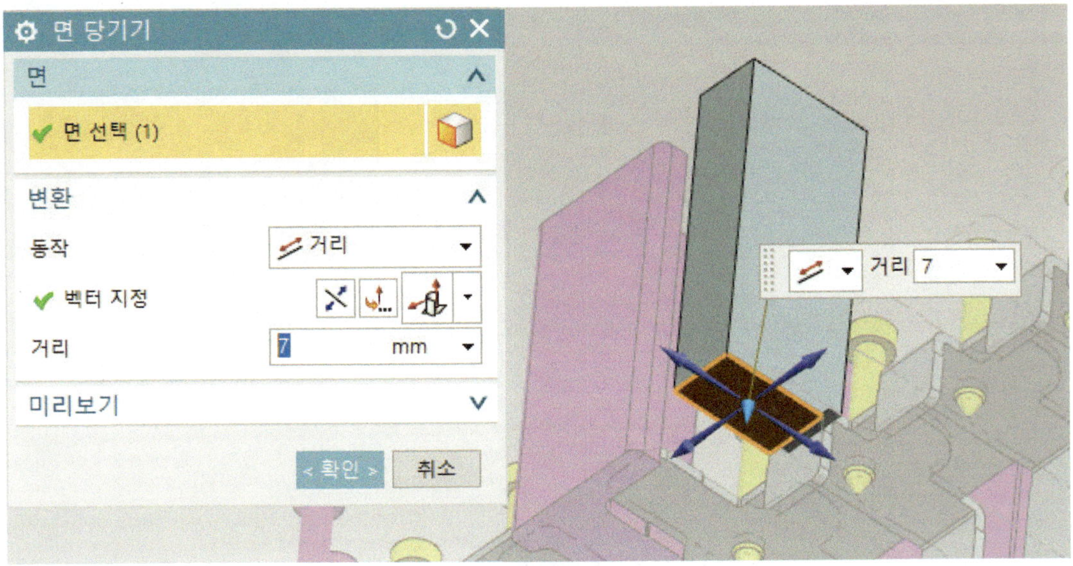

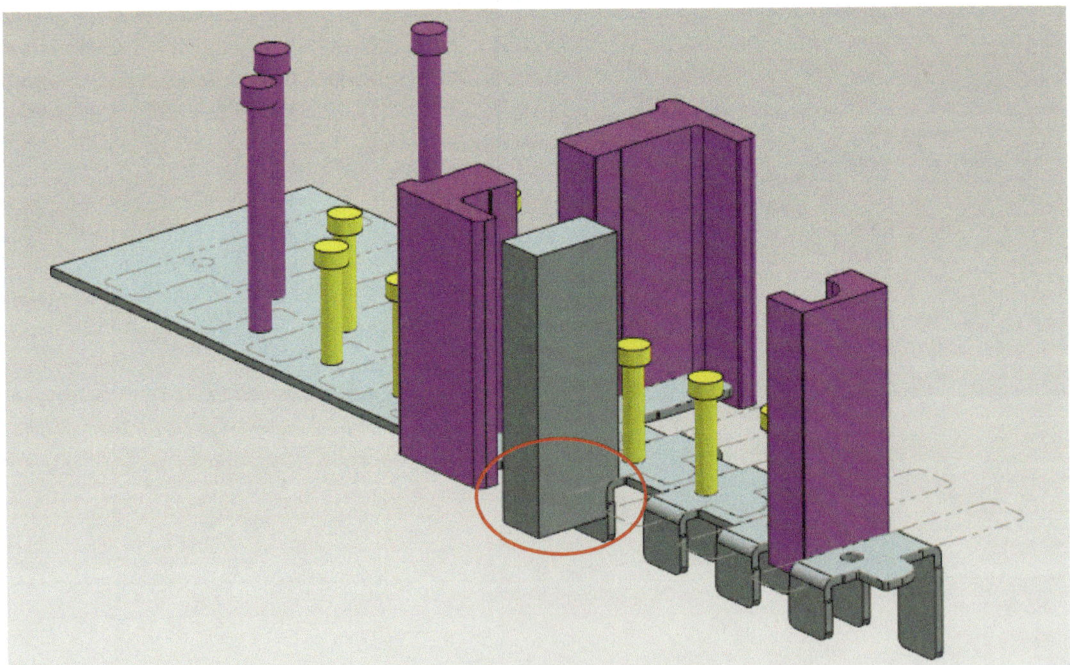

15) 벤딩 펀치의 백업 힐(back up hill) 형상을 만들어주기 위해 스케치 아이콘을 클릭, 벤딩 펀치의 하면을 X-Y 평면으로 설정하고, 아래와 같이 스케치한 다음, '스케치 종료' 클릭한다.

※ 백업 힐(back up hill): 벤딩(굽힘)가공 할 때 벤딩 펀치 밀림 방지 역할

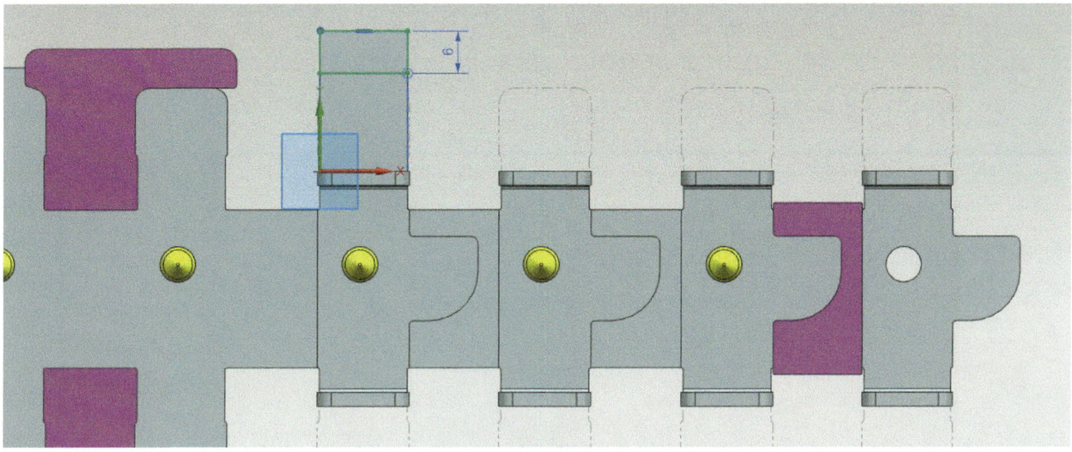

16) 백업 힐 형상을 생성하기 위해 돌출 아이콘을 클릭, 선택 박스에서 '연결된 곡선' 선택하고, 스케치한 곡선을 선택한 다음, 아래와 같이 거리 값 '7' 입력하고, '확인' 클릭한다.

※ 끝: 7 (원재료 두께 '2' + 기준 값 '5')

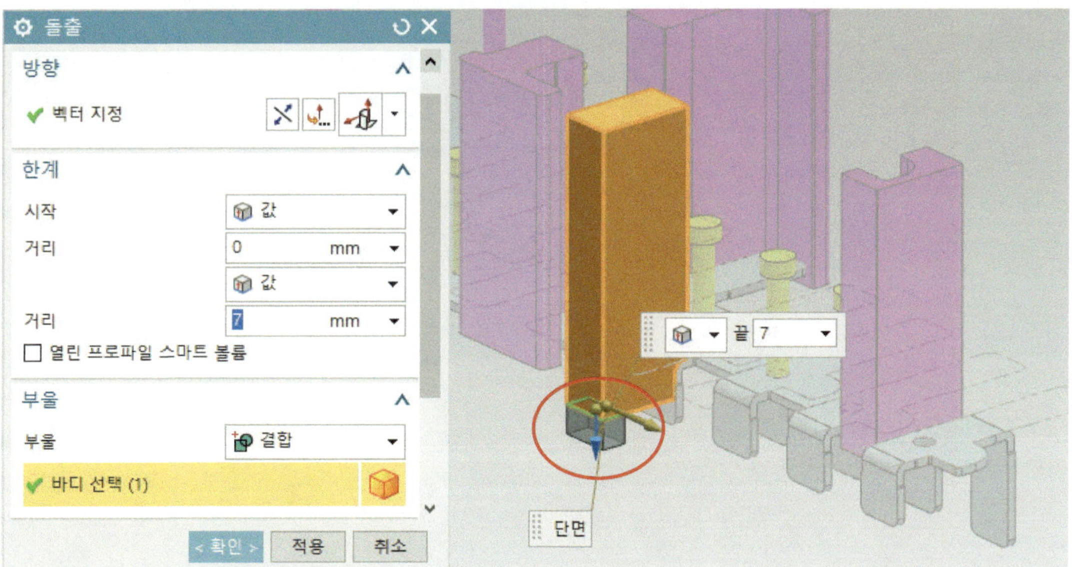

17) 다음은 스트립 레이아웃 기준, 전개된 굽힘 부위, 외곽에서 백업 힐 안쪽까지의 거리를 확인하기 위해 [icon] 아이콘을 클릭, 유형은 '**투영거리**', 벡터는 '**Y축**', 선택하고, 아래와 같이 두 점을 찍어서 거리 값을 확인한다. 측정한 거리 값은 2.1779 스트립에 간섭받지 않으므로 '**확인**' 클릭한다.

※ 거리 값: 벤딩할 때 스트립과 백업 힐 사이 간섭 방지를 위해 1~2 적용

※ 참고로 2.1779를 2.0 이내로 줄이기 위해서는 12)에서 생성한 벤딩 펀치 폭 확대의 '**면 당기기**' 값(20)을 변경해주면 된다.

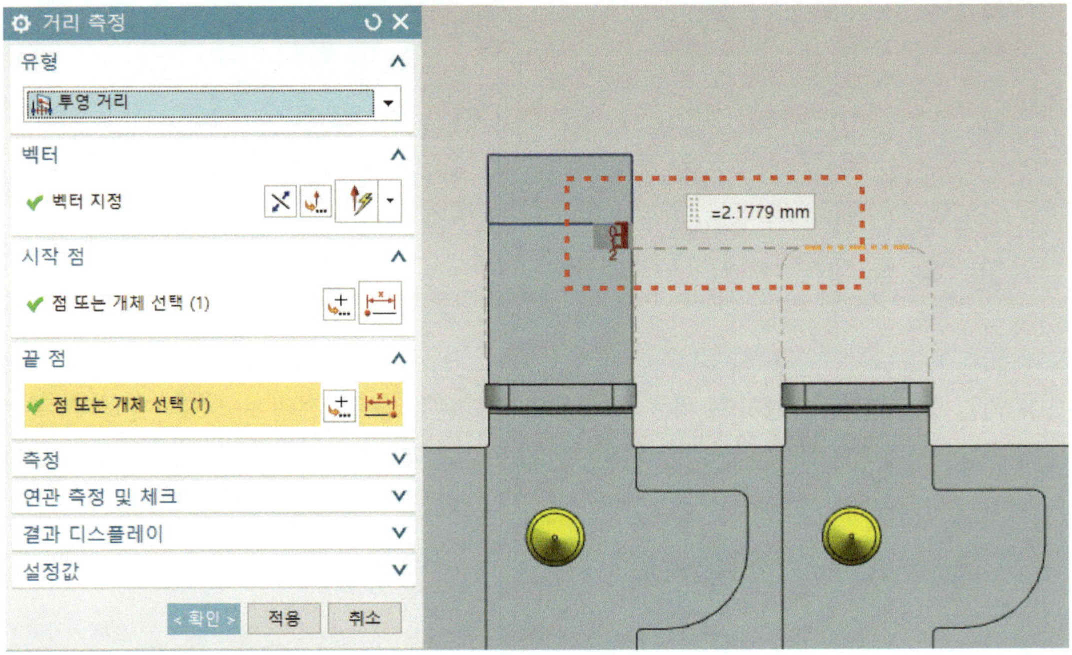

18) 벤딩 펀치 선단부에 라운드 형상을 만들어주기 위해 모서리 블랜드 아이콘을 클릭, 아래와 같이 모서리 선택한 후 반경 1에 '3' 입력한 다음, '확인' 클릭한다.

※ 반경: 3 (벤딩 펀치의 선단부 R은 원재료 두께(t2)의 1.5배 적용함)

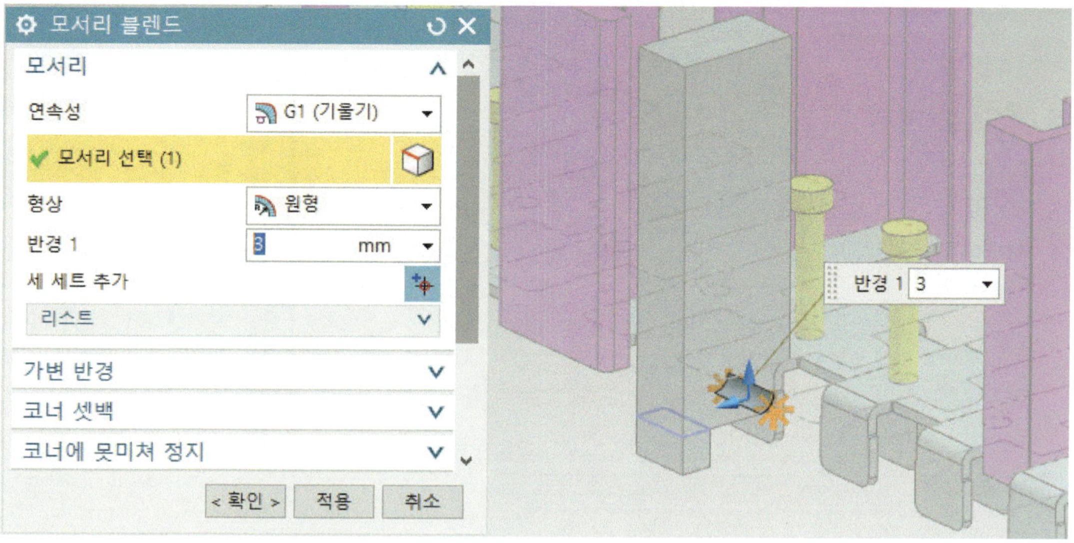

19) 벤딩 펀치의 폭을 제품의 굽힘 부위 폭보다 편측으로 '1.0' 씩 크게 확대해주기 위해 옵셋면 아이콘을 클릭, 벤딩 펀치의 측면을 아래와 같이 입력한 다음, '확인' 클릭한다. (반대쪽도 동일하게 1.0 mm 확대한다.)

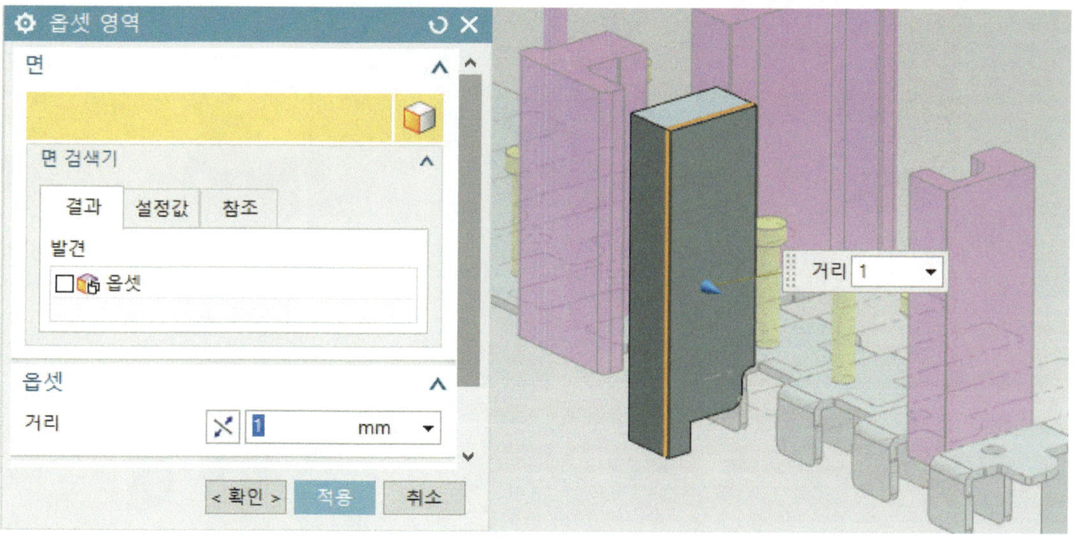

20) 벤딩 펀치의 외곽 모서리에 라운드 형상을 만들어주기 위해 모서리 블랜드 아이콘을 클릭, 아래와 같이 모서리 선택한 후 반경 1에 '2' 입력한 다음, '확인' 클릭한다.

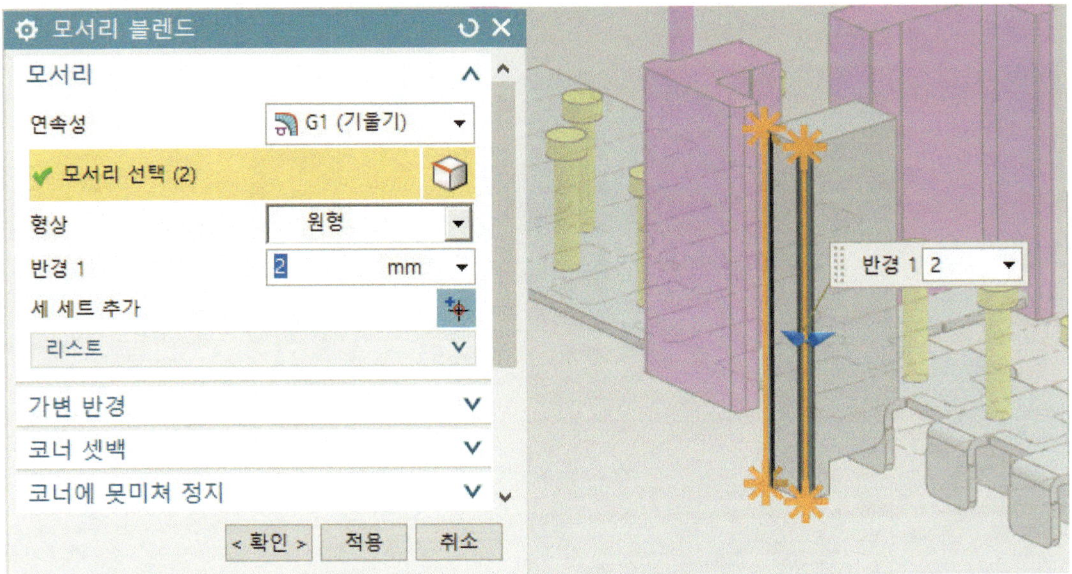

21) 벤딩 펀치를 구분하기 쉽게 'Ctrl+J' 이용, Punch의 색상을 'Cornflower' 색상으로 변경한다.

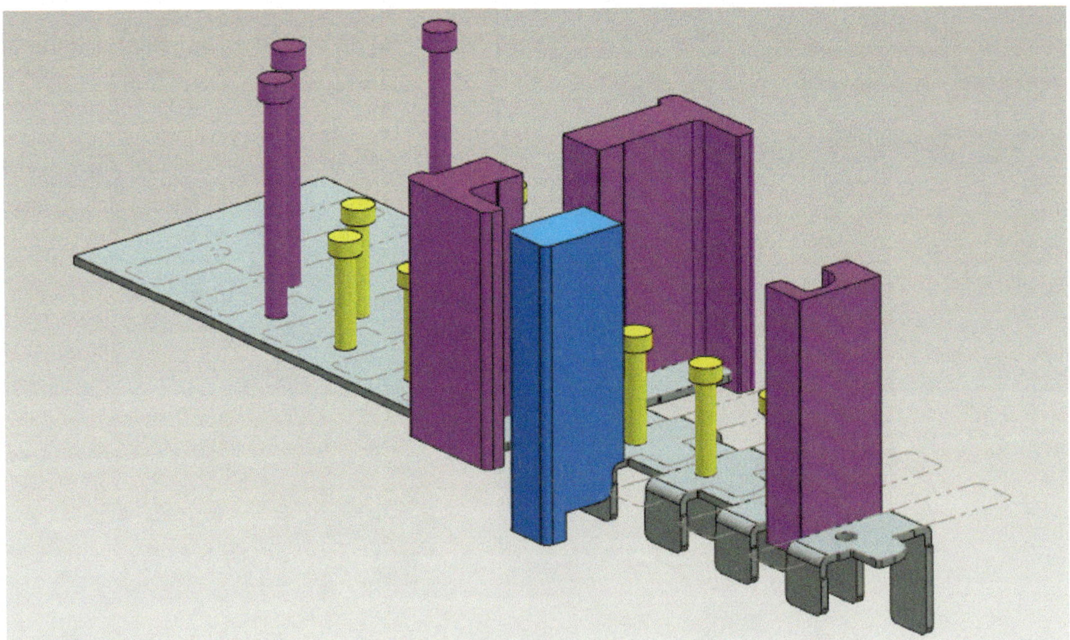

22) 생성한 벤딩 펀치를 반대편에도 만들어주기 위해 대칭지오메트리 아이콘을 클릭, 복사할 벤딩 펀치를 선택하고, 대칭 평면의 평면 지정에서 이등분선 클릭, 제품의 굽힘 부위 양쪽 면 선택 후 '확인' 클릭한다.

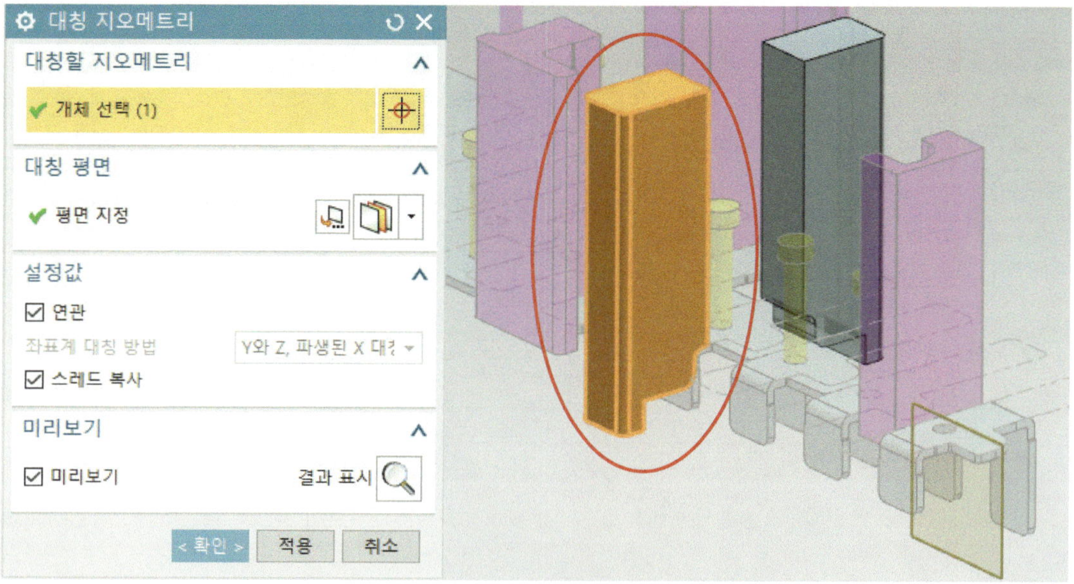

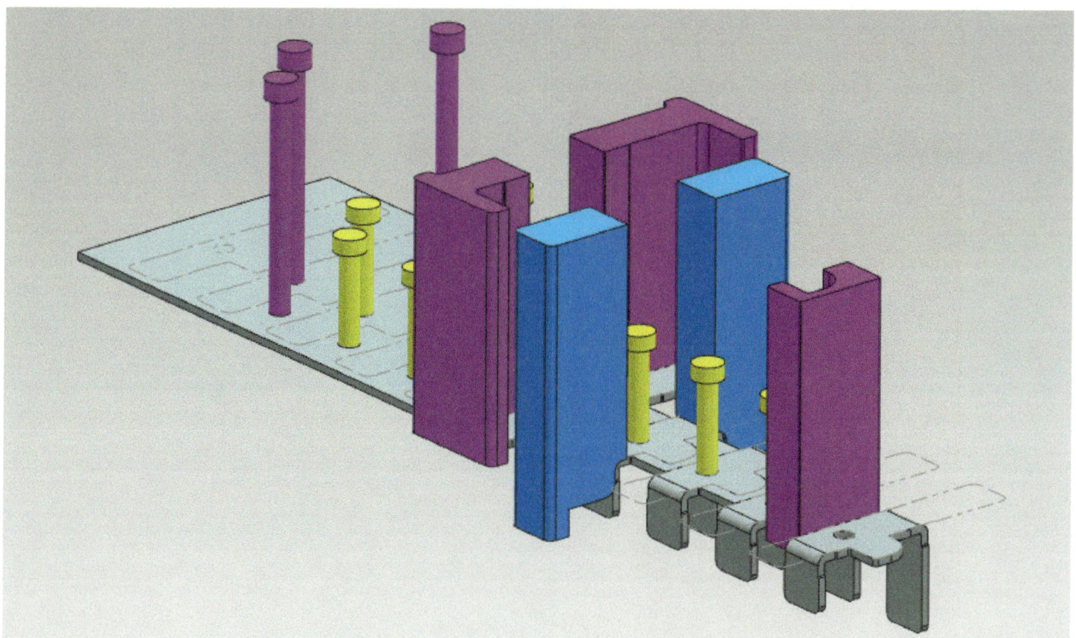

23) 반대쪽에 대칭 복사한 벤딩 펀치의 백업 힐 안쪽에서 전개된 굽힘 제품 외곽까지의 거리를 확인하기 위해 아이콘을 클릭, 유형은 '**투영 거리**', 벡터는 '**Y축**', 선택하고, 아래와 같이 두 점을 찍어서 거리 값을 확인한다. 전개된 굽힘 형상과 10.8221만큼 간섭 발생을 확인하고, '**확인**' 클릭한다.

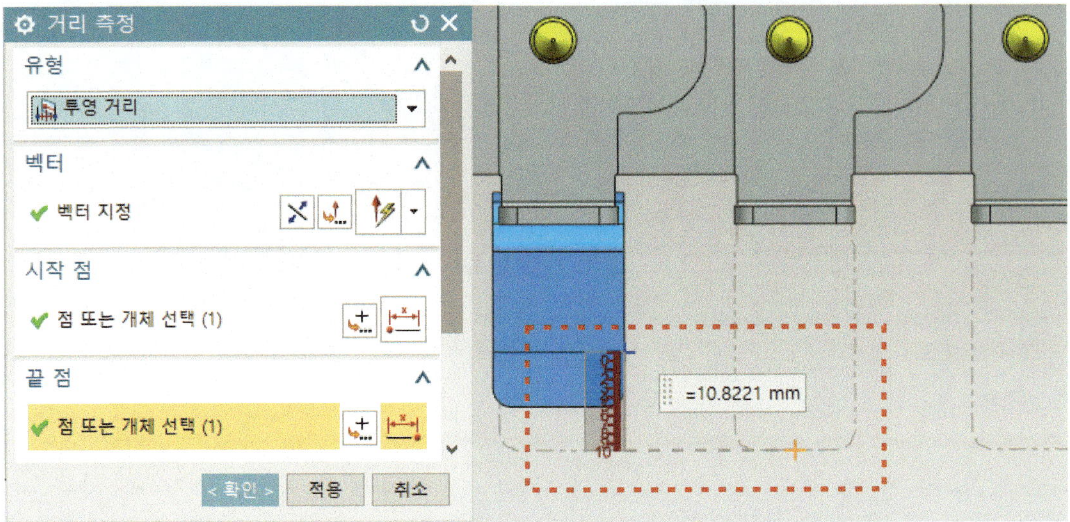

24) 간섭 발생한, 벤딩 펀치를 확대하기 위해 면 당기기 아이콘을 클릭, 면 그룹의 면 선택에서, 벤딩 펀치의 백업 힐 부분을 드래그하여 선택한 다음, 벡터 방향 확인 후, 아래와 같이 거리 값 '**12**' 입력하고, '**확인**' 클릭한다.

※ 거리: 12 (10.8221 + 여유 값 1~2)

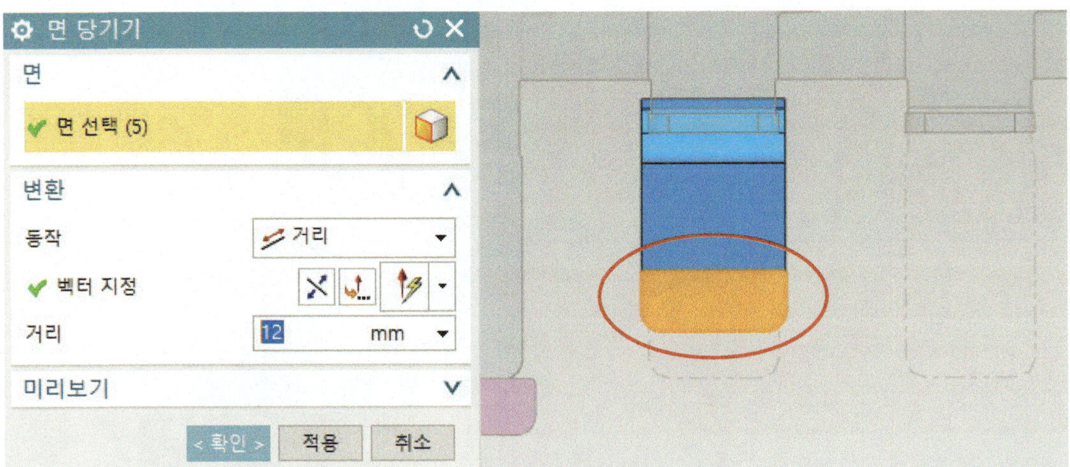

※ 벤딩 펀치 확대(백업 힐 안쪽 부위와 전개된 굽힘 제품 간섭 제거)

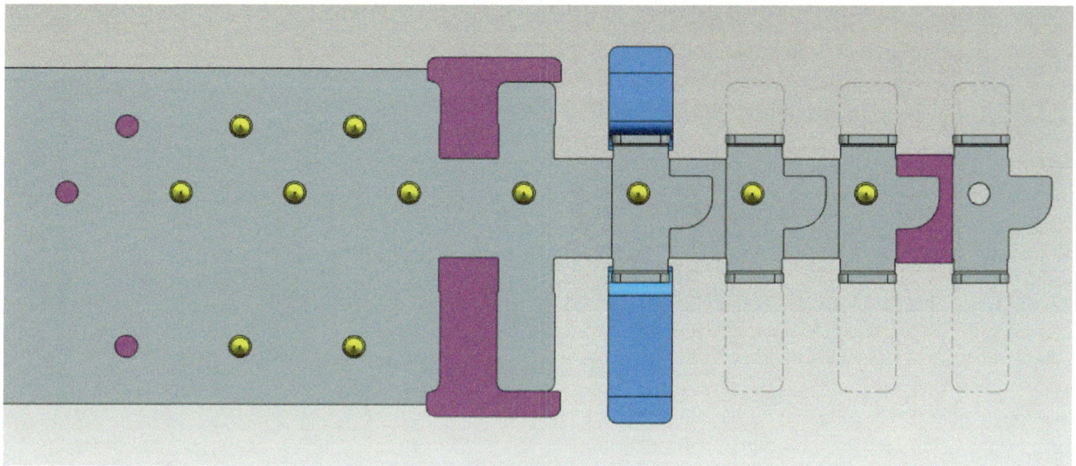

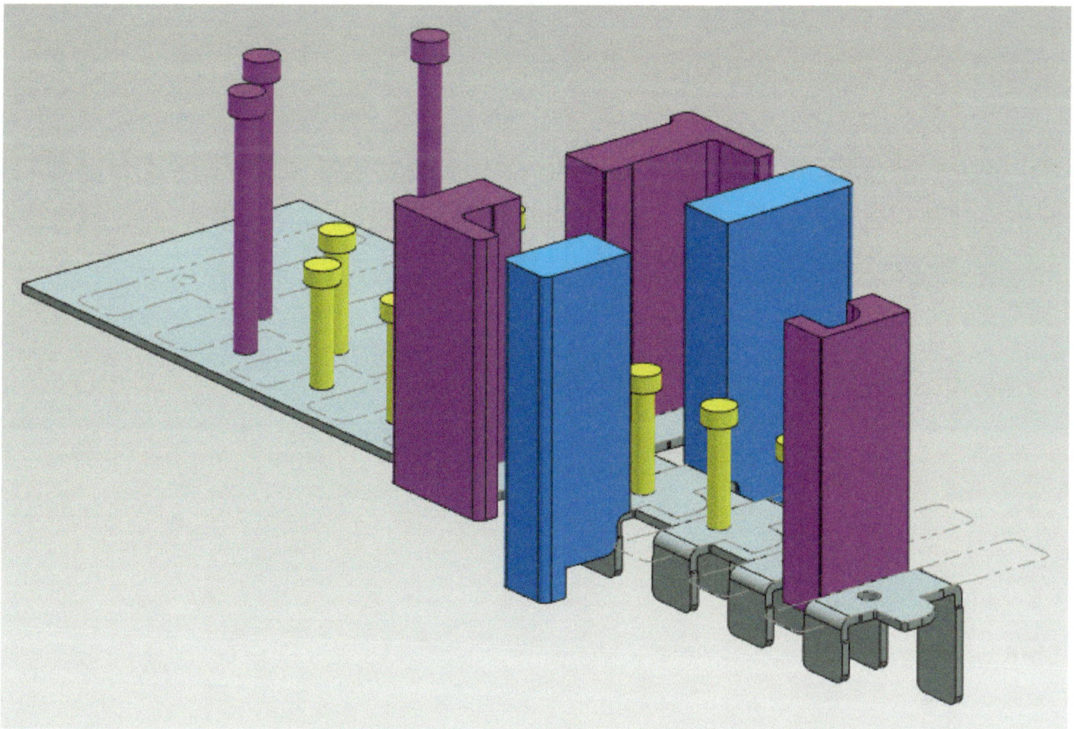

25) 다음은 생성한 펀치(노칭, 파팅, 벤딩)에 턱걸이(플랜지)를 만들어주기 위해 '스케치' 아이콘을 클릭, 노칭 펀치의 윗면을 X-Y 평면으로 설정하고, 아래와 같이 스케치한 후 '스케치 종료' 종료한다.

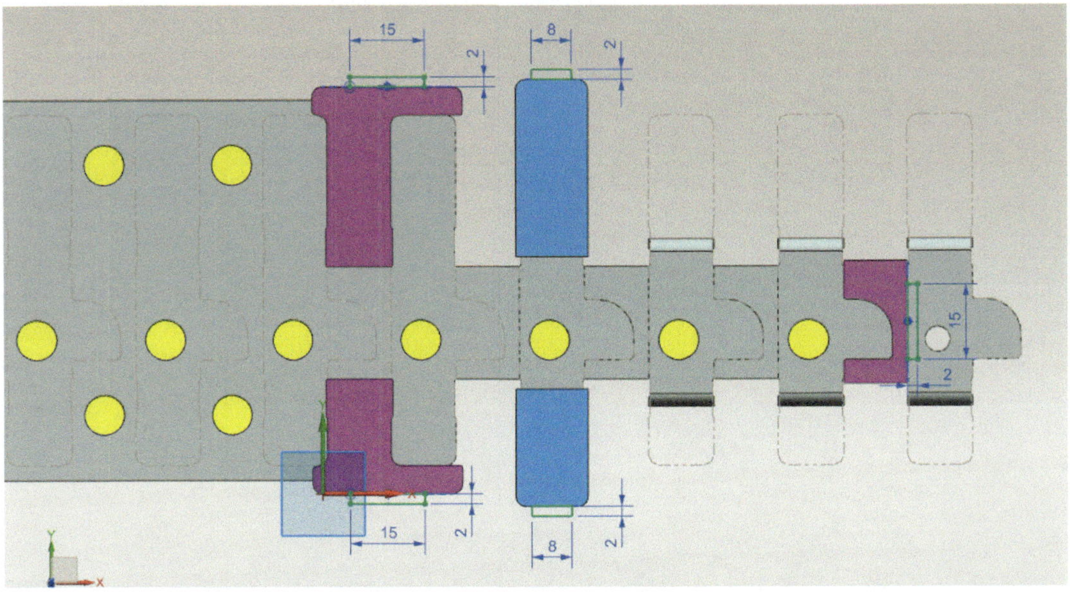

26) 이어서 돌출 아이콘을 클릭, 선택 박스에서 '연결된 곡선' 선택하고, 작성한 스케치를 모두 선택한 다음, 벡터 방향 확인한 다음, 아래와 같이 거리 값 '5' 입력하고, '확인' 클릭한다.

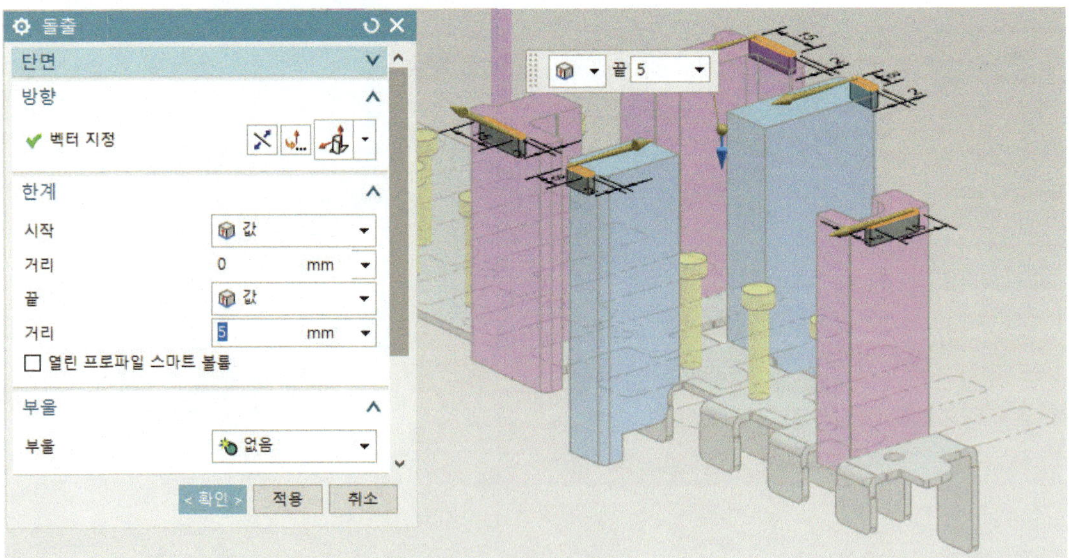

27) 다음은 생성한 턱걸이 형상을 펀치와 결합하기 위해 결합 아이콘을 클릭, 타깃의 바디 선택에서 '**파팅 펀치**'를 선택하고, 공구의 바디 선택에서 '**턱걸이**' 형상을 선택한 다음, '**확인**' 클릭한다.

※ 참고로 타깃과 공구를 반대로 선택하면 색상(속성)이 변경된다.

28) 나머지 노칭 펀치와 벤딩 펀치도 위와 동일한 방법으로 결합해 준다.

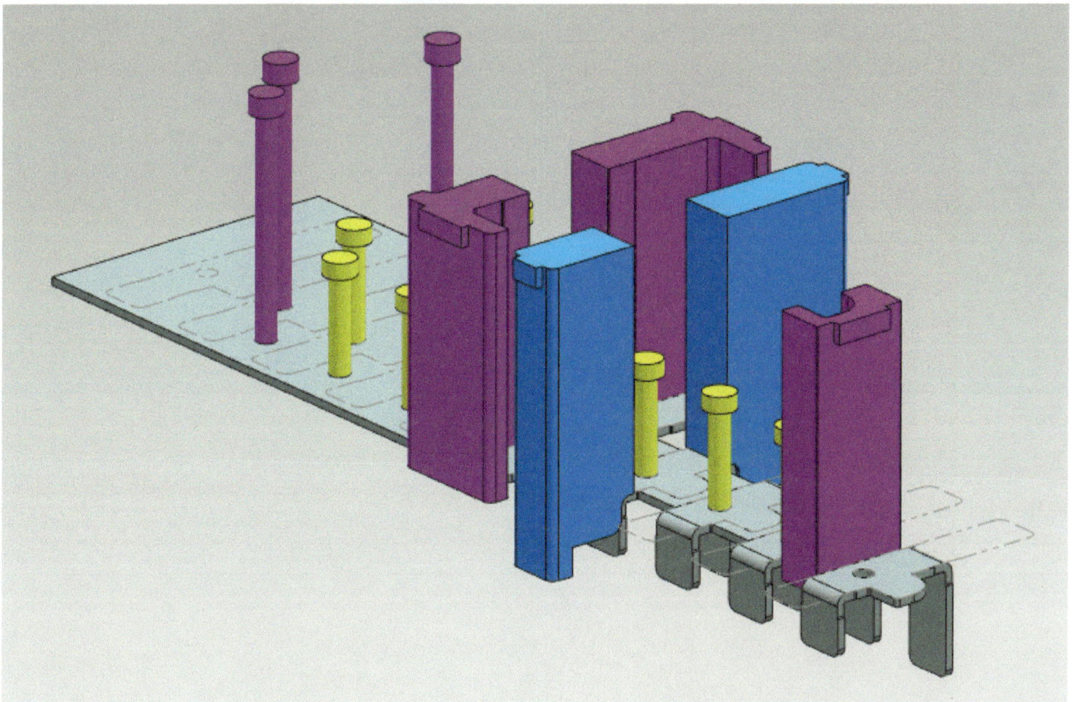

3.4 다이편 설계하기

1) 본 금형에서는 피어싱, 노칭, 파팅 공정은 다이편 분할하지 않고, 벤딩 공정만 분할한다. 따라서 벤딩 다이편을 생성하기 위해 돌출 아이콘을 클릭, 선택 박스에서 '면 모서리' 선택하고, 돌출할 면(굽힘 형상 내측 바닥면과 R형상 2개소)을 선택한 다음, 아래와 같이 입력하고, '확인' 클릭한다.

※ 참고로 돌출의 기준이 되는 바닥 면을 먼저 클릭한다.

※ 다이편의 두께는 제품의 굽힘 길이(28.0)를 감안하여 '35' 적용한다.

※ 참고로 다이 플레이트의 정확한 두께는 다이세트 설계하기에서 계산한다.

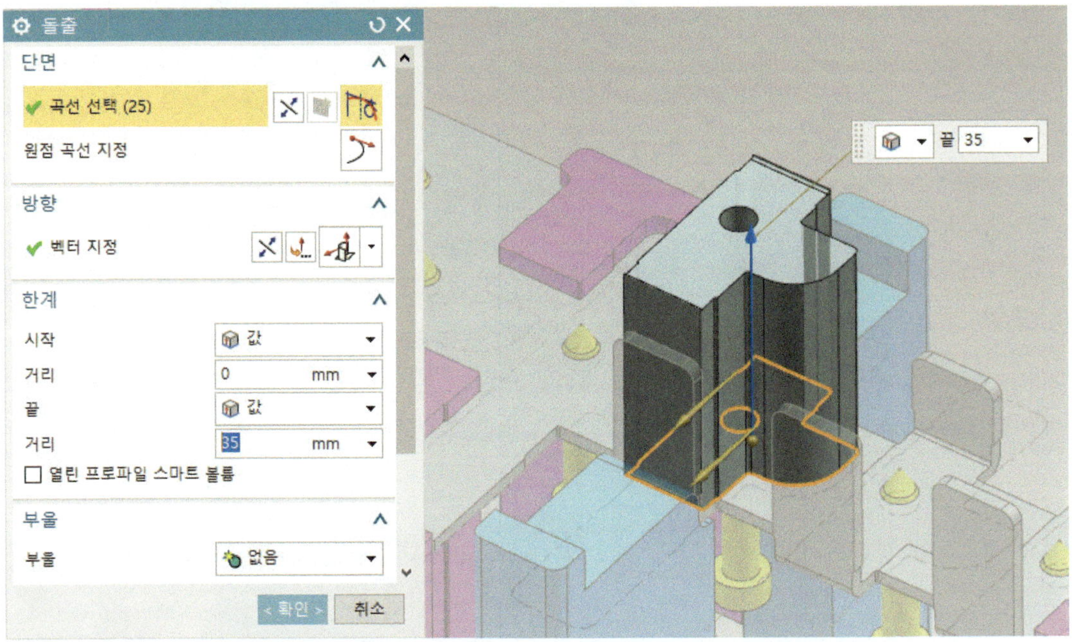

2) 돌출한 다이편 형상에서 불필요한 면을 삭제하기 위해 면 삭제 아이콘을 클릭, 아래와 같이 삭제할 면(직선 부분에서 튀어나온 형상)을 선택한 다음, '확인' 클릭한다.

※ 참고로 가운데 제품 홀 형상은 삭제하지 않고, 밀핀 구멍으로 남겨둔다.

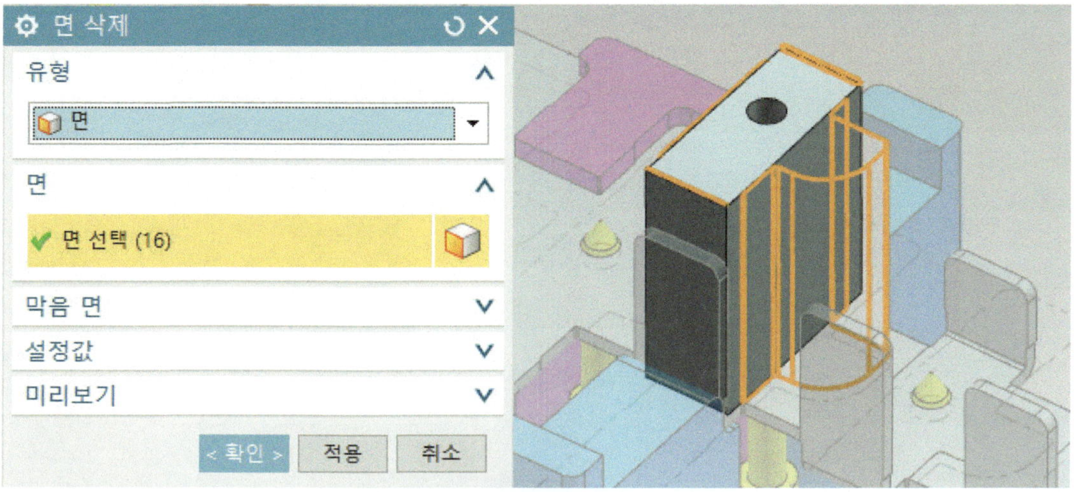

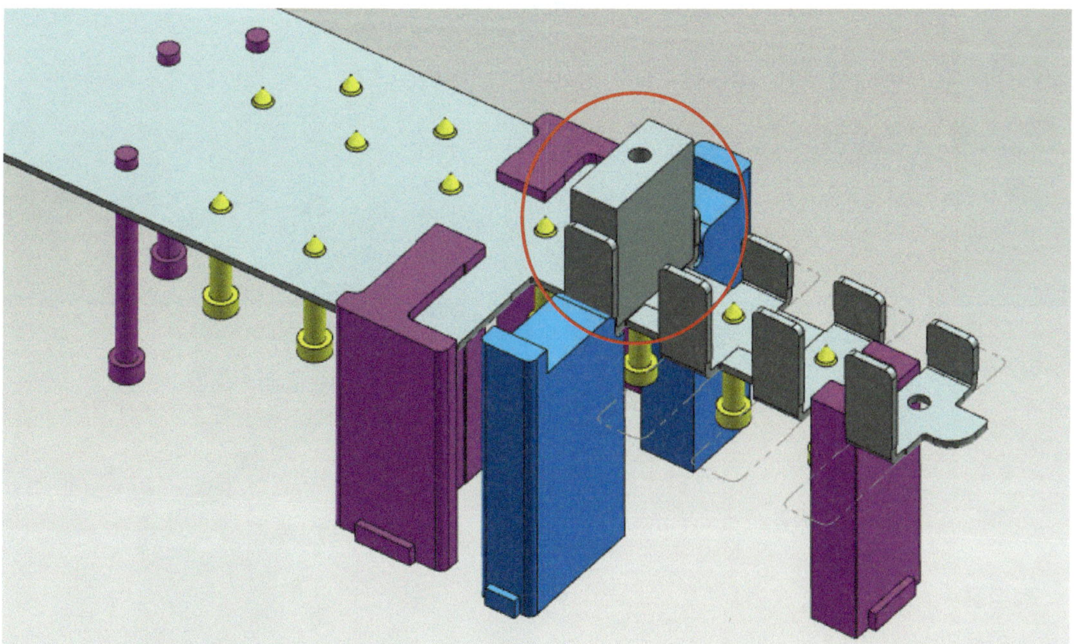

3) 벤딩 다이편의 폭을 펀치 폭과 동일하게 해주기 위해 면 교체 아이콘을 클릭, 초기 면의 면 선택에서 '벤딩 다이편'의 측면을 선택하고, 교체할 새로운 면의 면 선택에서 '벤딩 펀치'의 측면을 선택한 다음, '확인' 클릭한다.

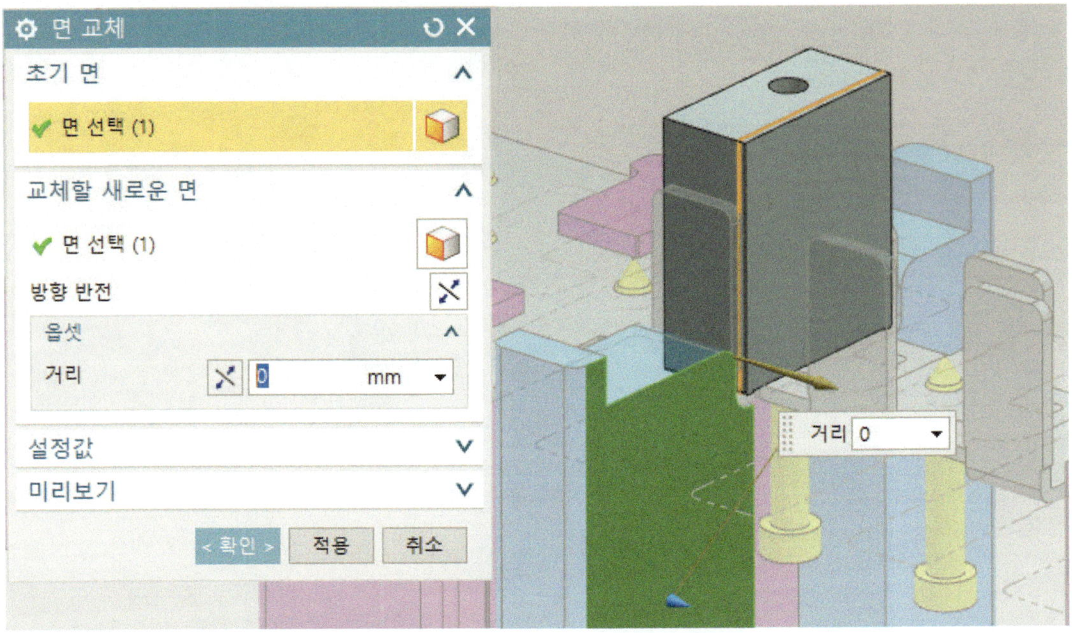

4) 다이편의 반대쪽 면도 펀치와 동일한 면으로 만들어준다.

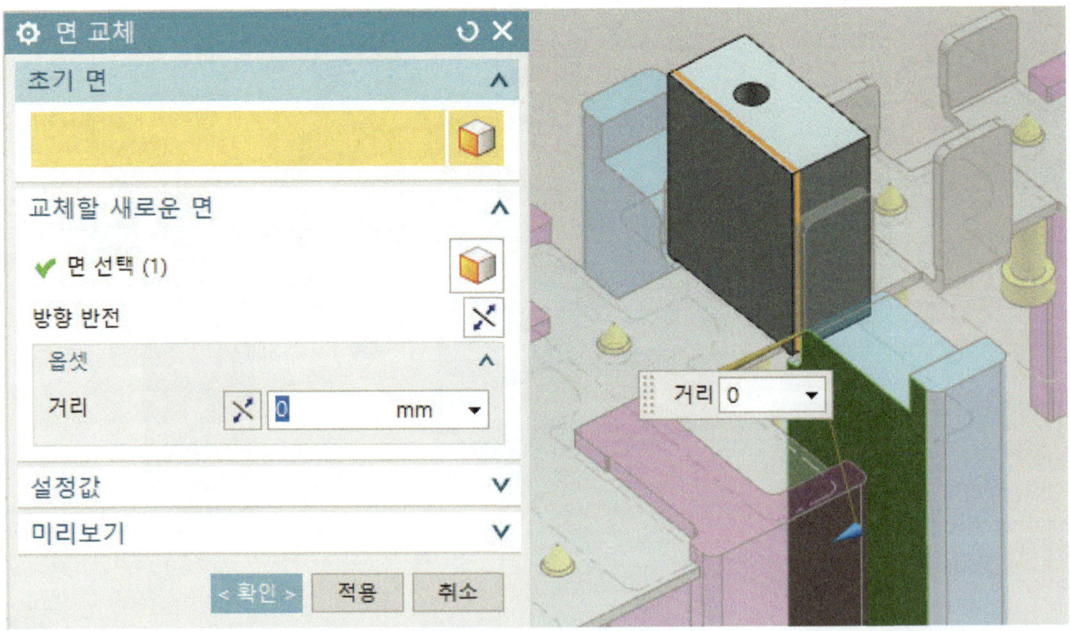

5) 다음은 굽힘 가공할 때 발생하는 스프링 백(Spring back)을 제어할 수 있는 압인(Coining) 형상을 벤딩 다이편에 만들어주기 위해 '스케치' 아이콘을 클릭, 벤딩 다이편의 측면을 X-Y 평면으로 설정하고, 아래와 같이 스케치한 다음, '스케치 종료' 종료한다.

※ 화면에 벤딩 다이편 형상만 남기고, 나머지 형상은 모두 숨긴다.

↳ 먼저 숨기기할 형상 선택 후 Ctrl + B → Ctrl + Shift + B

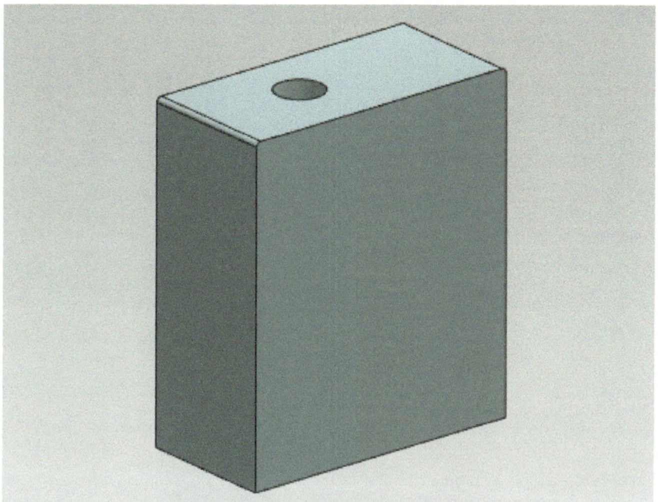

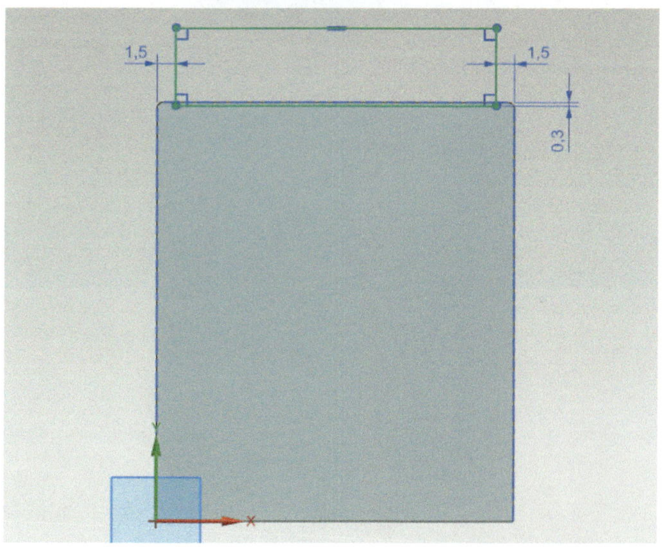

※ 스케치 치수 1.5 = 압인 폭 치수 1.0 + 벤딩 내측 반경 R0.5

※ 스케치 치수 0.3 = 프레스 원재료 두께(t2)의 15%

6) 이어서 돌출 아이콘을 클릭, 선택 박스에서 '연결된 곡선' 선택하고, 작성한 스케치를 선택한 다음, 아래와 같이 입력하고, '확인' 클릭한다.

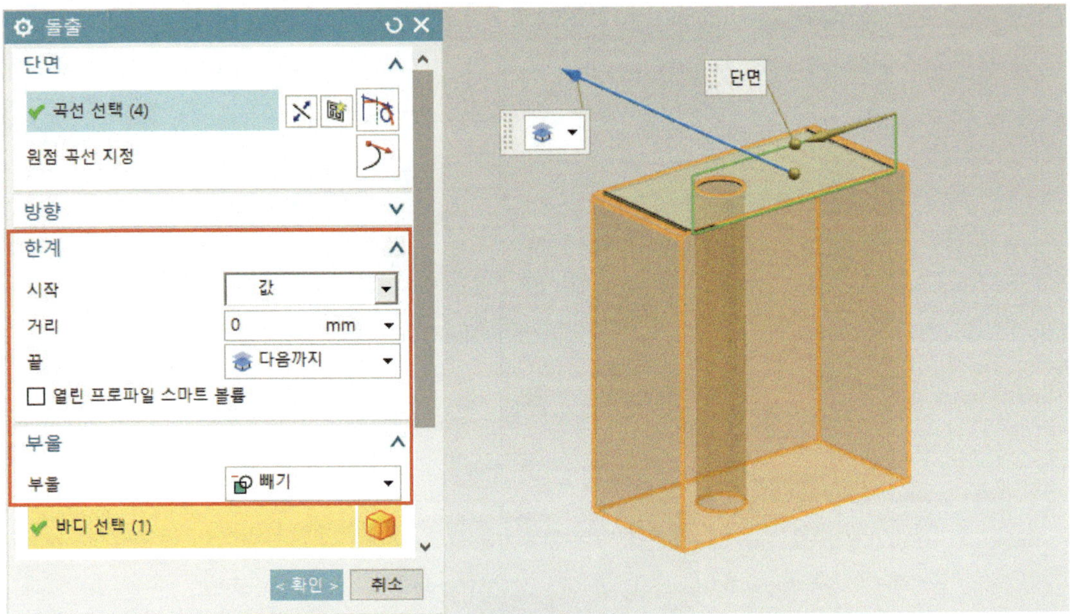

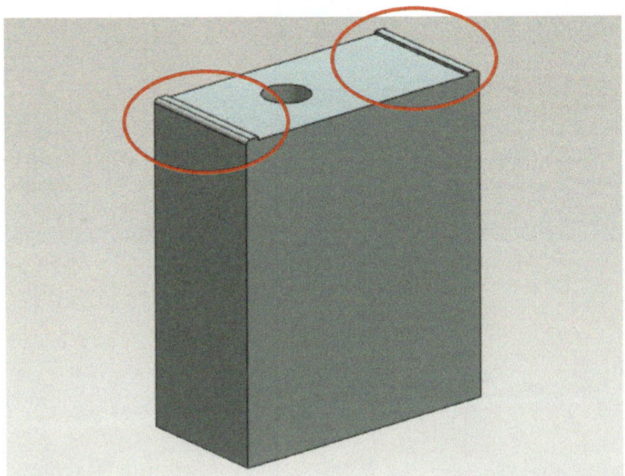

7) 압인 형상을 확대하기 위해 면 이동 아이콘을 클릭, 면 그룹의 면 선택에서 벤딩 다이편의 압인 부분을 드래그하여 선택한 다음, 벡터는 'ZC', 아래와 같이 거리 값 '0.3' 입력하고, '확인' 클릭한다.

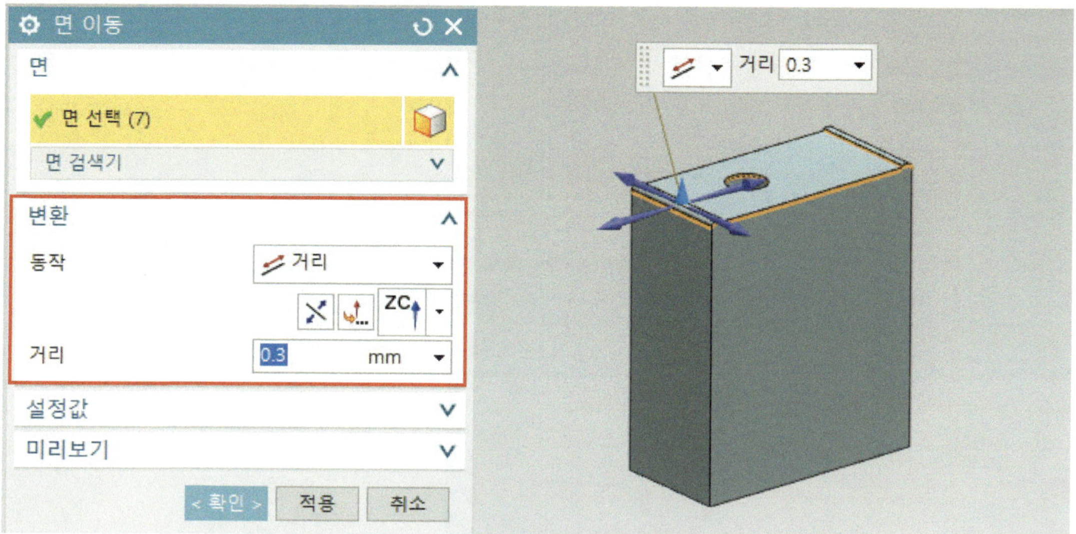

8) 벤딩 다이편은 구분하기 쉽게, 'Ctrl+J' 이용, 'Blue' 색상으로 변경한다.

9) 벤딩 펀치 및 벤딩 다이편의 조립 상태와 벤딩 펀치의 직선구간 거리를 확인하기 위해 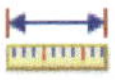 아이콘을 클릭, 유형은 '**투영 거리**', 벡터는 '**Y축**', 선택하고, 아래와 같이 두 점을 찍어서 직선구간 거리 값 '**4.0**'을 확인한다.

※ 제품, 벤딩 펀치, 벤딩 다이편 형상만 남기고, 나머지 형상은 모두 숨긴다.

↳ 먼저 숨기기할 형상 선택 후 Ctrl + B → Ctrl + Shift + B

※ 직선구간 거리 값 4.0 = 프레스 원재료 두께(t2)의 2배

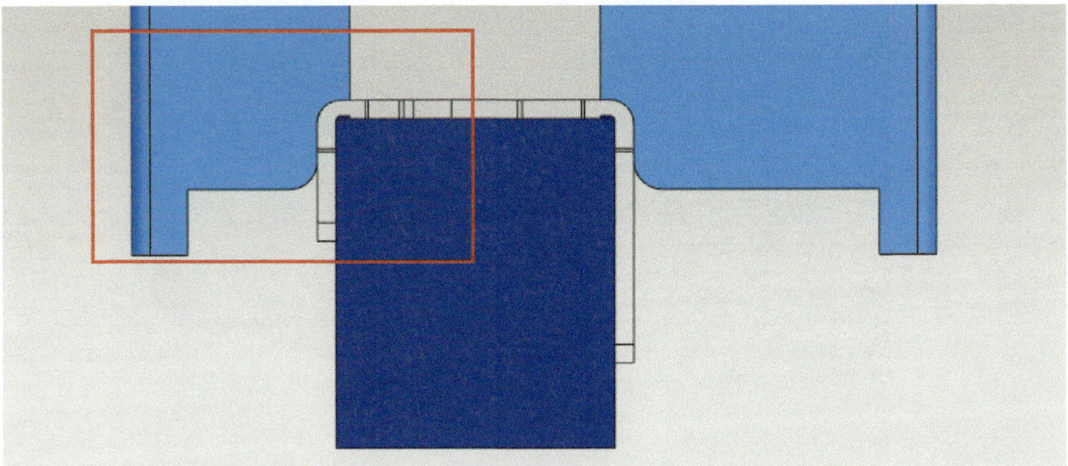

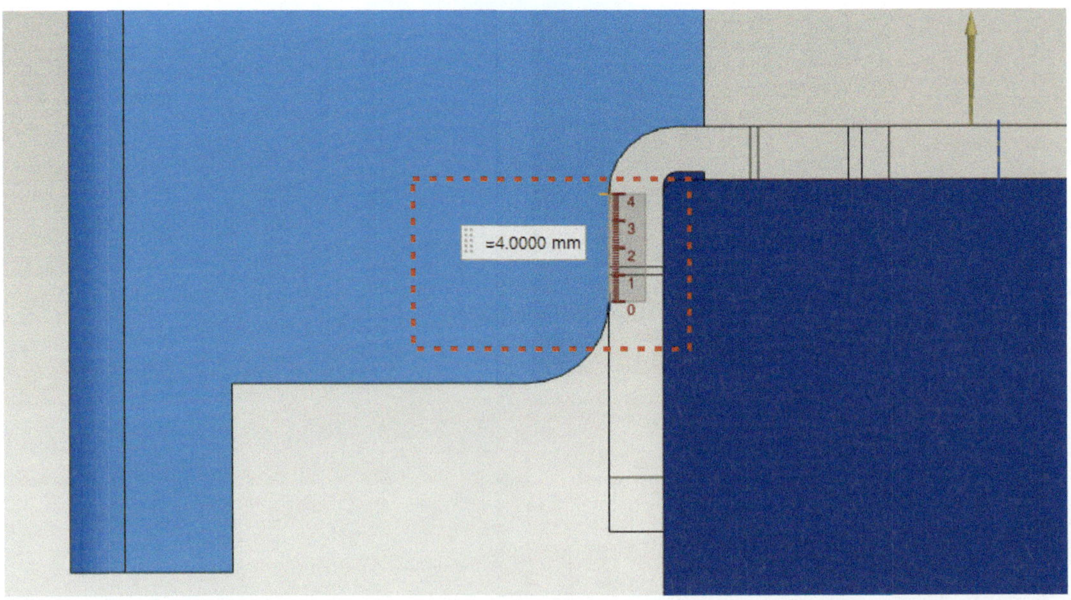

10) 다음은 벤딩 다이편의 길이를 벤딩 펀치와 동일하게 만들어주기 위해 '스케치' 아이콘을 클릭, 벤딩 다이편의 측면을 X-Y 평면으로 설정하고, 아래와 같이 스케치한 다음, '스케치 종료' 종료한다.

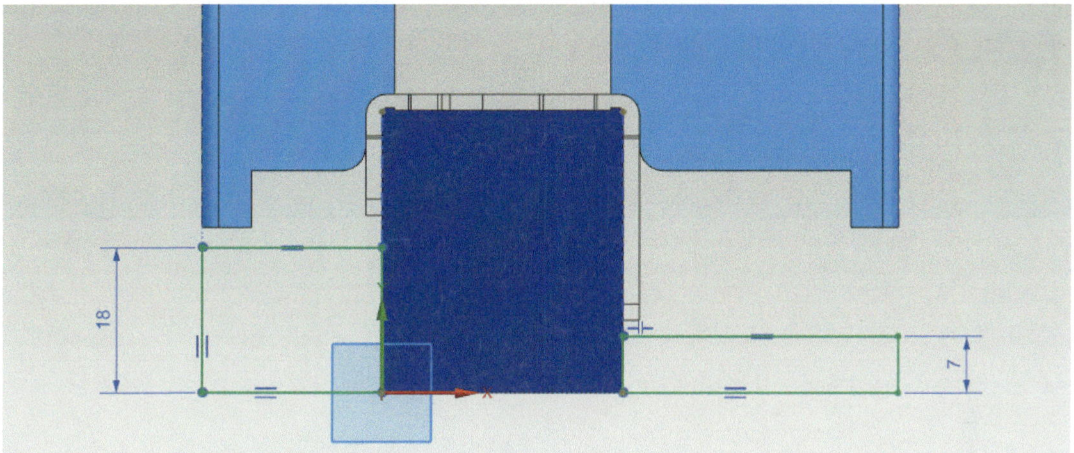

11) 이어서 돌출 아이콘을 클릭, 선택 박스에서 '연결된 곡선' 선택하고, 작성한 스케치를 모두 선택한 다음, 아래와 같이 입력하고, '확인' 클릭한다.

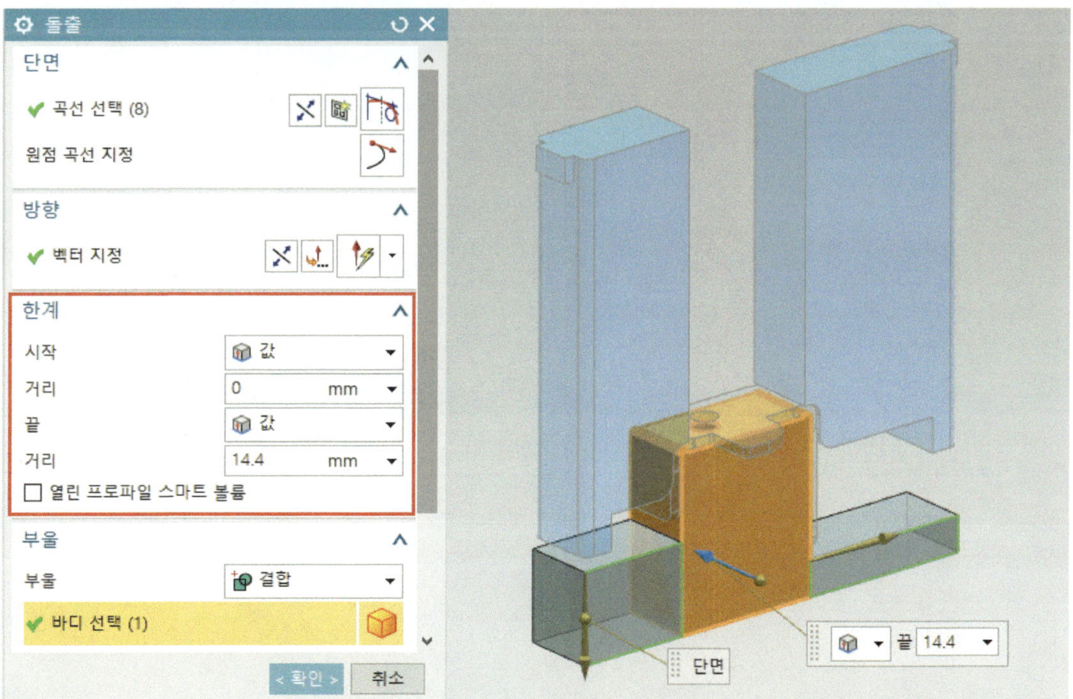

12) 다이편의 외곽 모서리에 라운드 형상을 만들어주기 위해 모서리 블랜드 아이콘을 클릭, 아래와 같이 모서리 4개소를 선택한 다음, 반경 1에 '2' 입력하고, '확인' 클릭한다.

※ 모서리 라운드 R2 = 벤딩 펀치의 외곽 모서리 라운드와 동일하게 적용

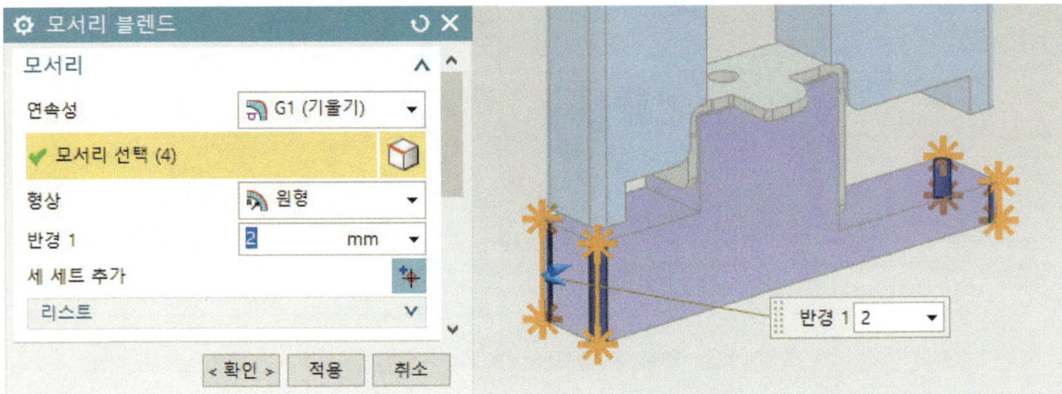

13) 벤딩 다이편에 턱걸이(플랜지)를 만들어주기 위해 '스케치' 아이콘을 클릭, 벤딩 다이편의 하면을 X-Y 평면으로 설정하고, 아래와 같이 스케치한 다음, '스케치 종료' 클릭한다.

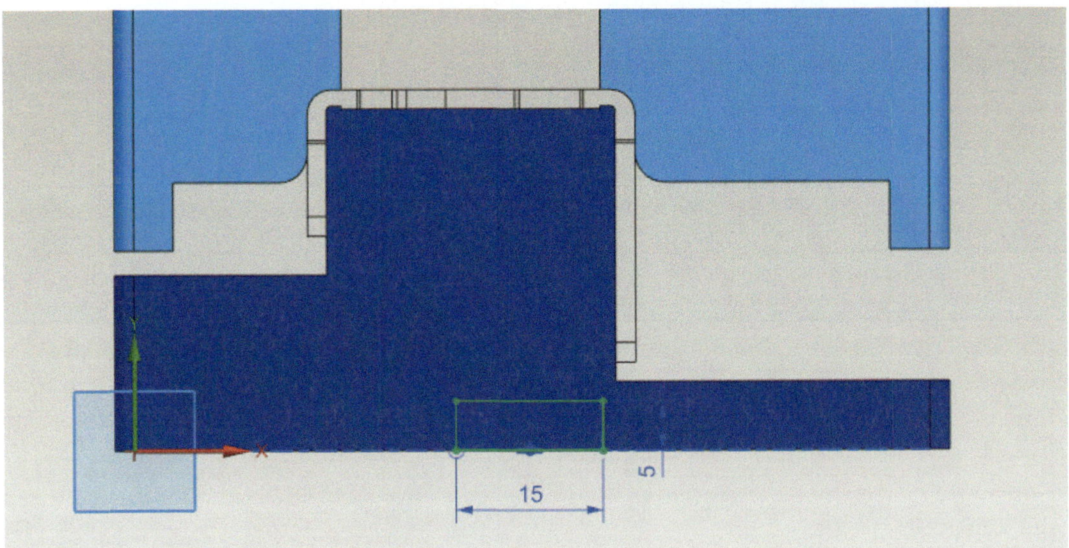

14) 이어서 돌출 아이콘을 클릭, 선택 박스에서 '연결된 곡선' 선택하고, 작성한 스케치를 선택한 다음, 아래와 같이 입력하고, '확인' 클릭한다.

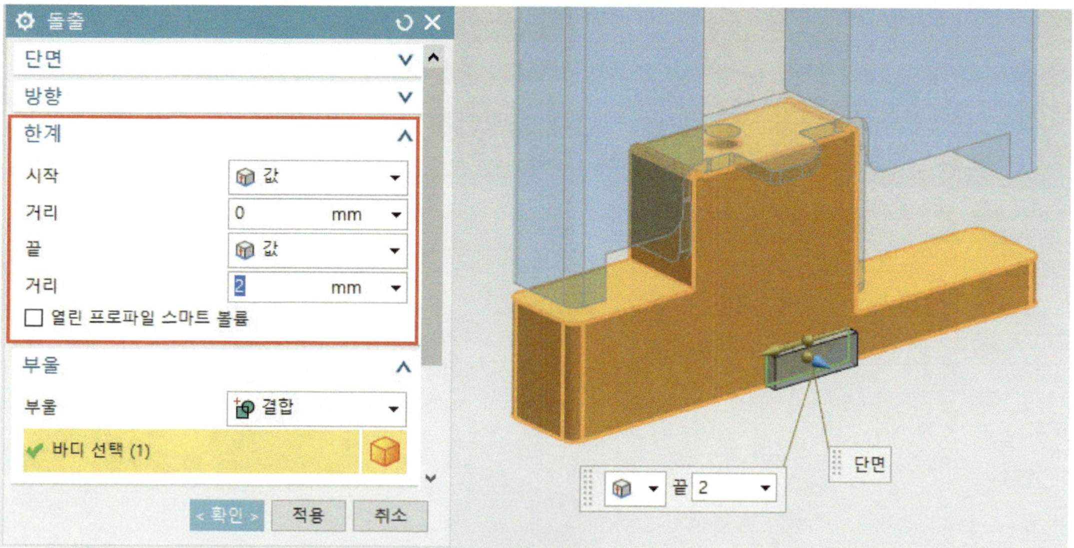

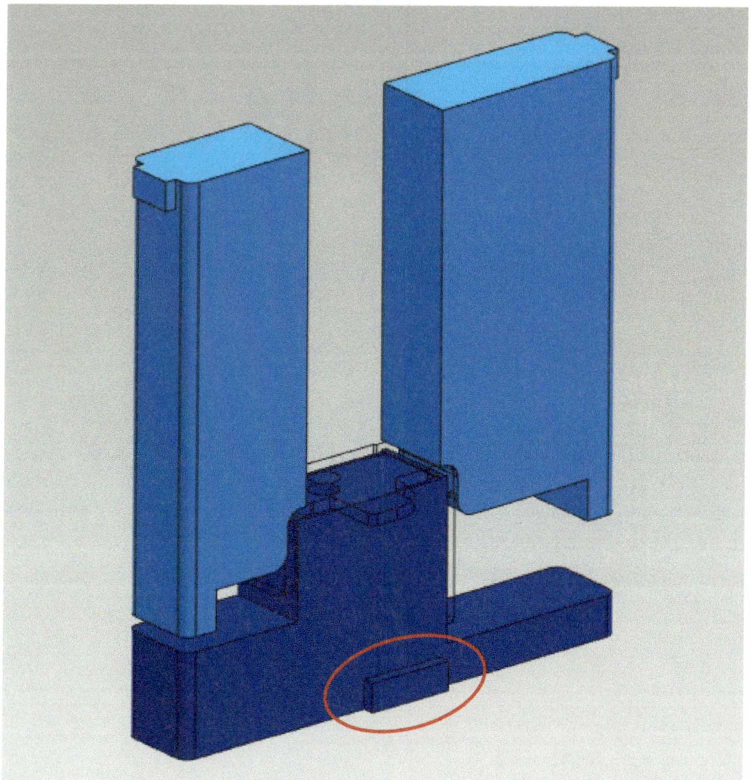

15) 다음은 벤딩 가공할 때 굽힘 된 제품이 벤딩 다이편에 끼이는 현상이 발생하게 되며, 이와 같은 문제점을 해결하기 위해서 벤딩 다이편에 직접 또는 주변에 밀핀을 설치한다. 먼저 밀핀의 외경 치수를 결정하기 위해 면 크기 조정 아이콘을 클릭, 벤딩 다이편의 홀을 선택한 다음, 크기 그룹의 직경에 '10.05', 입력하고, '확인' 클릭한다.

※ 스트립 안내, 원형 리프터 핀 직경과 동일하게 ∅10 밀핀 사용

※ 작업 화면에 벤딩 다이편 형상만 남기고, 나머지 형상은 모두 숨긴다.

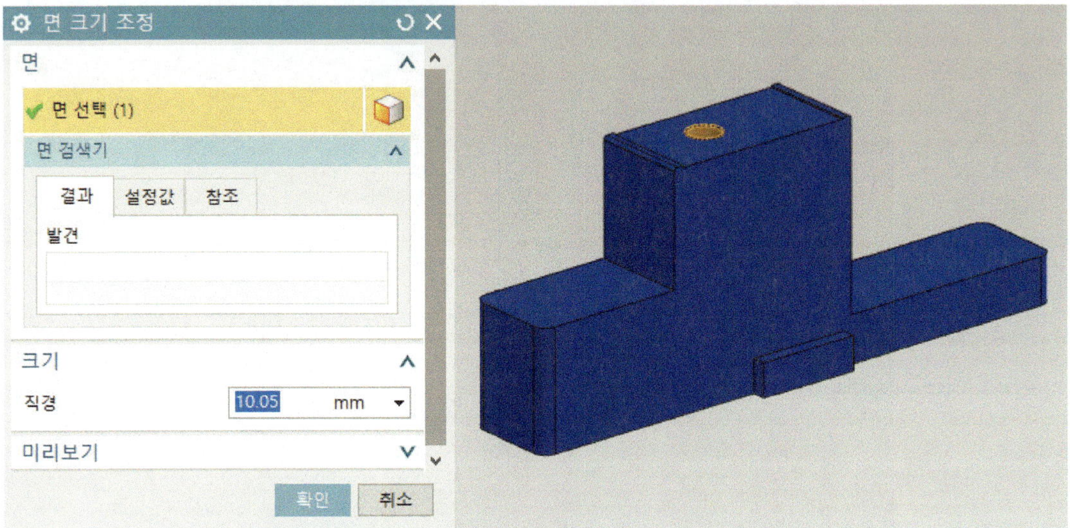

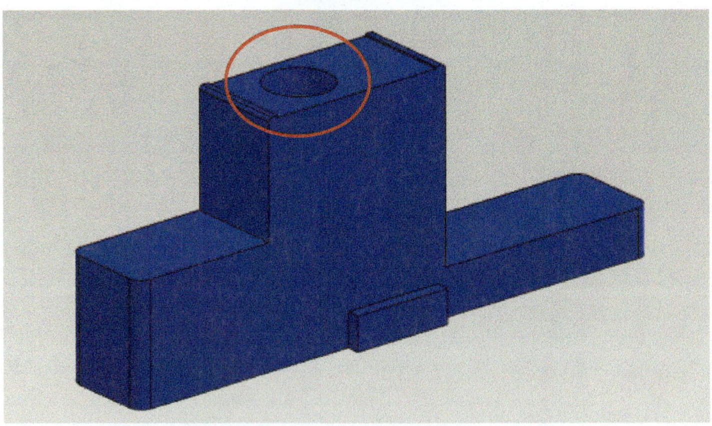

16) 돌출 아이콘을 클릭, 선택 박스에서 '단일 곡선' 선택하고, 벤딩 다이편의 상면 모서리 선택한 다음, 거리 값 '45' 입력하고, '확인' 클릭한다.

※ 거리 45 = 다이 플레이트 두께 35 + 밀핀 작동량 10

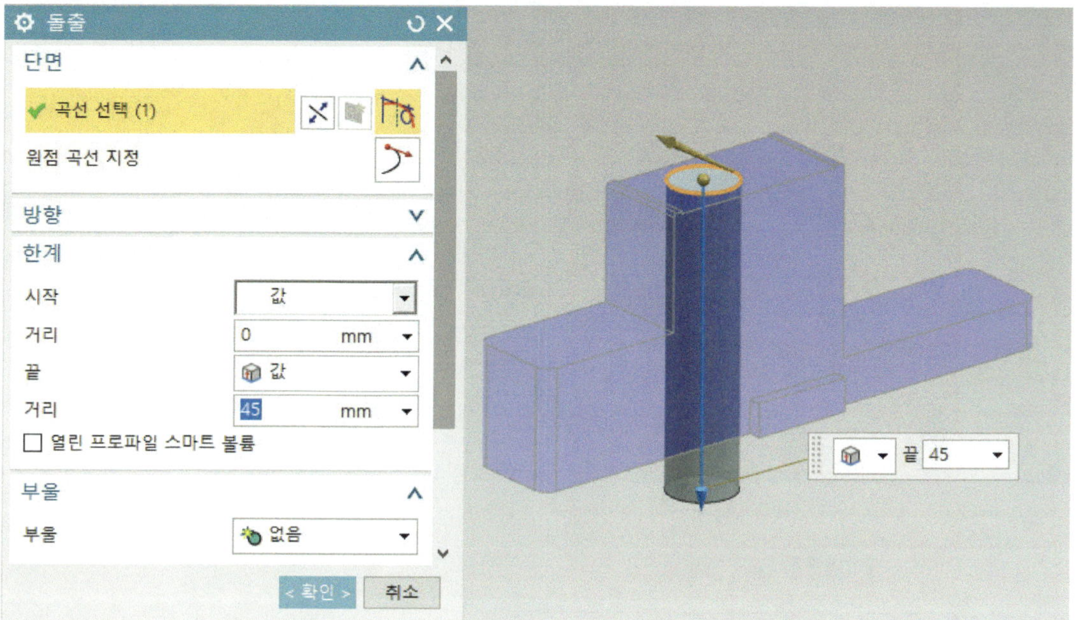

17) 이어서 밀핀의 외경치수를 결정하기 위해 면 크기 조정 아이콘을 클릭, 생성한 밀핀을 선택한 다음, 크기 그룹의 직경에 '10', 입력하고, '확인' 클릭한다.

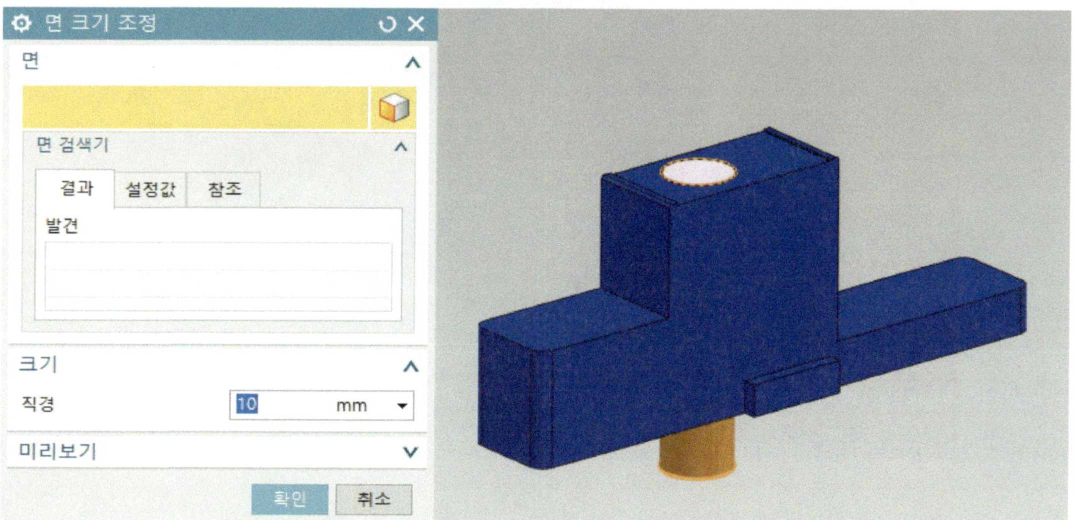

18) 이어서 밀핀에 턱걸이를 생성하기 위해 돌출 아이콘을 클릭, 선택 박스에서 '단일 곡선' 선택하고, 17)에서 생성한 밀핀의 하면 모서리를 선택한 다음, 아래와 같이 입력하고, '확인' 클릭한다.

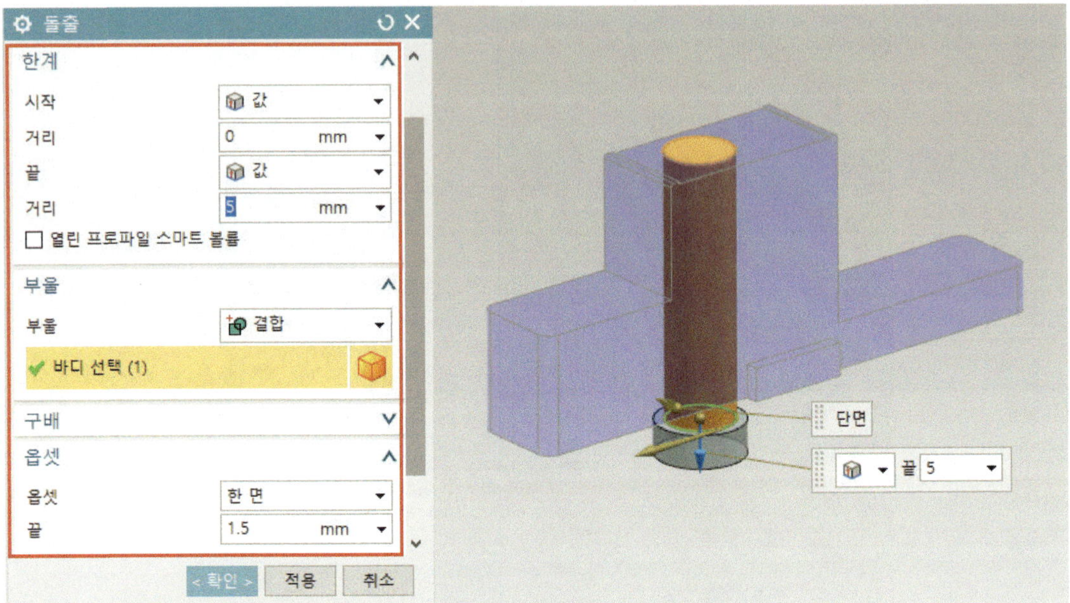

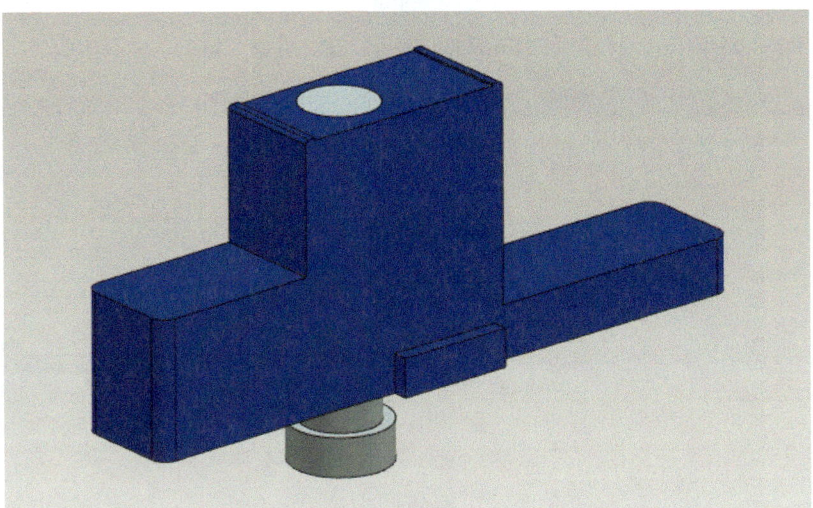

19) 이어서 밀핀에 파일럿 핀 도피구를 생성하기 위해 구멍 아이콘을 클릭, 유형은 '일반 구멍' 선택하고, 위치는 밀핀의 상면 모서리에 마우스를 근접시켜 '중심점' 클릭, 치수 그룹의 직경 값은 '5.5', 깊이 한계는 '바디 통과', 부울은 '빼기' 선택한 다음, '확인' 클릭한다.

※ 직경 값 ∅5.5 = 파일럿 핀 직경 ∅5.0 + 여유 0.5

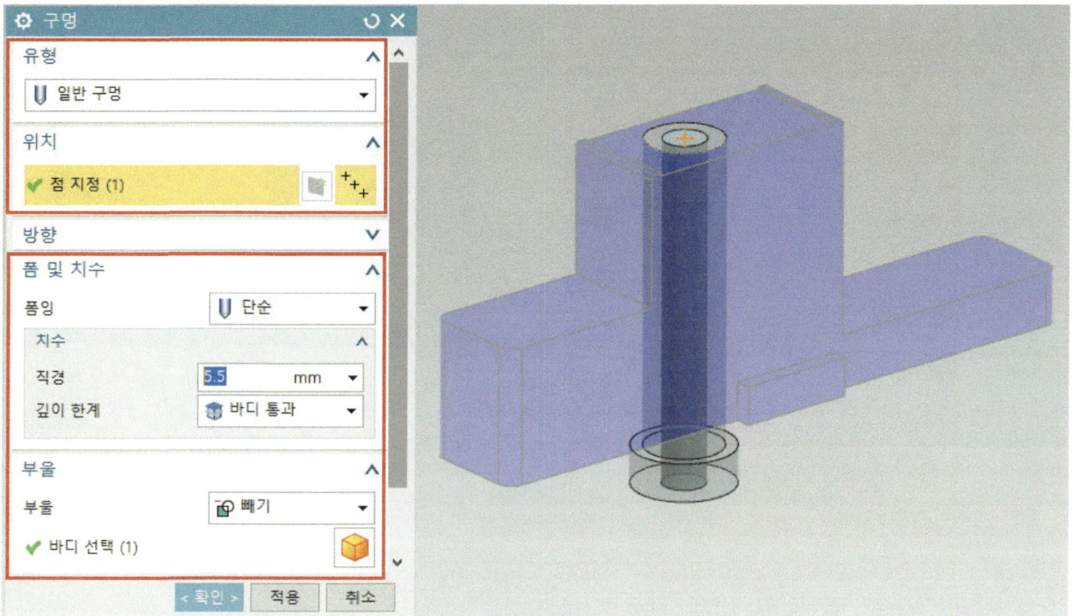

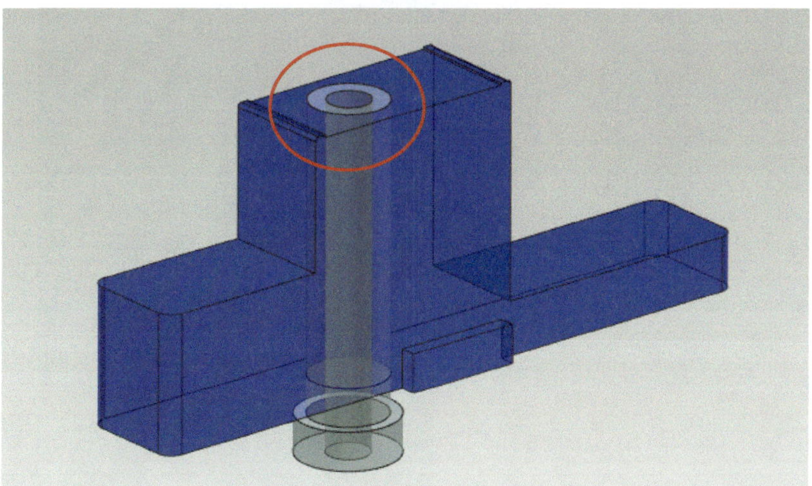

20) 벤딩 다이편의 밀핀 작동거리를 확인하기 위해 아이콘을 클릭, 유형은 '**투영거리**', 벡터는 '**Z축**', 선택하고, 아래와 같이 두 점을 클릭하여 밀핀 작동량 '**10**' ㎜ 확인한 다음, '**확인**' 클릭한다.

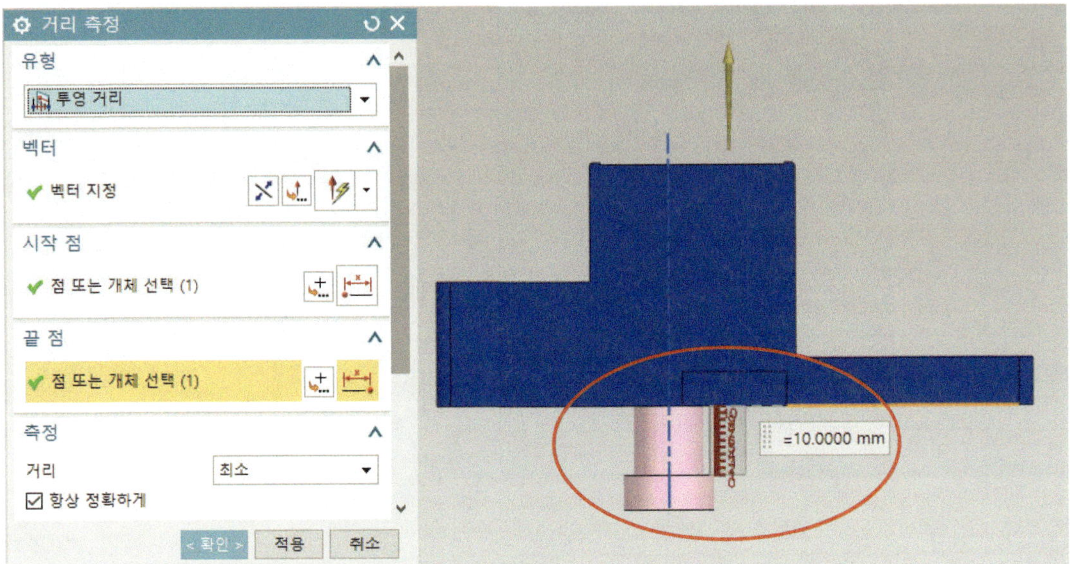

21) 벤딩 다이편 및 밀핀 설계 완료

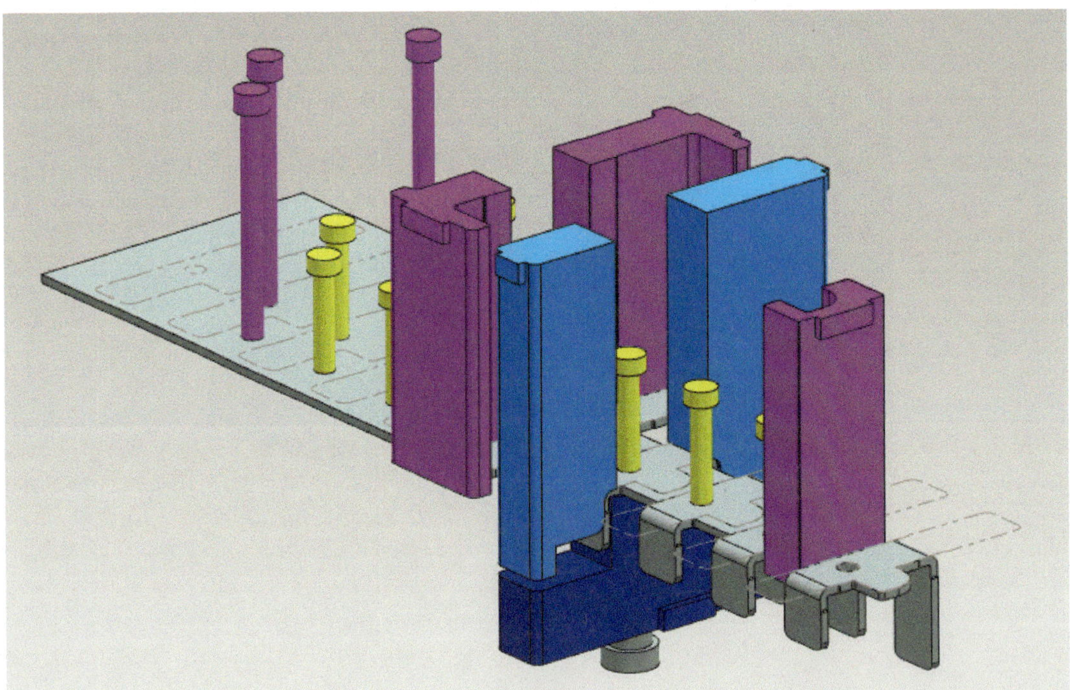

3.5 다이 인선 및 스크랩 배출구 설계하기

※ 프레스금형에서 피어싱, 노칭, 파팅 등의 전단가공을 위해서는 다이 플레이트에 인선(날) 부위를 만들어주어야 하며, 인선 부위 길이는 보통 3~5 ㎜ 정도이며, 적정 클리어런스를 적용하여 인선(날)과 이번 각을 만들어준다.

※ 다이 배킹플레이트는 다이 플레이트를 통과한 제품과 스크랩이 걸림 없이 배출될 수 있도록 편측으로 1 ㎜ 정도 크게 옵셋하여 배출구를 만들어준다.

※ 하 홀더는 다이 배킹 플레이트를 통과한 제품과 스크랩이 걸림 없이 잘 배출될 수 있도록 편측으로 1 ㎜ 정도 옵셋하여 배출구를 만들어준다.

1) 다이 플레이트에 1st '피어싱 가공 인선(날)' 형상을 만들어주기 위해 돌출 아이콘을 클릭, 선택 박스에서 '연결된 곡선' 선택, 방향은 '-ZC', 스트립 레이아웃 하면의 '피어싱 펀치 스케치 구멍' 3개소를 아래와 같이 입력하고, '확인' 클릭한다.

※ 화면에 스트립 레이아웃과 펀치의 스케치 형상만 남기고, 모두 숨긴 다음, 스트립 레이아웃의 아랫면이 보이도록 회전한다.

※ 옵셋 끝 값 0.1 = 편측 클리어런스(판재 두께 t에 5% 적용)

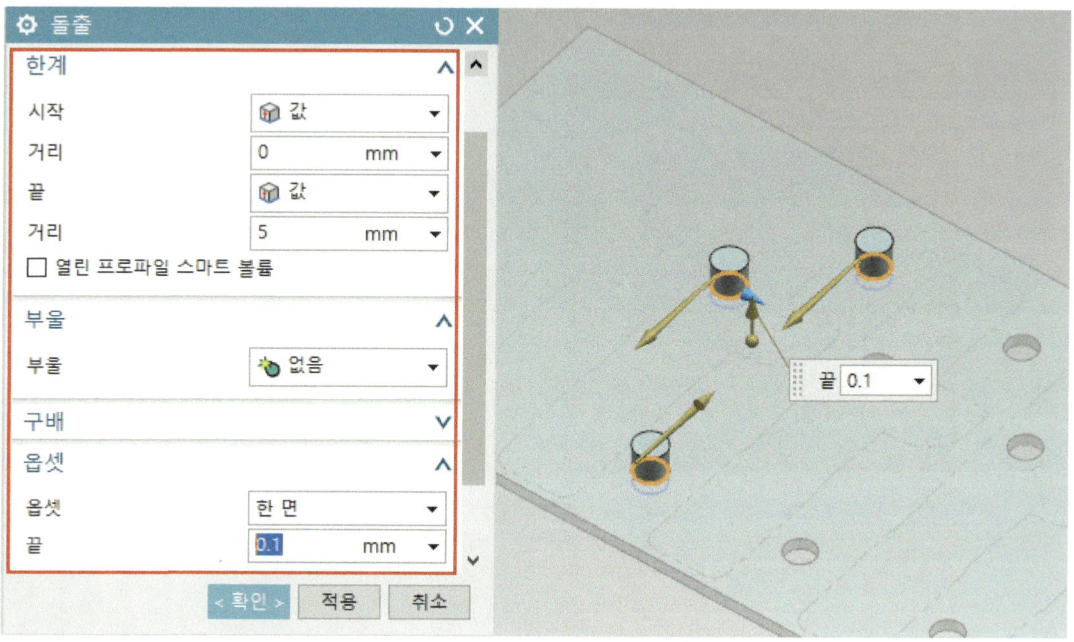

2) 이어서 다이 플레이트에 '피어싱 가공 이번 각' 형상을 만들어주기 위해 돌출 아이콘을 클릭, 선택 박스에서 '면 모서리' 선택, 1)에서 돌출한 인선 형상의 평면을 선택한 다음, 아래와 같이 입력하고, '확인' 클릭한다.

※ 거리 30 = 다이 플레이트 두께 35.0 - 인선(날) 5.0

※ 각도 –1 = 테이퍼 각도(편측)

※ 참고로 하형 다이세트의 다이 플레이트 두께는 '35', 다이 배킹플레이트 두께는 '15', 하 홀더 두께는 '55' 적용한다.

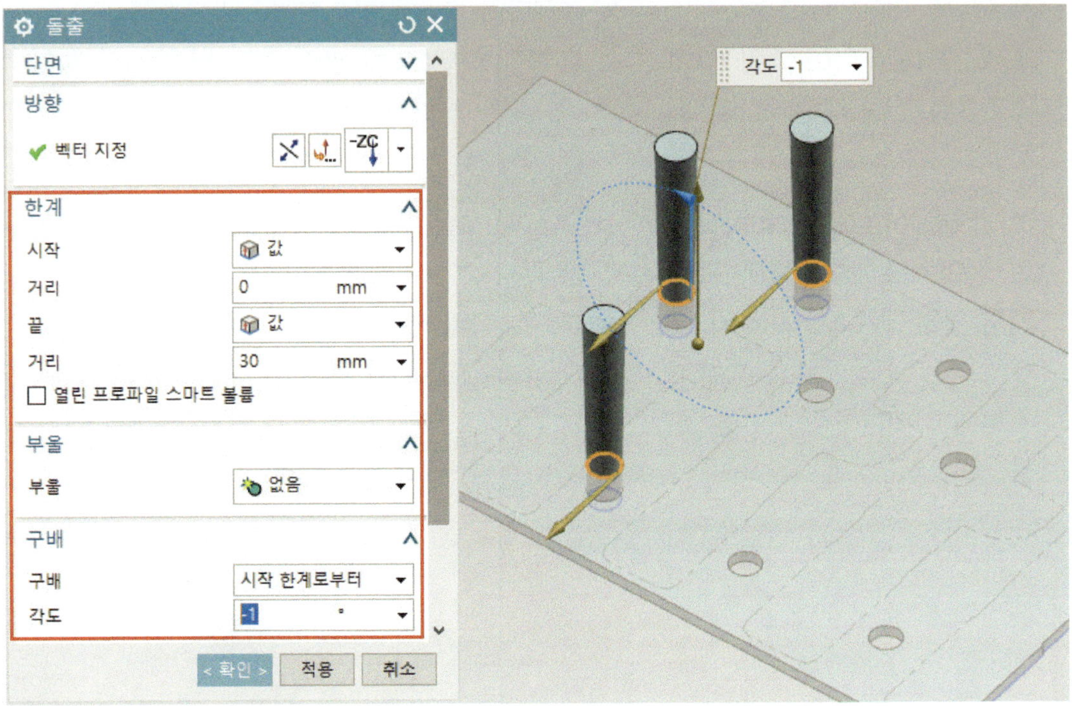

3) 다이 배킹플레이트에 '피어싱 가공' 스크랩 배출구를 만들어주기 위해 돌출 아이콘을 클릭, 선택 박스에서 '면 모서리' 선택, 2)에서 돌출한 원형 형상의 평면을 선택한 다음, 아래와 같이 입력하고, '확인' 클릭한다.

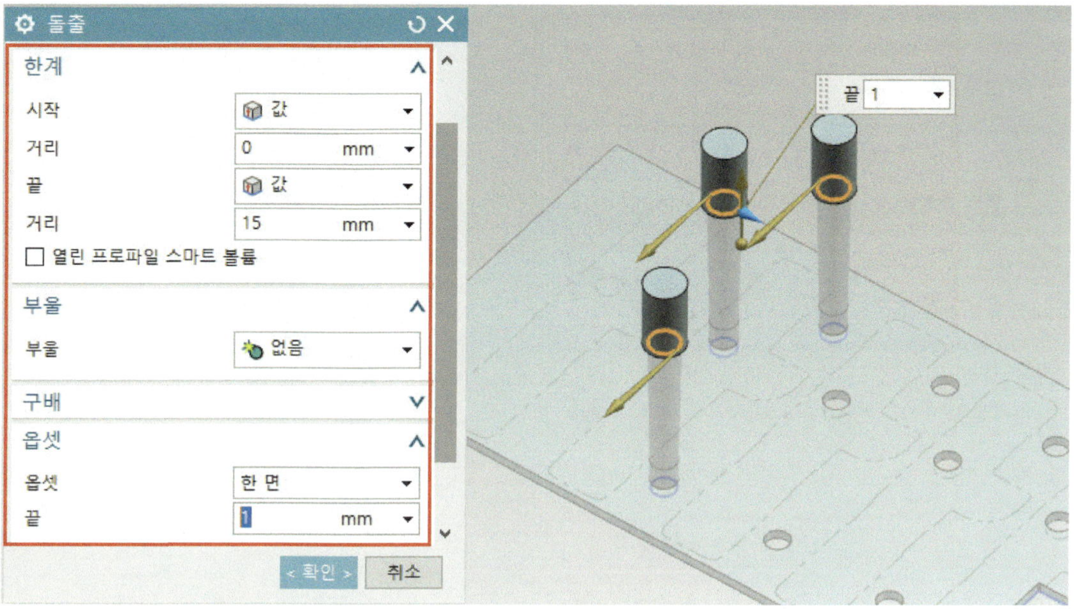

4) 하 홀더에 '피어싱 가공' 스크랩 배출구를 만들어주기 위해 돌출 아이콘을 클릭, 선택 박스에서 '면 모서리' 선택, 3)에서 돌출한 원형 형상의 평면을 선택한 다음, 아래와 같이 입력하고, '확인' 클릭한다.

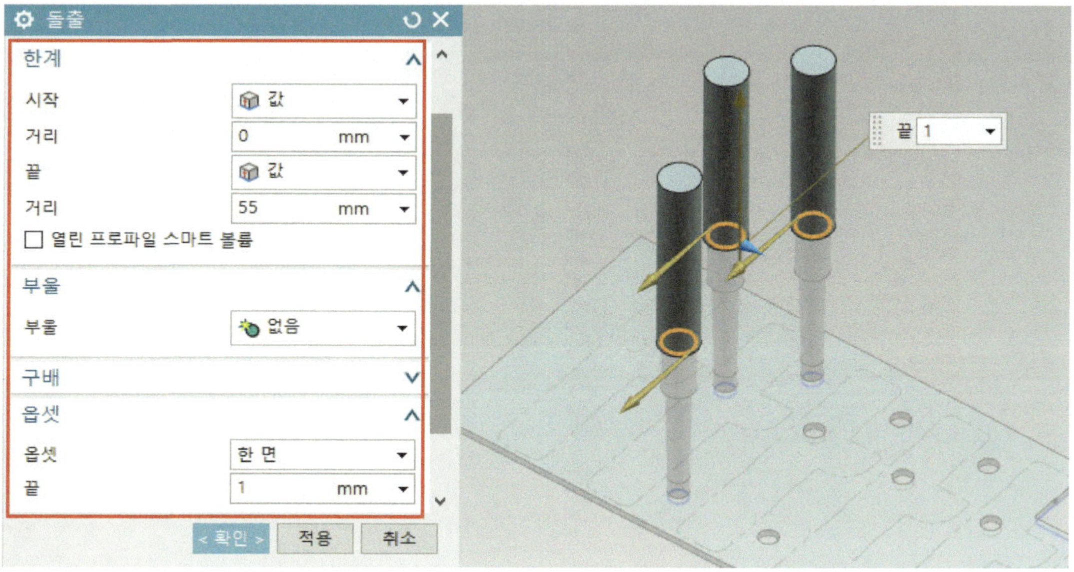

5) 이어서 '피어싱 가공' 스크랩 배출구 형상을 결합해주기 위해 결합 아이콘을 클릭, 결합할 형상 4개소를 순서대로 선택한 다음, '확인' 클릭한다.

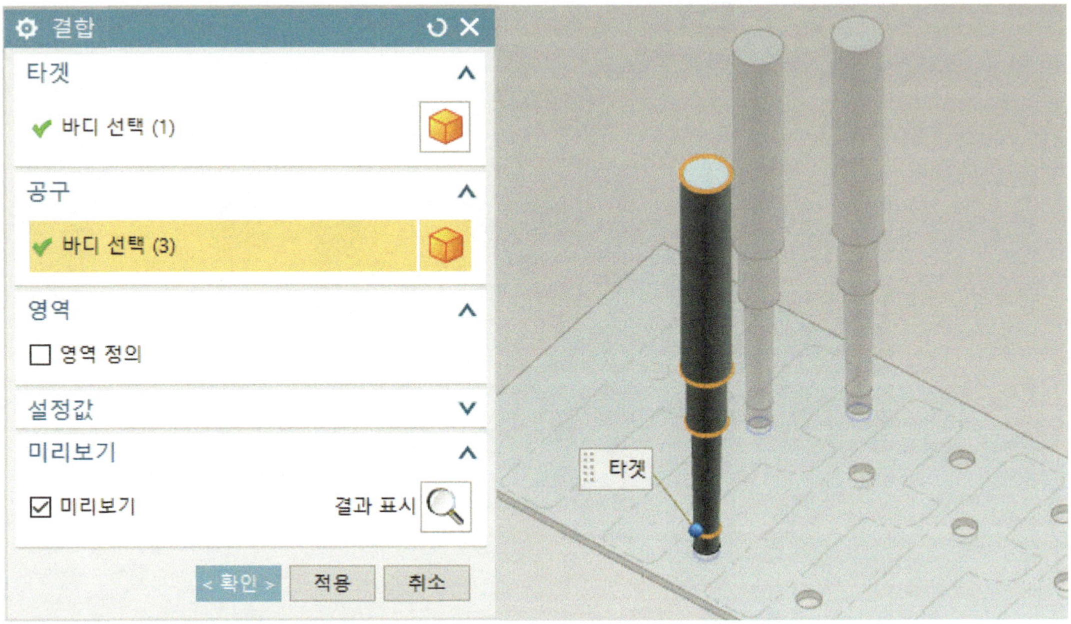

※ 나머지 스크랩 배출구도 위와 동일한 방법으로 결합한 다음, 색상은 'Yellow', 선의 형식은 '이점 쇄선', 반 투명도는 '50%' 정도로 조정한다.

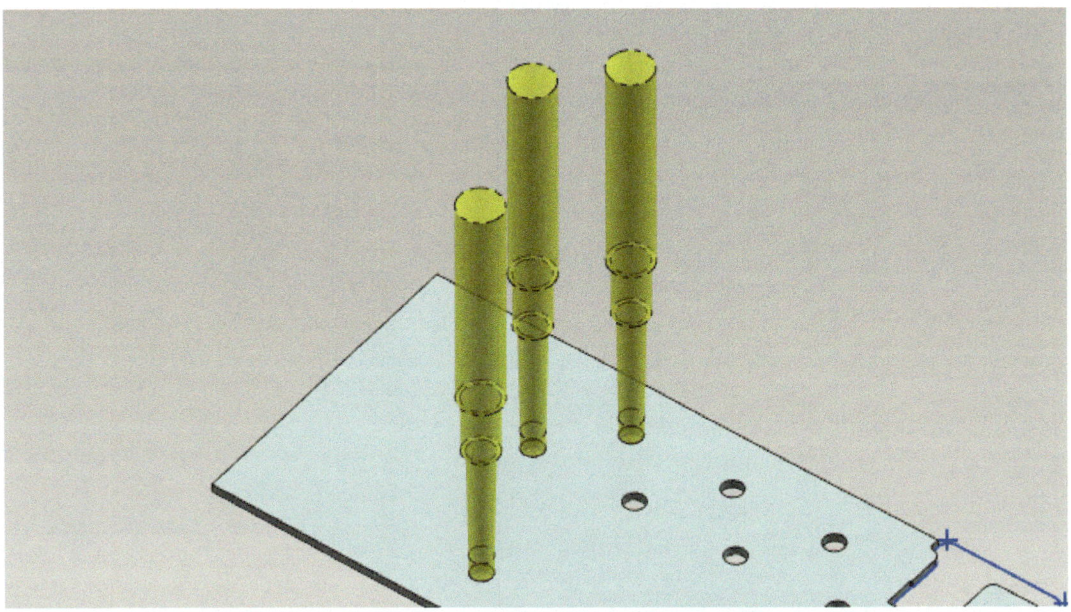

6) 다음은 다이 플레이트에 '노칭, 파팅 가공' 인선(날) 형상을 만들어주기 위해 돌출 아이콘을 클릭, 선택 박스에서 '연결된 곡선' 선택, 방향은 '-ZC', 부울은 '없음', 스트립 레이아웃의 스케치 형상(노칭 2개, 파팅 1개) 전체를 선택한 다음, 아래와 같이 입력하고, '확인' 클릭한다.

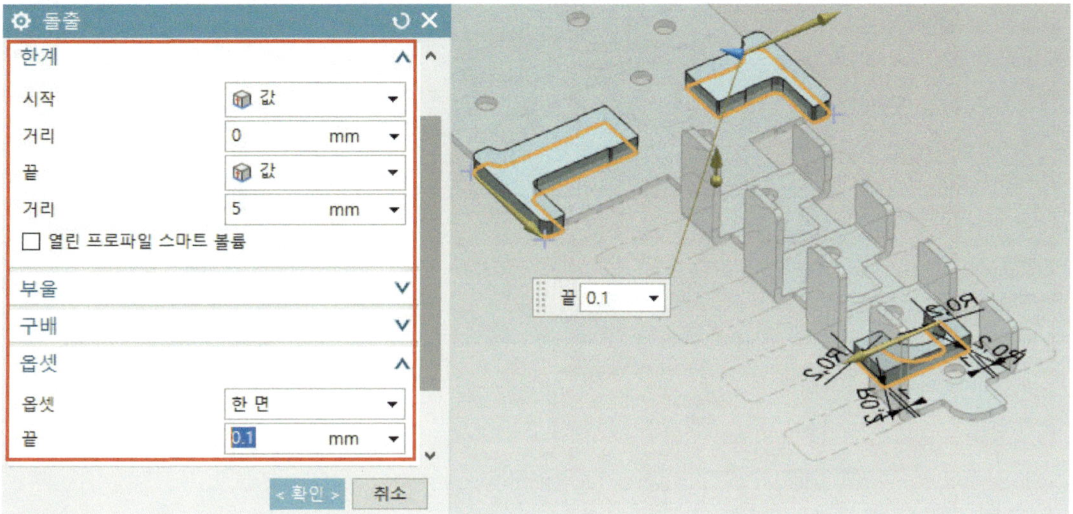

7) 이어서 다이 플레이트에 '노칭, 파팅 가공' 이번 각 형상을 만들어주기 위해 돌출 아이콘을 클릭, 선택 박스에서 '면 모서리' 선택, 6)에서 돌출한 인선 형상의 평면을 선택한 다음, 아래와 같이 입력하고, '확인' 클릭한다.

※ 각도 −1 = 테이터 각도(편측)

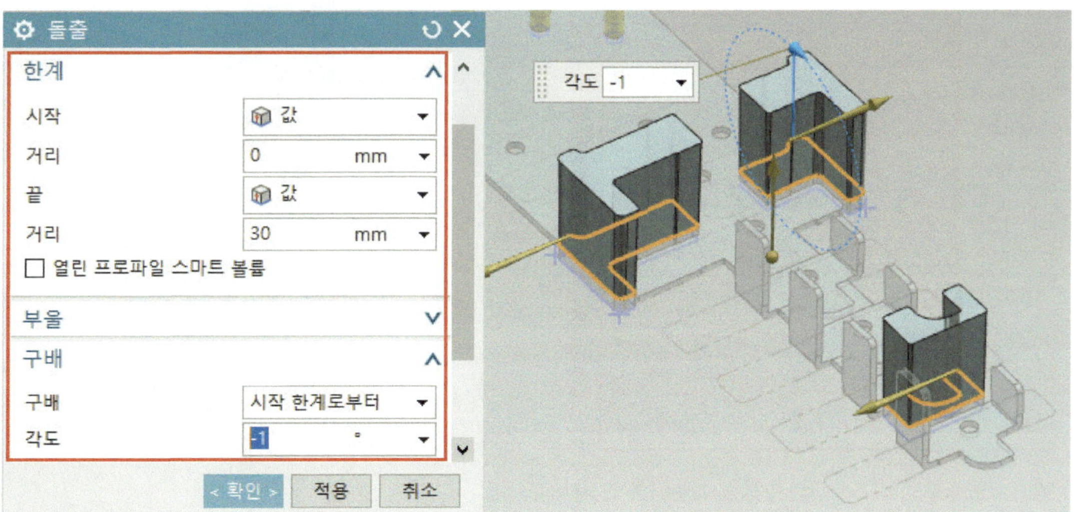

8) 다이 배킹플레이트에 '노칭, 파팅 가공' 스크랩 배출구를 만들어주기 위해 돌출 아이콘을 클릭, 선택 박스에서 '면 모서리' 선택, 7)에서 돌출한 형상의 평면을 선택한 다음, 아래와 같이 입력하고, '확인' 클릭한다.

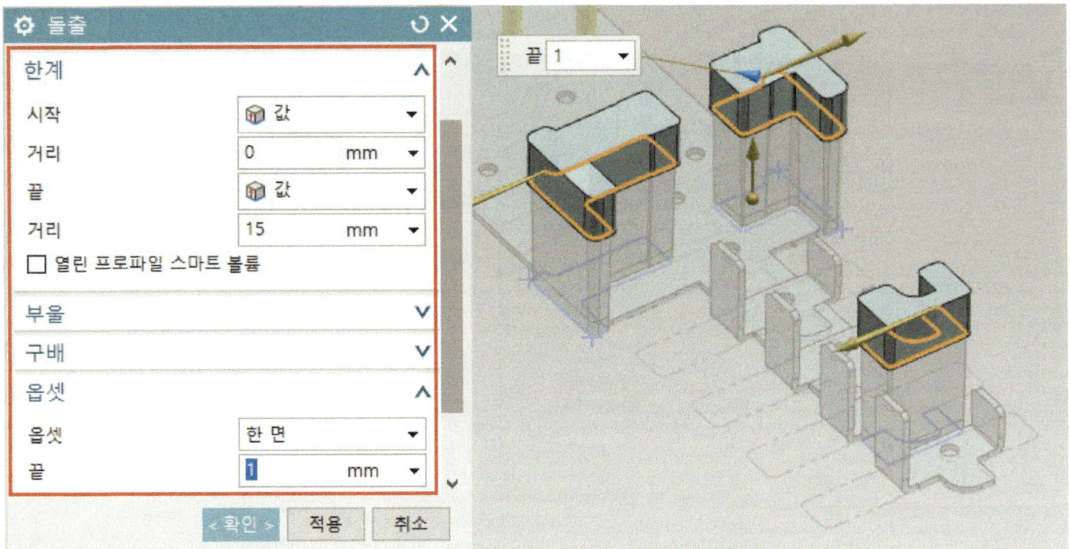

9) 하 홀더에 '노칭, 파팅 가공' 스크랩 배출구를 만들어주기 위해 돌출 아이콘을 클릭, 선택 박스에서 '면 모서리' 선택, 8)에서 돌출한 형상의 평면을 선택한 다음, 아래와 같이 입력하고, '확인' 클릭한다.

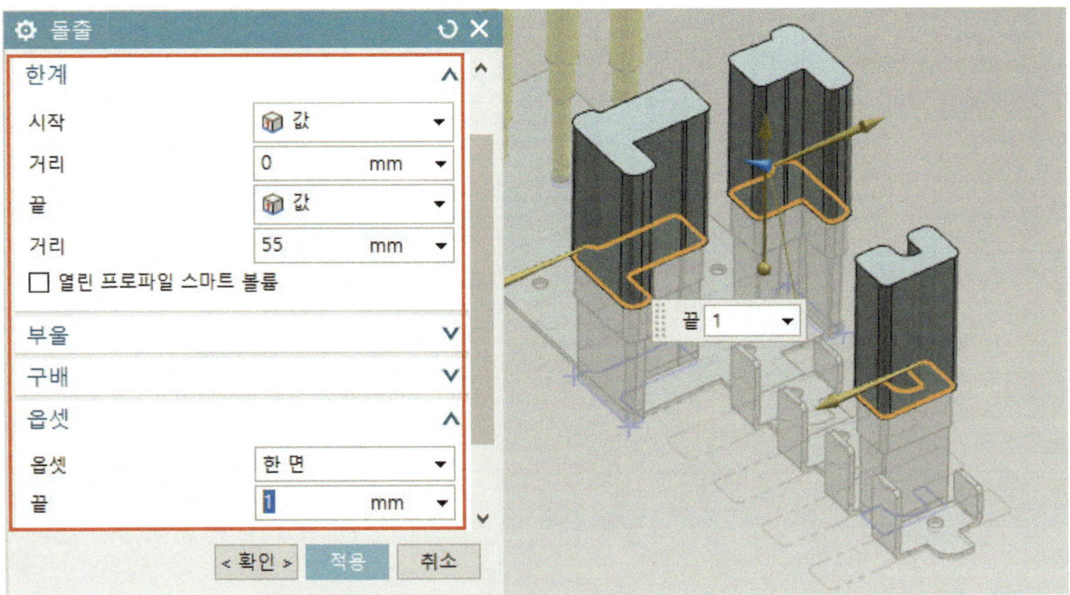

10) 이어서 '노칭, 파팅 가공' 스크랩 배출구 형상을 결합해주기 위해  결합 아이콘을 클릭, 결합할 형상을 순서대로 선택한 다음, '확인' 클릭한다.

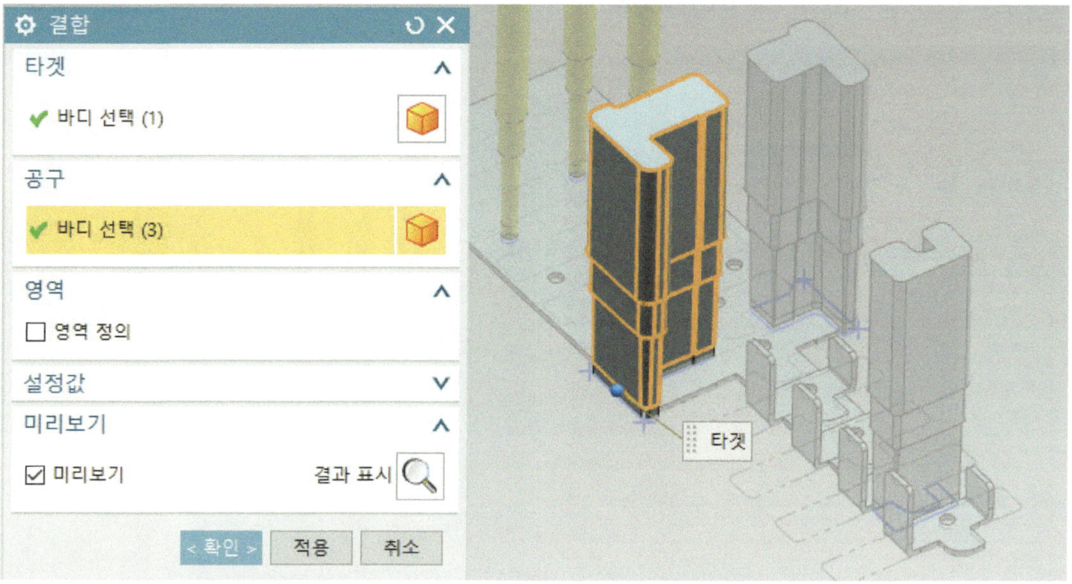

※ 나머지 스크랩 배출구도 위와 동일한 방법으로 결합한 다음, 색상은 'Yellow', 선의 형식은 '이점 쇄선', 반 투명도는 '50%' 정도로 조정한다.

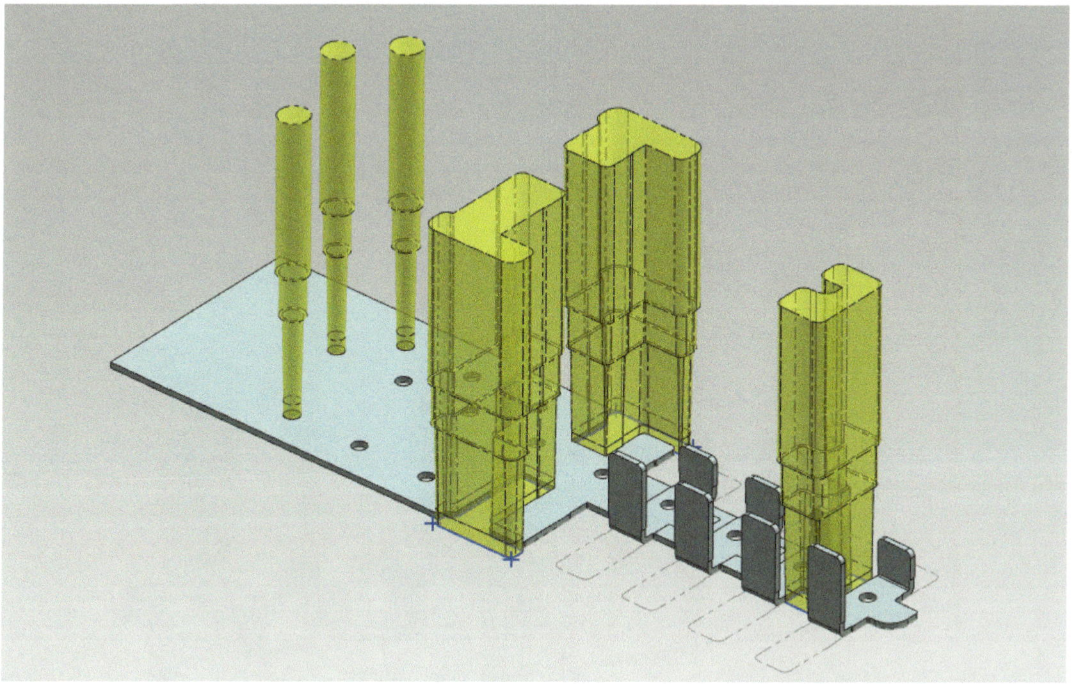

11) 하형 다이세트에 '**파일럿 핀 도피구**'를 생성하기 위해 돌출 아이콘을 클릭, 선택 박스에서 '**단일 곡선**' 선택, 스트립 레이아웃 하면의 파일럿 핀 구멍을 모두 선택한 다음, 아래와 같이 입력하고, '**확인**' 클릭한다.

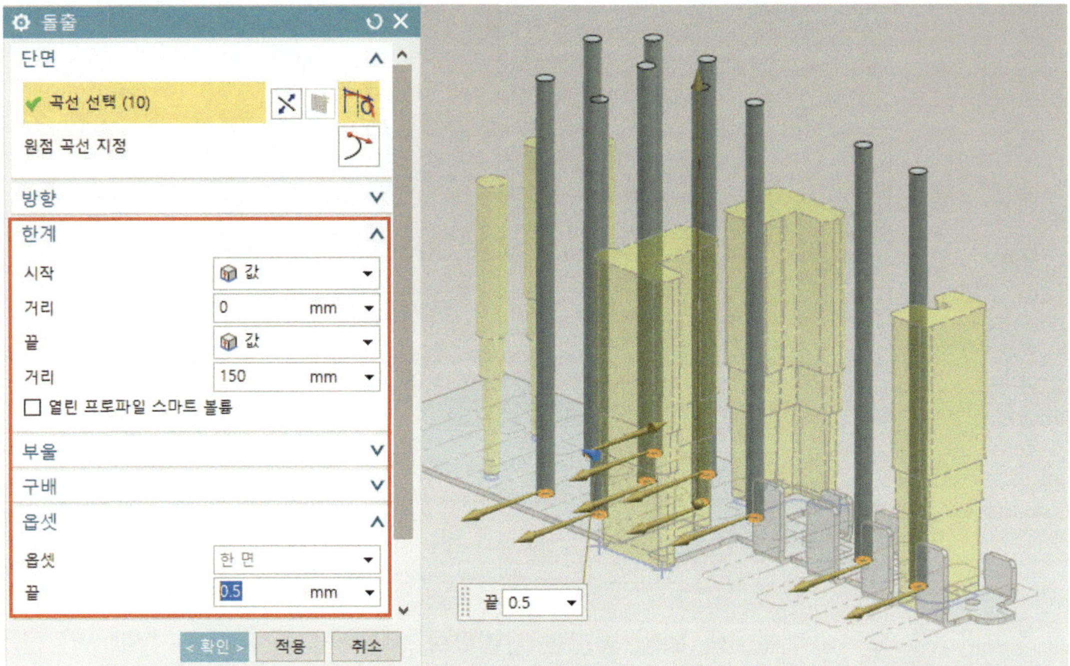

※ 파일럿 핀 도피구는 구분하기 쉽게, 색상은 '**Yellow**', 선의 형식은 '**이점 쇄선**', 반 투명도는 '**50%**' 정도로 조정한다.

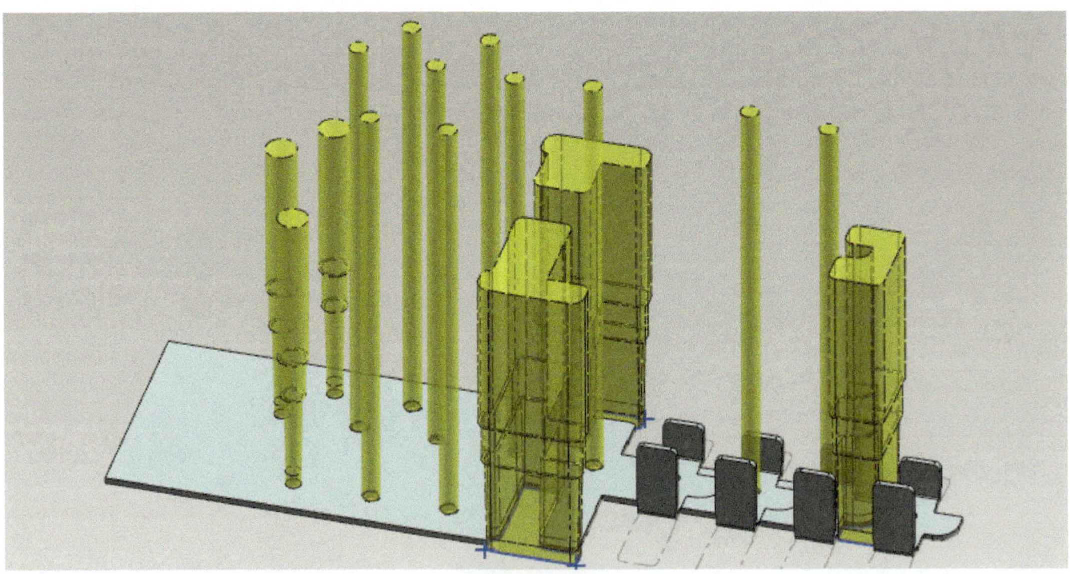

12) 하형 다이세트에 '**벤딩 밀핀 도피구**'를 만들어주기 위해 원통 아이콘을 클릭, 유형에서 '**단축, 반경, 높이**' 선택, 밀핀 턱걸이 바닥면의 중심점 클릭한 다음, 아래와 같이 입력하고, '**확인**' 클릭한다. (화면에 밀핀 표시)

※ 직경 ∅14.5 = M16 탭 가공을 위한 드릴 직경

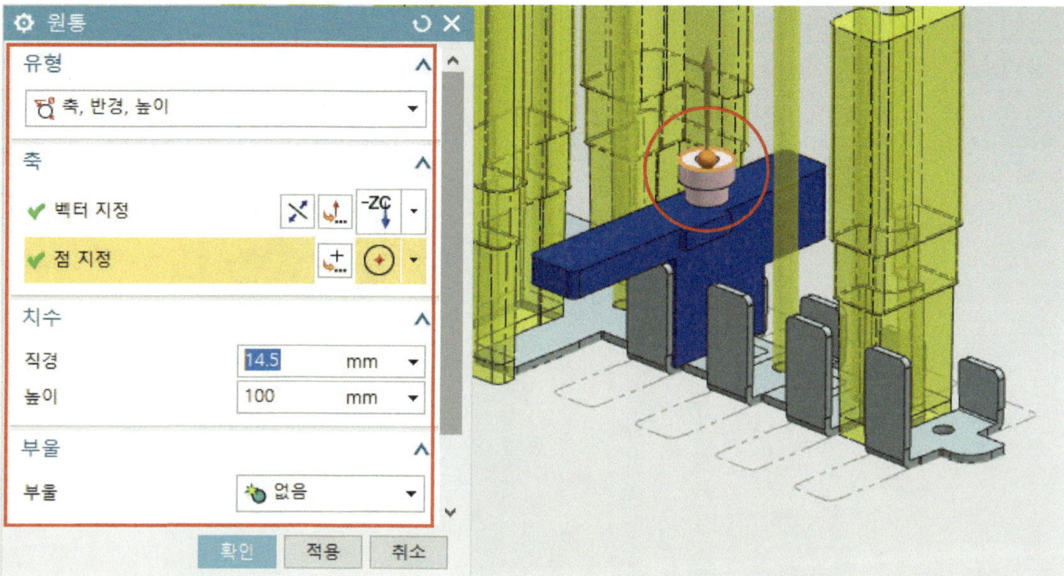

※ 벤딩 밀핀 도피구도 다른 스크랩 배출구와 동일한 속성 적용한다.

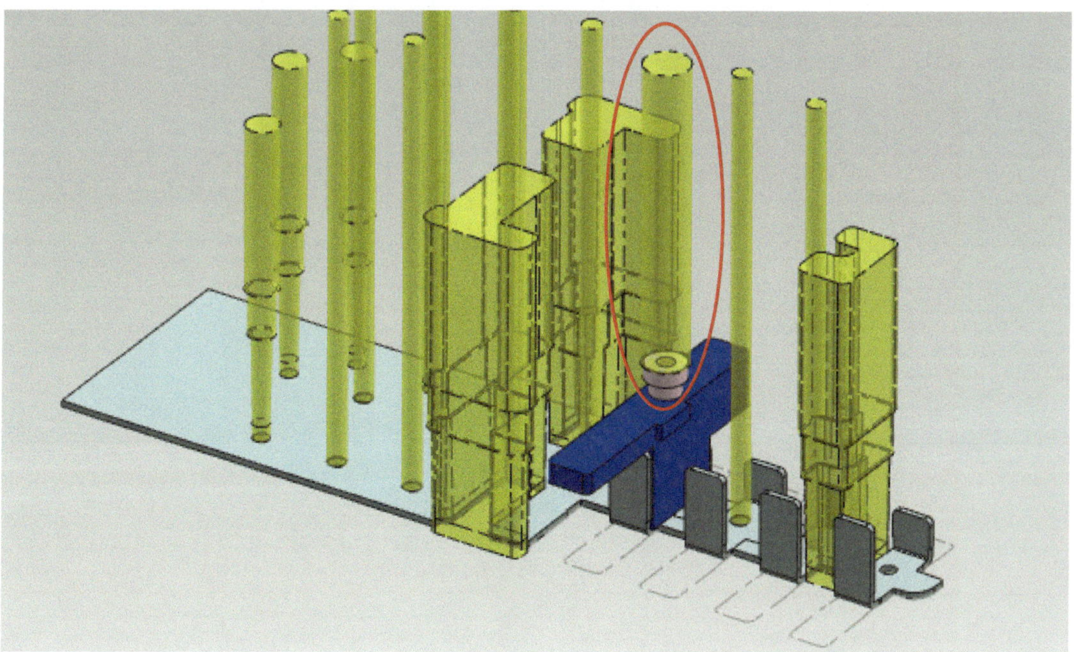

13) 스크랩 배출구 및 도피구(파일롯 핀, 벤딩 밀핀) 설계 완료

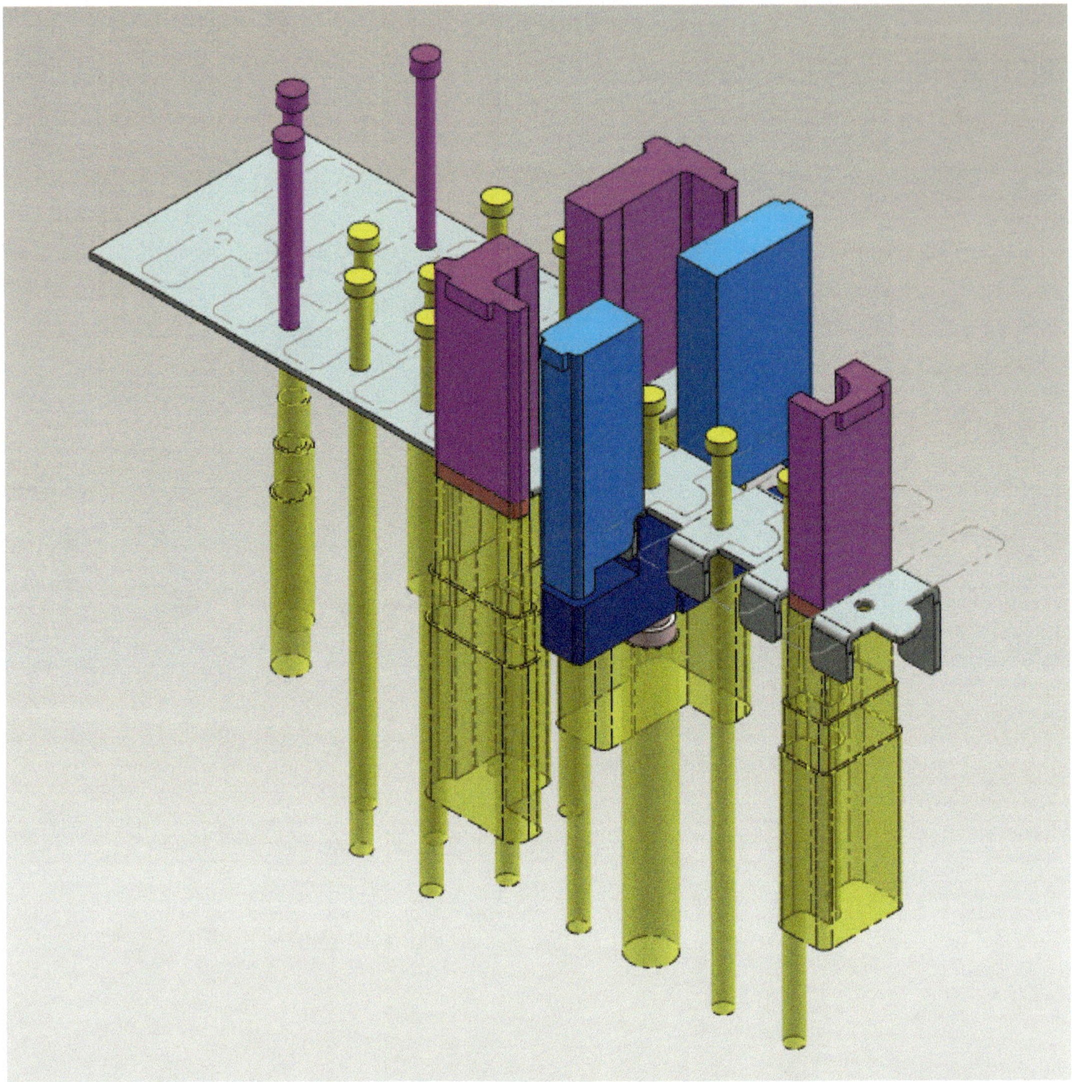

3.6 다이세트 설계하기

다이세트 설계의 경우, 프레스금형 설계 편람을 참고하여 다이세트 라이브러리를 미리 만들어놓고, 스트립 레이아웃과 펀치 및 다이편 그리고 배출구 및 도피구 등의 설계가 완료되는 시점에서 다이세트 라이브러리를 불러와서 조합하여 사용한다.

다이세트 설계하기는 3.5 스크랩 배출구 및 도피구 설계가 완료되면, 다이 플레이트의 외곽 치수를 결정해야 하는데, 외곽 치수를 결정하기 위해서는 아래와 같이 전단력(P)과 다이 플레이트의 두께(H)를 계산해야 한다.

※ 전단력(P): ∴ 17 Ton

= L(전단 길이) × t(원소재 두께) × τ (전단응력)

= 267.0 × 2.0 × 32.0

= 17,088 kgf

※ 다이 플레이트 두께(H): 35.0 ㎜

= k × $\sqrt[3]{P}$, 여기서 k는 보정 계수, P 는 전단력

k: 1.37 = 전단 길이 150~300 ㎜

k: 1.50 = 전단 길이 300~500 ㎜

= 1.37 × $\sqrt[3]{17,088}$

= 35.28 ㎜ (다이 플레이트 두께는 35.0으로 결정함)

1) 다이 플레이트의 외곽 크기를 확정하기 위해 스케치 아이콘을 클릭, 좌표계 다이얼로그 활용, 스트립 레이아웃의 '하면(아랫면)'을 클릭한 다음, 아래와 같이 1st 스케치하고, 2nd 치수 최적화를 거친 후 '확인' 클릭한다.

※ 52.5 = 다이 플레이트 두께 35.0 + 안전율 1.5

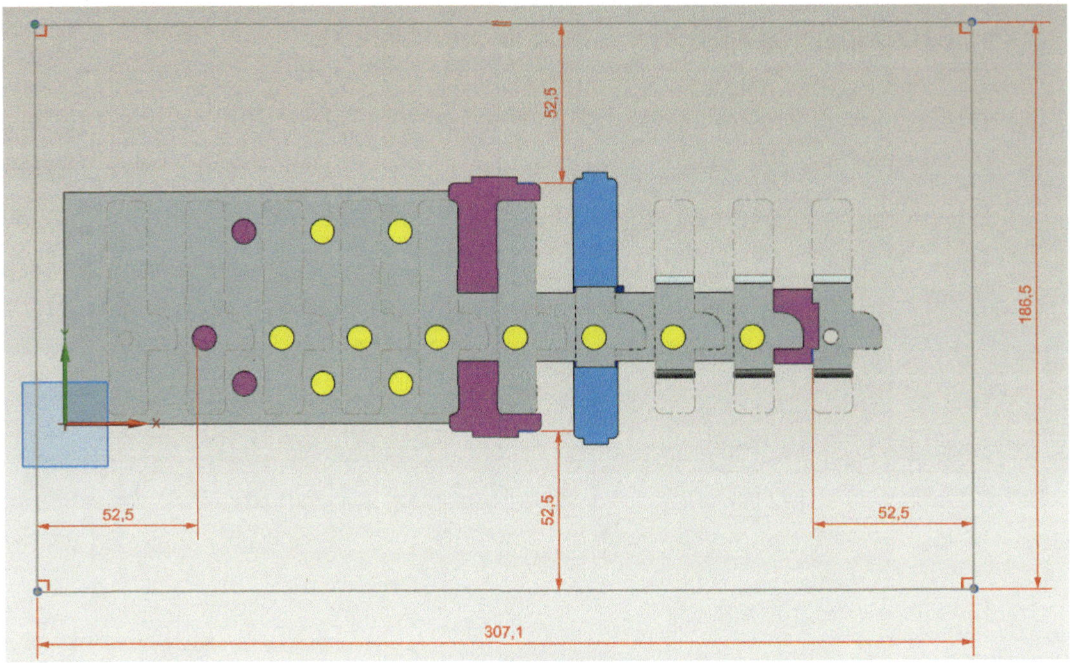

※ 다이 플레이트 외곽 크기는 치수 최적화를 통해 '320×200'으로 확정한다.

※ 스케치한 선의 색상은 'Silver Gray', 선 폰트는 '이점쇄선'으로 변경한다.

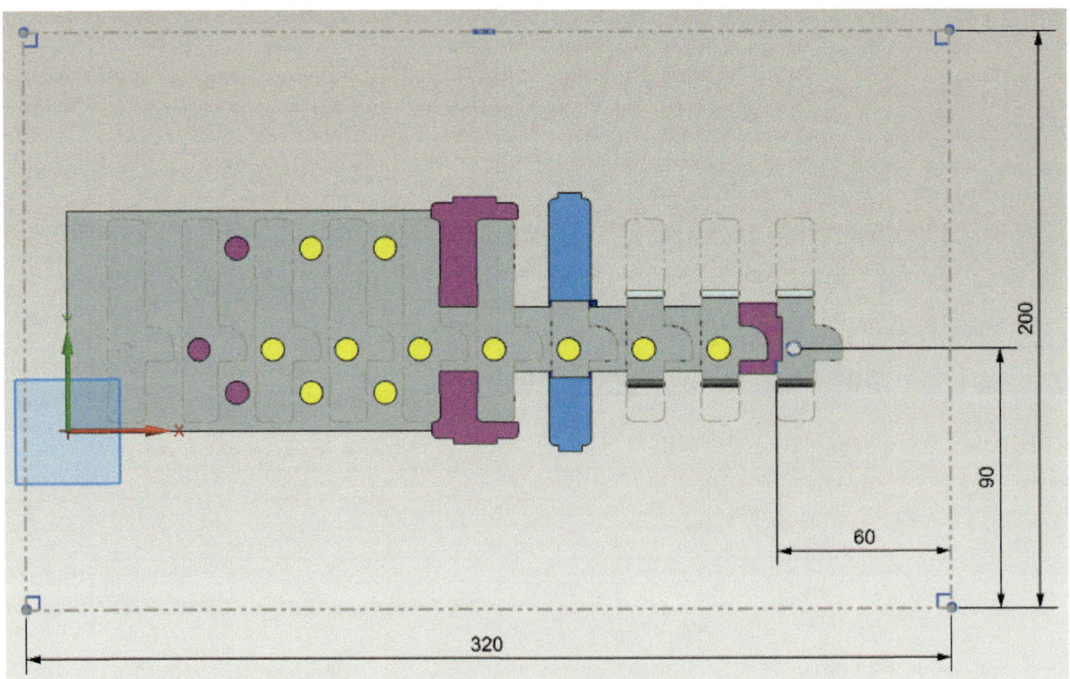

2) 다이세트 설계는 관련 부품을 하나씩 설계하는 것이 아니라 미리 만들어놓은 다이세트 라이브러리 중, 다이 플레이트 가로×세로 크기와 스트리퍼 볼트 작동 거리에 적합한 다이세트 라이브러리를 불러와서 스트립 레이아웃과 조합하는 방식으로 설계하는데, 만들어진 다이세트를 불러오기 위해서는 다이세트의 기준점과 스트립 레이아웃의 기준점을 맞추어서 불러와야 한다.

다이세트를 불러오기 위해, 메인메뉴에서 '파일' → '가져오기' → '파트' 클릭, 파트 가져오기 팝업창에서 '확인' 클릭한 다음, '프레스금형 표준부품'의 다이세트 폴더에서 'FR320-200-ST10.5' 파일을 선택하고, 'OK' 클릭한 다음, 1)에서 스케치한 다이 플레이트의 '왼쪽 아래 꼭짓점'을 클릭한다.

다이세트 불러오기가 완료되면, 기준점이 정확히 맞는지 확인하여 이상 없으면, '취소' 클릭한다.

※ FR320-200-ST10.5: FR320-200(볼 리테이너 포스트 4개 형식, 다이 플레이트 가로 320×세로 200), ST11은 스트리퍼 볼트 작동 거리 10.5 ㎜

(벤딩 펀치 작동 거리(벤딩펀치 내측 R2.5 + 직선거리 4.0 + 선단부 R3 + 여유 1.0)

※ '취소' 클릭하지 않고, 확인 클릭하면, 다이세트를 두 번 불러온다.

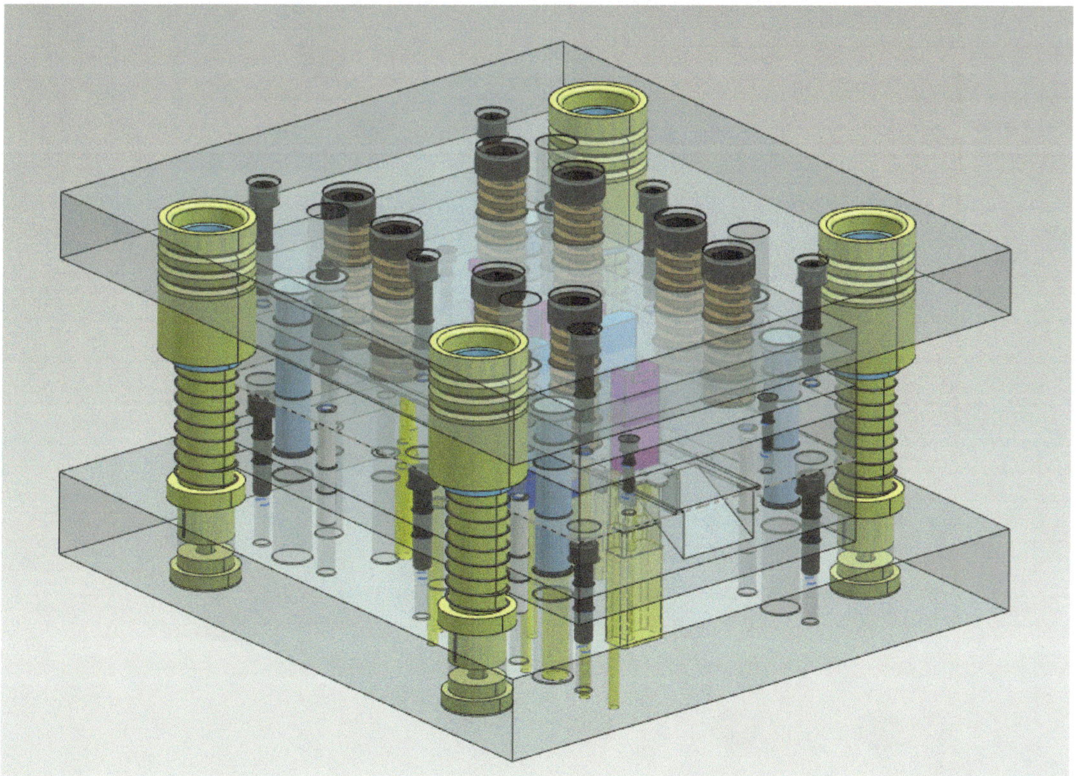

3) 하형 다이세트의 경우, 각 공정별로 발생하는 스크랩(Scrap)이 금형 밑으로 간섭 없이 빠져나갈 수 있도록 배출구를 만들어주어야 한다.

배출구는 미리 만들어 놓은 배출구 형상을 하형 다이세트의 각 플레이트 별로 '빼기' 명령어를 사용하여 분리시켜주면 된다.

※ 하형 다이세트의 뒷면이 잘 보일 수 있도록 회전시킨 다음, 'Ctrl + J' 클릭, 하형 다이세트의 플레이트 3개의 반 투명도를 '0'으로 변경해 준다.

먼저, 하 홀더에 배출구를 생성하기 위해 빼기 아이콘을 클릭하고, 타깃 바디 선택에서 '**하 홀더**' 선택, 공구 바디 선택에서 '**배출구(스크랩+밀핀 및 파일럿 핀 도피구)**' 형상을 모두 선택한다. 그리고 배출구 형상은 계속 사용해야 하므로 설정값 항목에서 툴 유지 '**체크**'하고, '**확인**' 클릭한다.

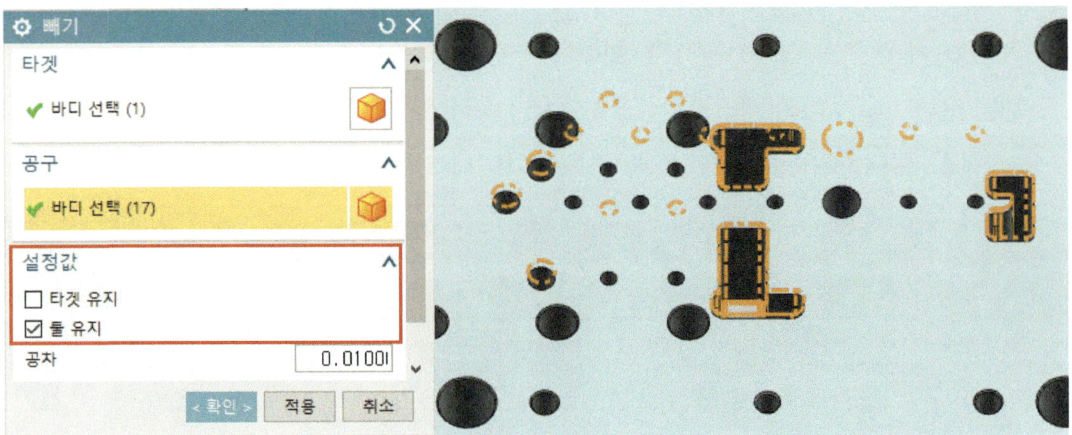

※ 정상적으로 분리되면, 구멍 모서리 부분이 진하게 된 것을 확인할 수 있다.

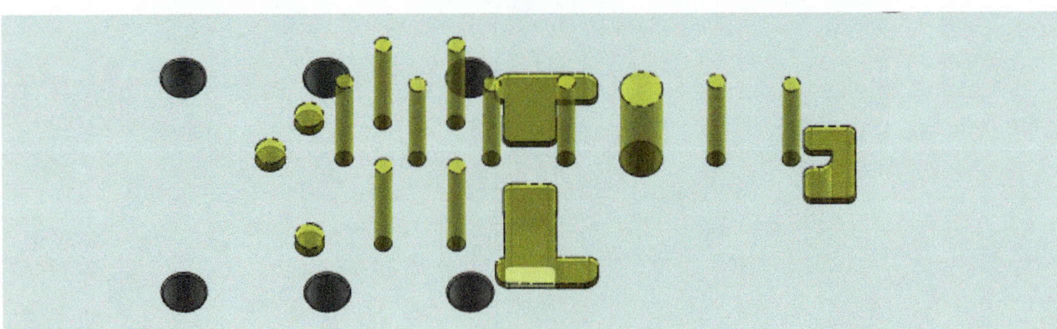

4) 다음은 다이 배킹플레이트에 배출구를 생성하기 위해 빼기 아이콘을 클릭하고, 타깃 바디 선택에서 '**다이 배킹플레이트**' 선택, 공구 바디 선택에서 '**배출구(스크랩+밀핀 및 파일럿 핀 도피구)**' 형상을 모두 선택해 준다. 그리고 배출구 형상은 계속 사용해야 하므로 설정값 항목에서 툴 유지 '**체크**'하고, '**확인**' 클릭한다.

※ 작업성을 높이기 위해 빼기 완료된 하 홀더는 숨기기 한다.

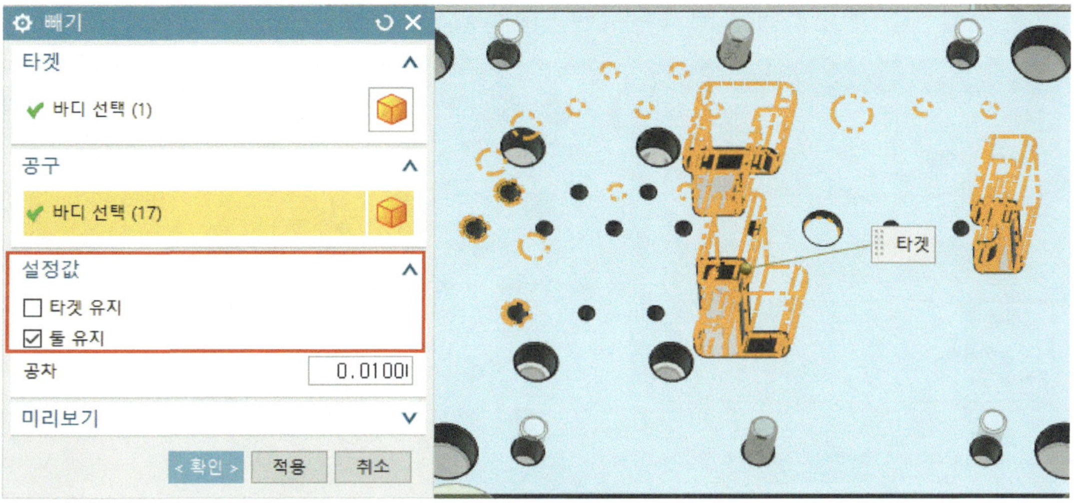

※ 정상적으로 분리되면, 구멍 모서리 부분이 진하게 된 것을 확인할 수 있다.

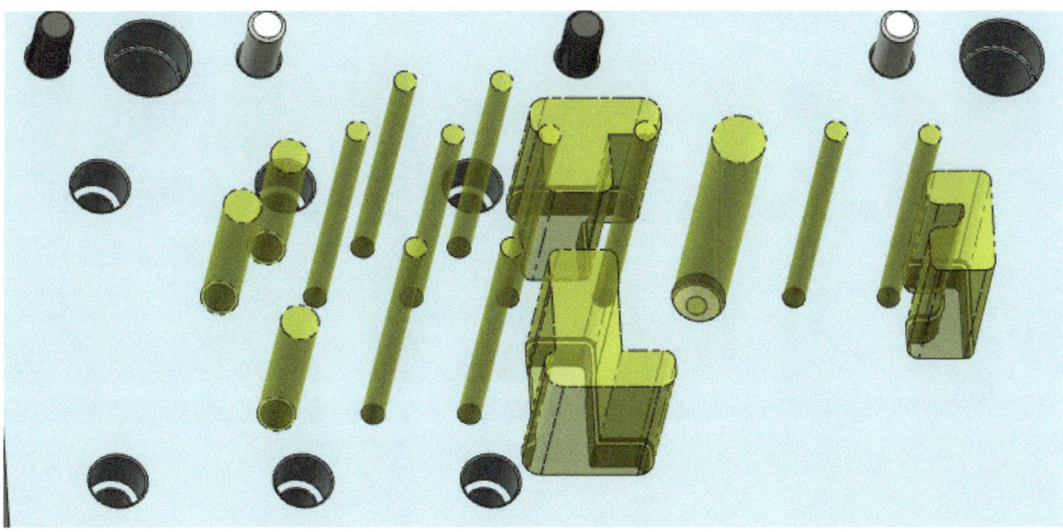

5) 마지막으로 다이 플레이트에 배출구를 생성하기 위해 빼기 아이콘을 클릭하고, 타깃 바디 선택에서 '**다이 플레이트**' 선택, 공구 바디 선택에서 '**배출구(스크랩+파일럿 핀 도피구)**' 형상을 선택한 다음, 설정값 항목에서 툴 유지 체크 '**해제**'하고, '**확인**' 클릭한다.

※ 공구 바디 선택에서 '**벤딩 밀핀 스프링 홀**' 형상은 선택하지 않는다.
(선택 시 분리할 대상이 없어 에러 발생)

※ 작업성을 높이기 위해 빼기 완료된 다이 배킹플레이트는 숨기기 한다.

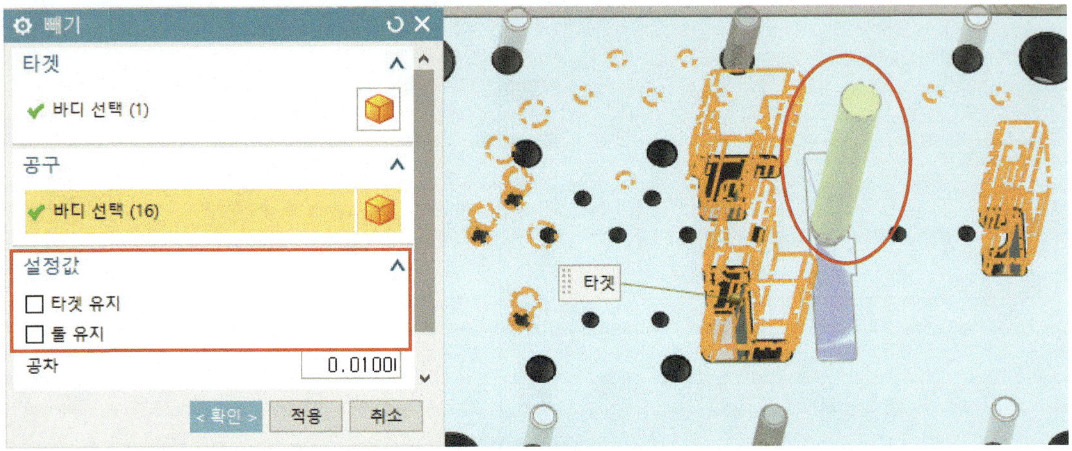

※ 정상적으로 분리되면, 아래와 같이 배출구가 생성된 것을 확인할 수 있다.

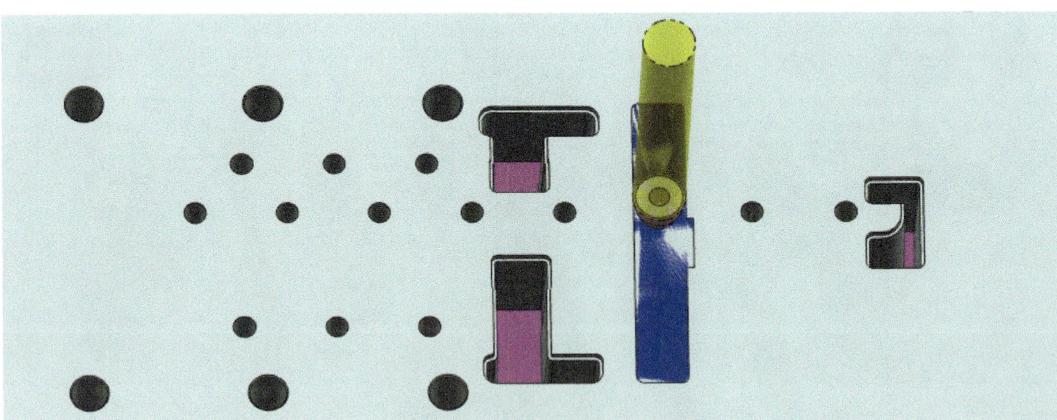

6) 다이 플레이트 하면에 남아 있는 벤딩 밀핀 스프링 홀 형상을 삭제하기 위해 바디 삭제 아이콘을 클릭, 삭제할 바디 선택에서 '벤딩 밀핀 스프링 홀'을 선택한 다음, '확인' 클릭한다.

※ 작업성을 높이기 위해 빼기 완료된 다이 배킹플레이트는 숨기기 한다.

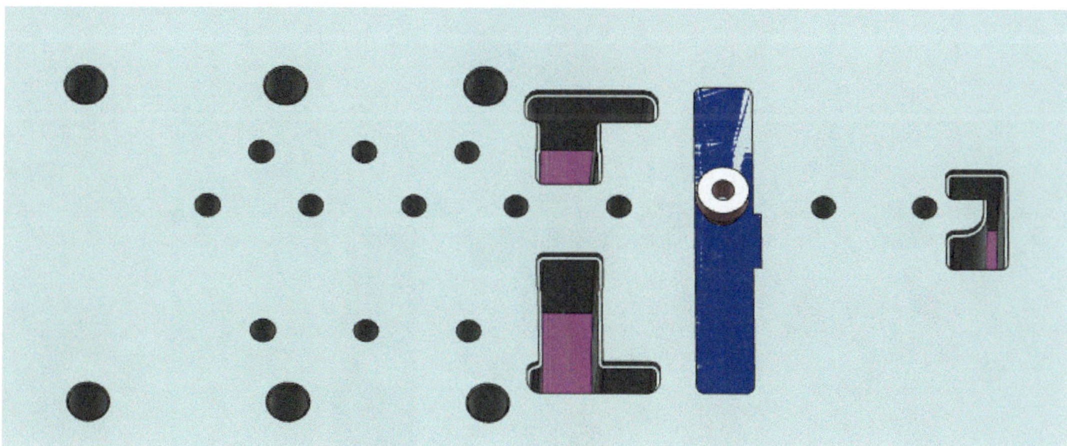

7) 다음은 다이 플레이트에서 벤딩 다이편 형상을 분리하기 위해 빼기 아이콘을 클릭하고, 타깃 바디 선택에서 '**다이 플레이트**' 선택, 공구 바디 선택에서 '**벤딩 다이편**' 형상을 선택한다. 그리고 벤딩 다이편은 금형 부품으로 계속 사용해야 하므로 설정값 항목에서 툴 유지 '**체크**'하고, '**확인**' 클릭한다.

※ 작업성을 높이기 위해 벤딩 밀핀은 숨기기 한다.

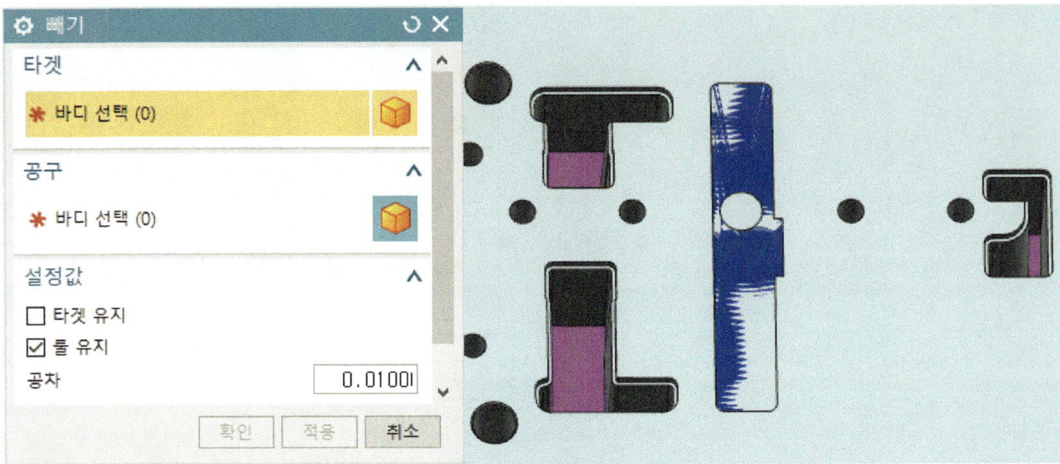

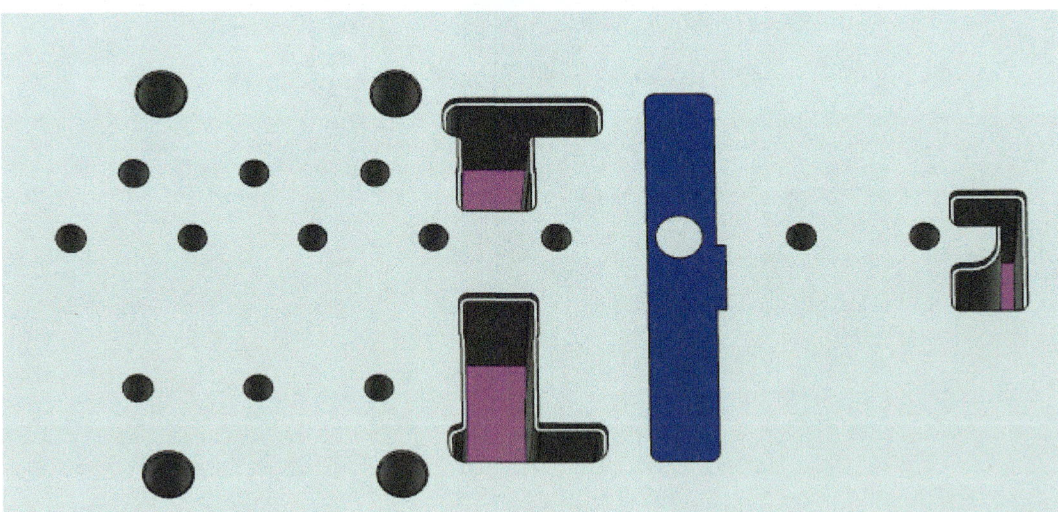

8) 다이 플레이트에 남아 있는 벤딩 다이편 홀에 남아 있는 원기둥 형상을 삭제하기 위해 바디 삭제 아이콘을 클릭, 삭제할 바디 선택에서 벤딩 다이편 홀에 '원기둥 형상' 형상을 선택한 다음, '확인' 클릭한다.

※ 다이 플레이트에 남아 있는 원기둥 형상의 바디를 선택하기 쉽도록 빼기 완료된 벤딩 다이편은 숨기기 한다.

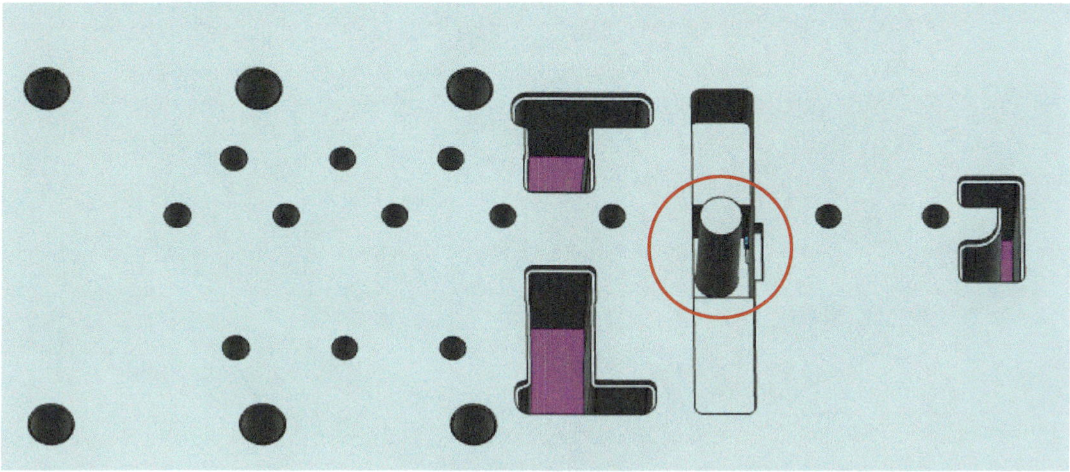

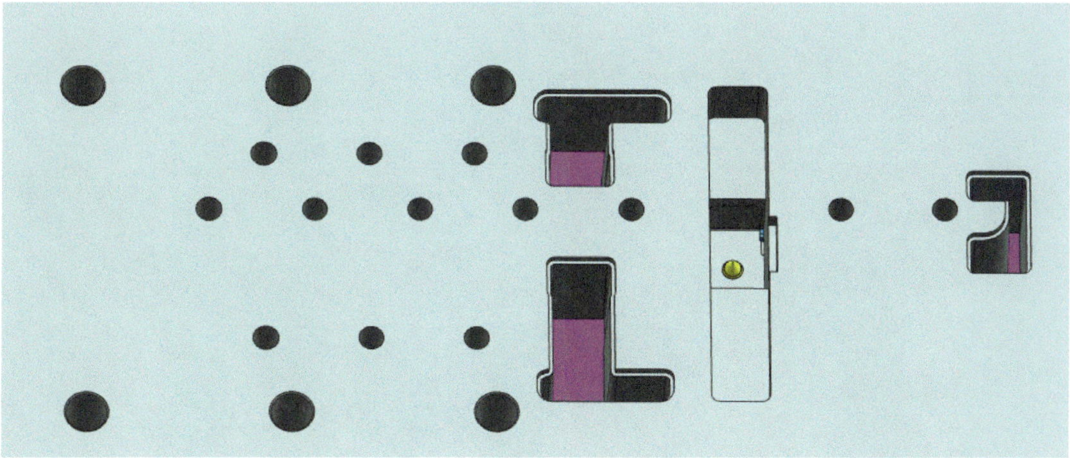

※ 하형 다이세트에 다이 인선 및 배출구 설계가 완료된 상태

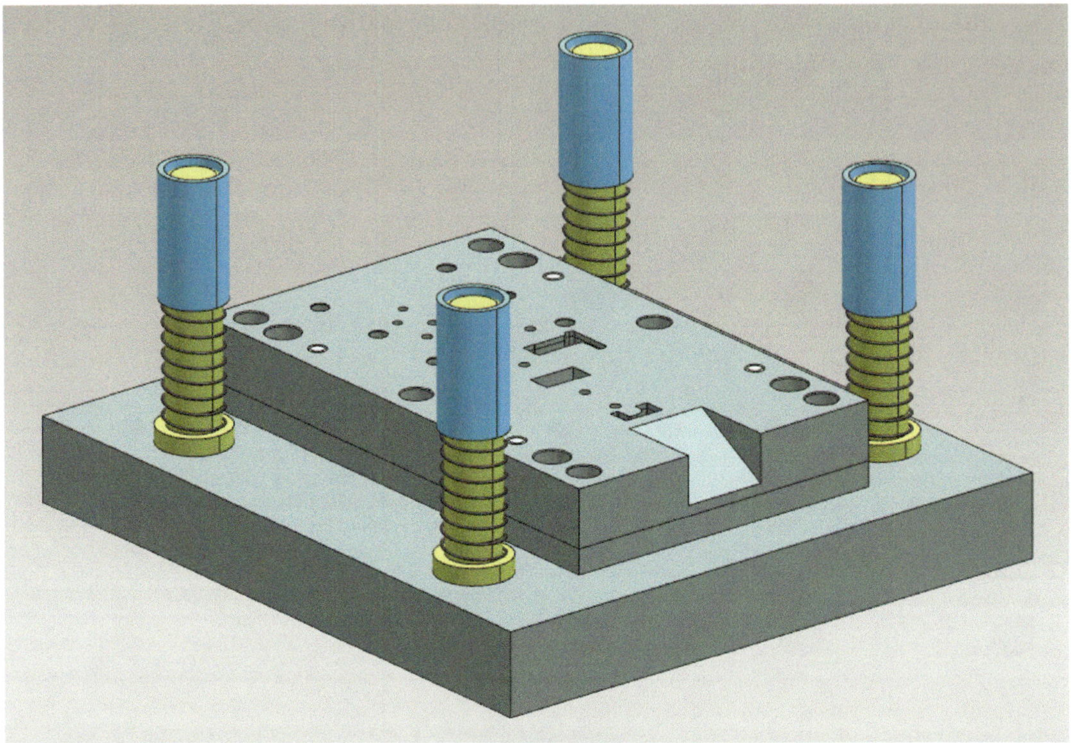

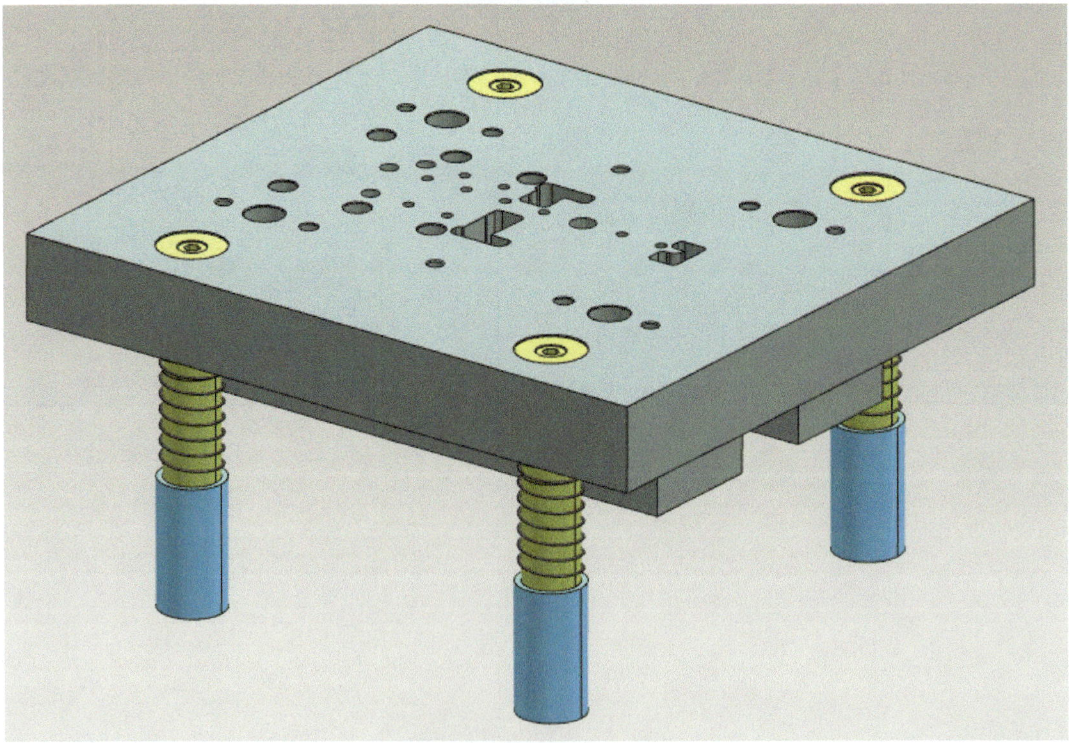

3.7 가이드 리프터 핀 설계하기

프로그레시브(Progressive) 즉, 순차이송금형에서 스트립 레이아웃이 정해진 피치만큼 이동할 때 프레스 원소재의 처짐이나 치우침, 간섭 없이 다음 공정으로 이송되어야 하는데, 이때 필요한 금형부품이 소재 안내가이드 장치이다.

프레스 원소재가 금형 안으로 정확히 들어갈 수 있도록 안내해 주는 금형부품으로 재료가이드, 가이드 리프터 핀 등이 있는데, 산업현장에서는 가공 공정이 비교적 적은 원형 가이드 리프터 핀을 주로 사용한다.

원형 가이드 리프터 핀을 설계할 때는 프레스금형 설계편람을 기준으로 라이브러리로 미리 만들어 놓고, 하형 다이세트에 배출구 설계가 완료되는 시점에서 원형 가이드 리프터 핀을 불러와서 하형 다이세트 및 스트립 레이아웃과 조합하여 사용한다.

원형 가이드 리프터 핀 라이브러리는 원형 가이드 리프터 핀, 와이어 스프링, 무드 볼트로 구성되어 있으며, 하형 다이세트에 ∅10 원형 가이드 리프터 핀 홀이 미리 생성되어 있으므로 스트립 레이아웃의 소재 폭에 맞게 치수를 변경한 다음, 기준점에 맞추어 필요한 수량만큼 라이브러리를 불러오면 된다.

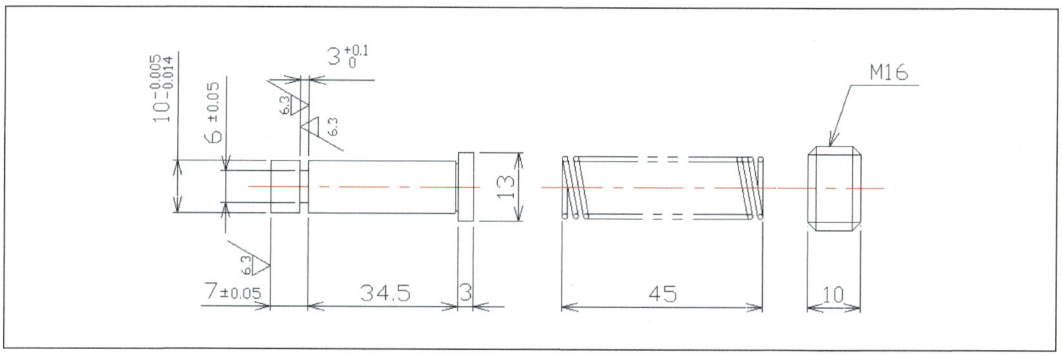

※ 설계 작업성을 높이기 위해, 하형 다이세트와 스트립 레이아웃만 남기고 나머지는 모두 숨기기한 다음, 하형 다이세트의 다이 플레이트가 평면으로 보일 수 있도록 한다. (단축키 F8 활용)

1) 스트립 레이아웃, 폭 치수 '76.2'에 가이드 리프터 핀 내경(∅6)과 간격을 맞춰주기 위해 다이 플레이트에 생성된 가이드 리프터 핀, 홀 중심의 스케치 '점'을 더블 클릭한 다음, 치수를 '3.2'로 변경한다.

※ 3.2 = 가이드 리프터 핀 내경(∅6.0)의 1/2인 '3.0' + 스트립 외곽 폭과 리프터 핀 내경과의 편측 여유 치수 '0.2'

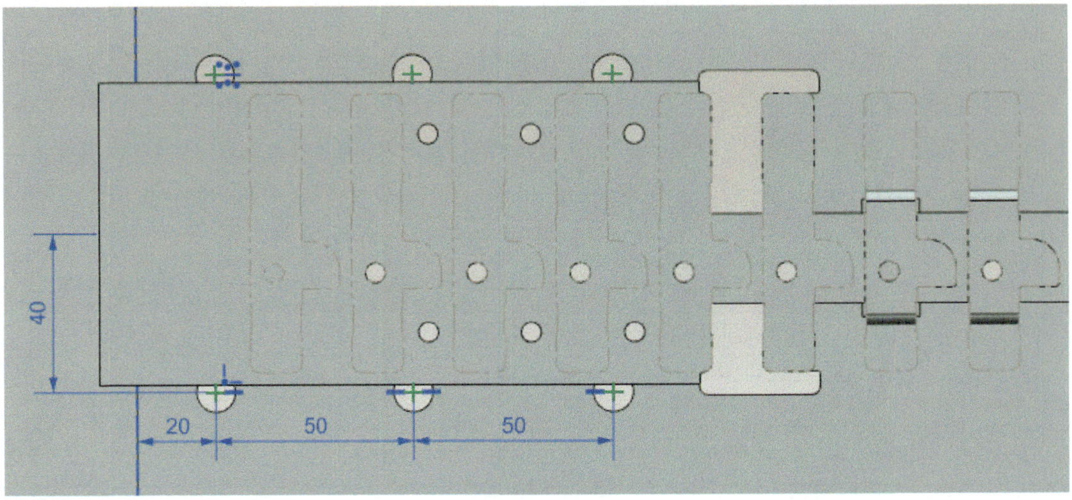

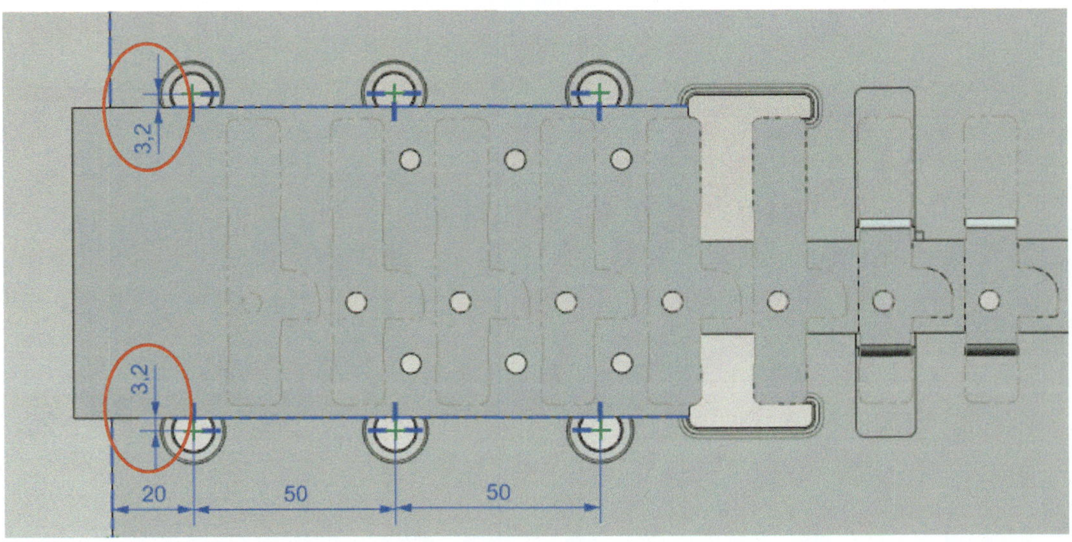

2) 다음은 스트립 레이아웃이 이송 중 처지거나 틀어지지 않도록 가이드 리프터 핀의 간격을 조정해주기 위해 다이 플레이트에 생성된 가이드 리프터 핀, 홀 중심의 스케치 '점'을 더블 클릭한 다음, 아래와 같이 치수를 변경한다.

※ 가이드 리프터 핀 간격을 조정할 때, Scrap 배출구 형상과 겹치지 않도록 주의한다. (겹치게 되면, 스크랩 배출 시, 간섭으로 금형파손 발생 우려)

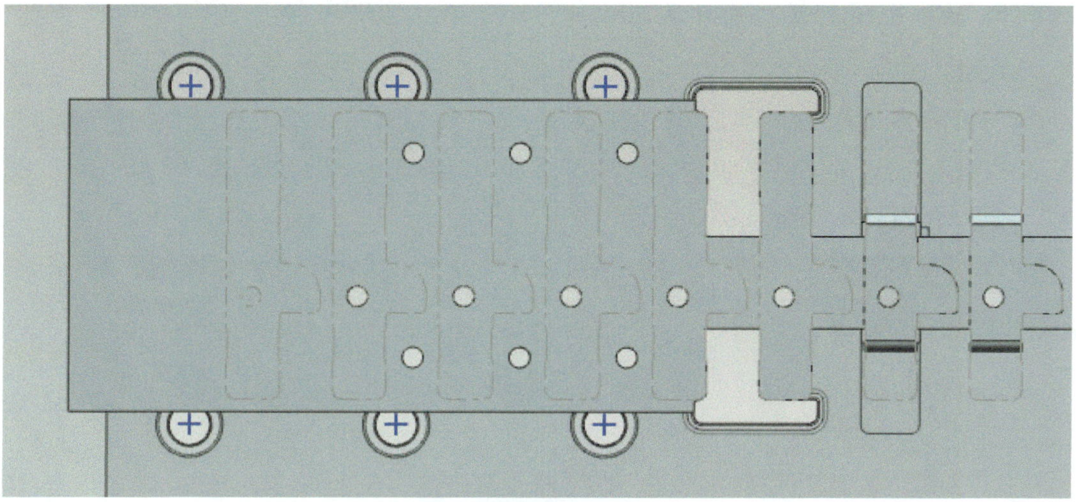

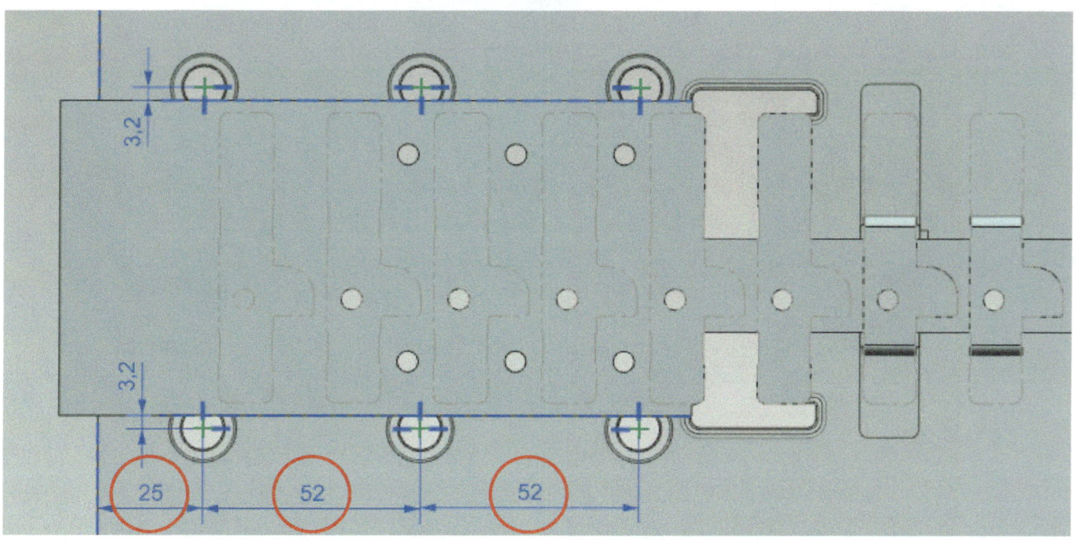

3) 다음은 가이드 리프터 핀을 불러오기 위해, 메인메뉴에서 '파일' → '가져오기' → '파트' 클릭한 다음, 파트 가져오기 팝업창에서 '확인' 클릭한다.

바탕화면의 프레스금형 표준부품, '가이드 리프터 핀 세트' 폴더에서 'D10-L43-A4' 파일을 선택한 후 'OK' 클릭한 다음, 기준점으로 다이 플레이트 '하면(아랫면)'에 생성한 가이드 리프터 핀, '홀 중심점 6개소'를 선택한다. 불러오기가 완료되면, 다이 플레이트에 생성된 가이드 리프터 핀이 홀 중심에 정확히 맞는지 확인하여 이상 없으면, '취소' 클릭한다.

※ '취소' 클릭하지 않고, 확인 클릭하면 동일한 위치에 두 번 불러온다.

※ 작업성을 높이기 위해 상형 전체를 숨기기 한 다음, 다이 플레이트의 아랫면이 잘 보일 수 있도록 'Ctrl + J' 클릭하여 하형 다이세트의 플레이트 3개의 반 투명도를 '80' 정도로 변경해 준다.

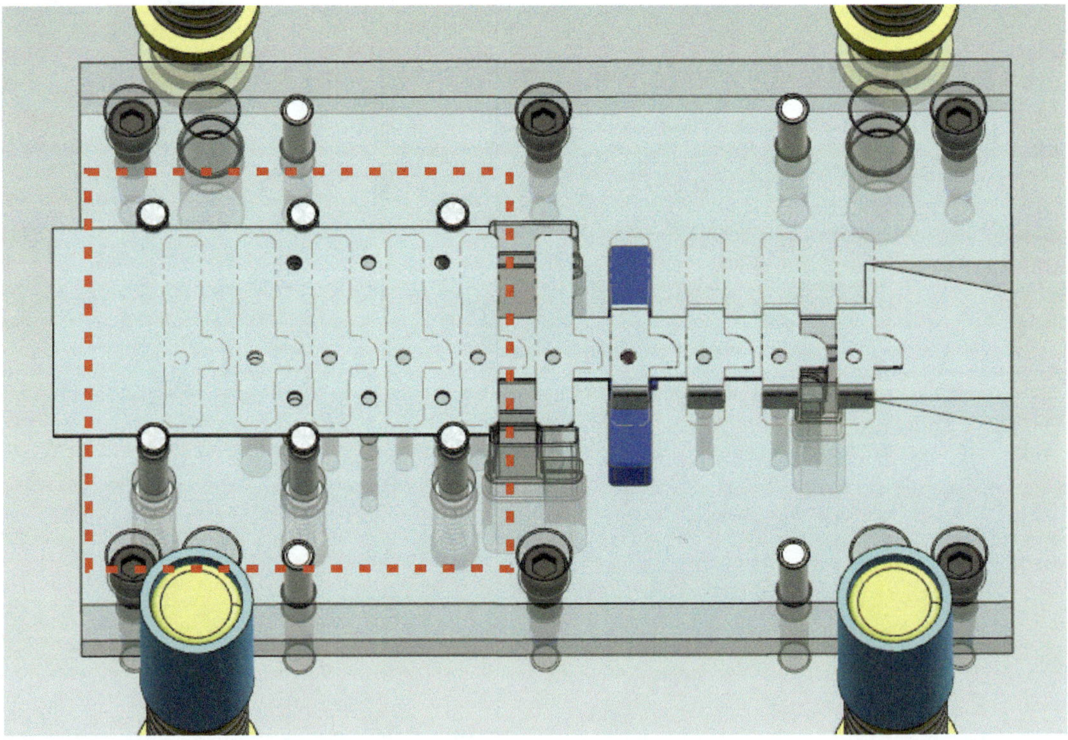

4) 가이드 리프터 핀의 작동거리를 확인하기 위해 아이콘을 클릭, 유형은 '투영거리', 벡터는 'Z축', 선택하고, 아래와 같이 두 점을 클릭하여 가이드 리프터 핀의 작동량 '10' ㎜을 확인한다.

※ 참고로 가이드 리프터 핀의 작동량(10.0)은 벤딩 다이편의 밀핀 작동량과 동일해야 한다.

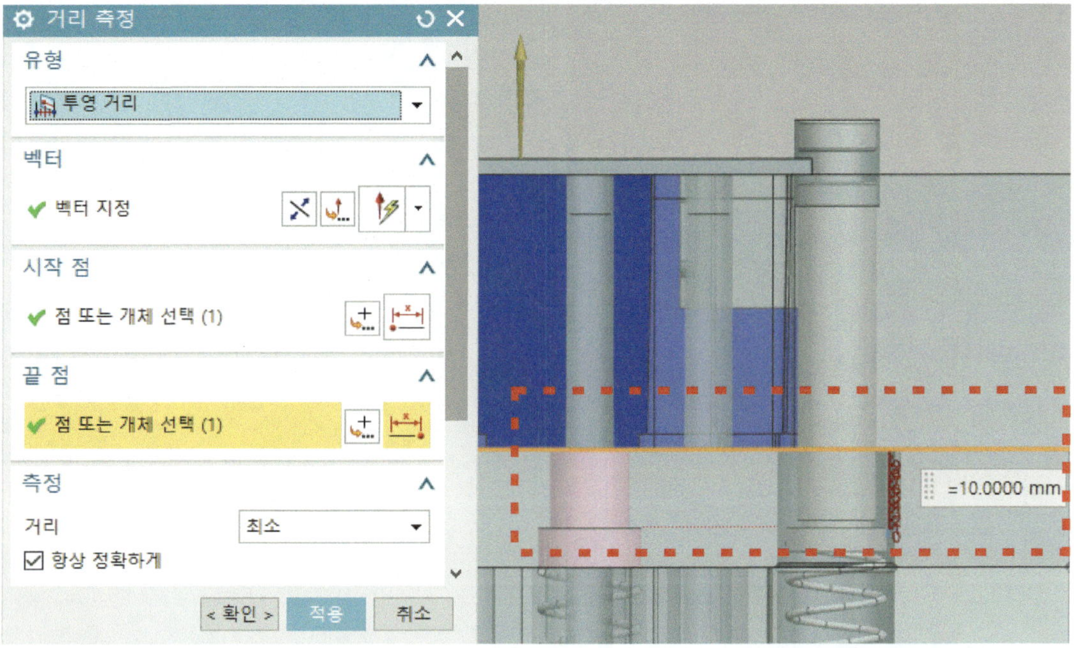

※ 하형 다이세트에 원형 가이드 리프터 핀 설계가 완료된 상태
(참고로 프레스금형 설계는 상, 하 금형이 닫힌 상태로 설계함)

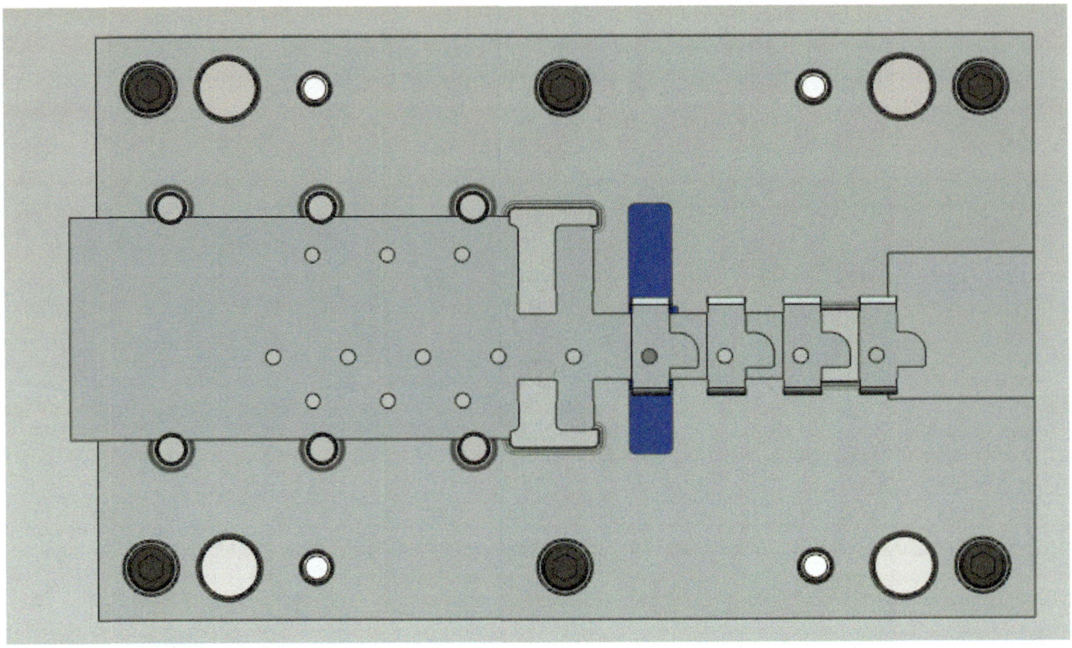

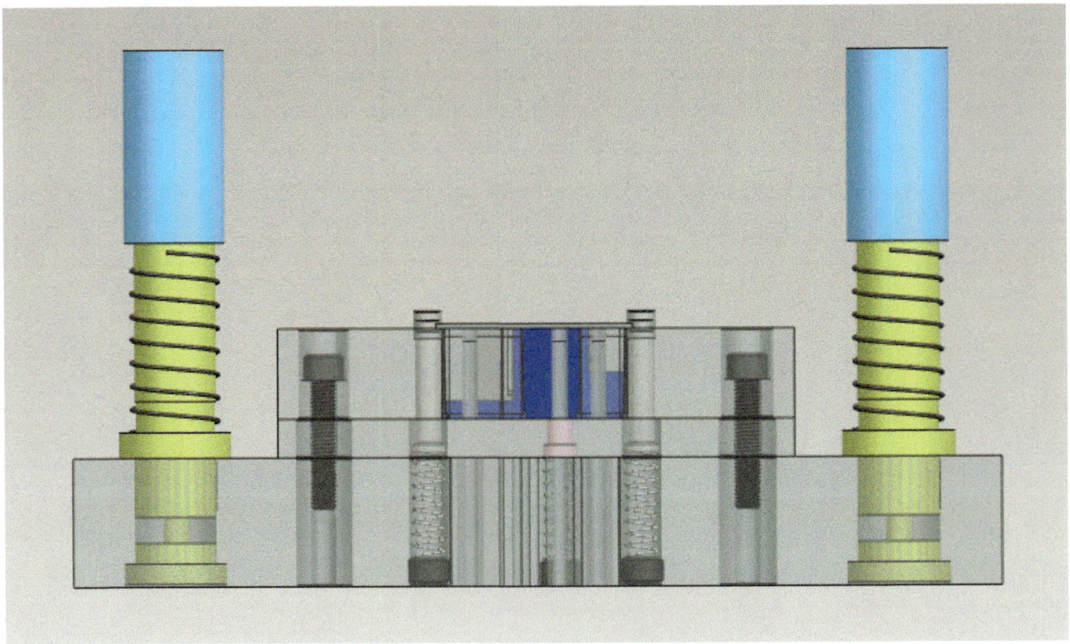

3.8 도피구 설계하기

프로그레시브(Progressive) 순차이송금형에서 스트립 레이아웃이 다음 공정으로 이동할 때, 전 공정에서 만들어진 벤딩 형상이 있을 때는 다음 공정에 반드시 도피구를 만들어주어야 한다. 도피구를 만들어주지 않으면, 제품 형상이 변형 또는 파손되며, 결국에는 금형 파손으로 이어질 수 있다.

본 금형에서 도피구가 필요한 부분은 두 가지로 확인할 수 있다.

첫째, 벤딩 가공 후 7th 공정의 다이 플레이트 상면에 벤딩 형상에 대한 도피구를 만들어주어야 하고,

둘째, 스트리퍼 배킹플레이트 상면에 가이드 리프터 핀 형상에 대한 도피구를 만들어주어야 한다.

1) 다이 플레이트 상면에 벤딩 형상에 대한 도피구를 만들어주기 위해 '스케치' 아이콘을 클릭, 다이 플레이트 상면을 X–Y 평면으로 설정하고, 아래와 같이 스케치한 다음, '스케치 종료' 클릭한다.

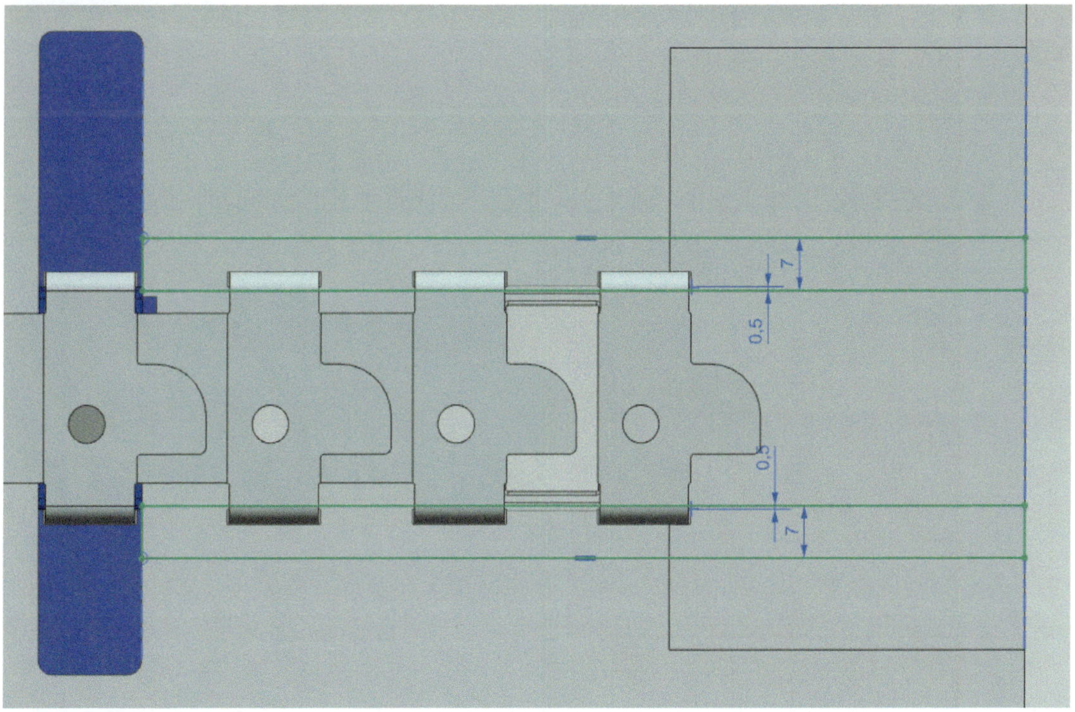

2) 벤딩 도피구를 만들어주기 위해 돌출 아이콘을 클릭, 선택 박스에서 '연결된 곡선' 선택, 아래와 같이 입력한 후 '확인' 클릭한다.

※ 벤딩 길이가 15.0이므로 여유 3.0 적용하여 18.0 돌출한다.

※ 작업성을 높이기 위해 스트립 레이아웃은 숨기기 한다.

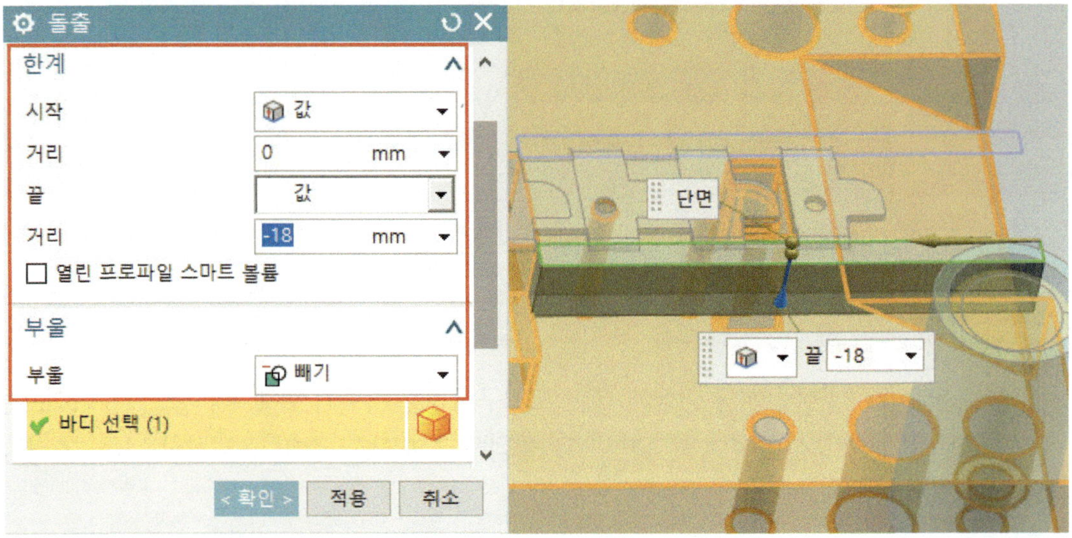

※ 반대편도 벤딩 도피구를 만들어준다.

※ 벤딩 길이가 23.0이므로 여유 3.0 적용하여 26.0 돌출한다.

※ 돌출 후 양쪽 모서리는 R0.5 라운드 처리한다. (제품 내측 스크래치 방지)

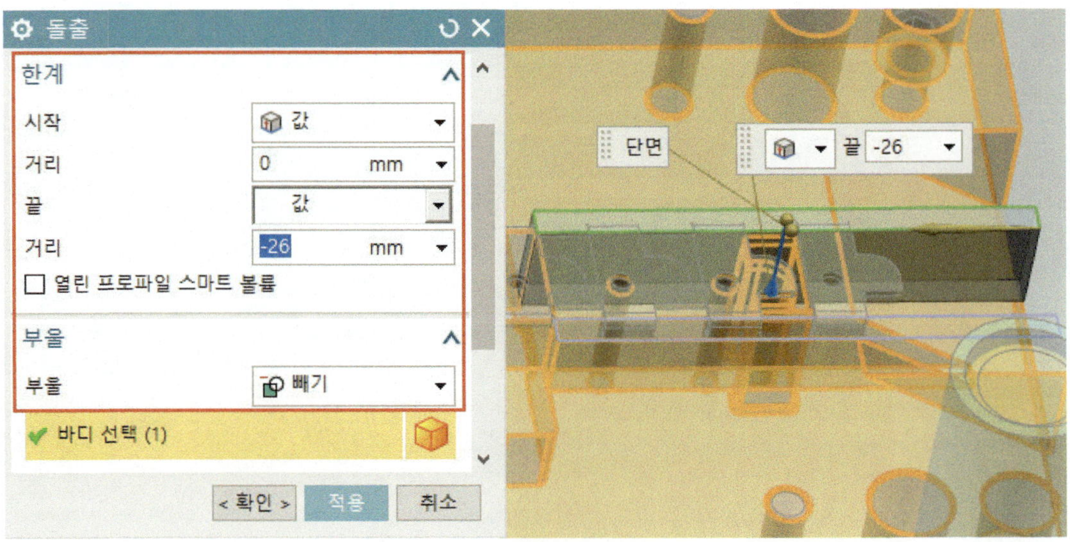

3) 이어서 파팅가공으로 분리된 제품이 금형 밖으로 잘 배출될 수 있도록 다이 플레이트에 미리 만들어놓은 구배 면을 더블 클릭한 다음, 아래와 같이 치수를 변경한다.

※ 작업성을 높이기 위해 'Ctrl + J' 클릭, 반 투명도를 '0'으로 변경한다.

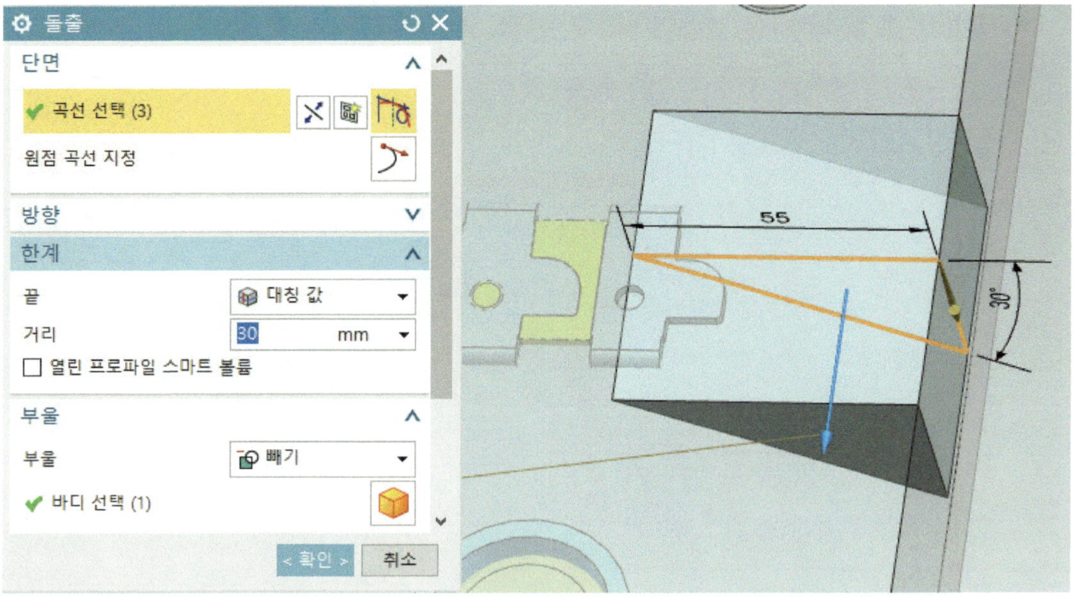

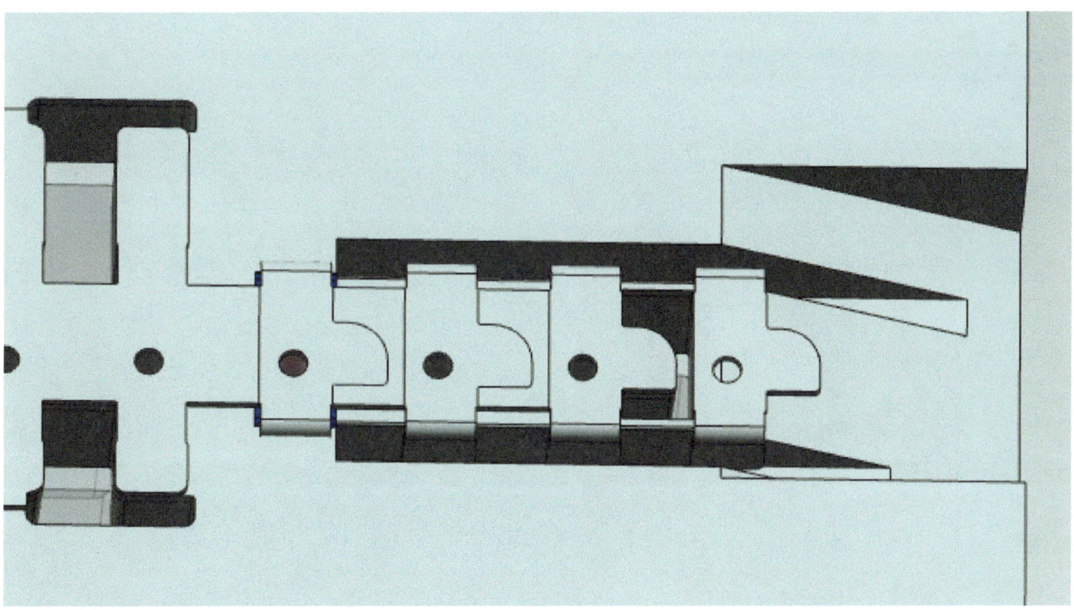

4) 다음은 다이 플레이트에서 벤딩 다이편을 분리해주기 위해 '스케치' 아이콘을 클릭, 다이 플레이트 상면을 X-Y 평면으로 설정하고, 투영 곡선 활용, 벤딩 다이편의 외곽 모서리를 투영한 다음, '스케치 종료' 클릭한다.

※ 'Ctrl + J' 클릭, 다이 플레이트의 반투명도를 '80' 정도로 변경한다.

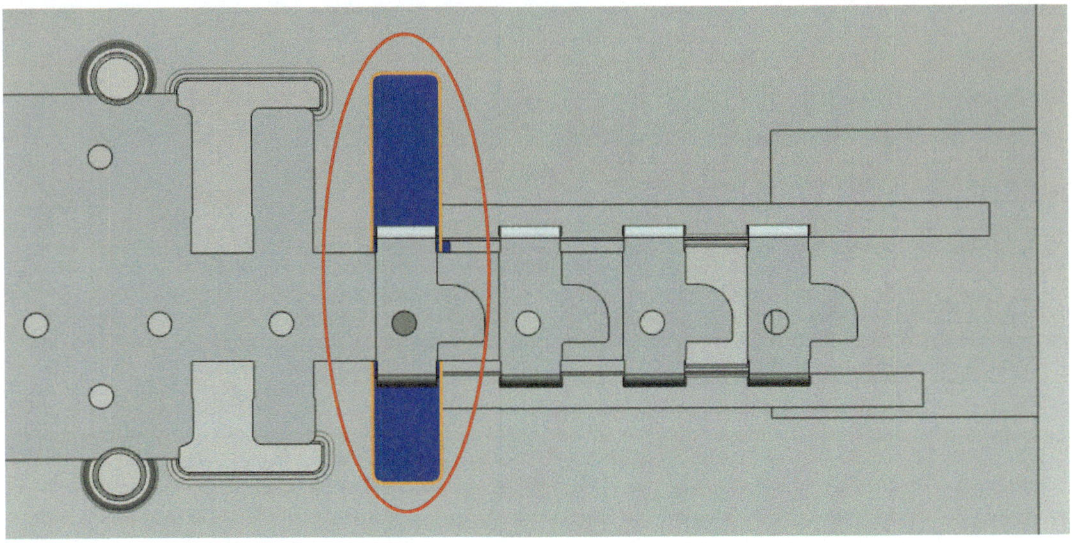

5) 이어서 돌출 아이콘을 클릭, 선택 박스에서 '연결된 곡선' 선택한 다음, 돌출 거리는 '-35', 부울은 '없음' 입력하고, '확인' 클릭한다.

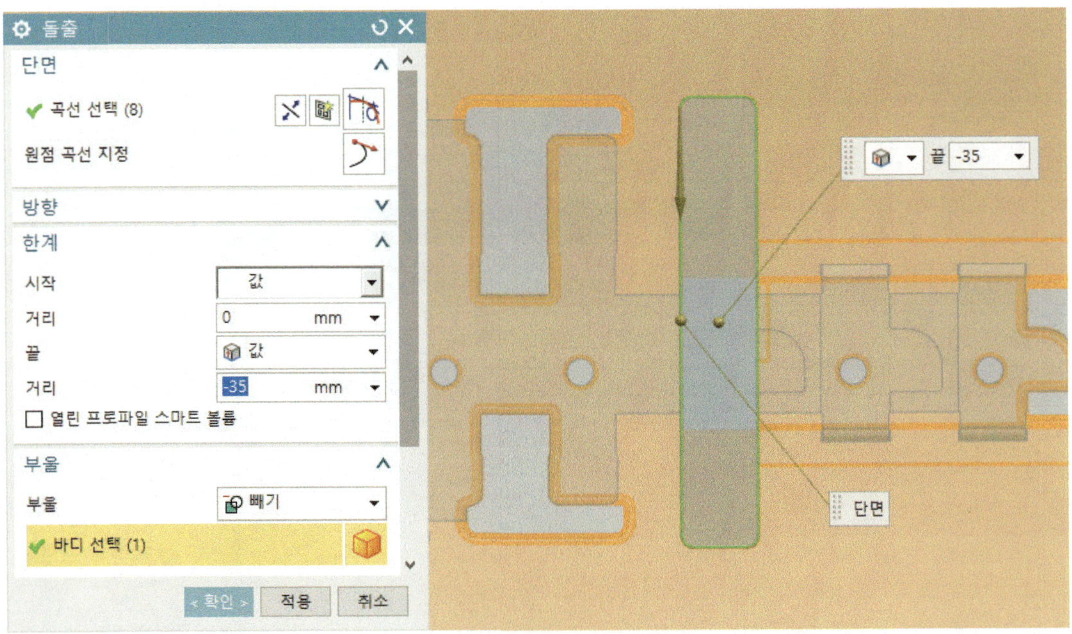

※ 다이 플레이트에서 벤딩 다이편 분리 및 벤딩 도피구 설계 완료

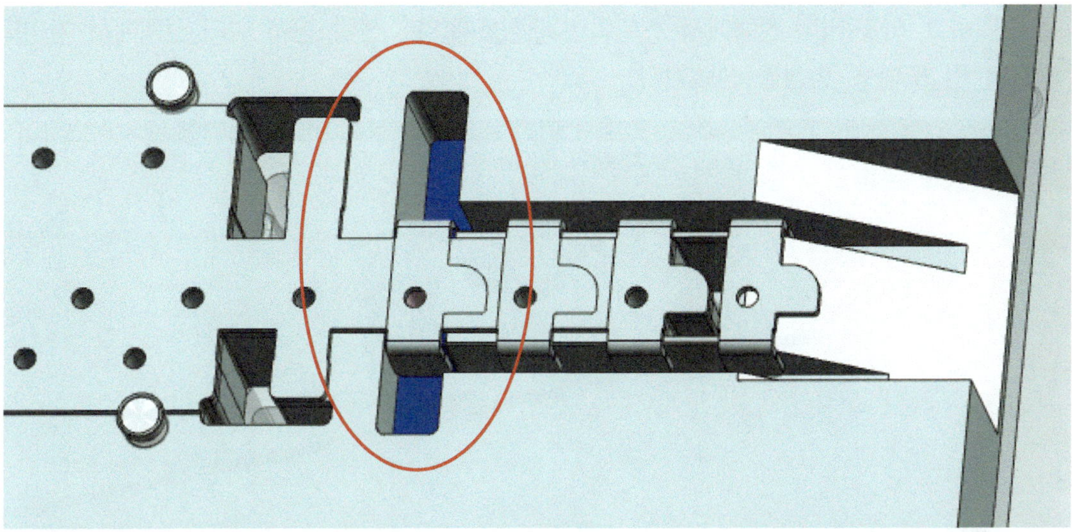

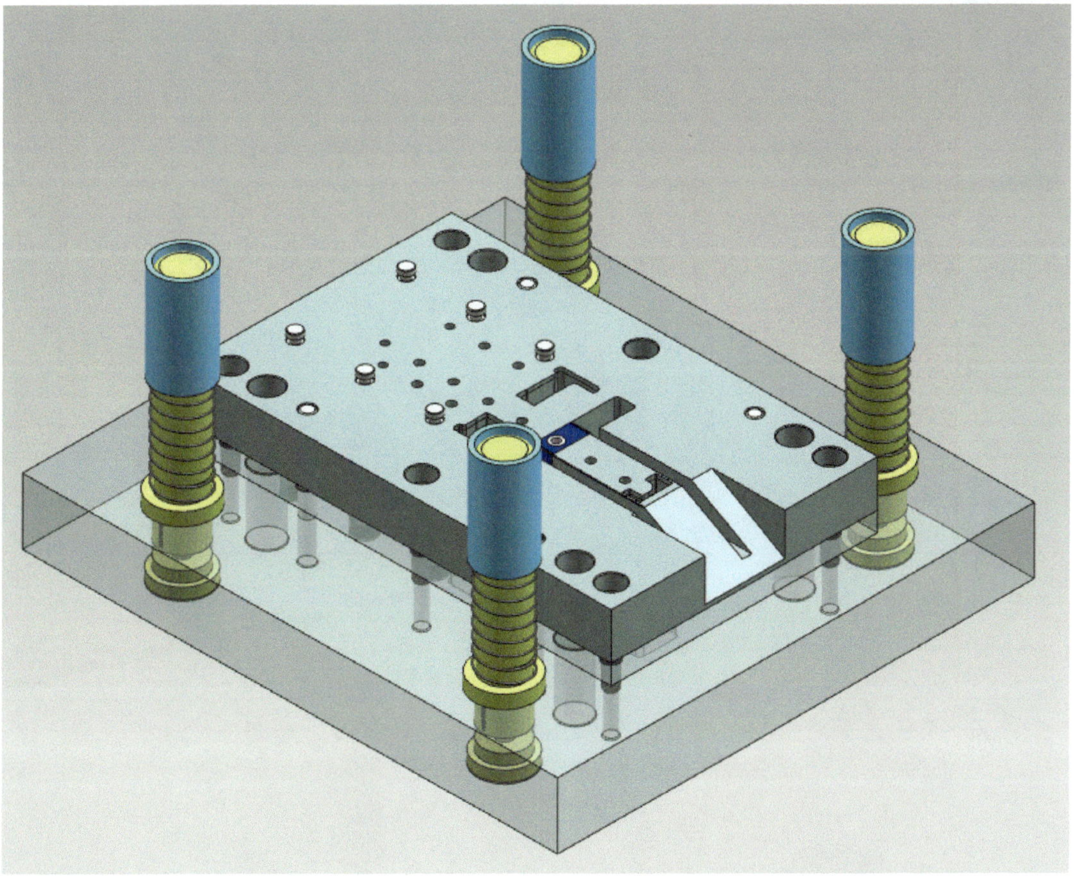

6) 스트리퍼 배킹플레이트에 가이드 리프터 핀 도피구를 만들어주기 위해 빼기 아이콘을 클릭하고, 타깃 바디 선택에서 '**스트리퍼 배킹플레이트**' 선택, 공구 바디 선택에서 '**가이드 리프터 핀 도피구**' 형상을 선택한다.

※ 작업성을 높이기 위해 가이드 리프터 핀과 스트리퍼 플레이트만 화면에 표시하고, 나머지는 모두 숨기기 한다.

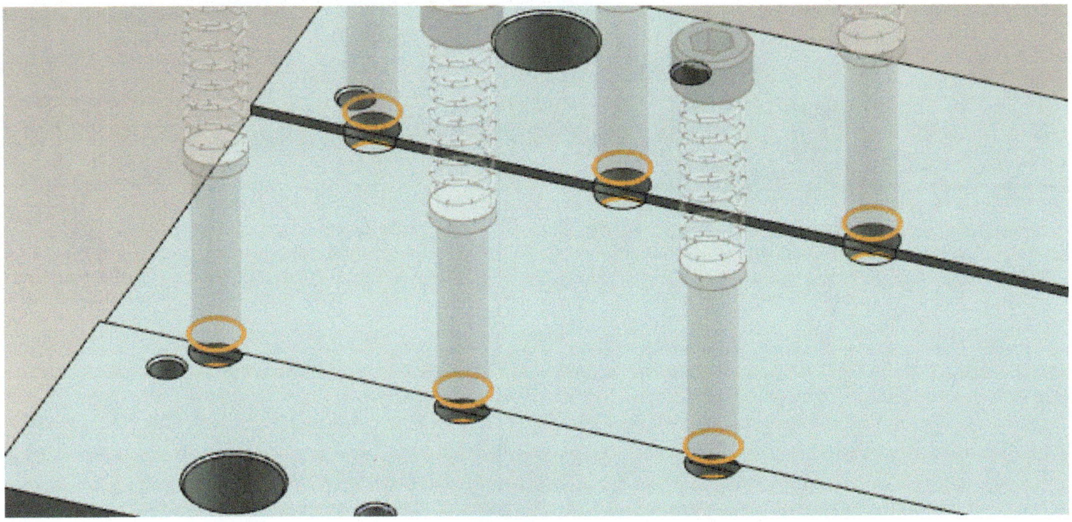

※ 다이 플레이트와 스트리퍼 배킹플레이트에 도피구 설계가 완료된 상태

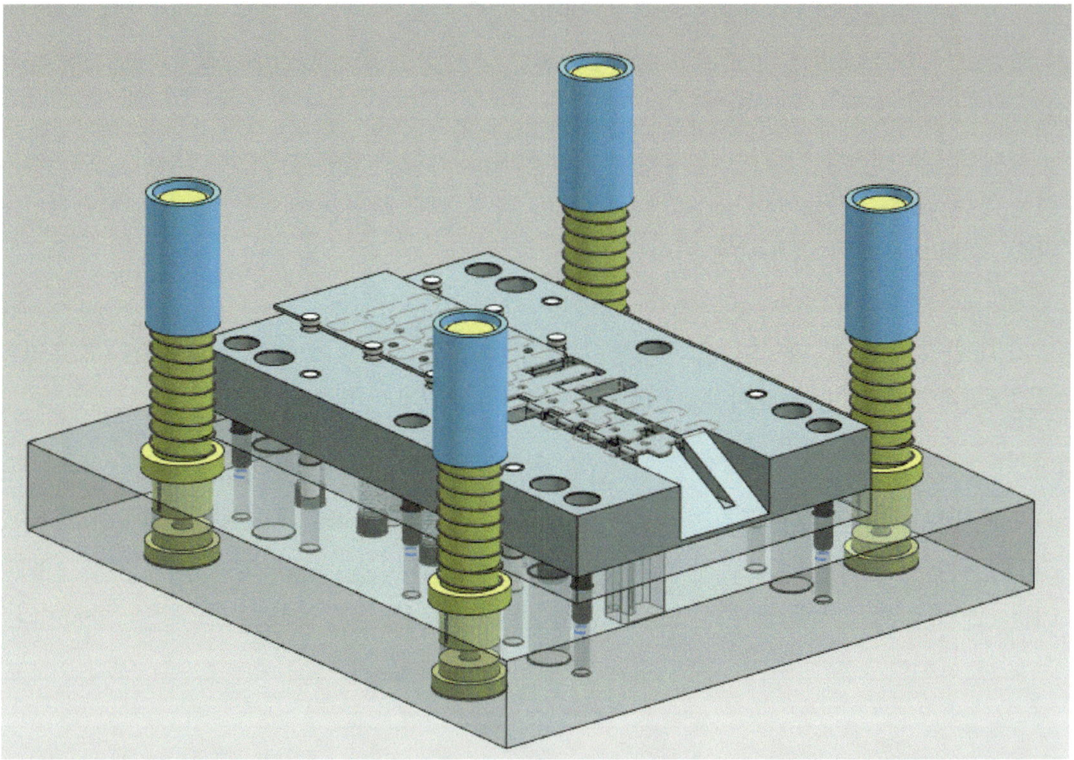

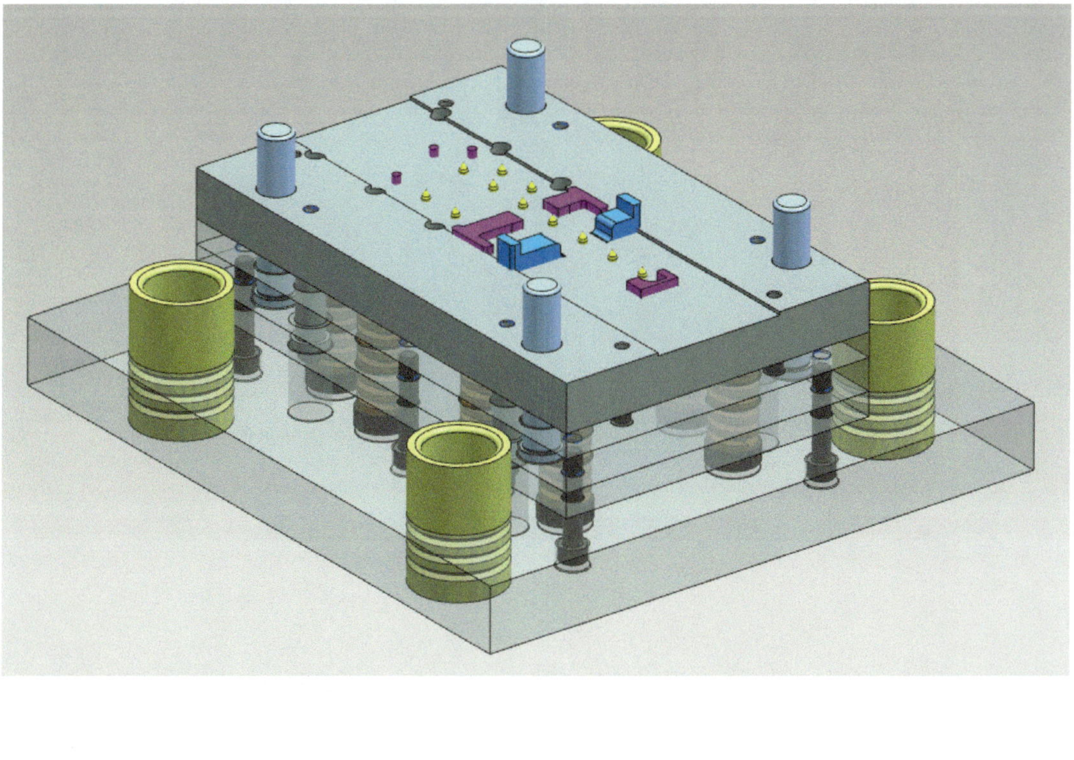

3.9 상형 플레이트 펀치 형상 설계하기

상형의 펀치 플레이트, 스트리퍼 배킹플레이트, 스트리퍼 배킹플레이트에는 각 공정별 펀치와 파일럿 핀 형상을 만들어주어야 한다.

플레이트에 펀치와 파일럿 핀 형상을 만들 때는 공차를 적용해야 하는데, 펀치 플레이트의 경우, 일반적으로 편측 0.01 mm 크게 적용해야 하고, 스트리퍼 플레이트의 경우, 일반적으로 편측 0.005 mm 크게 적용해야 한다.

(참고로 공차는 2D 도면에 표기)

각 공정별 펀치 및 파일럿 핀과 상형의 펀치 플레이트, 스트리퍼 배킹플레이트, 스트리퍼 배킹플레이트만 화면에 표시하고, 나머지는 모두 숨기기 한다.

1) 먼저 펀치 플레이트에 펀치 형상을 만들어주기 위해  빼기 아이콘을 클릭하고, 타깃 바디 선택에서 '**펀치 플레이트**' 선택, 공구 바디 선택에서 '**피어싱, 노칭, 파팅, 벤딩 펀치**' 선택한 다음, 펀치는 계속 사용해야 하므로 설정값 항목에서 '**툴 유지**' 체크하고 '**확인**' 클릭한다.

※ 정상적으로 분리되면, 구멍 모서리 부분이 진하게 된 것을 확인할 수 있다.

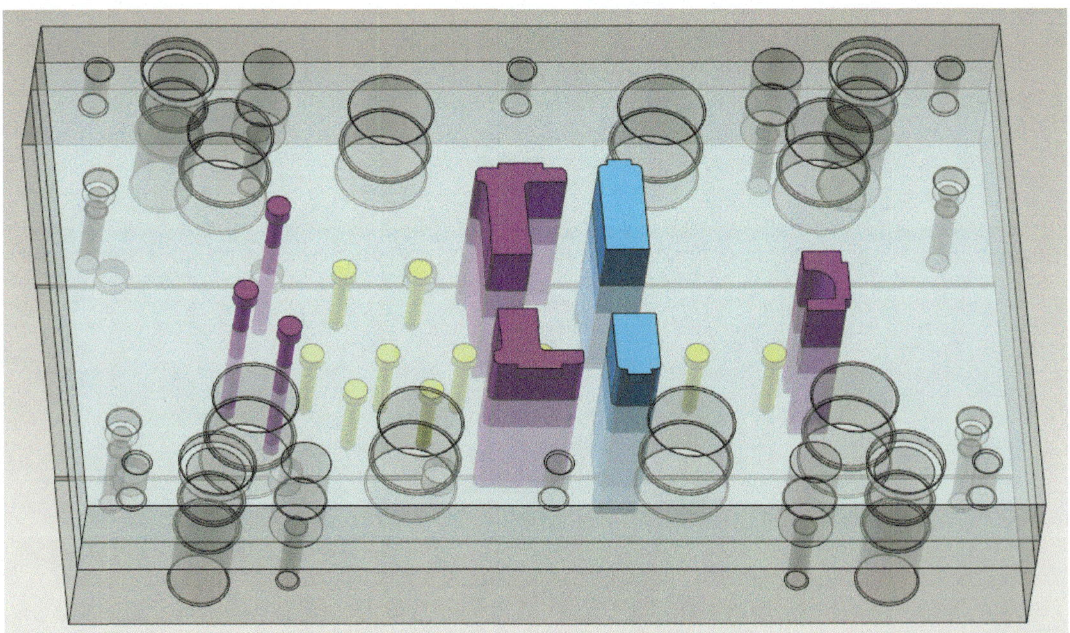

2) 다음은 스트리퍼 배킹플레이트에 펀치 형상을 만들어주기 위해  빼기 아이콘을 클릭하고, 타깃 바디 선택에서 '**스트리퍼 배킹플레이트**' 선택, 공구 바디 선택에서 '**피어싱, 노칭, 파팅, 벤딩 펀치**' 선택한 다음, 펀치는 계속 사용해야 하므로 설정값 항목에서 '**툴 유지**' 체크하고 '**확인**' 클릭한다.

※ 작업이 완료된 펀치 플레이트는 숨기기 한다.

※ 정상적으로 분리되면, 구멍 모서리 부분이 진하게 된 것을 확인할 수 있다.

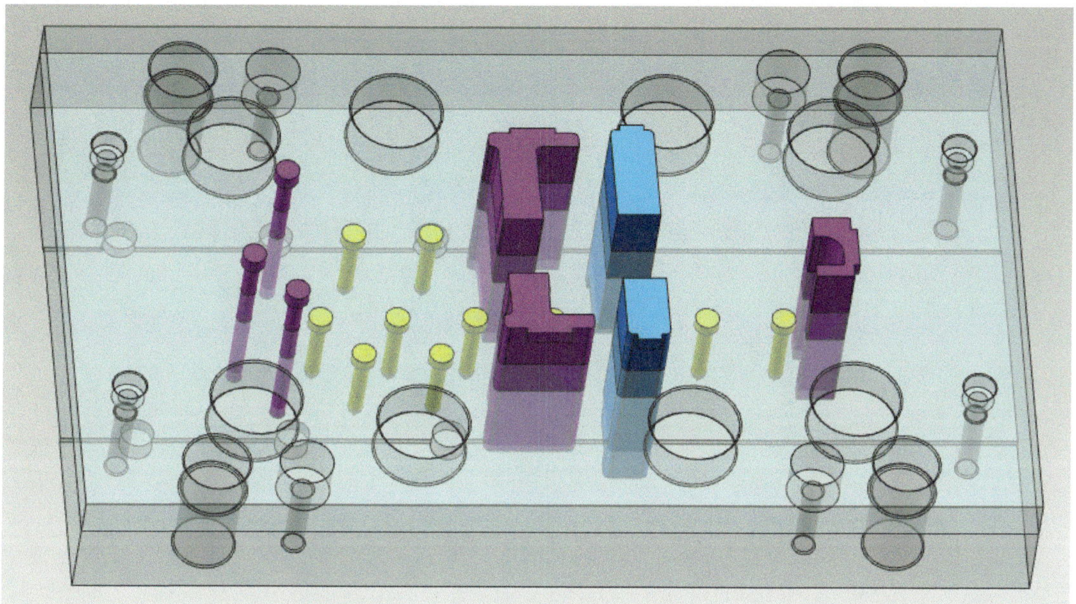

3) 다음은 스트리퍼 배킹플레이트에 펀치와 파일럿 핀 형상을 만들어주기 위해 빼기 아이콘을 클릭하고, 타깃 바디 선택에서 '스트리퍼 배킹플레이트' 선택, 공구 바디 선택에서 '파일럿 핀, 피어싱, 노칭, 파팅, 벤딩 펀치' 선택한 다음, 펀치와 파일럿 핀은 계속 사용해야 하므로 설정값 항목에서 '툴 유지' 체크하고 '확인' 클릭한다.

※ 작업이 완료된 스트리퍼 배킹플레이트는 숨기기 한다.

※ 정상적으로 분리되면, 구멍 모서리 부분이 진하게 된 것을 확인할 수 있다.

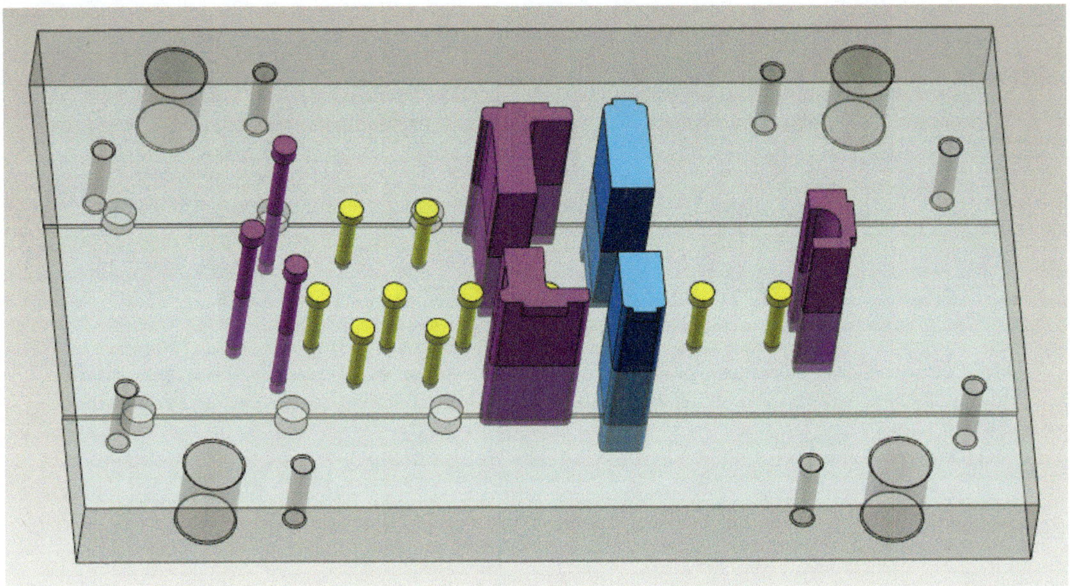

4) 다음은 스트리퍼 배킹플레이트에 펀치 조립 시 간섭받지 않도록 편측으로 1.5 ㎜ 크게 만들어주기 위해 옵셋 영역 아이콘을 클릭하고, 면 선택에서 '<u>피어싱, 노칭, 파팅, 벤딩 펀치</u>' 형상을 선택한 다음, 옵셋의 거리 값에 '<u>1.5</u>' 입력하고, 방향 확인한 후 '<u>확인</u>' 클릭한다.

※ 화면에 스트리퍼 배킹플레이트만 남기고 나머지는 모두 숨기기 한다.

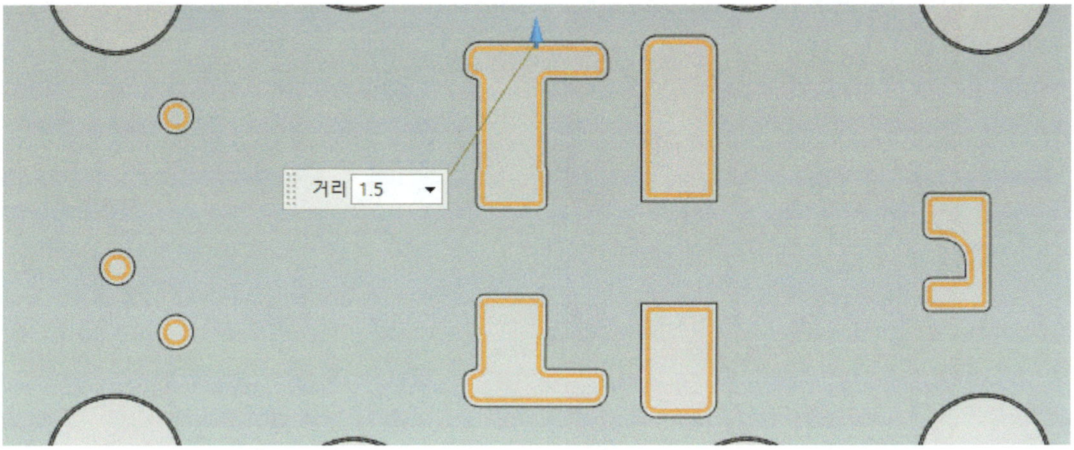

※ 형상을 단순화하여 MCT 또는 밀링 가공으로 완성할 수 있도록 한다.

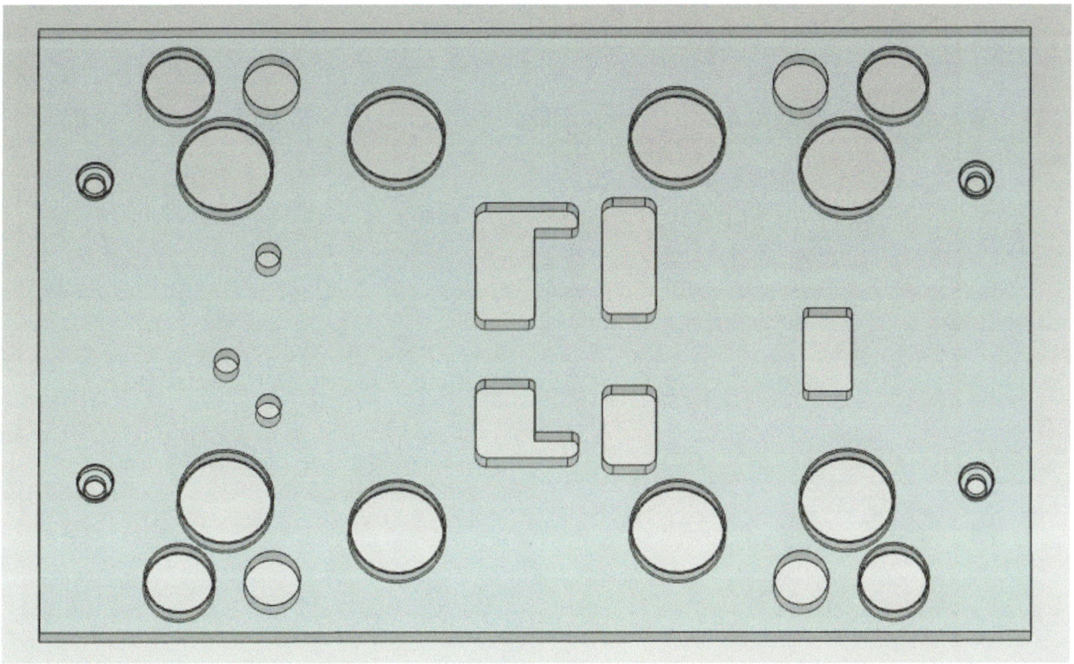

5) 다음은 펀치 플레이트에 펀치 조립 시 턱걸이 부분이 간섭받지 않도록 펀치 턱걸이에 도피구를 만들어주기 위해 '스케치' 아이콘을 클릭, 펀치 플레이트를 X–Y 평면으로 설정하고, 아래와 같이 스케치한 다음, '스케치 종료' 종료한다.

※ 화면에 펀치와 펀치 플레이트만 남기고, 나머지 형상은 모두 숨긴다.

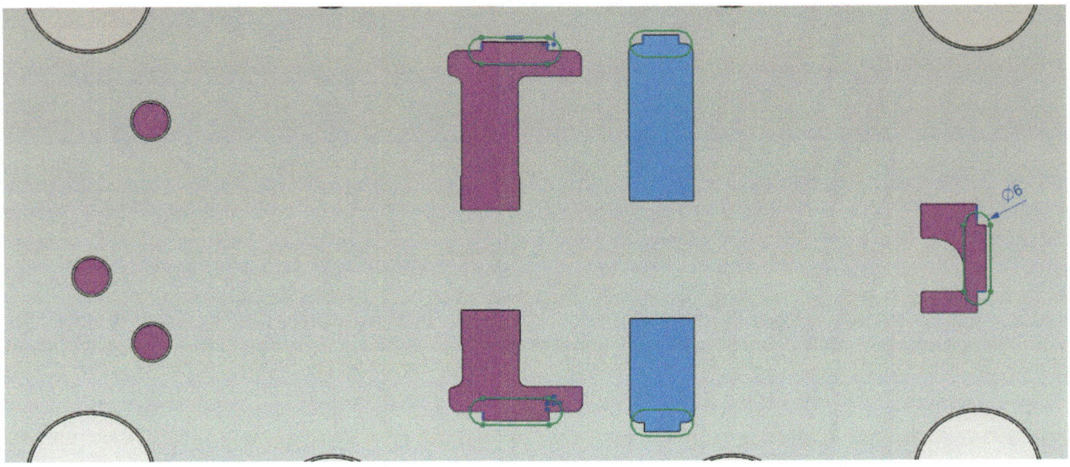

6) 이어서 돌출 아이콘을 클릭, 선택 박스에서 '연결된 곡선' 선택한 다음, 돌출 거리는 '–5', 부울은 '빼기' 입력하고, '확인' 클릭한다.

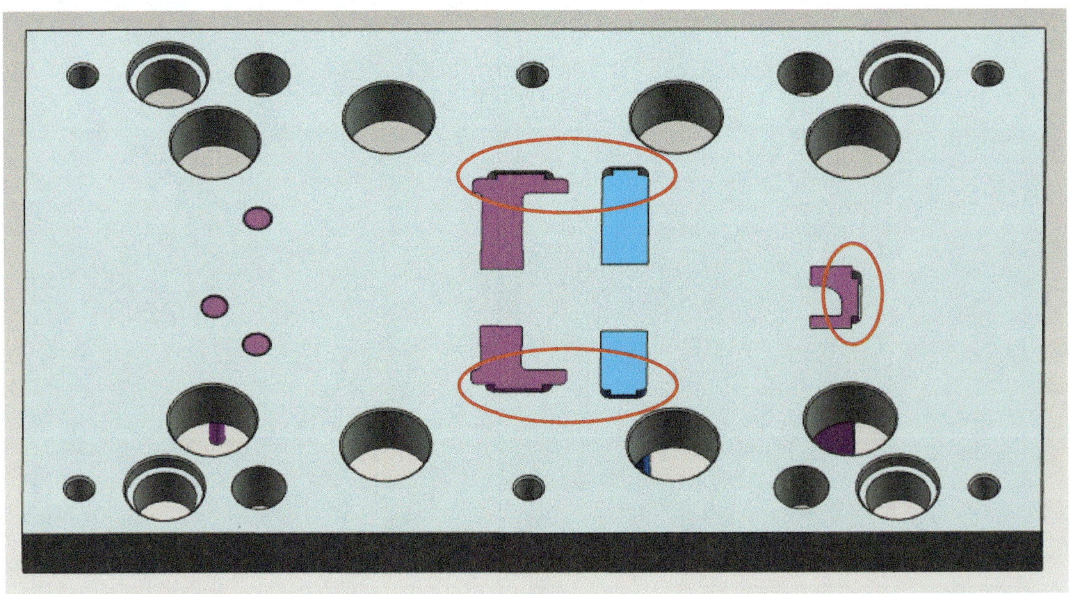

※ 상형의 플레이트에 펀치 및 파일럿 핀 형상 설계가 완료된 상태

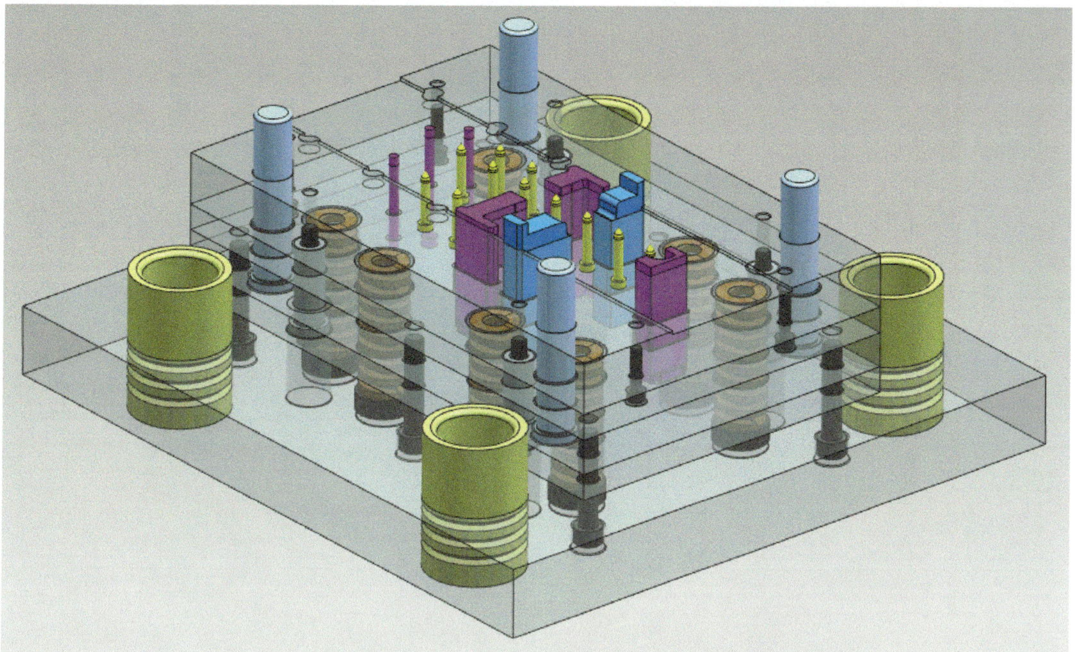

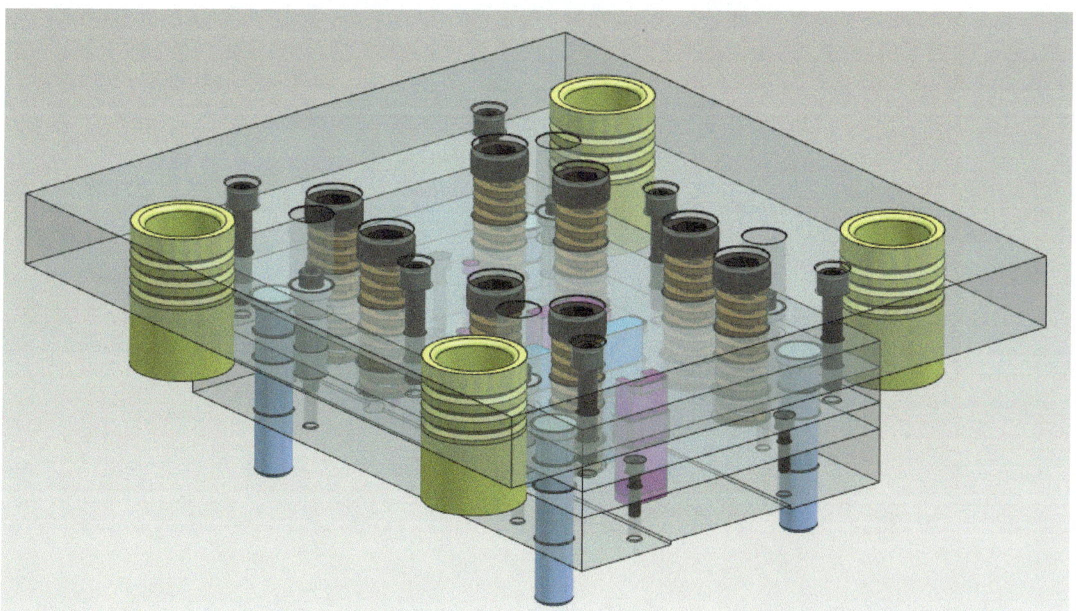

※ 상형, 하형 조립도

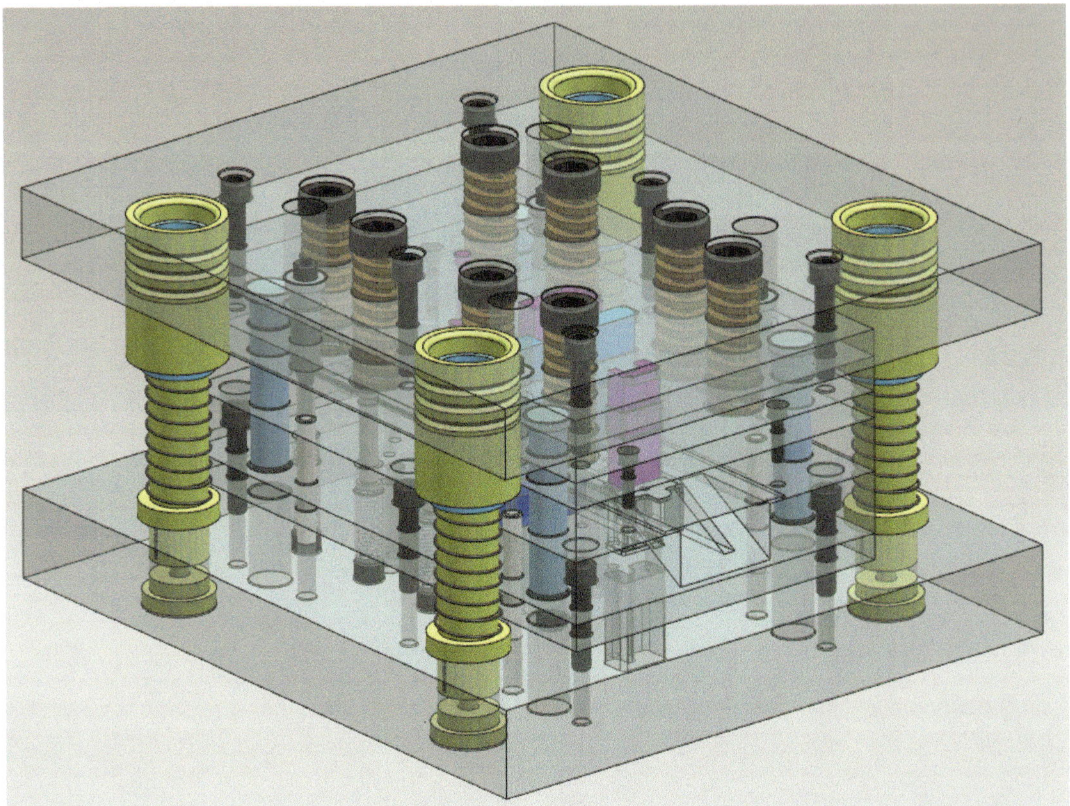

Chapter 4

프레스 금형설계(응용2)

UG NX 12.0 3D CAD

프레스 금형설계(응용2)

UG NX 12.0 3D CAD

4.1 Double Bracket 목적치수 결정하기

1) NX 12.0 실행한 다음, 'Double Bracket.prt' 파일을 Open 한다.

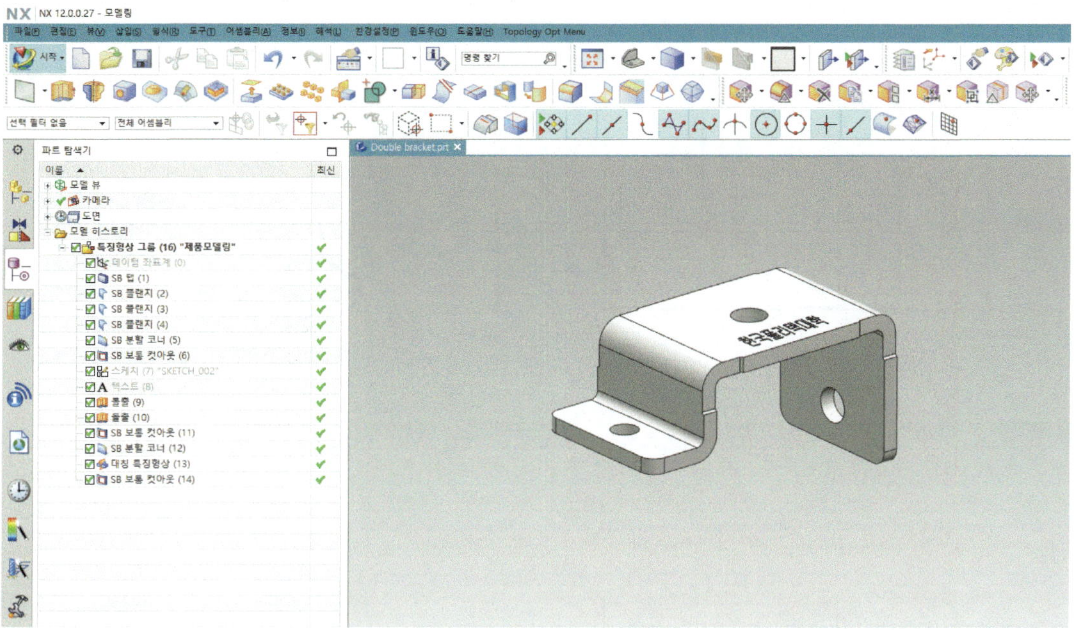

※ 프레스 금형 설계의 작업성을 높이기 위해, 응용프로그램은 '**모델링**', 메뉴는 '**클래식**'을 사용한다.

※ 참고로 NX 12.0의 경우, 금형 설계 중, 판금 ⇔ 모델링으로 전환해도 판금의 성질(굽힘, 전개, 버링 등)을 그대로 유지한다.

2) 프레스금형 제품의 최종 목적 치수를 결정하기 위해 아래 2D 도면을 해독, 허용 공차를 계산하여 3D 모델링에 적용한다.

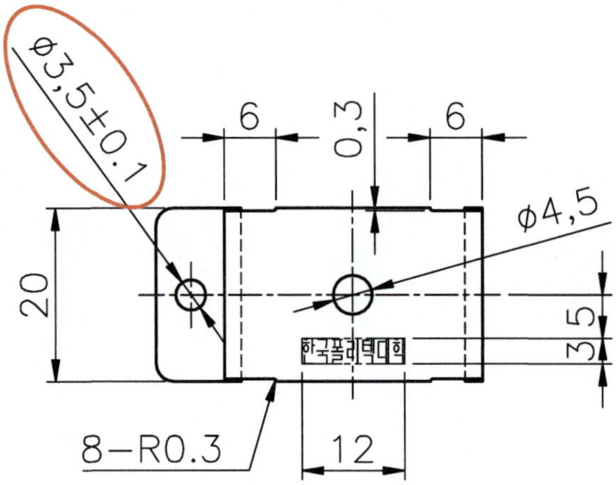

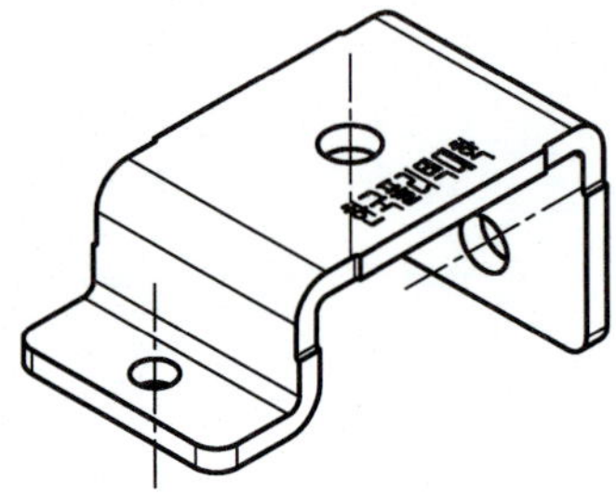

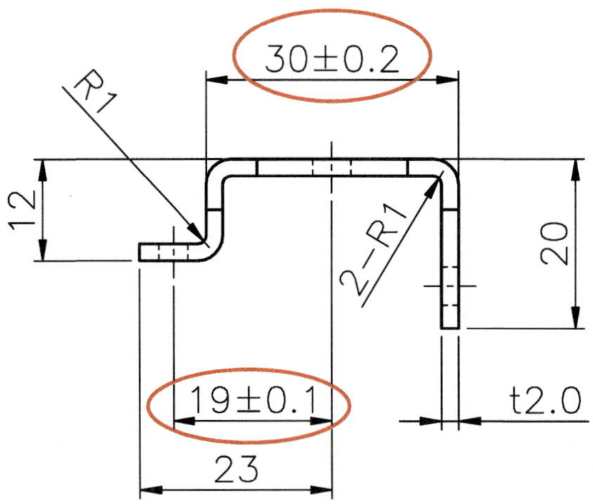

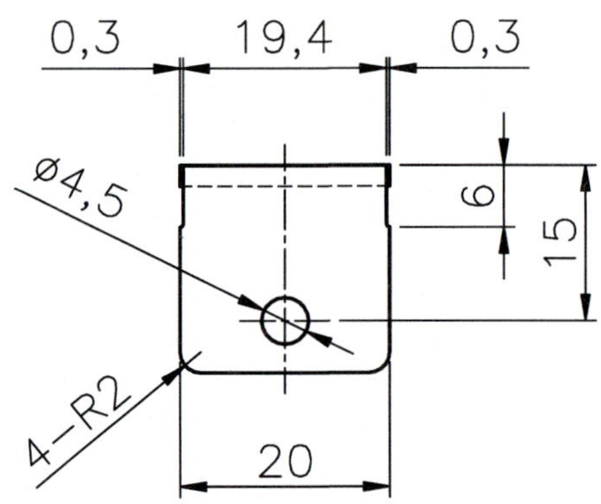

※ 공차가 적용된 치수 3개소에 대해 목적 치수를 적용해 보면,

- ∅3.5±0.1의 경우, 공차의 80% 적용하면 ∅3.58(3.5+0.08)인데, 파일럿 핀 치수를 ∅3.5로 적용하기 위해 피어싱 펀치 치수는 '**∅3.55**'로 결정한다.
- ∅3.5까지의 거리 19±0.1의 경우, L벤딩 가공 후 피어싱 가공한다.
- 30±0.2의 경우, L벤딩 가공 시 발생하는 스프링 백 감안, 공차의 80% 작게 적용하여, '**29.84**'(30-0.16)로 결정한다.

3) 벤딩 치수 '30'에 목적 치수를 적용하기 위해 '면 이동' 아이콘을 클릭, 먼저 변환 그룹에서 벡터는 'X축' 지정, 거리 값은 '0.08' 입력, 당길 면을 드래그하여 선택한 다음, '적용' 클릭한다.

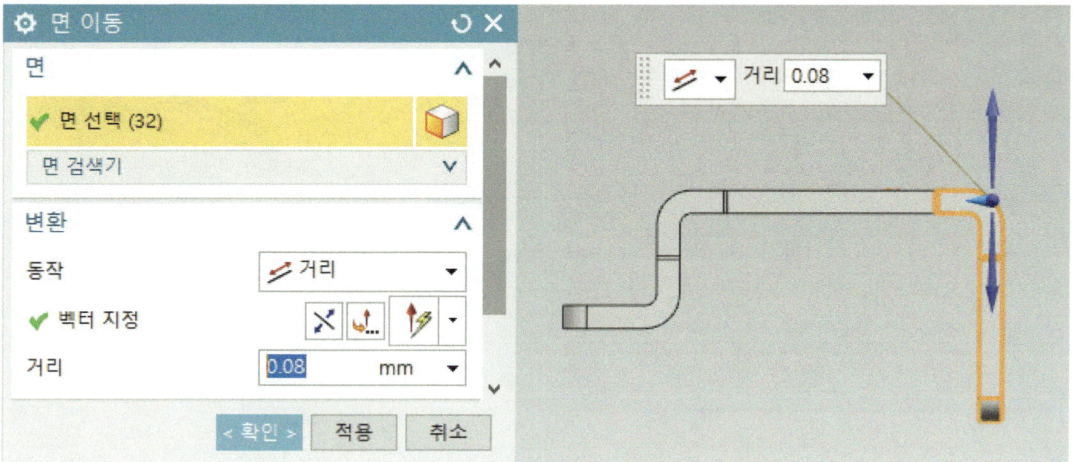

4) 반대편도 동일하게 적용하기 위해 '면 이동' 아이콘을 클릭, 먼저 변환 그룹에서 벡터는 'X축' 지정, 거리 값은 '0.08' 입력, 당길 면을 드래그하여 선택한 다음, '확인' 클릭한다.

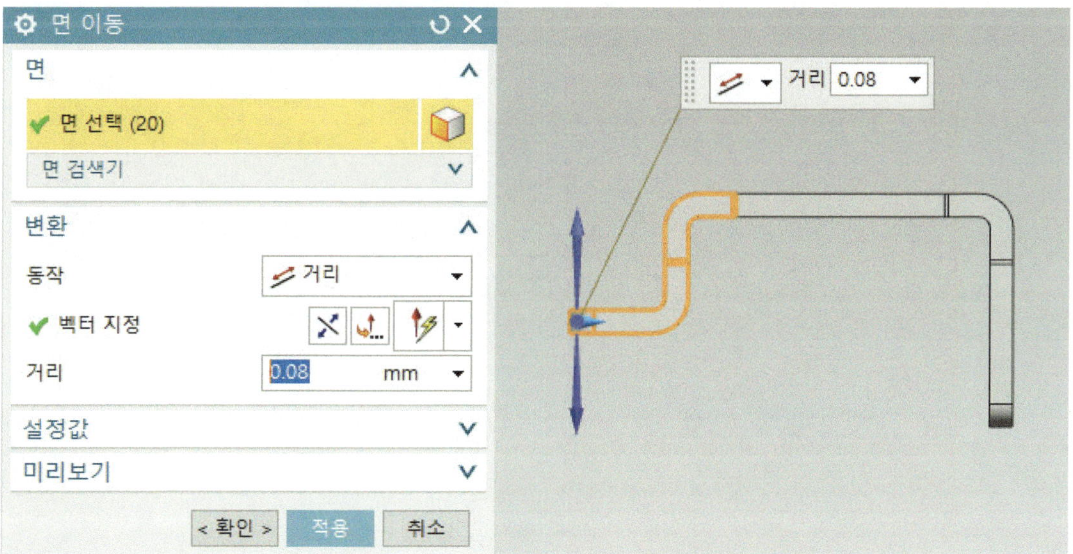

5) 구멍 치수 '∅3.5'에 목적 치수를 적용하기 위해 '면 크기 조정' 아이콘을 클릭, 먼저 면 그룹의 면 선택에서 구멍의 '안쪽 면'을 선택하고, 크기 그룹의 직경에서 3.5를 '3.55'로 변경한 다음, '확인' 클릭한다.

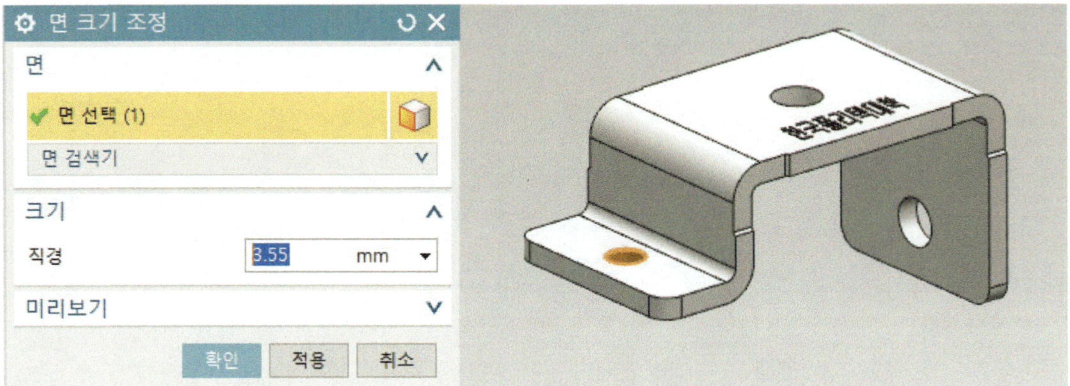

6) 목적 치수가 정확하게 적용되었는지 확인하기 위해 '거리 측정' 아이콘을 클릭, 유형 그룹에서 '직경' 선택하고, 구멍의 '안쪽 면'을 클릭한 다음, '적용' 클릭한다.

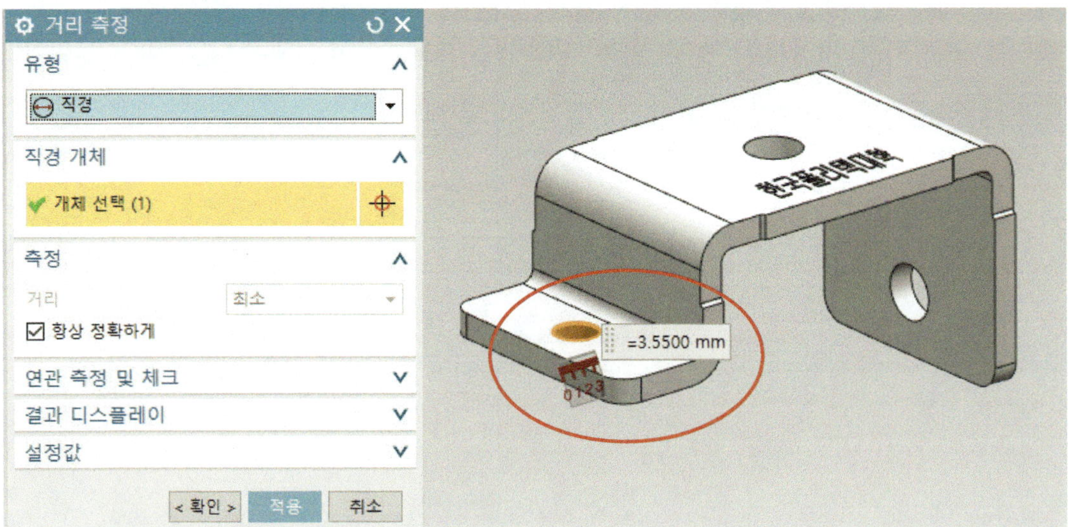

7) 목적 치수가 정확하게 적용되었는지 확인하기 위해 '거리 측정' 아이콘을 클릭, 유형 그룹에서 '투영 거리', 벡터 그룹에서 'X축' 지정하고, L벤딩 부위 '외측 모서리 2개소' 클릭한 다음, '확인' 클릭한다.

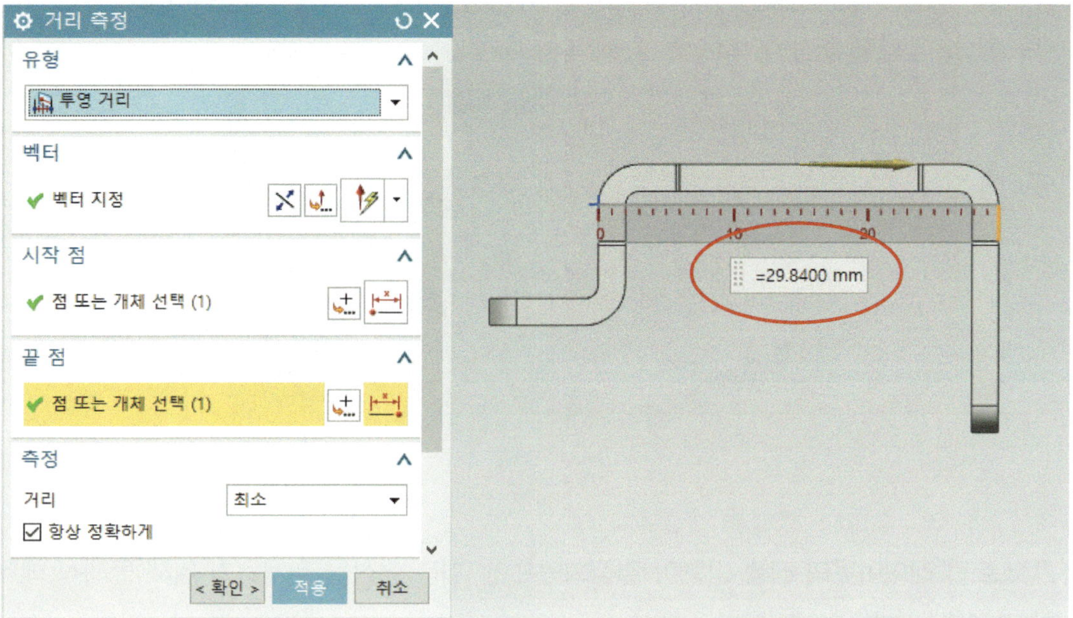

4.2 스트립 레이아웃 설계하기

1) 목적 치수를 확정한 다음, 파팅 가공 후 최종 완성된 제품을 금형 밖으로 취출할 때 무게중심, 간섭 등을 종합적으로 고려하여 스트립 레이아웃 진행 방향을 결정한다. (진행 방향은 X축 기준, '좌측에서 우측'으로 진행)

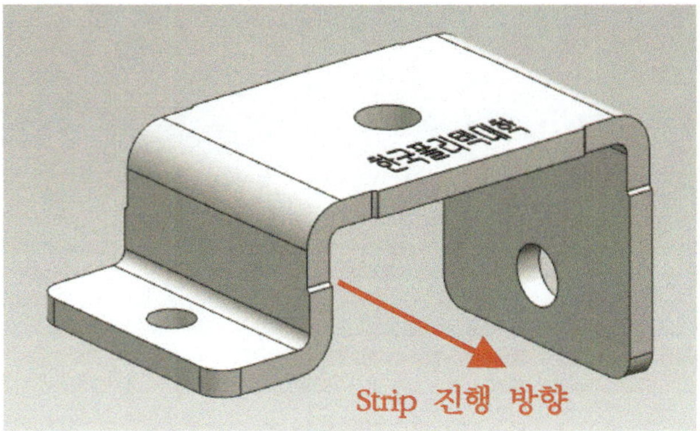

2) 스트립 레이아웃의 진행 방향이 결정되었으면, 제품 형상을 전개하기 위해 클래식 메뉴 시작 탭의 '판금(L)' 클릭한다.

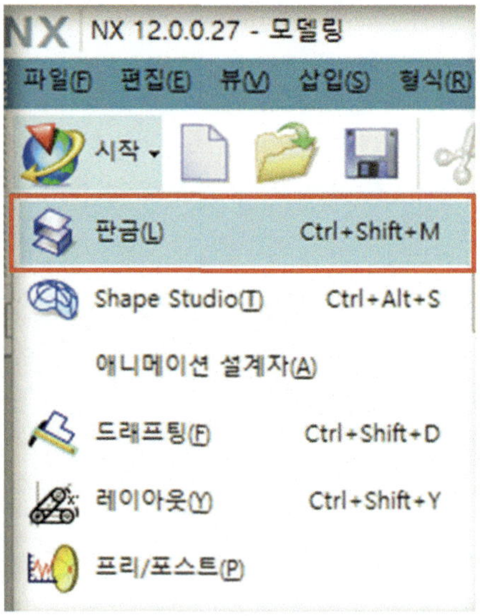

3) 굽힘 형상을 전개하기 위해 '**평면 솔리드**' 아이콘을 클릭한다.

4) 평면 솔리드 대화상자의 면 선택 항목에서 판금 제품의 윗면을 선택한 다음, '**확인**' 클릭한다.

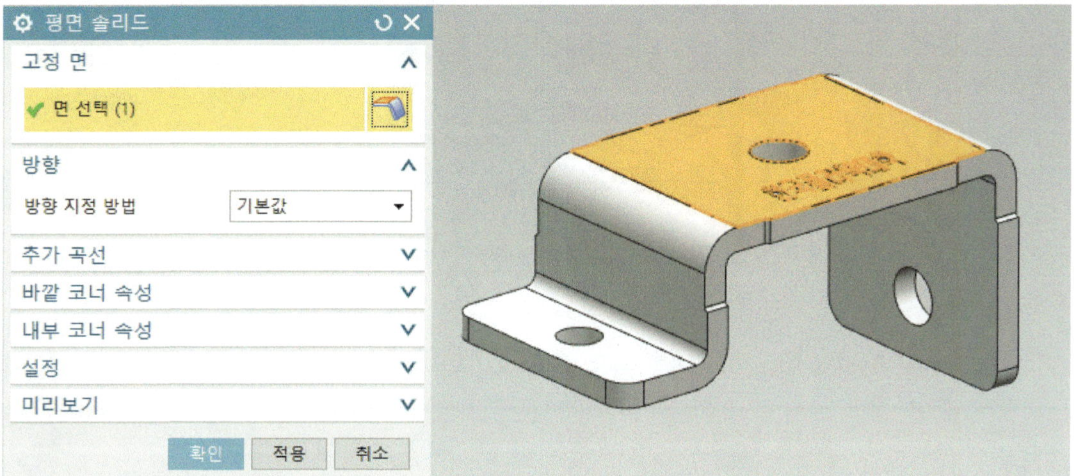

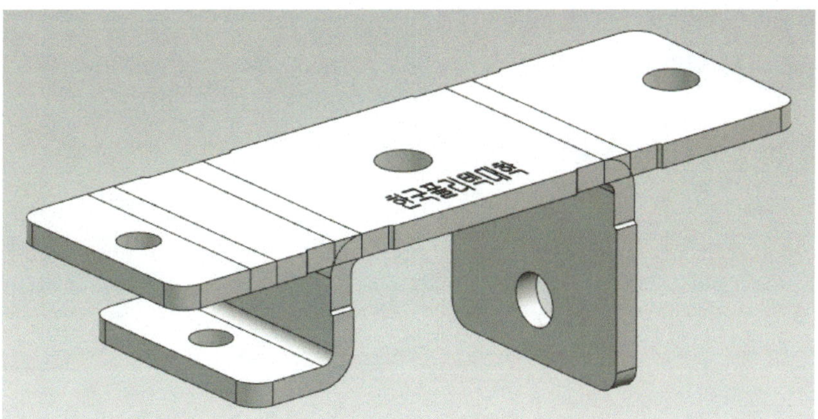

6) 스트립 레이아웃을 설계하기 위해 시작 탭에서 '모델링(D)' 클릭한다.

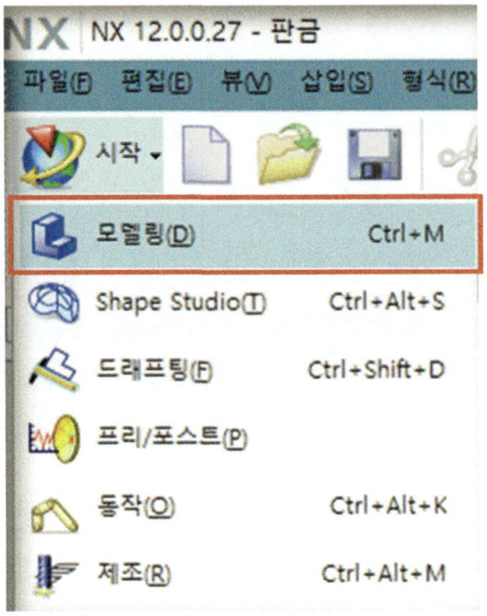

7) 전개된 제품 형상의 외형선과 내측 홀을 추출하기 위해 '지오메트리 추출' 아이콘을 클릭한다.

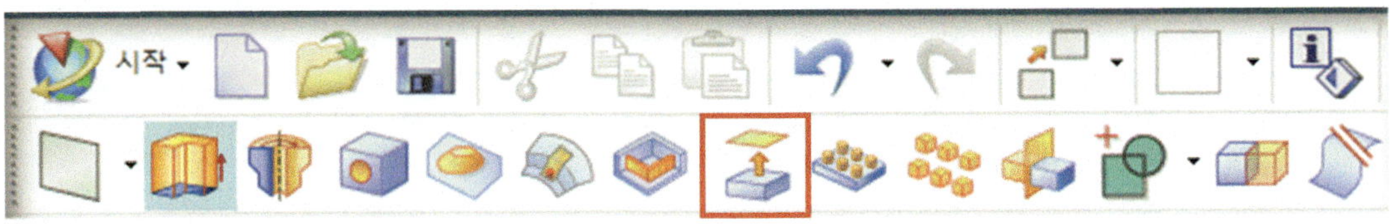

8) 유형 그룹에서 '복합 곡선' 선택한 다음, 아래와 같이 전개된 제품의 홀 2개소와 외곽 모서리를 모두 선택하고, '확인' 클릭한다.

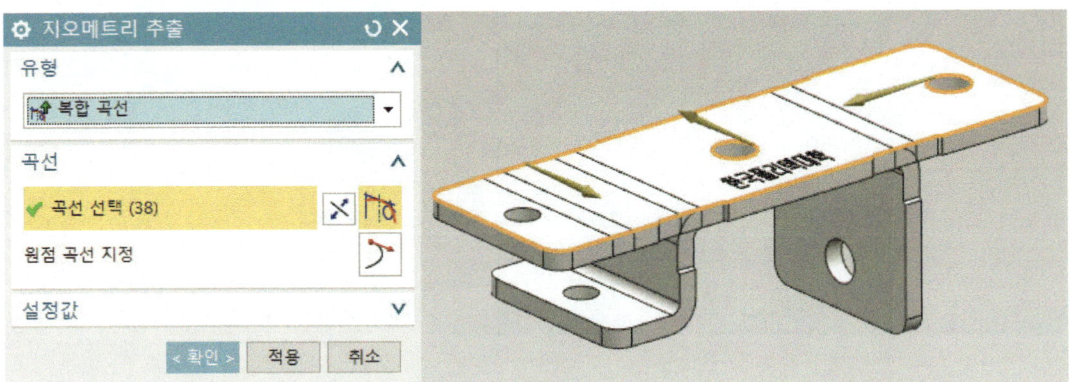

9) 우측 파트 탐색기에 생성한 복합곡선을 선택하고, 'Ctrl+J' 클릭, 선을 구분하기 위해 선의 두께와 색상을 아래와 같이 변경한다.

※ 색상은 'Silver Gray', 선 폰트는 '이점쇄선', 선의 폭은 '0.13'으로 변경한다.

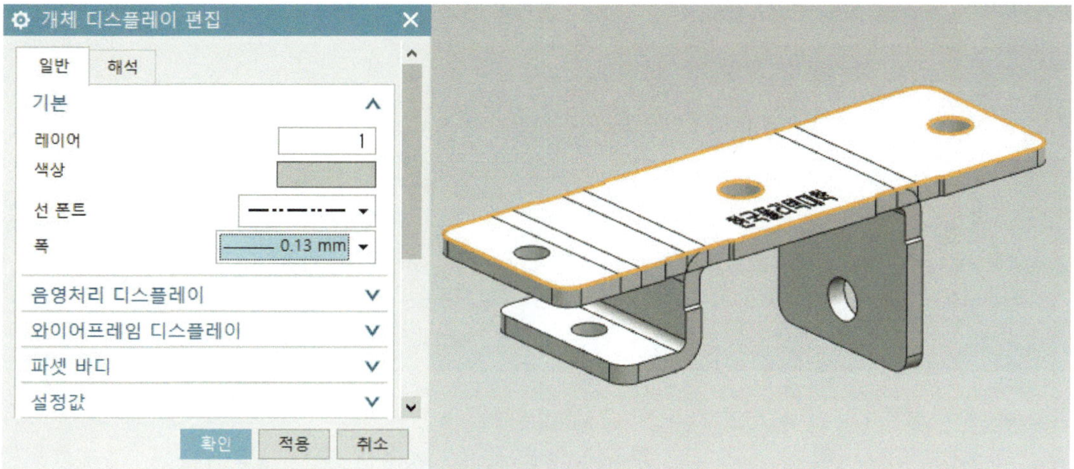

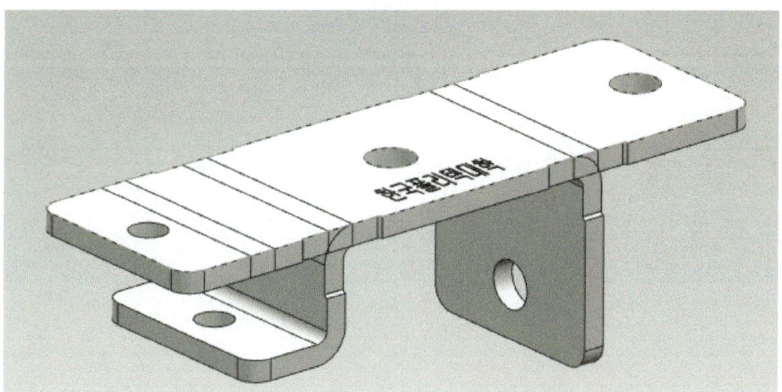

10) 추출한 복합곡선을 복사하기 위해 '패턴 지오메트리' 아이콘을 클릭한다.

11) 파트 탐색기에서 '복합 곡선' 선택, 아래와 같이 입력한 다음, '확인' 클릭한다.

※ 피치 거리: 23.0 (외곽 치수 20.0 + 이송 잔 폭 3.0)

※ 이송 잔 폭: 재료 두께(t2)의 1.5배 적용하면, 3.0임

※ 선 색상은 'Silver Gray', 선 폰트는 '이점쇄선', 폭은 '0.13'으로 변경한다.

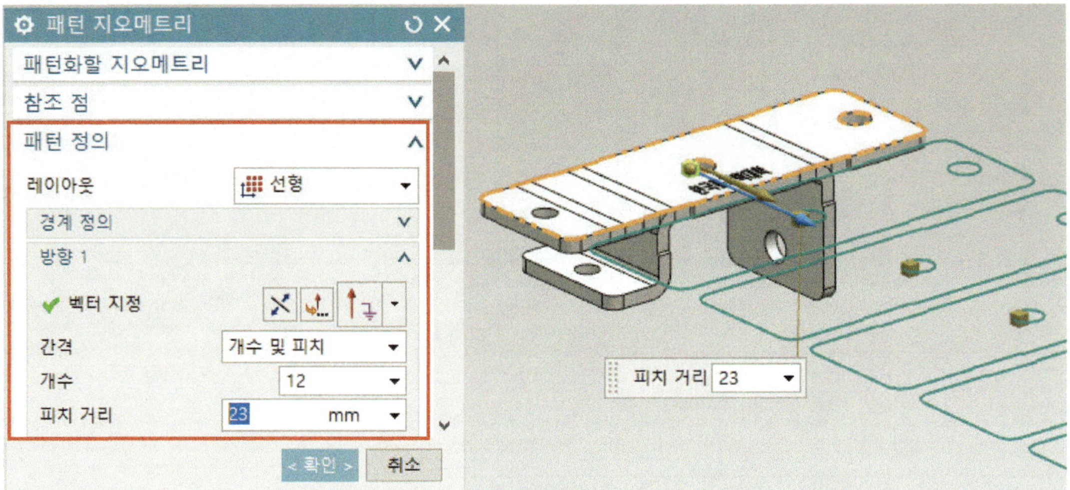

12) 프레스 원소재의 폭 치수를 결정하기 위해 '스케치' 아이콘을 클릭, 전개한 형상의 윗면을 X-Y 평면으로 설정하고, 아래와 같이 스케치한 후 '스케치 종료' 클릭한다.

※ 폭 치수: '67.8' (전개 치수 61.8 + 앞뒤 잔 폭 3.0 × 2)

※ 앞뒤 잔 폭은 재료 두께(t2)의 1.5배 적용하면, 3.0임

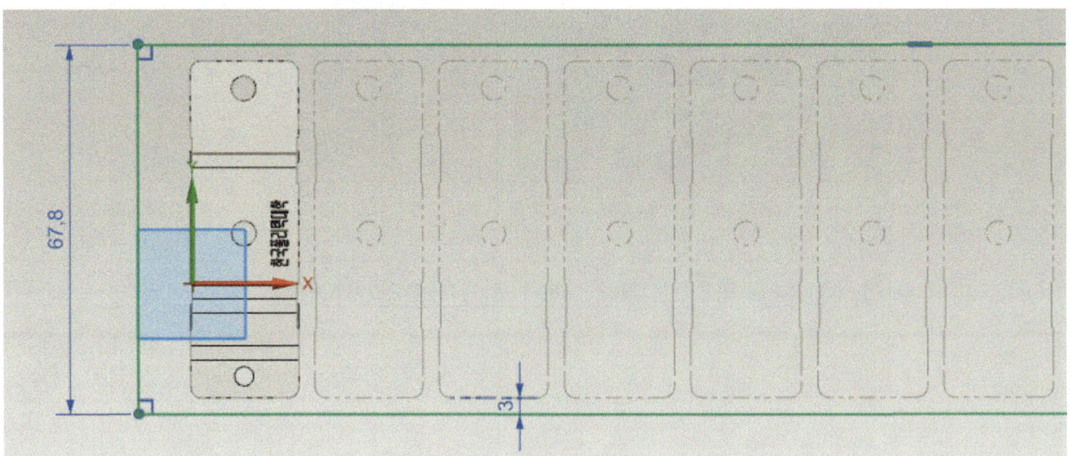

13) 원소재 두께를 생성해주기 위해 '돌출' 아이콘을 클릭, 스케치한 선을 선택한 다음, 두께는 '2', 부울은 '없음' 입력하고, '방향 반전' 클릭하여 돌출 방향을 하면(아랫면)으로 변경한 다음, '확인' 클릭한다.

※ 색상은 'Light Gray'로 변경한다.

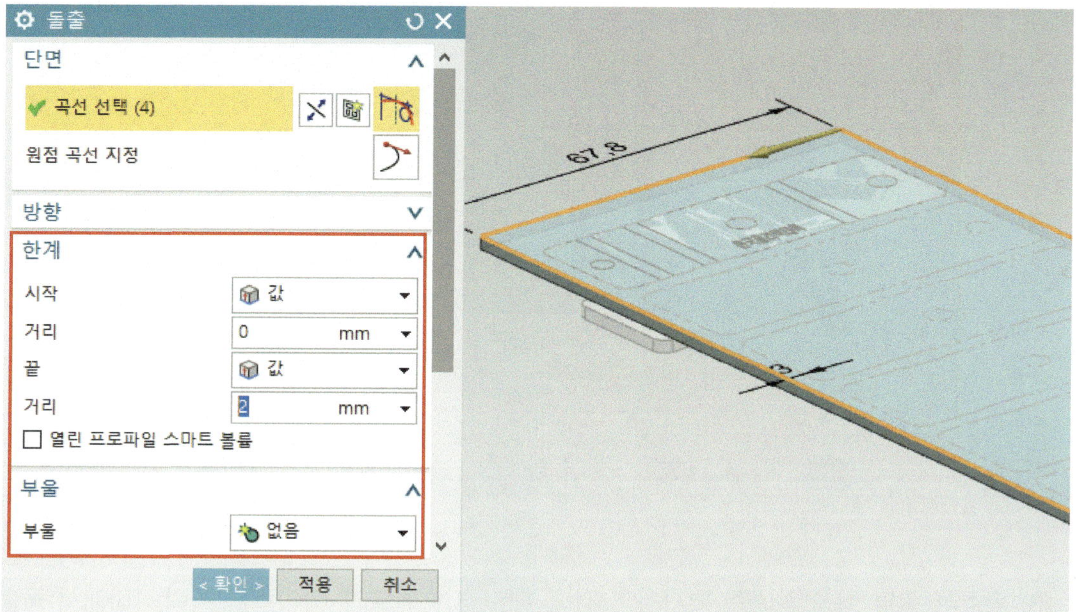

14) 1st 공정에서 파일럿 핀 홀을 피어싱 가공하기 위해 '스케치' 아이콘을 클릭, 아래와 같이 스케치한 다음, '스케치 종료' 클릭한다.

※ 파일럿 핀은 정확한 위치결정을 위해 2개소 이상 설치를 권장한다.

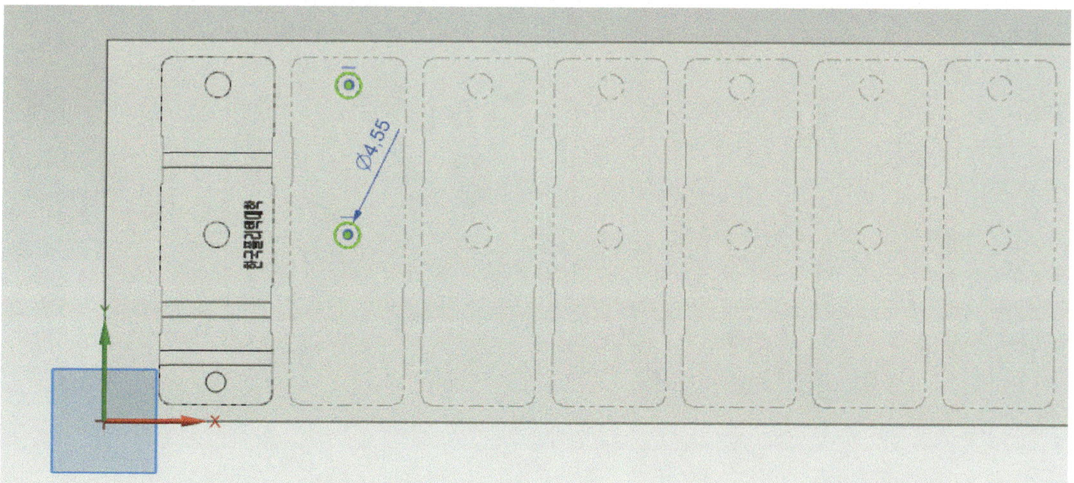

15) 구멍을 만들어주기 위해 '돌출' 아이콘을 클릭, 스케치한 선을 선택한 다음, 돌출 거리는 '-10', 부울은 '없음' 입력하고, '확인' 클릭한다.

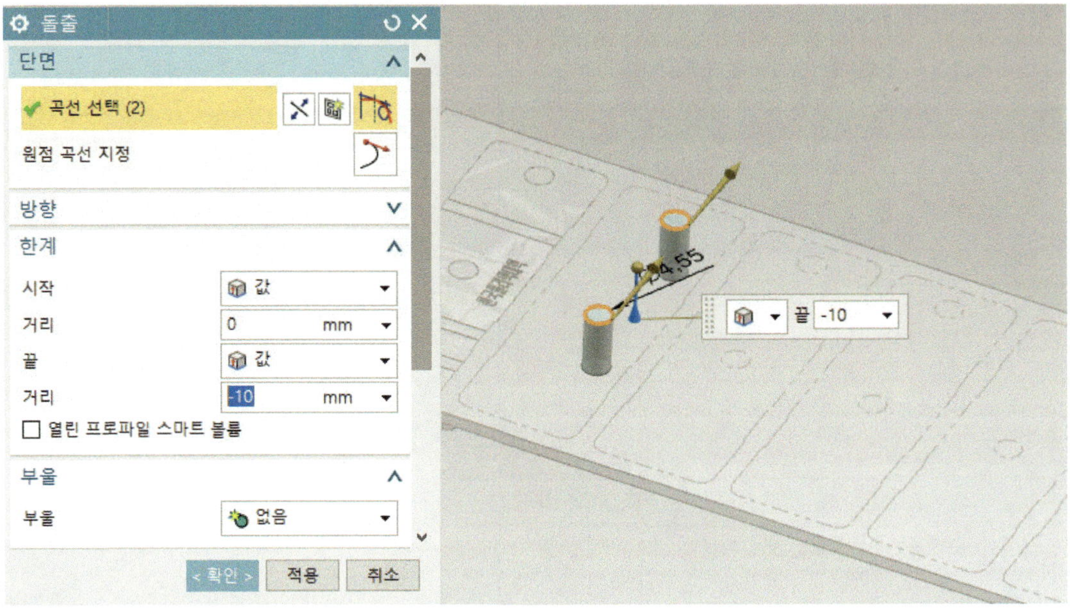

16) 돌출한 원통 형상을 다중 복사하기 위해 '패턴 지오메트리' 아이콘을 클릭, 15)에서 돌출한 형상을 모두 선택한 다음, 레이아웃은 '선형', 벡터는 'X축', 개수는 '10', 피치 거리는 '23' 입력하고, '확인' 클릭한다.

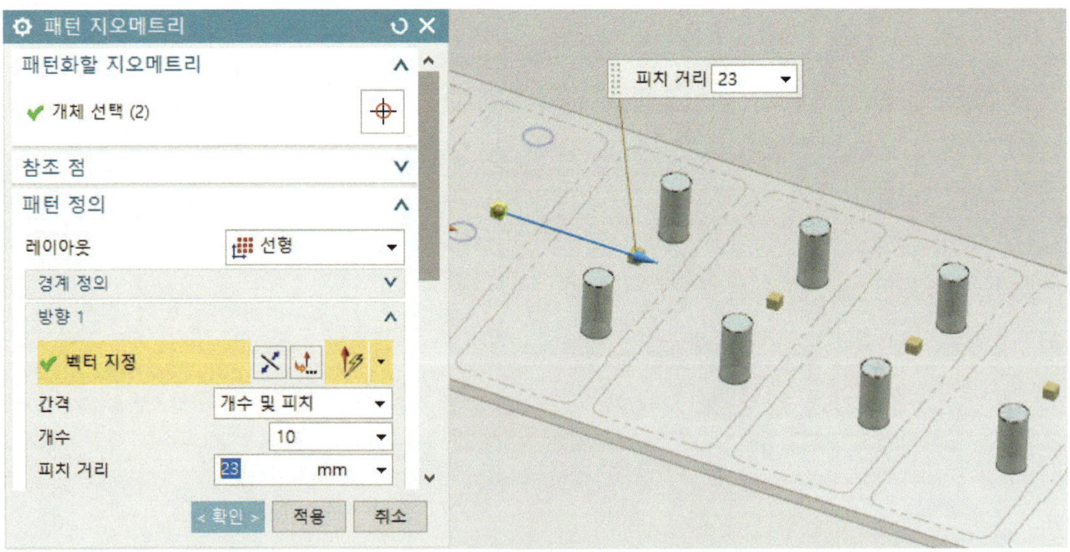

17) 프레스 원소재에 구멍 형상을 만들기 위해 '빼기' 아이콘을 클릭, 타깃 바디선택에서 프레스 원소재를 선택한 다음, 16)에서 생성한 원통 형상을 모두 선택하고, 설정값 항목에서 툴 유지 '체크'한 다음, '확인1' 클릭한다.

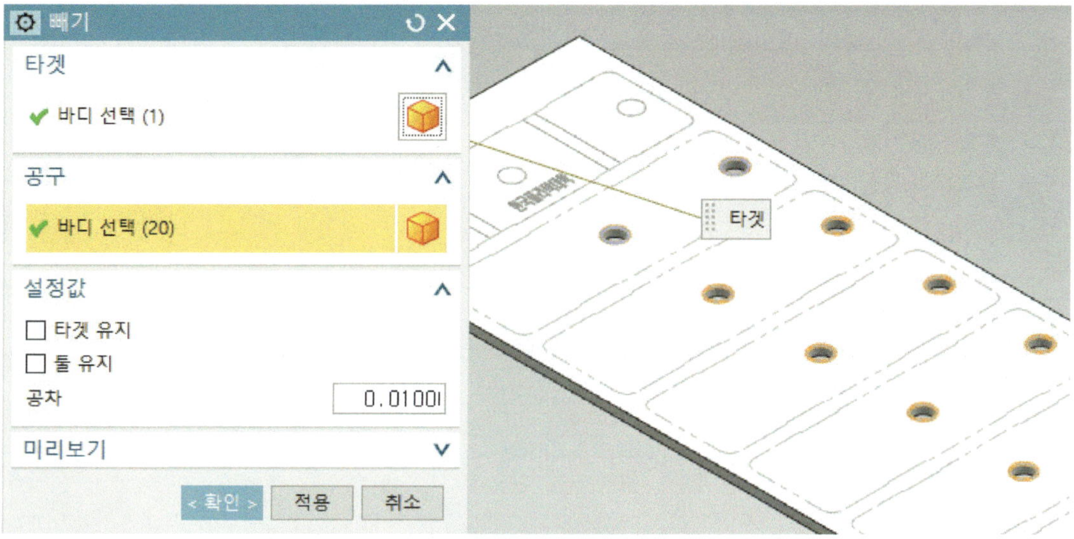

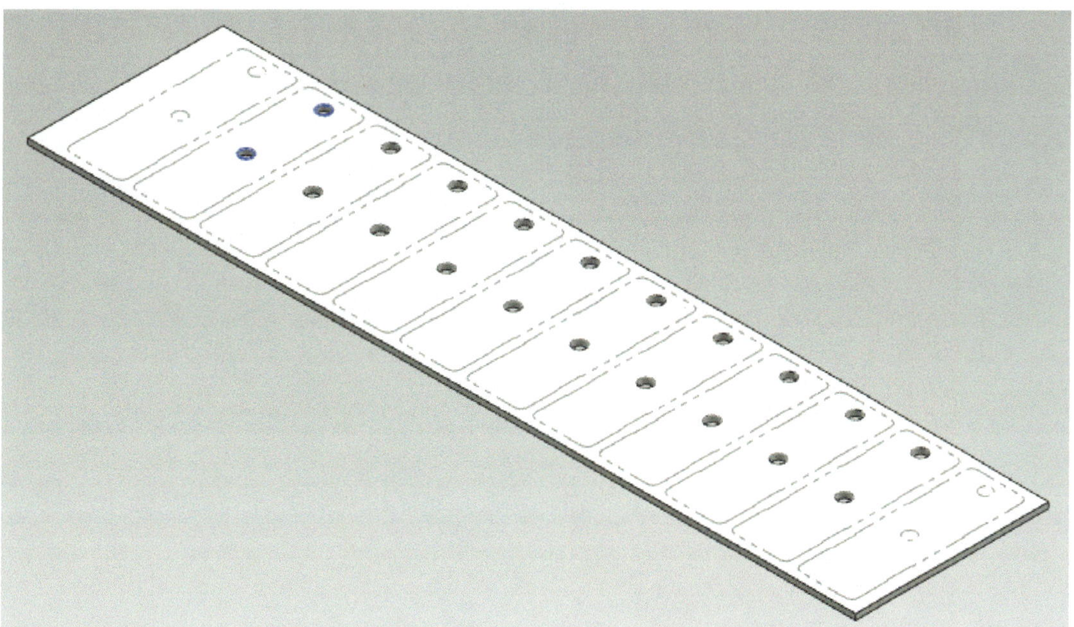

굽힘 형상(3개소) 제품을 생산하기 위한 프로그레시브 금형의 전체 공정을 정리해 보면, 다음과 같이 선행 공정 포함, 총 11개의 공정으로 구성할 수 있다.

- 선행 공정: 글자 각인 가공
  - 각인 시 소재의 변형을 방지하기 위해 파일럿 핀 홀 피어싱가공 전에 미리 가공
- 1 공정: ∅4.55 홀 2개소(파일럿 핀) 피어싱 가공
- 2 공정: 아이들 가공
- 3 공정: 아이들 가공
- 4 공정: 노칭 공정
  - 양쪽 동시 노칭 가공으로 틀어짐, 쏠림 등 방지
- 5 공정: 아이들 가공
- 6 공정: 1st 벤딩 공정
- 7 공정: 2nd 벤딩 가공
  - 양쪽 동시 벤딩 가공으로 틀어짐, 쏠림 등 방지
- 8 공정: ∅3.5 홀 피어싱 가공
- 9 공정: 아이들 가공
- 10 공정: 파팅 가공

※ 여기서 이들 공정이란? 가공이 이루어지지 않고 쉬어가는 공정으로 주로 금형의 강도 보강, 제품 설계변경, 금형 시험작업 시 제품의 치수 교정 등을 대비하기 위해 스트립 레이아웃 설계단계에서 적용한다.

18) 굽힘 가공을 위한 외곽 노칭 형상을 만들어주기 위해 '**스케치**' 아이콘을 클릭, 원소재의 윗면을 X-Y 평면으로 설정하고, 아래와 같이 스케치한 후 '**스케치 종료**' 클릭한다.

※ 기존 복합곡선을 투영해서 사용하면 스케치 시간을 단축할 수 있다.

※ 치수 적용 시 2D 형상이 틀어지면, 지오메트리 구속의 고정 아이콘 이용하여 틀어짐을 방지할 수 있다.

※ 와이어 컷팅 가공할 때 일반적으로 ∅0.25 ~ ∅0.30 와이어를 사용하므로 펀치 & 다이의 코너 라운드는 R0.3 적용한다.

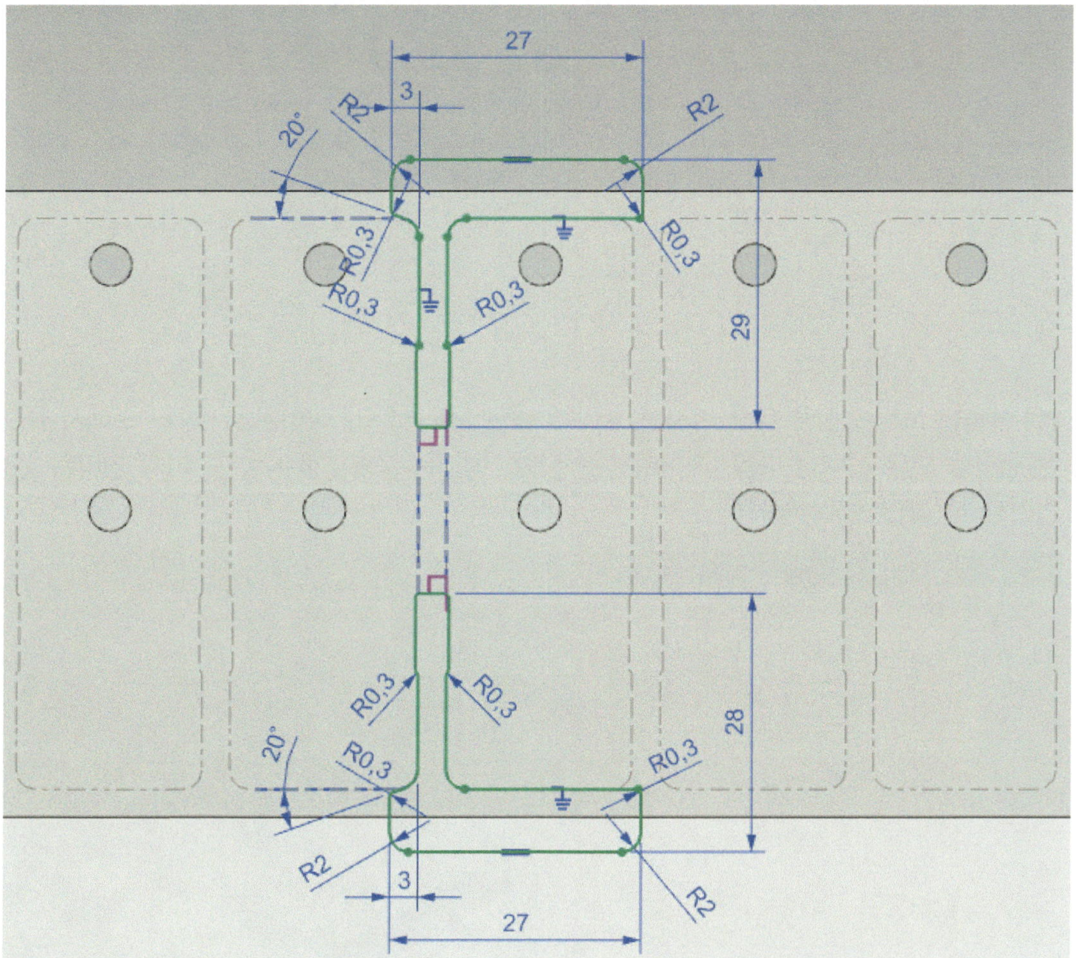

19) 노칭 형상을 생성해주기 위해 '돌출' 아이콘 클릭, 스케치한 선을 선택한 다음, 돌출 거리는 '-10', 부울은 '없음' 입력하고, '확인' 클릭한다.

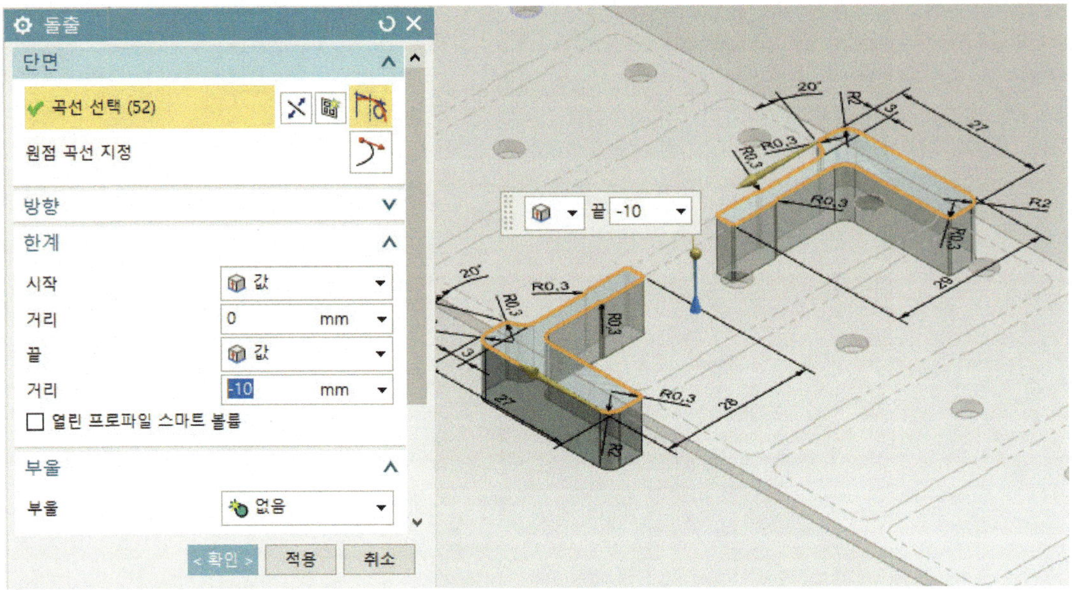

20) 돌출한 노칭 형상을 다중 복사하기 위해 '패턴 지오메트리' 아이콘을 클릭, 19)에서 돌출한 형상을 모두 선택한 다음, 레이아웃은 '선형', 벡터는 'X축', 개수는 '7', 피치 거리는 '23' 입력하고, '확인' 클릭한다.

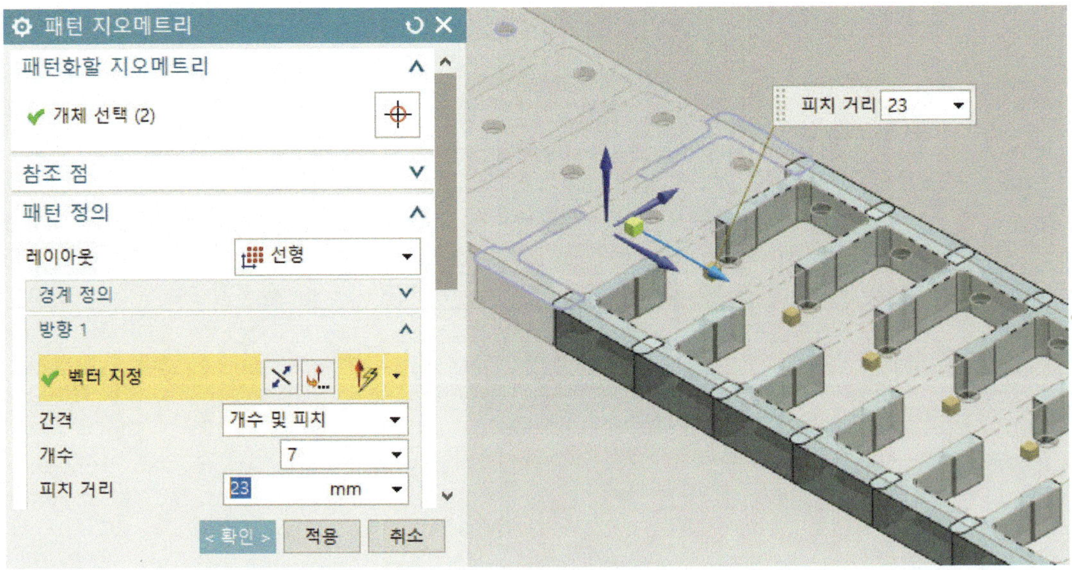

21) 프레스 원소재에 노칭 형상을 만들기 위해 '빼기' 아이콘을 클릭, 타깃 바디 선택에서 프레스 원소재를 선택한 다음, 20)에서 생성한 노칭 형상을 모두 선택하고, '확인' 클릭한다.

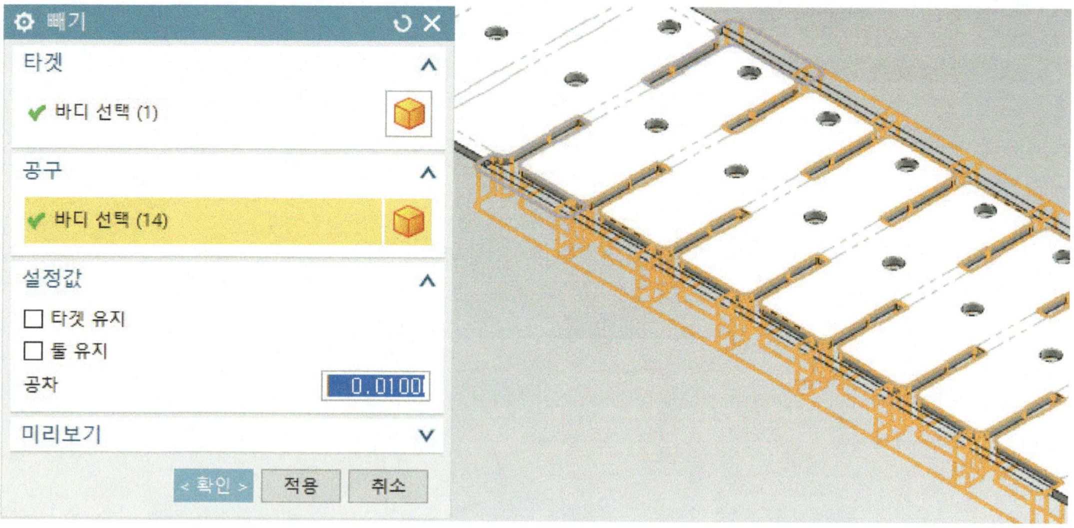

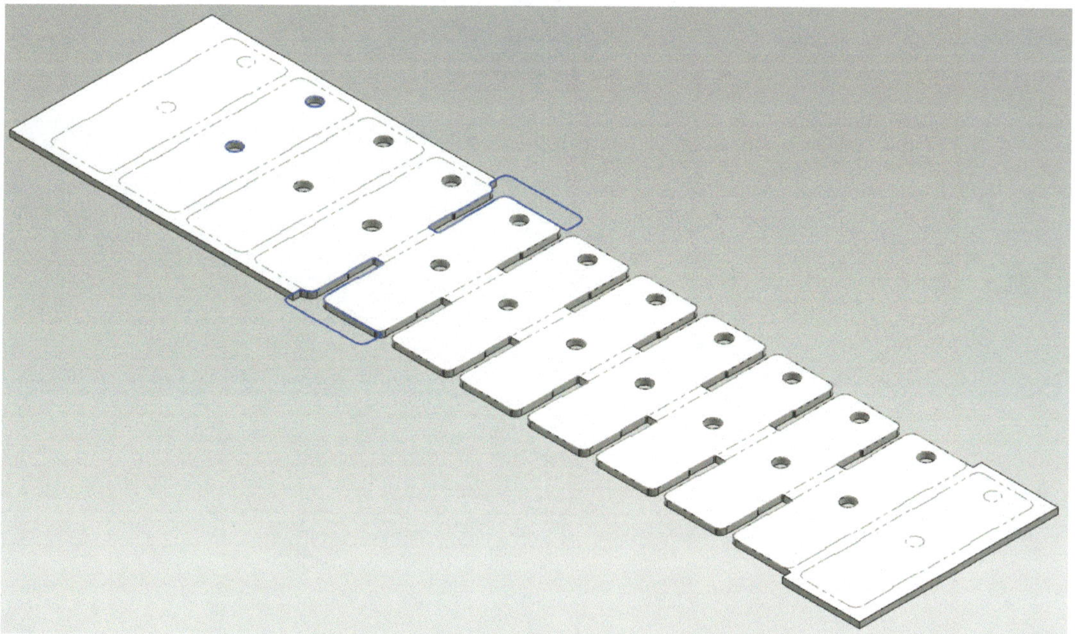

22) 굽힘 형상을 추가하기 위한 빈 공간을 만들어주기 위해 '**돌출**' 아이콘을 클릭, 선택 박스에서 '**영역 경계곡선**' 선택한 다음, '**6 공정**'부터 마지막 공정까지 원소재에서 전개 형상을 모두 클릭하고, 부울은 '**빼기**' 선택한 다음, '**확인**' 클릭한다.

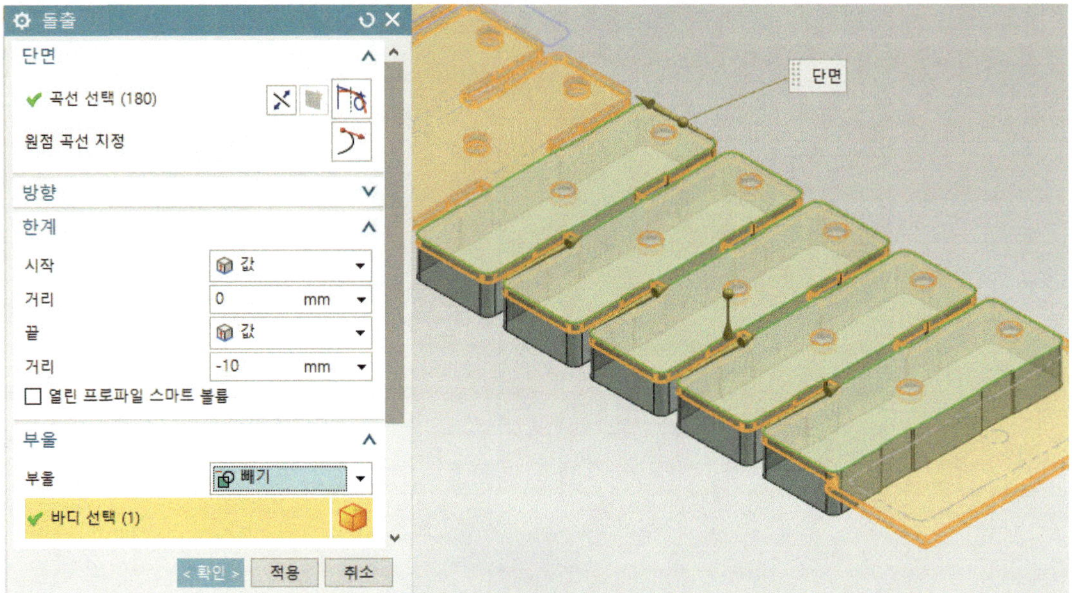

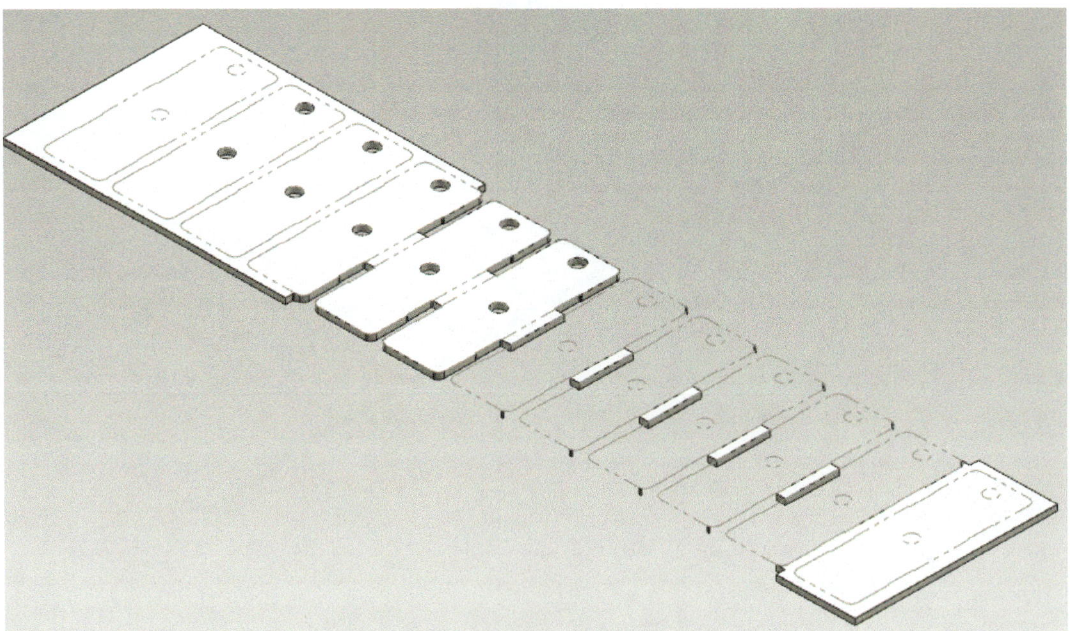

23) 스트립 레이아웃에 제거되지 않고, 남아있는 잔여 형상을 삭제하기 위해 '바디 삭제' 아이콘 클릭, 아래와 같이 잔여 형상을 모두 선택한 다음, '확인' 클릭한다.

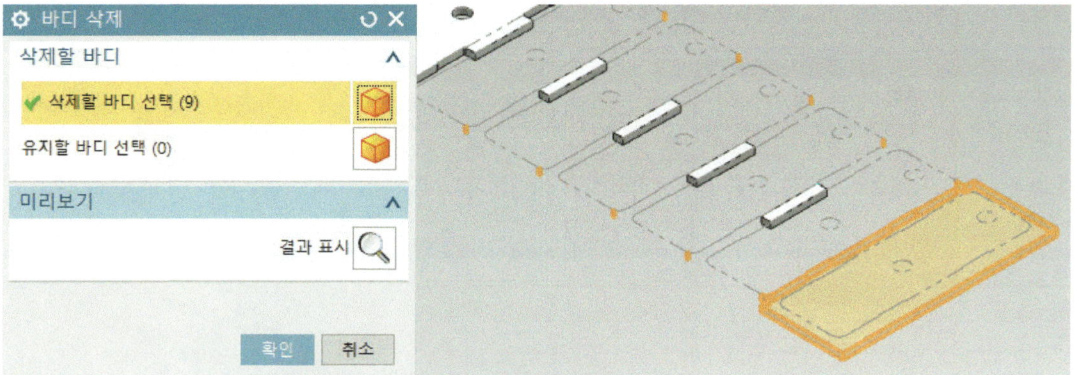

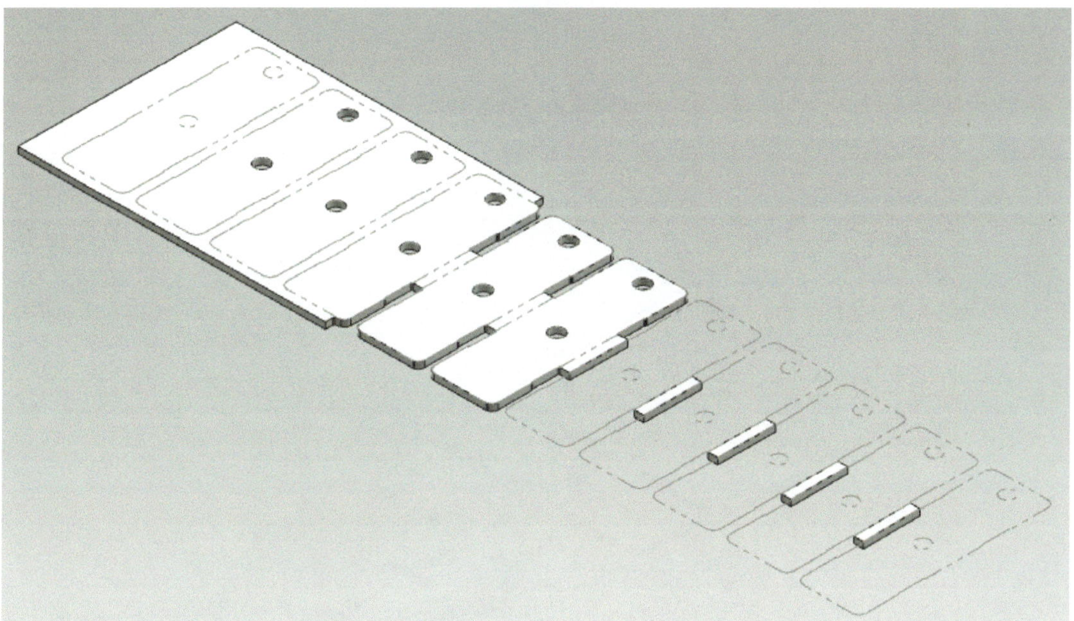

※ 잔여 피치는 좌측 탐색기에서 복합 곡선을 다중 복사한 패턴 지오메트리를 더블 클릭하여 개수를 12에서 11로 변경한다.

24) 굽힘 형상을 다중 복사하기 위해 '**패턴 지오메트리**' 아이콘을 클릭, 스트립 레이아웃을 회전시켜 뒷면의 굽힘 형상을 선택하고, 레이아웃은 '**일반**', From 점 지정은 다중 복사할 제품 형상의 원 중심점 클릭, To 점 지정은 각 공정의 원 중심점 클릭한 다음, '**확인**' 클릭한다.

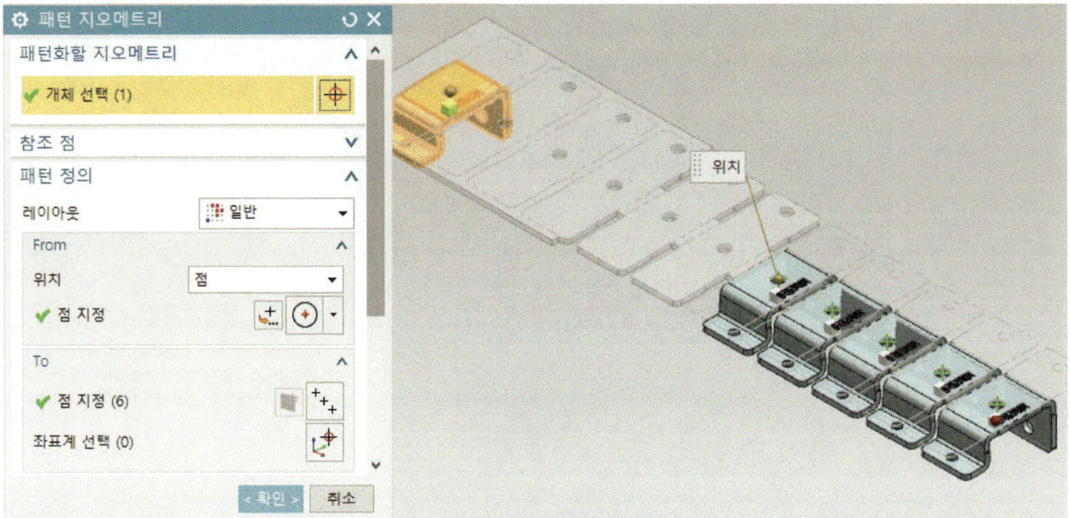

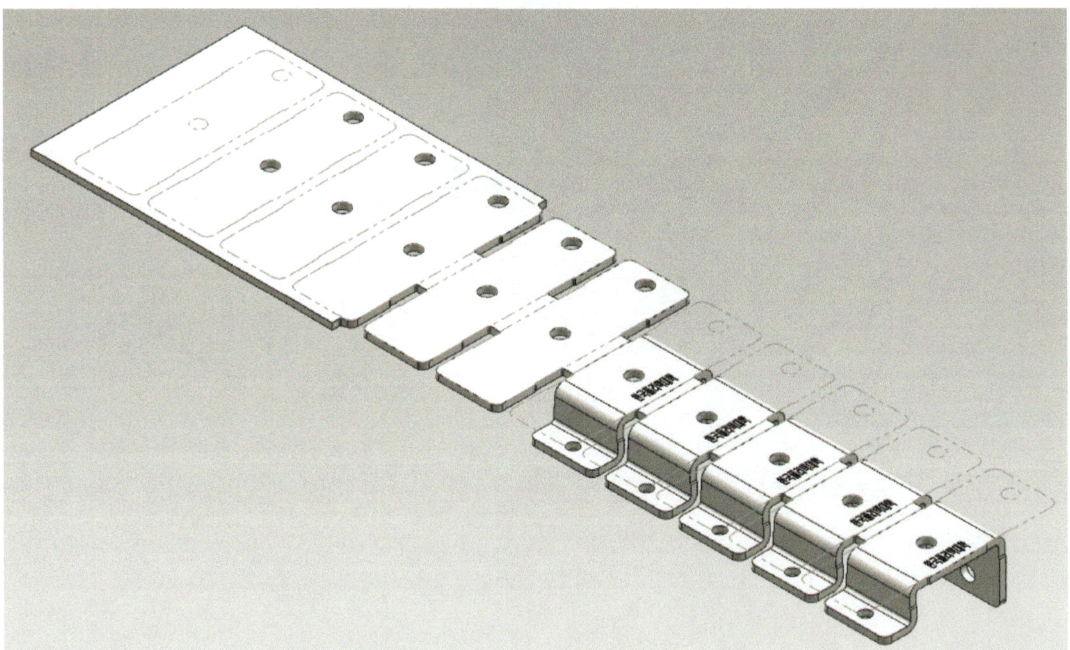

25) 다음은 8공정의 $\varnothing 3.5^{+0.1}_{-0}$ 홀을 피어싱 가공하기 위해 '스케치' 아이콘을 클릭, 원소재의 윗면을 X–Y 평면으로 설정하고, 아래와 같이 스케치한 후 '스케치 종료' 클릭한다.

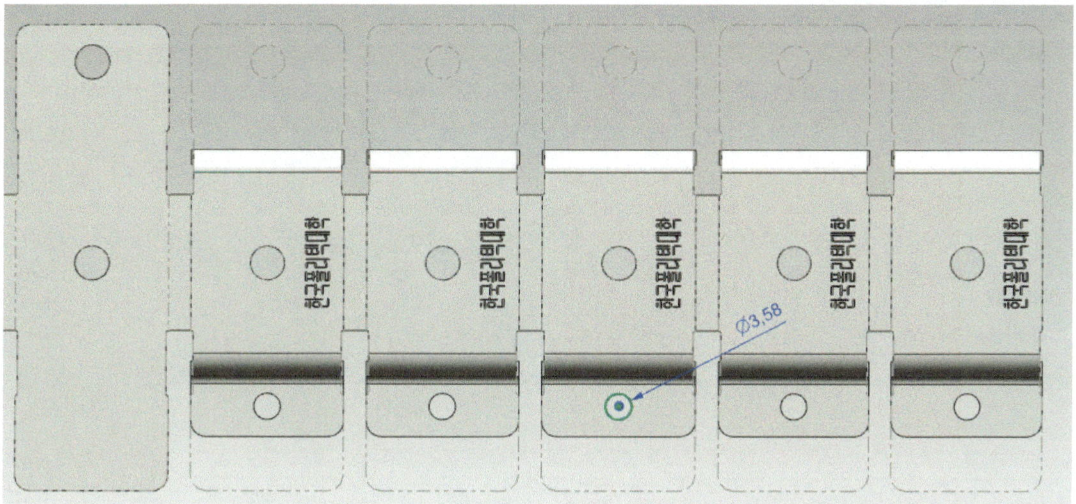

26) 원형 구멍 형상을 만들어주기 위해 '돌출' 아이콘을 클릭, 스케치한 선을 선택한 다음, 돌출 거리는 '–30', 부울은 '빼기' 입력하고, '확인' 클릭한다.

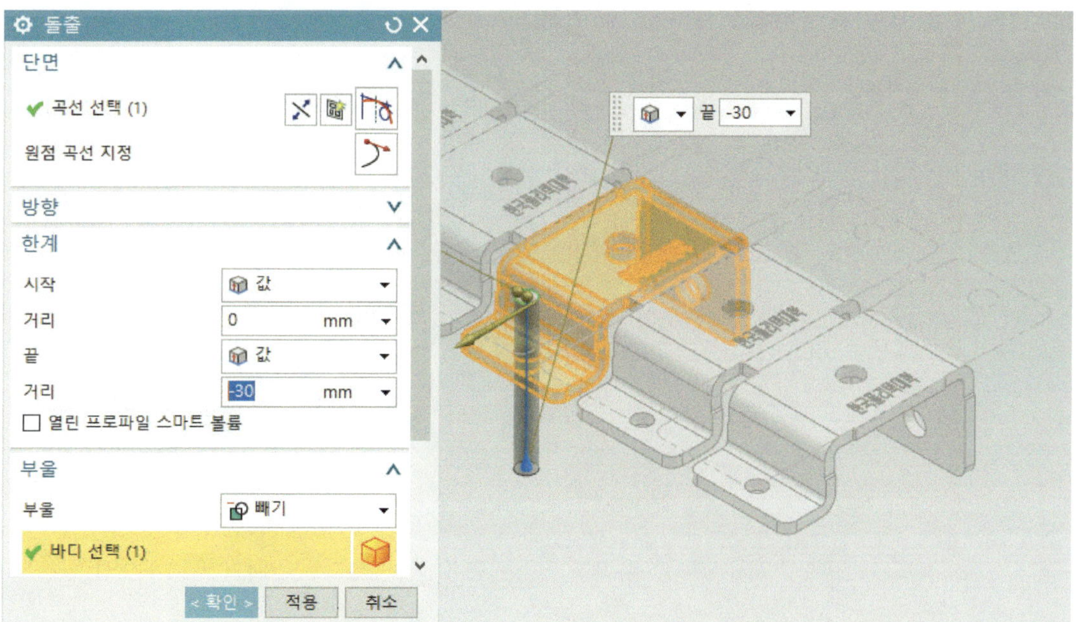

27) 1st 벤딩, 7공정에 만들어져 있는 $\varnothing 3.5^{+0.1}_{-0}$ 홀 형상을 삭제하기 위해 '면 삭제' 아이콘을 클릭, 아래와 같이 삭제할 형상을 모두 선택한 다음, '확인' 클릭한다.

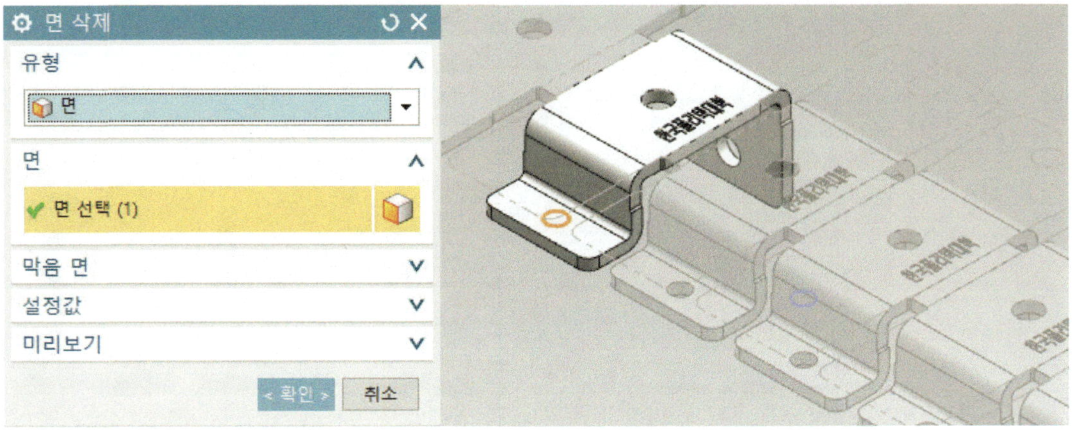

28) 2nd 벤딩, 8공정의 $\varnothing 3.5^{+0.1}_{-0}$ 홀 형상도 동일하게 삭제한다.

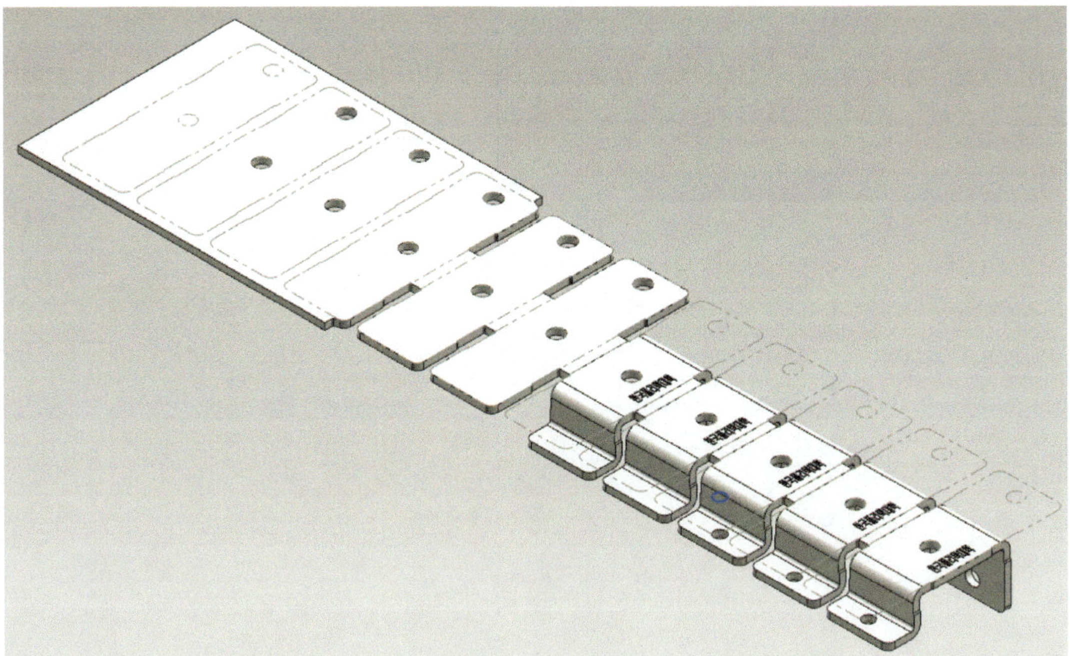

29) 최종 파팅 가공을 위한 파팅 펀치 형상을 만들어주기 위해 '**스케치**' 아이콘을 클릭, 원소재의 윗면을 X-Y 평면으로 설정하고, 아래와 같이 스케치한 다음, '**스케치 종료**' 클릭한다.

※ 기존 복합 곡선을 투영해서 사용하면 스케치 시간을 단축할 수 있다.

※ 치수 적용 시 2D 형상이 틀어지면, 지오메트리 구속의 고정 아이콘 이용하여 틀어짐을 방지할 수 있다.

※ 와이어 컷팅 가공할 때 일반적으로 ∅0.25 ~ ∅0.30 와이어를 사용하므로 펀치 & 다이의 코너 라운드는 R0.3 적용한다.

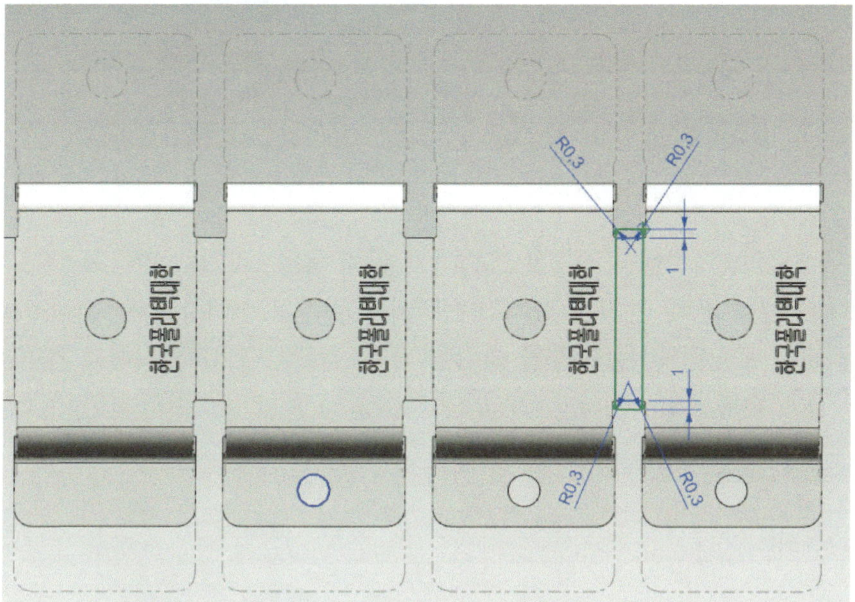

30) 스트립 레이아웃에 제거되지 않고, 남아 있는 10공정의 파팅 스크랩 형상을 삭제하기 위해 바디 삭제 아이콘 클릭, 아래와 같이 파팅 스크랩 형상을 선택한 다음, '확인' 클릭한다.

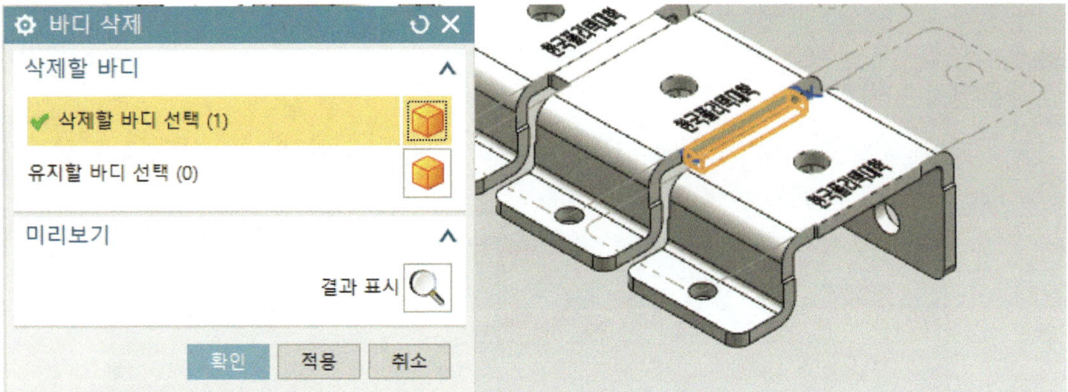

31) 다음은 6공정의 1st 벤딩 각도를 조정하기 위해 응용프로그램 판금의 '굽힘 각도 크기조정' 아이콘을 클릭, 면 또는 모서리 선택에서 '윗면'을 선택하고, 면 선택에서 변경하고자 하는 각도가 포함된 '라운드 면'을 클릭한 다음, 각도에 '120' 입력하고 '적용' 클릭한다.

※ 참고로 1st 벤딩된 굽힘 형상의 끝단 부위가 원소재 윗면보다 낮아야 한다.

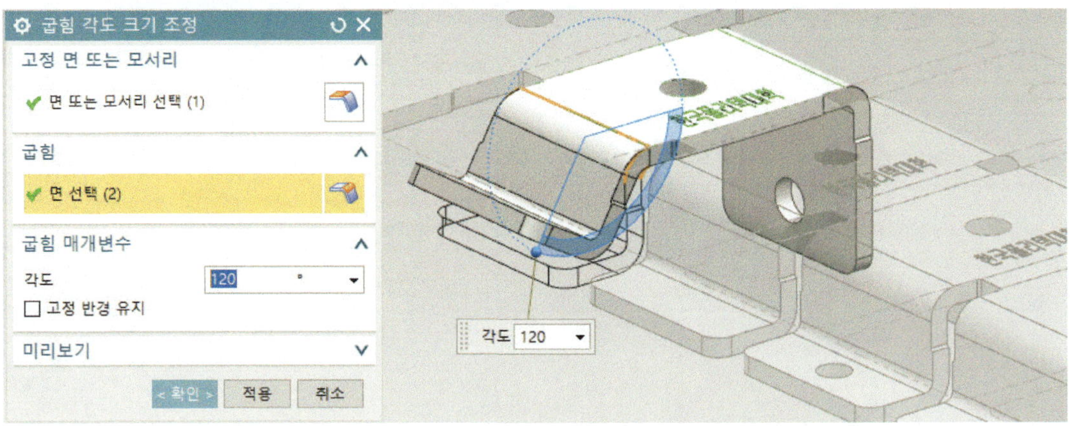

32) 이어서 1st 벤딩 공정, 반대면의 각도를 '180' 입력하고 '확인' 클릭한다.

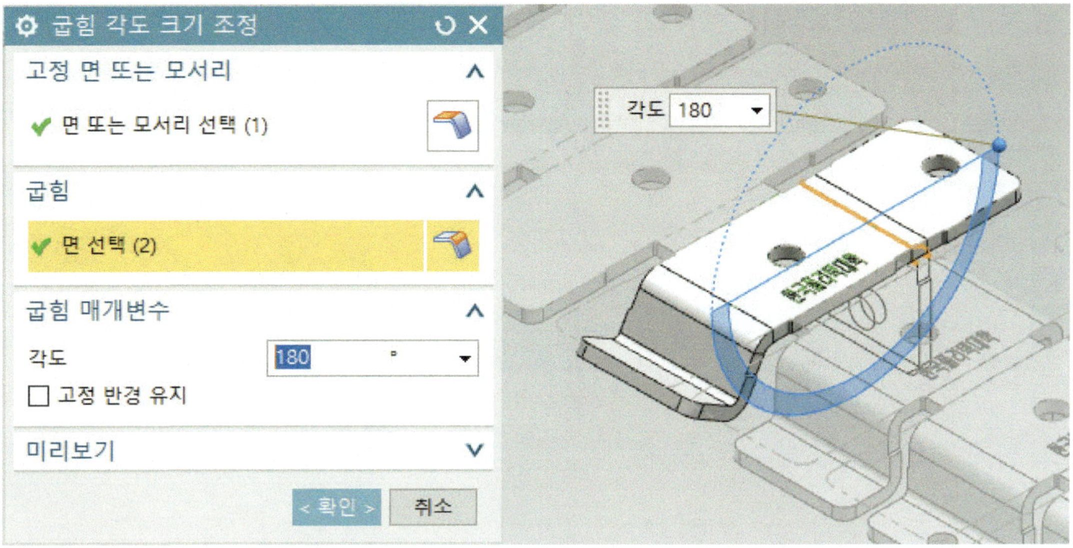

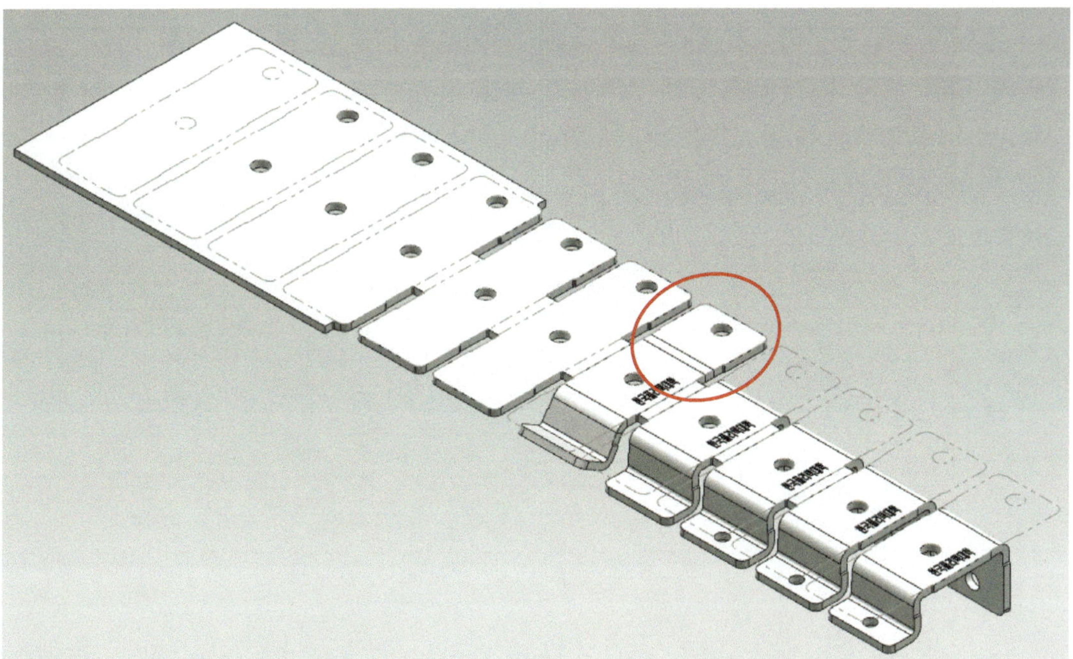

33) 글자 각인 스트리퍼편 형상을 만들어주기 위해 '**스케치**' 아이콘을 클릭, 원소재 윗면을 X-Y 평면으로 설정하고, 아래와 같이 스케치한 다음, '**스케치 종료**' 클릭한다.

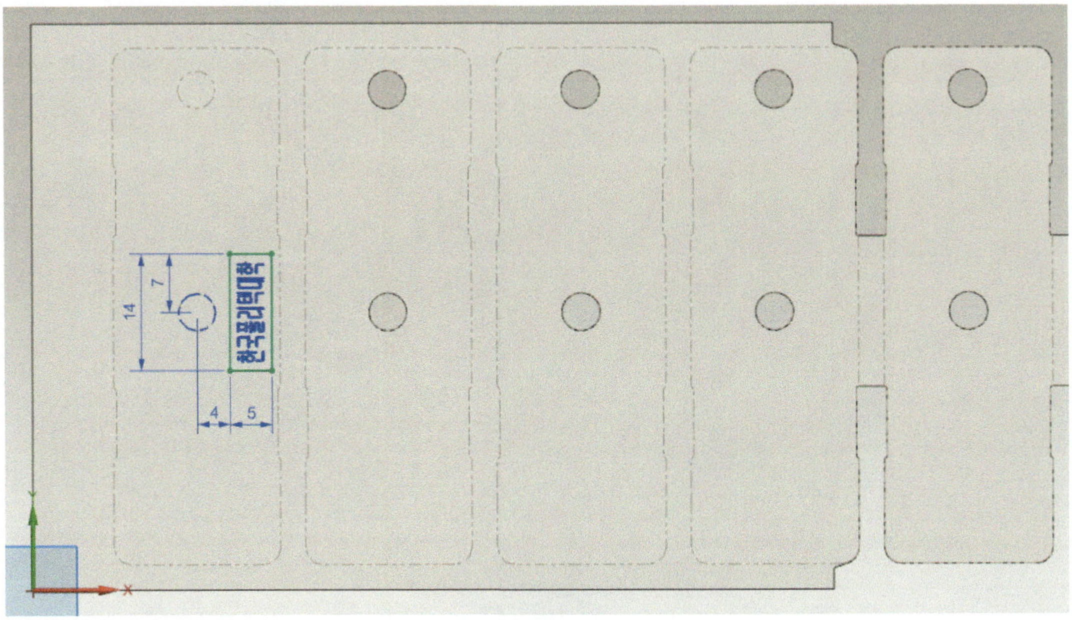

34) 글자 형상을 만들어주기 위해 '**돌출**' 아이콘을 클릭, 선택 박스에서 '**연결된 곡선**' 선택한 다음, 글자의 모서리를 모두 클릭하고, 돌출 거리는 '**-0.2**', 부울은 '**없음**', 바디 선택에서 원소재(Strip layout)를 선택한 다음, '**확인**' 클릭한다.

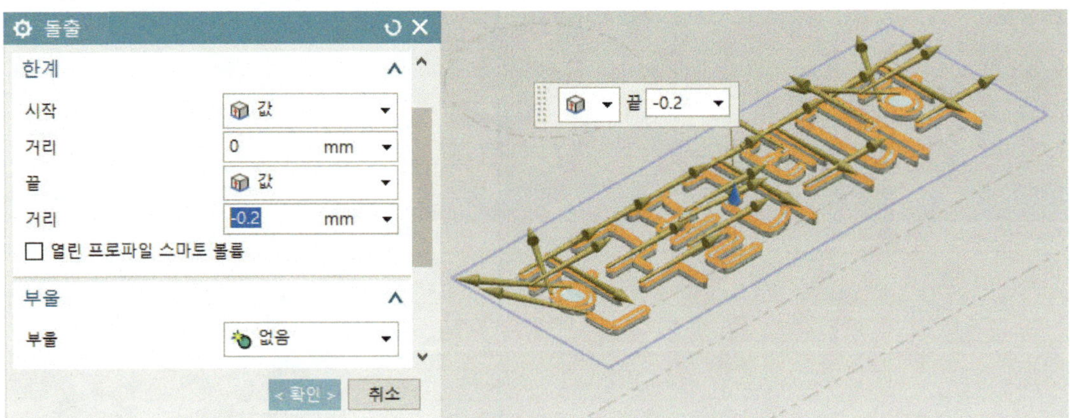

35) 돌출한 글자를 다음 공정에 다중 복사하기 위해 '패턴 지오메트리' 아이콘을 클릭, 34)에서 돌출한 글자 형상을 선택한 다음, 레이아웃은 '선형', 벡터는 'X축', 개수는 '6', 피치 거리는 '23' 입력하고, '확인' 클릭한다.

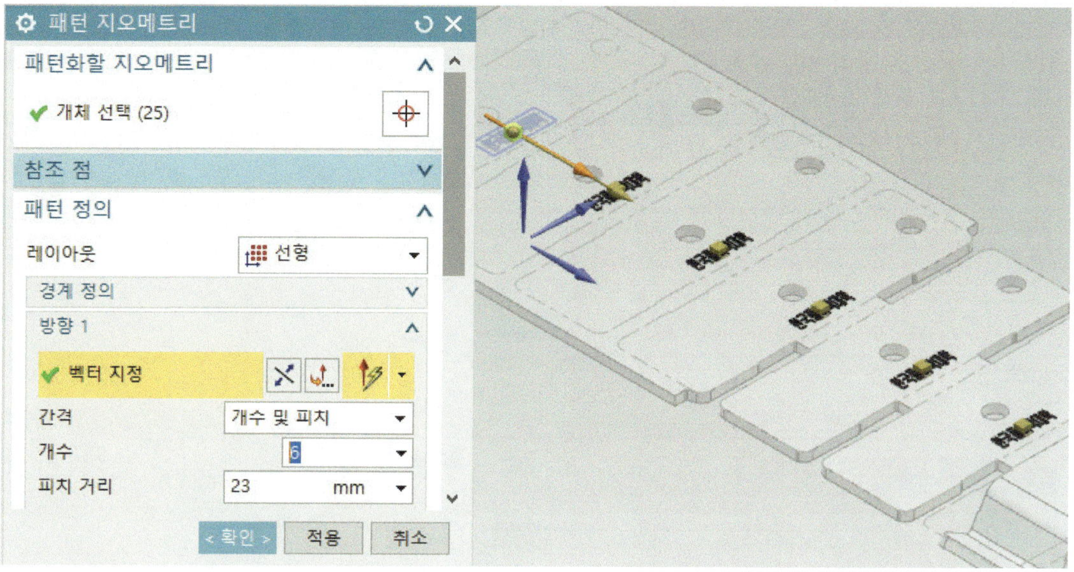

36) 이어서 원소재에 글자 형상을 만들어주기 위해 '빼기' 아이콘을 클릭, 타깃 바디 선택에서 원소재를 선택한 다음, 35)에서 다중 복사한 글자를 모두 선택하고, '확인' 클릭한다.

※ 설정값 항목의 툴 유지는 체크 해제된 상태 확인한다.

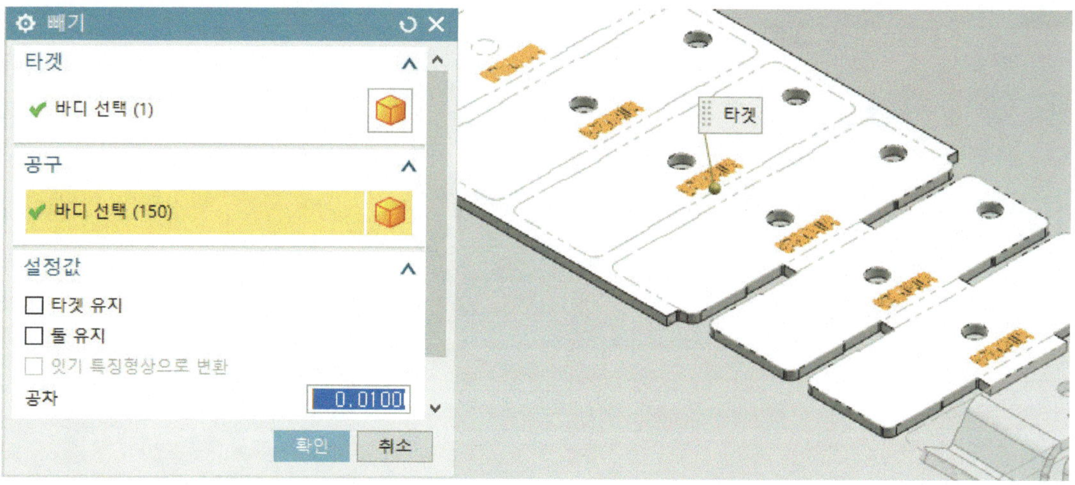

※ 총 11공정으로 구성된 스트립 레이아웃(Strip layout)

– 평면도

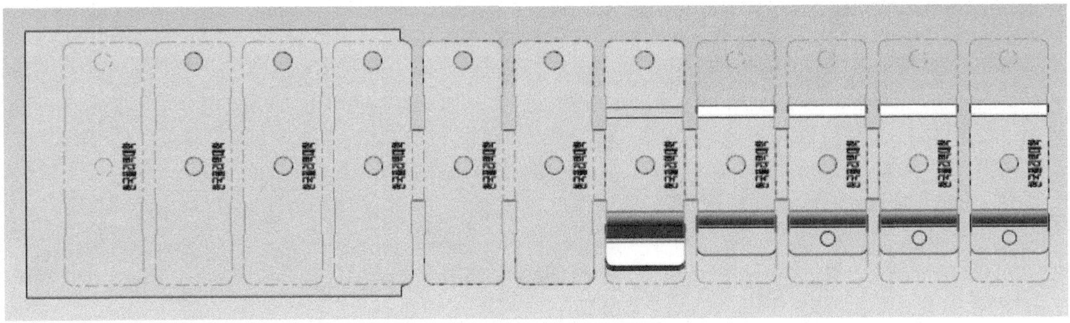

– 측면도

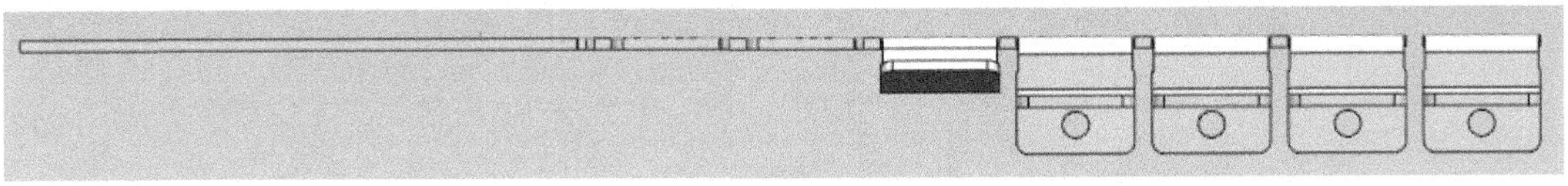

– 등각도

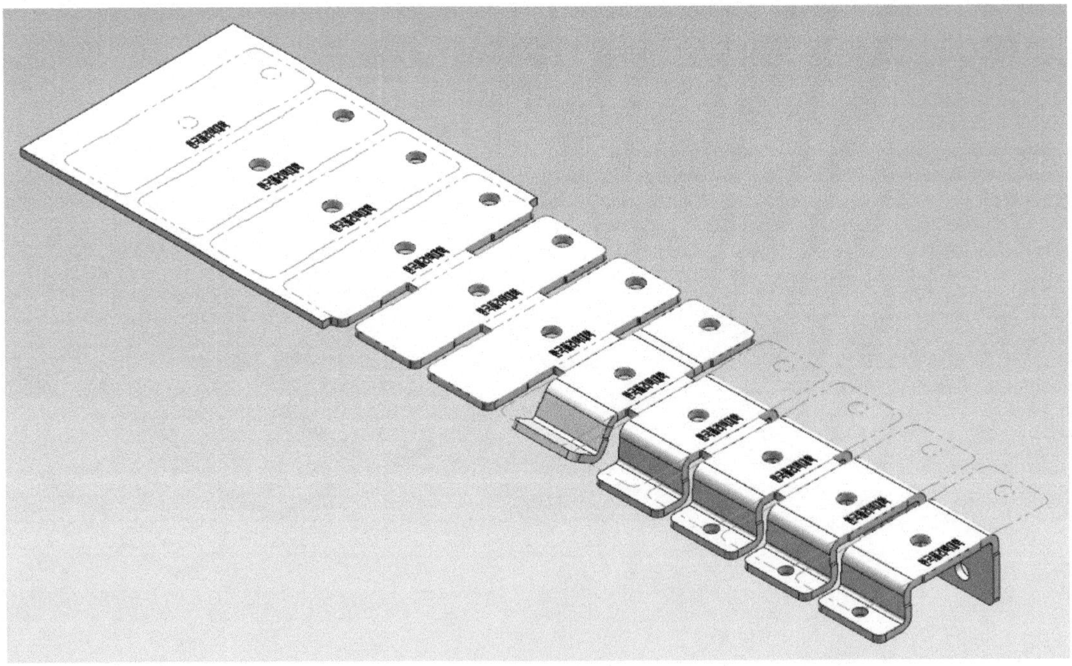

4.3 펀치 및 파일럿 핀 설계하기

1) 1st 공정에서는 제품의 구멍 가공을 위한 피어싱 펀치를 생성하기 위해 돌출 아이콘을 클릭, 선택 박스에서 '단일 곡선' 선택하고, 구멍의 윗면 모서리 2개소를 선택한 다음, 아래와 같이 입력하고, '확인' 클릭한다.

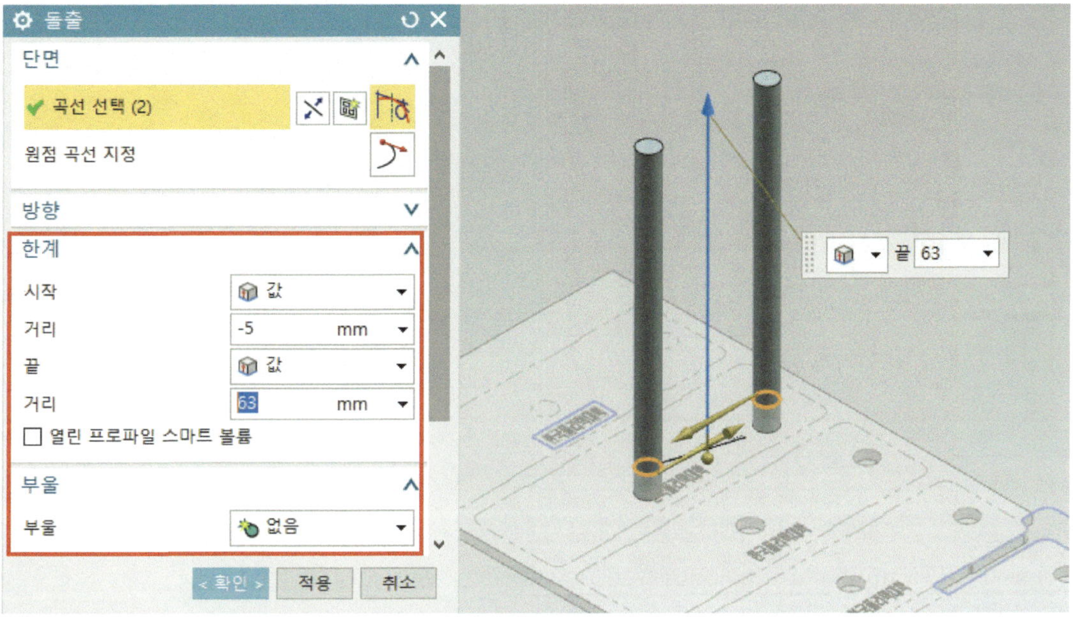

※ 생성한 펀치는 구분하기 쉽게 'Ctrl+J' 이용, 'Magenta' 색상으로 변경한다.

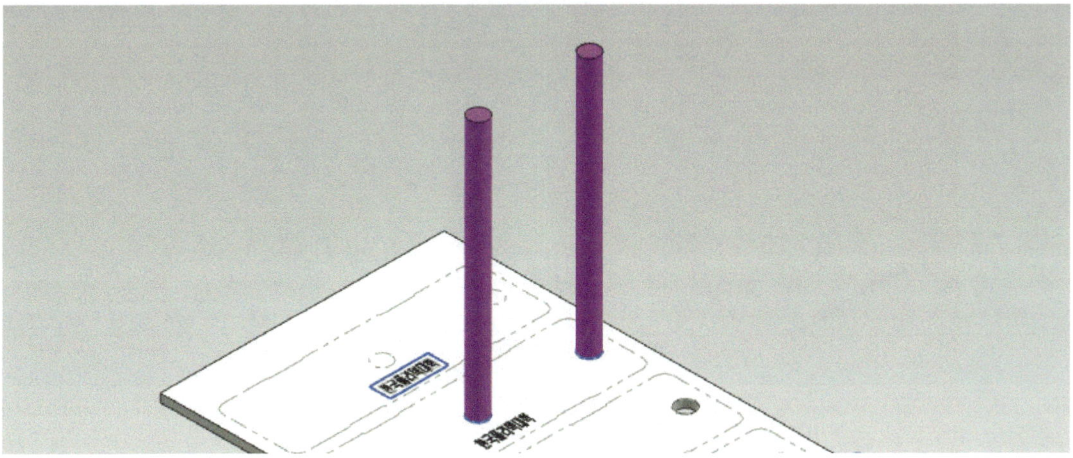

2) 피어싱 펀치에 턱걸이(플랜지)를 생성하기 위해 돌출 아이콘을 클릭, 선택 박스에서 '**면 모서리**' 선택하고, 피어싱 펀치의 윗면을 선택한 다음, 아래와 같이 입력하고 '**확인**' 클릭한다.

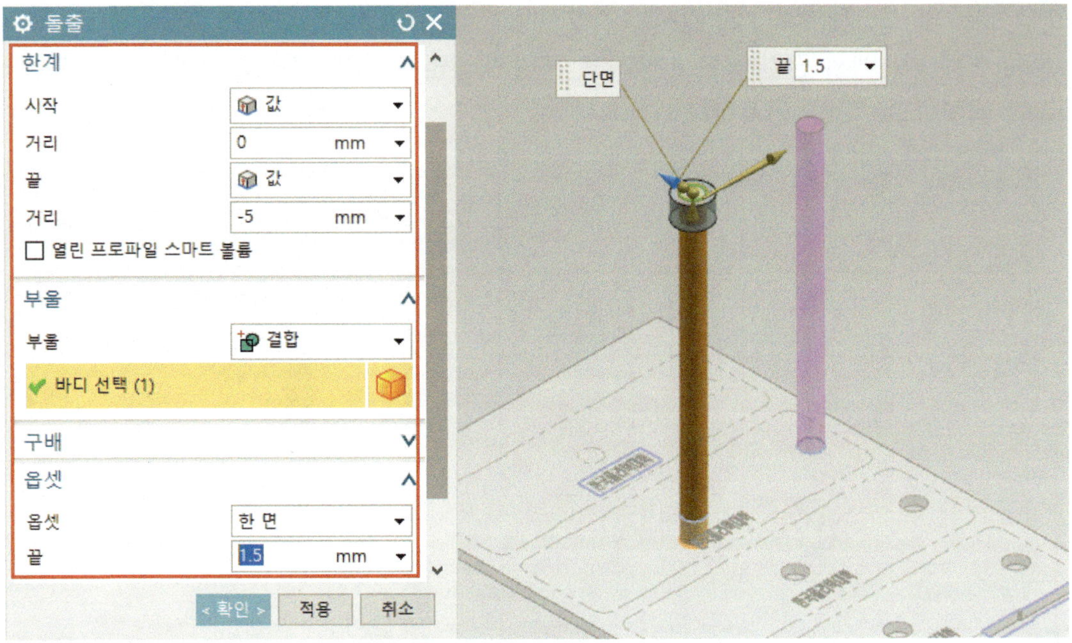

※ 나머지 피어싱 펀치도 위와 동일한 방법으로 턱걸이를 만들어준다.

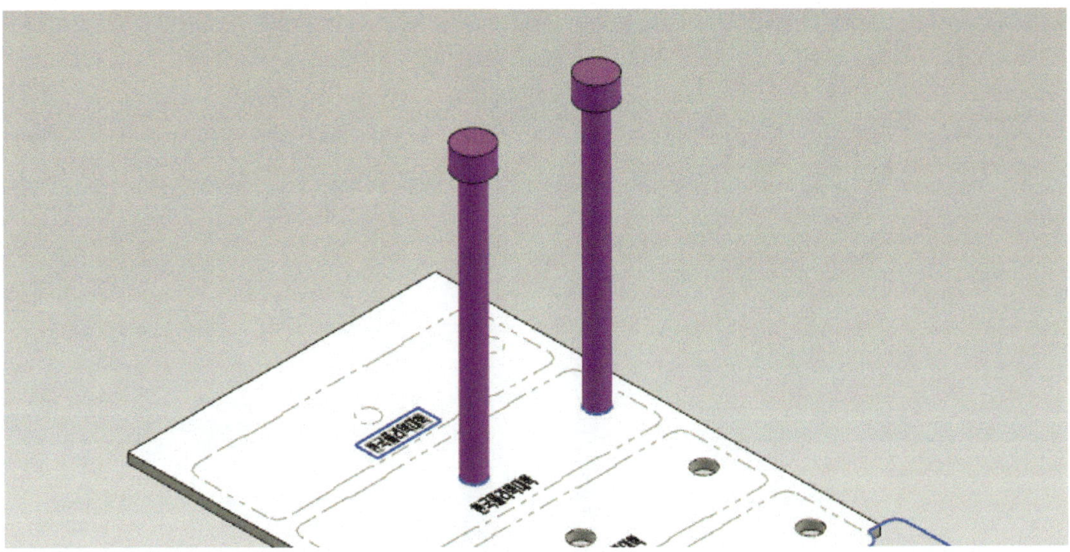

3) 2nd 공정에서는 스트립 레이아웃을 정확하게 위치결정 해주기 위한 파일럿 핀을 생성하기 위해 돌출 아이콘을 클릭, 선택 박스에서 '**단일 곡선**' 선택하고, 파일럿 핀이 들어갈 구멍의 윗면 모서리 1개소를 선택한 다음, 아래와 같이 입력하고, '**확인**' 클릭한다.

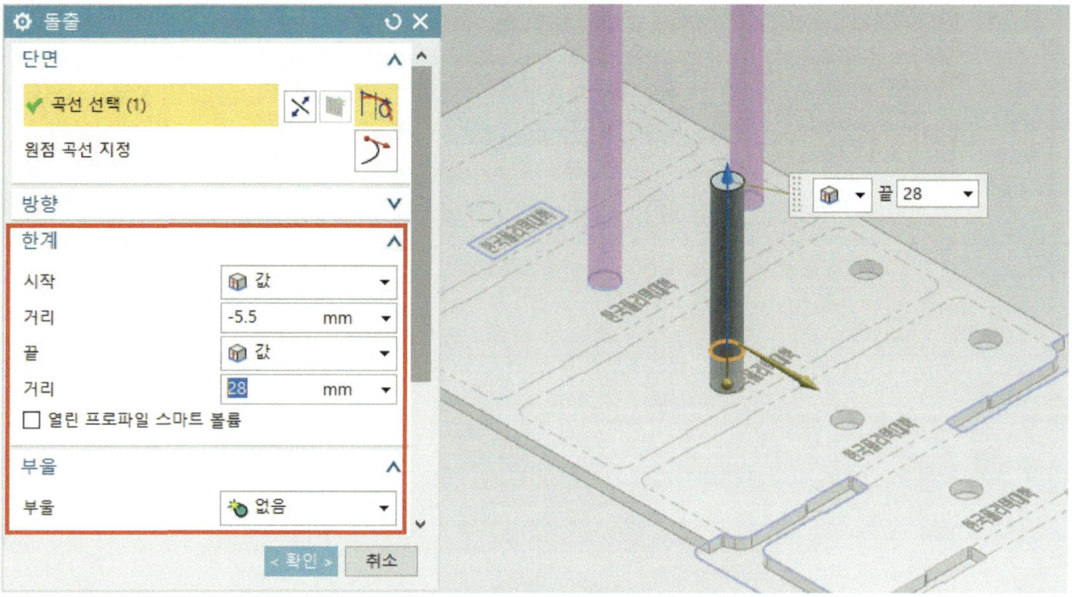

※ 파일럿 핀은 구분하기 쉽게 '**Ctrl+J**' 이용, '**Yellow**' 색상으로 변경하고, 동기식 모델링의 '**면 크기 조정**' 이용, 몸통 크기를 '**∅4.55→∅4.50**'으로 축소한다.

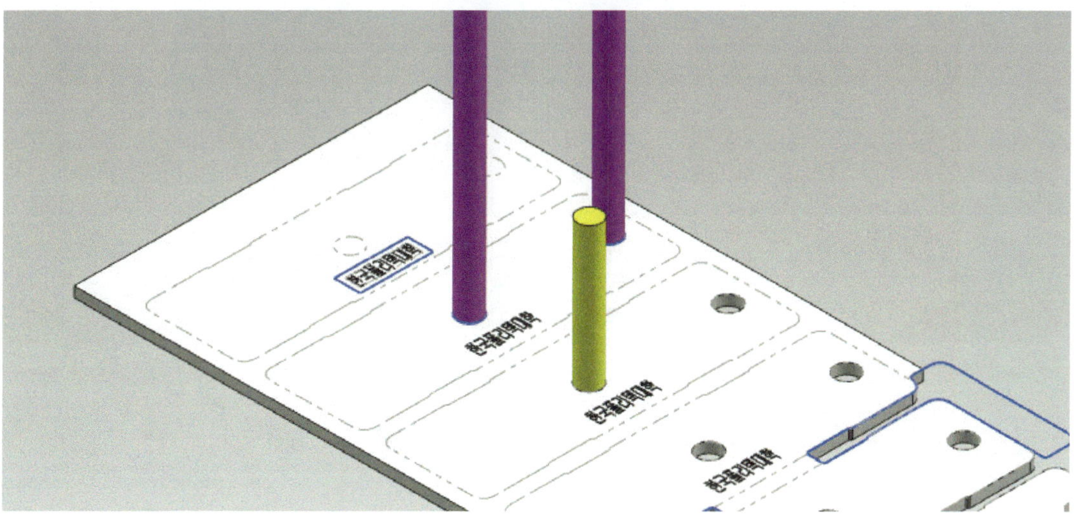

4) 파일럿 핀에 턱걸이(플랜지)를 생성하기 위해 돌출 아이콘을 클릭, 선택 박스에서 '면 모서리' 선택하고, 파일럿 핀의 윗면을 선택한 다음, 아래와 같이 입력하고, '확인' 클릭한다.

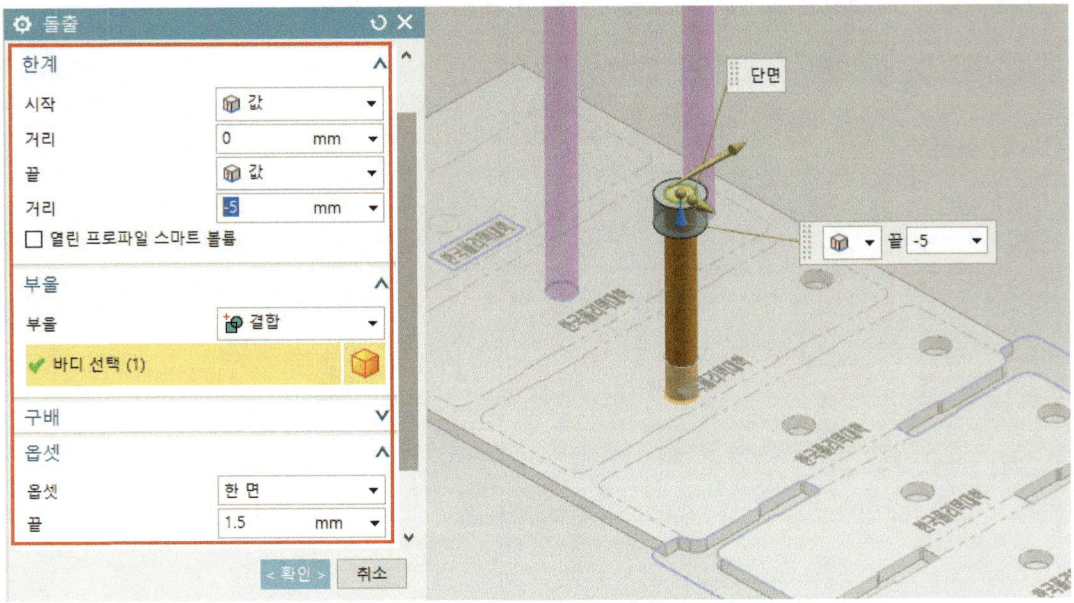

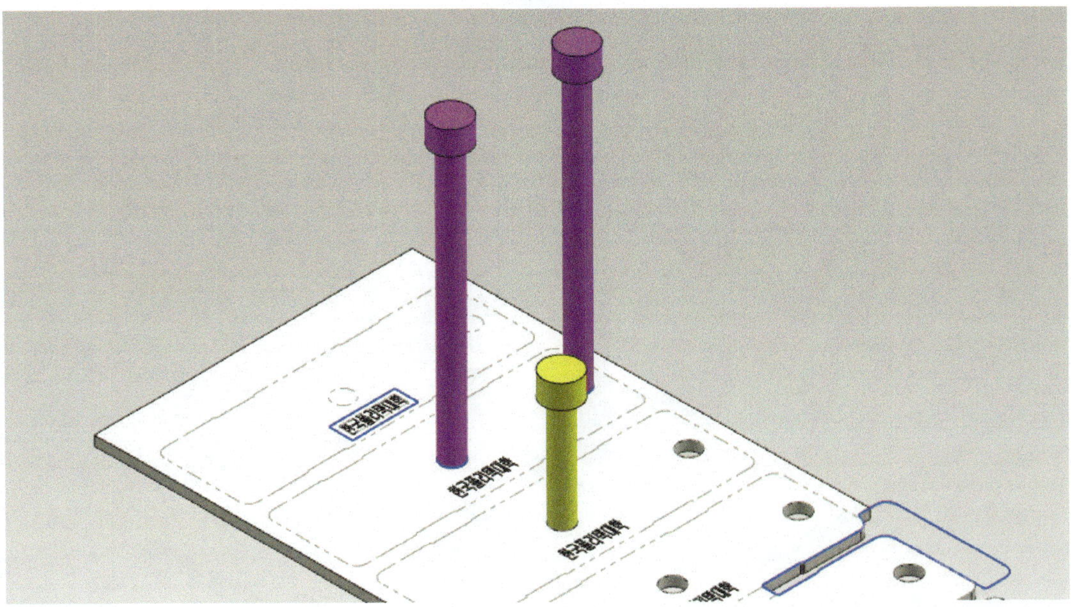

5) 파일럿 핀의 선단부에 테이퍼 형상을 만들어주기 위해 모따기 아이콘을 클릭, 옵셋 그룹에서 단면은 '옵셋 및 각도', 거리는 '3.5', 각도는 '30°', 입력하고, 파일럿 핀의 선단부 모서리를 선택(드래그)한 다음, 아래와 같이 입력하고, '확인' 클릭한다.

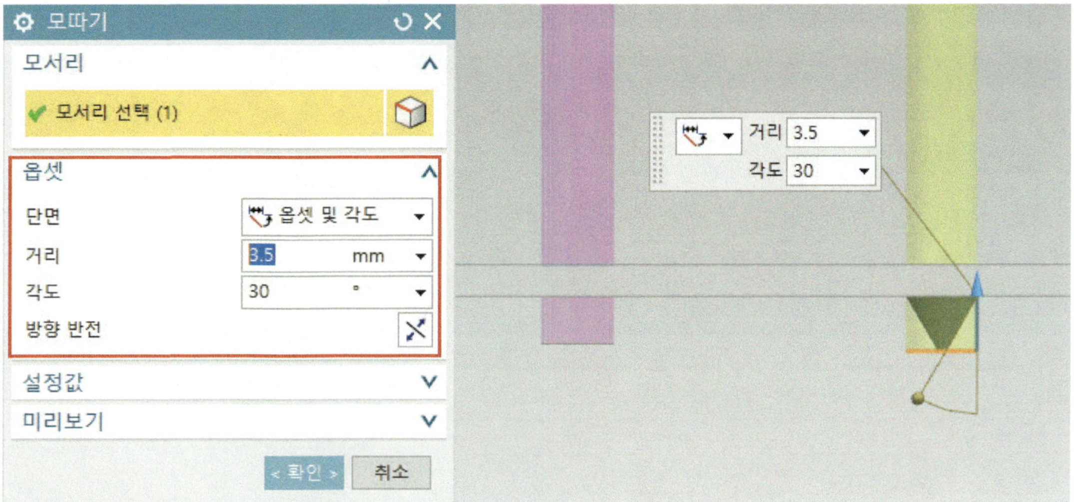

6) 다음은 파일럿 핀의 선단부에 라운드 형상을 만들어주기 위해 모서리 블렌드 아이콘 클릭, 형상그룹의 반경 1에 '3', 입력하고, 5)에서 생성한 모따기 형상을 선택(드래그)한 다음, '확인' 클릭한다.

※ 스트립 레이아웃 선택, 'Ctrl+J' 클릭, 반 투명도를 '80%' 정도 적용한다.

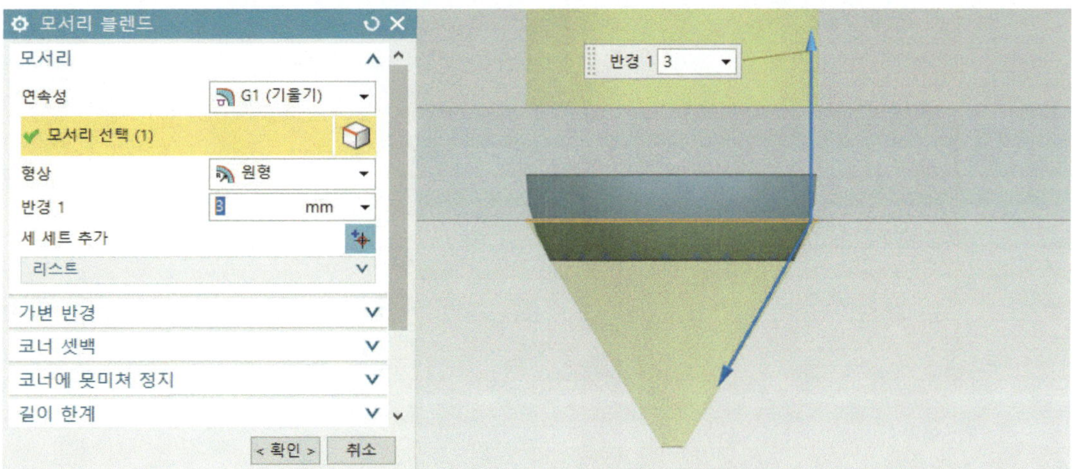

7) 다음은 스트립 레이아웃 상면에서 파일럿 핀의 라운드 적용된 부분까지의 직선구간 거리 값을 확인하기 위해 아이콘 클릭, 유형은 '**투영 거리**', 벡터는 '**Z축**', 선택하고, 아래와 같이 두 점을 찍어서 거리 값을 확인한다.

(직선구간 거리 = 재료 두께의 50~70% 적용함)

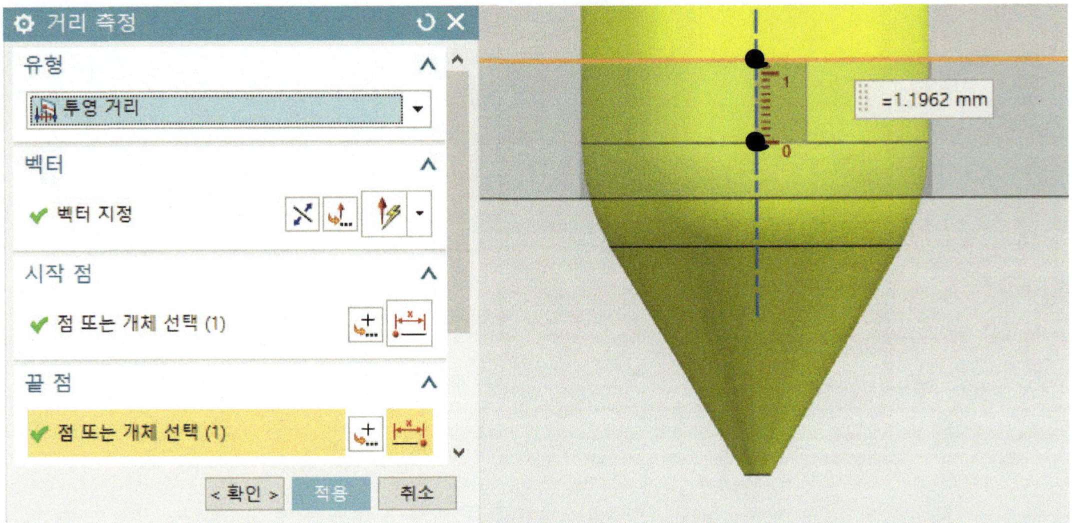

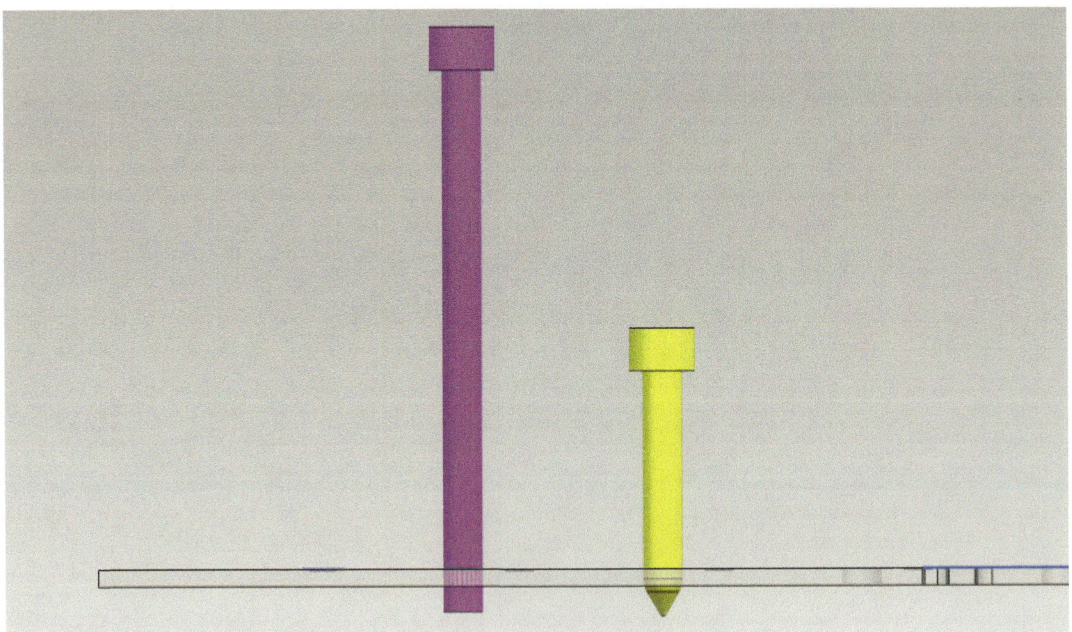

8) 파일럿 핀을 다중 복사하기 위해 '패턴 지오메트리' 아이콘을 클릭, 파일럿 핀을 선택하고, 레이아웃은 '**일반**', From 점 지정은 생성한 파일럿 핀의 홀 중심점 클릭, To 점 지정은 다중 복사할 스트립 레이아웃의 파일럿 핀 홀 중심점 선택한 다음, '**확인**' 클릭한다. (아래 이미지 참조)

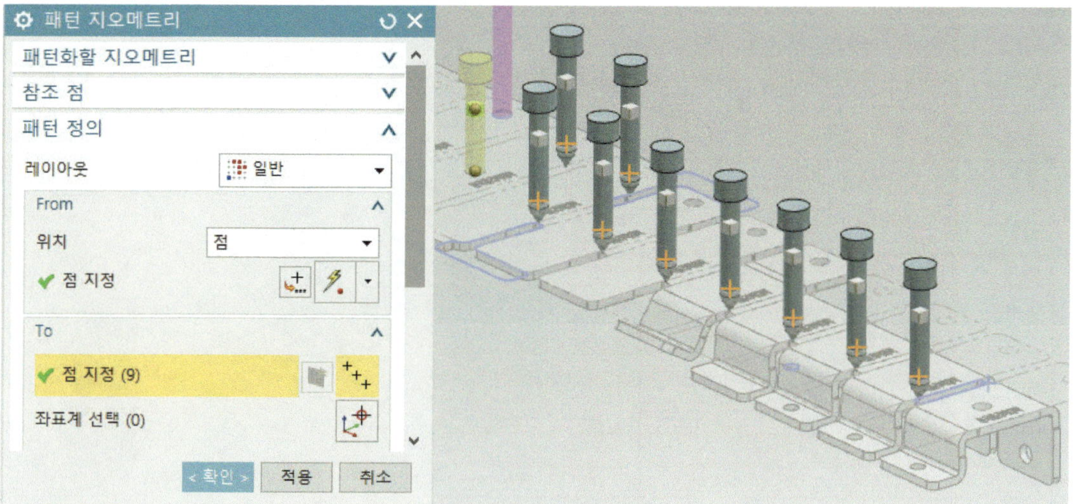

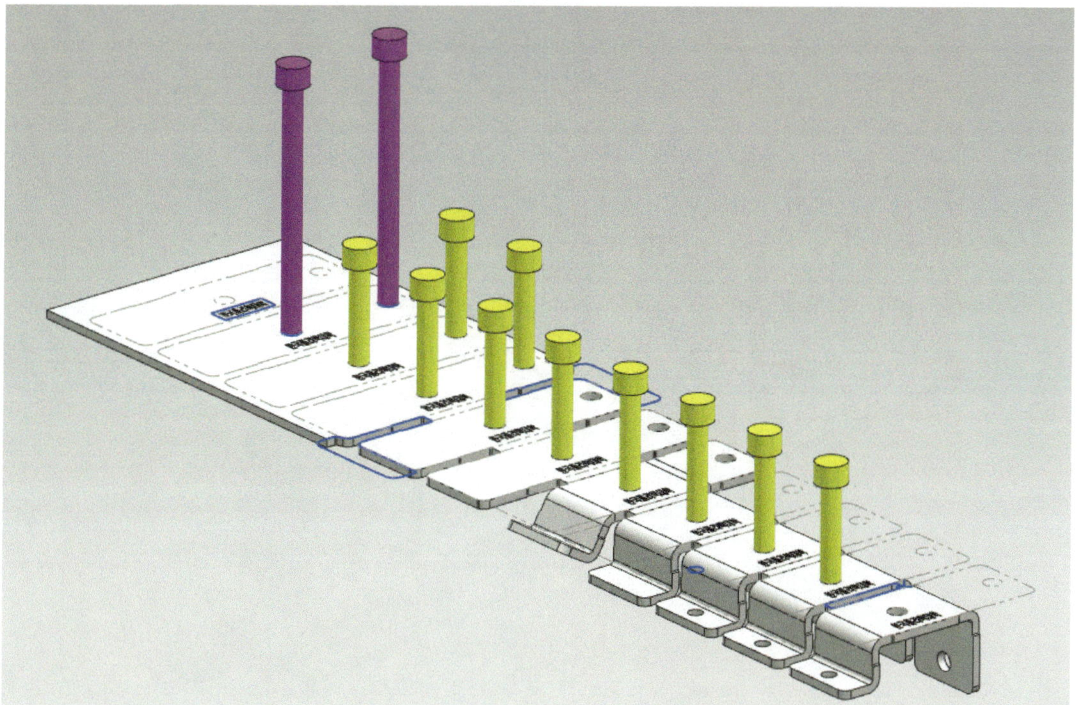

9) 다음은 '4th 노칭 펀치'와 '10th 파팅 펀치'를 생성하기 위해 돌출 아이콘을 클릭, 선택 박스에서 '연결된 곡선' 선택하고, 펀치 형상의 스케치를 선택한 다음, 아래와 같이 입력하고, '확인' 클릭한다.

※ 생성한 펀치는 구분하기 쉽게 'Ctrl+J' 이용, 'Magenta' 색상으로 변경한다.

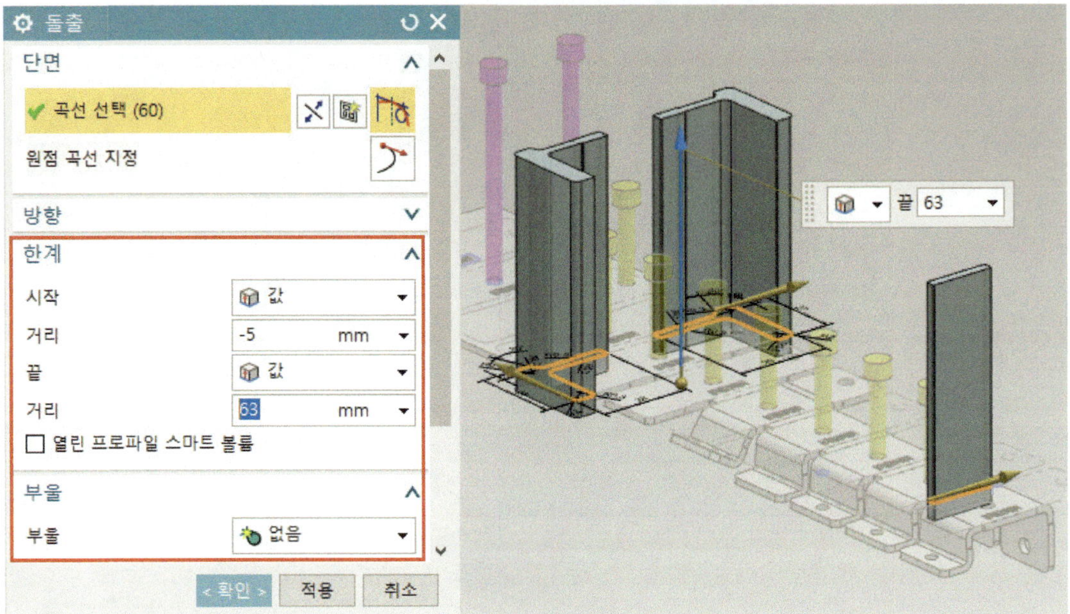

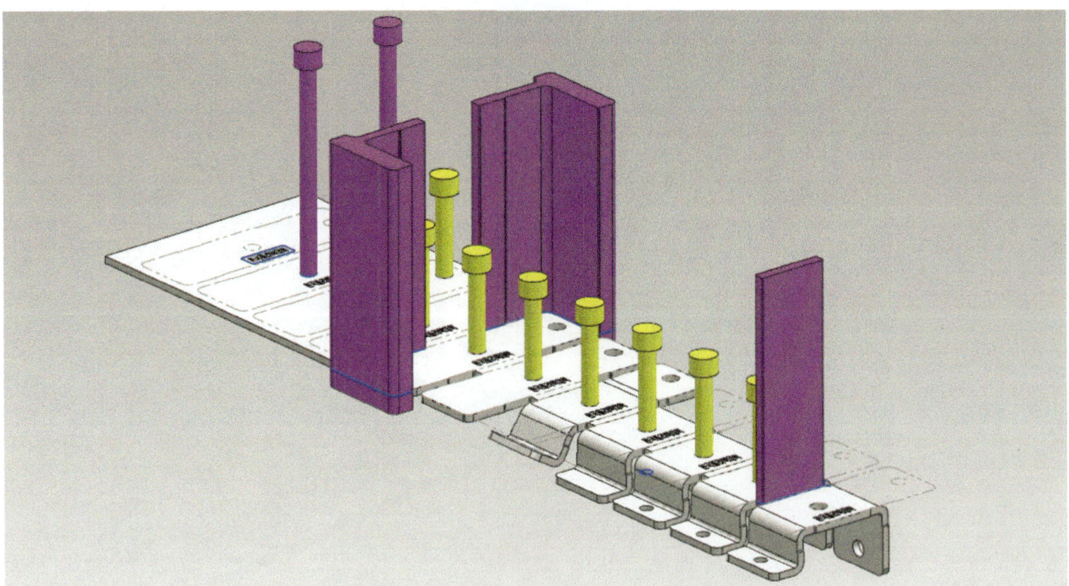

10) 다음은 '8th 피어싱 펀치'를 생성하기 위해 돌출 아이콘을 클릭, 선택 박스에서 '단일 곡선' 선택하고, 펀치 형상의 스케치를 선택한 다음, 아래와 같이 입력하고, '확인' 클릭한다.

※ 생성한 펀치는 구분하기 쉽게 'Ctrl+J' 이용, 'Magenta' 색상으로 변경한다.

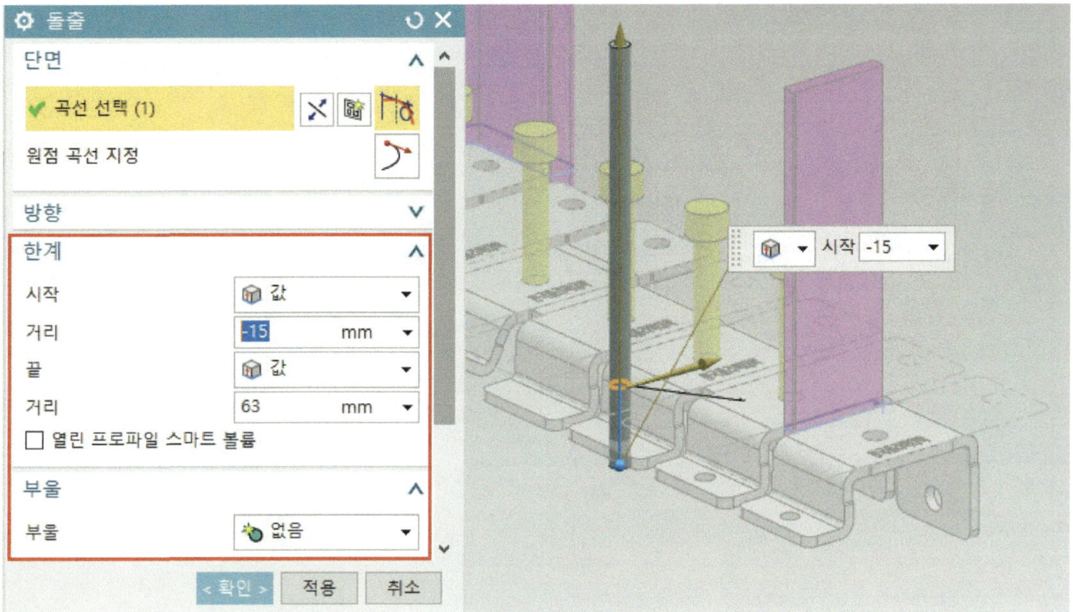

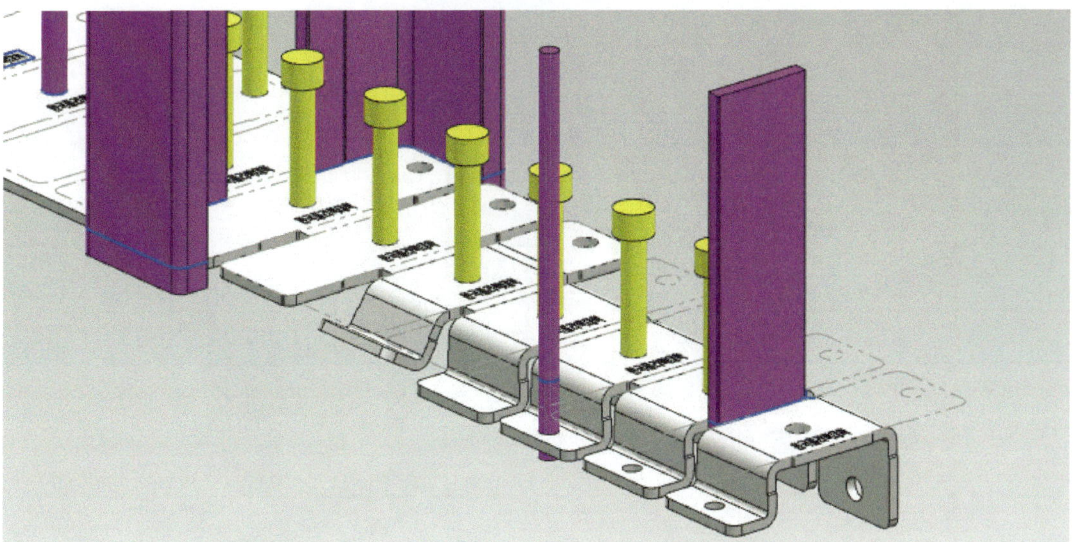

11) 피어싱 펀치에 턱걸이(플랜지)를 생성하기 위해 돌출 아이콘을 클릭, 선택 박스에서 '**면 모서리**' 선택하고, 피어싱 펀치의 윗면을 선택한 다음, 아래와 같이 입력하고 '**확인**' 클릭한다.

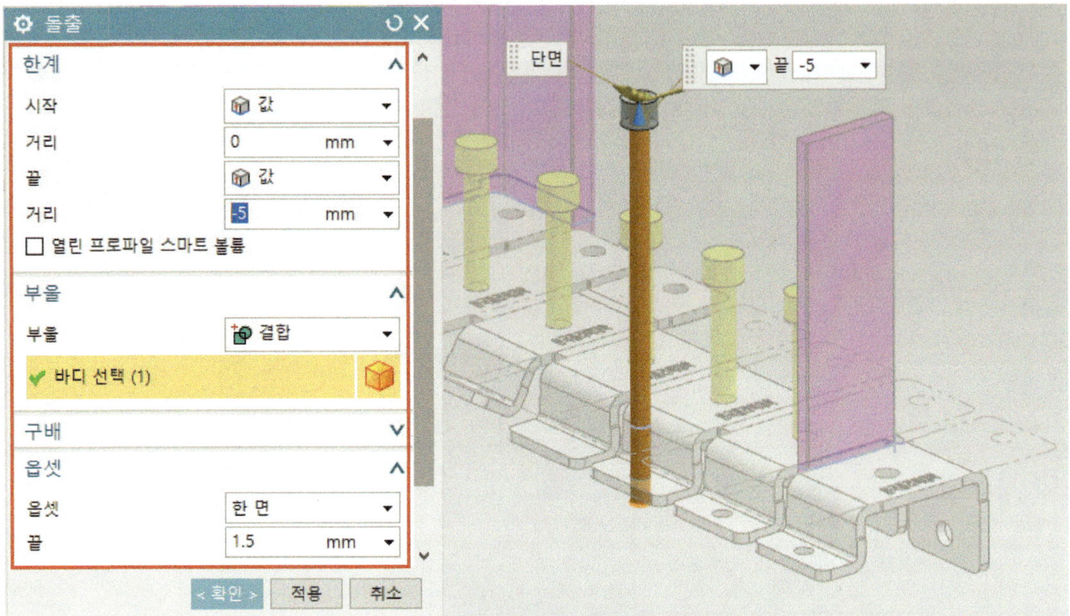

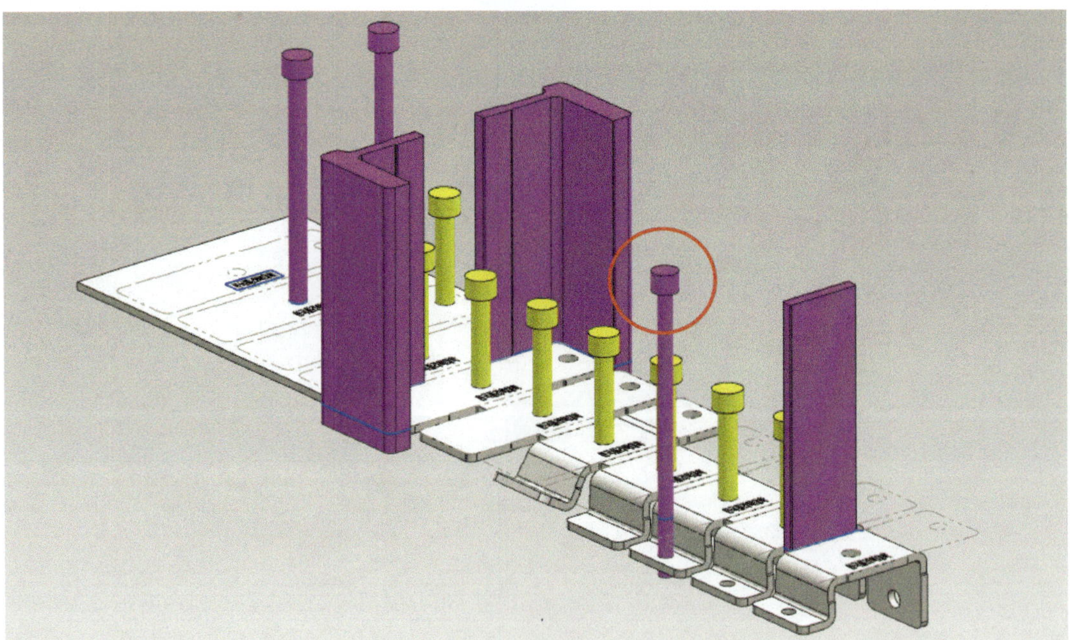

12) 다음은 1st 파일럿 피어싱 가공 전에 '각인 펀치'를 생성하기 위해 돌출 아이콘을 클릭, 선택 박스에서 '연결된 곡선' 선택하고, 펀치 형상의 스케치를 선택한 다음, 아래와 같이 입력하고, '확인' 클릭한다.

※ 생성한 펀치는 'Magenta' 색상으로 변경 및 반투명도 '50%' 적용한다.

※ 1st 파일럿 피어싱 가공 전, 각인 가공을 먼저 하는 것은 각인 과정에서 발생하는 변형을 근본적으로 차단하기 위함이다.

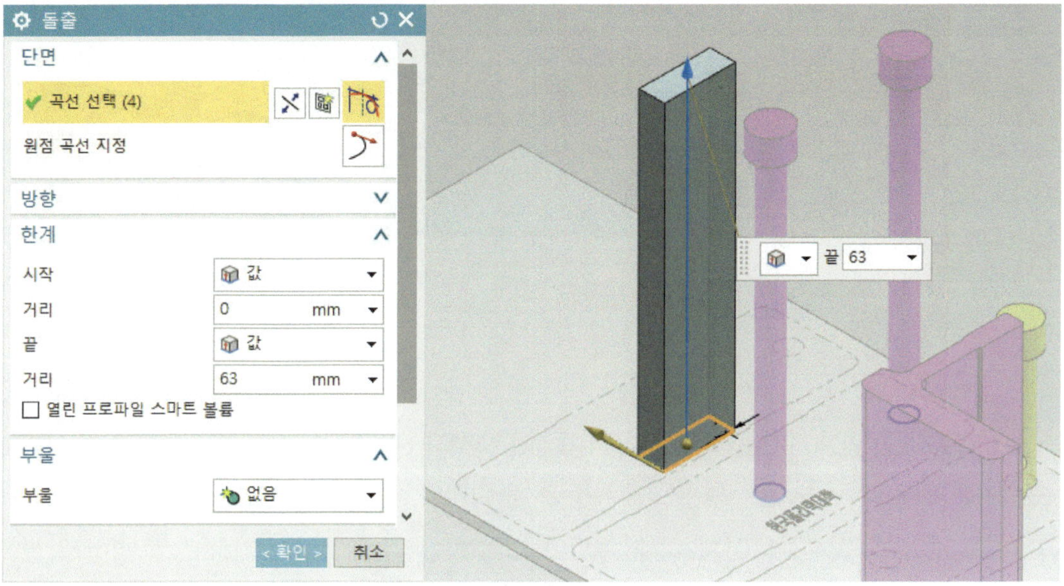

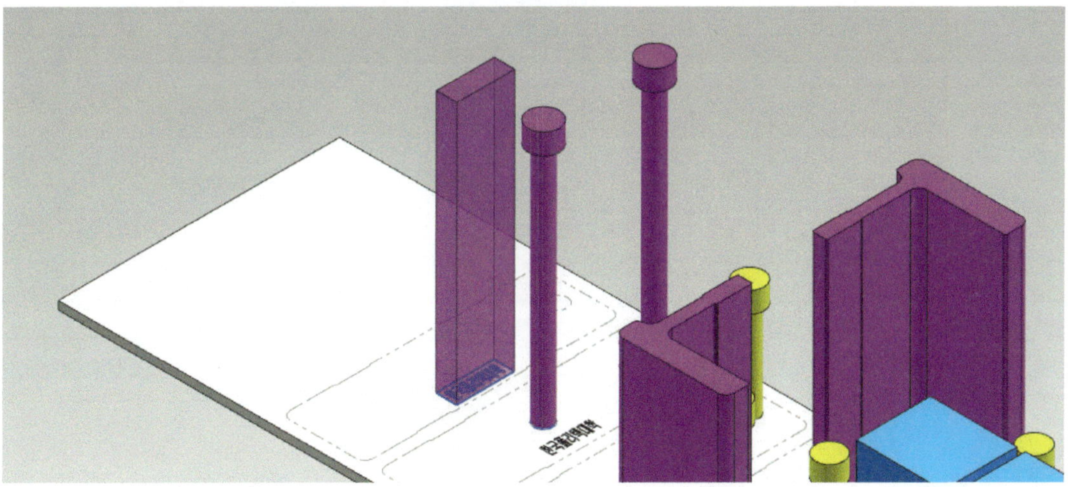

13) 다음은 6th Z벤딩 펀치 형상을 만들어주기 위해 데이텀 평면 아이콘을 클릭한 다음, 6th 파일럿 핀의 중심축을 선택하고, 제품의 평면을 클릭한 다음, 각도에 '0°' 입력하고, '확인' 클릭한다.

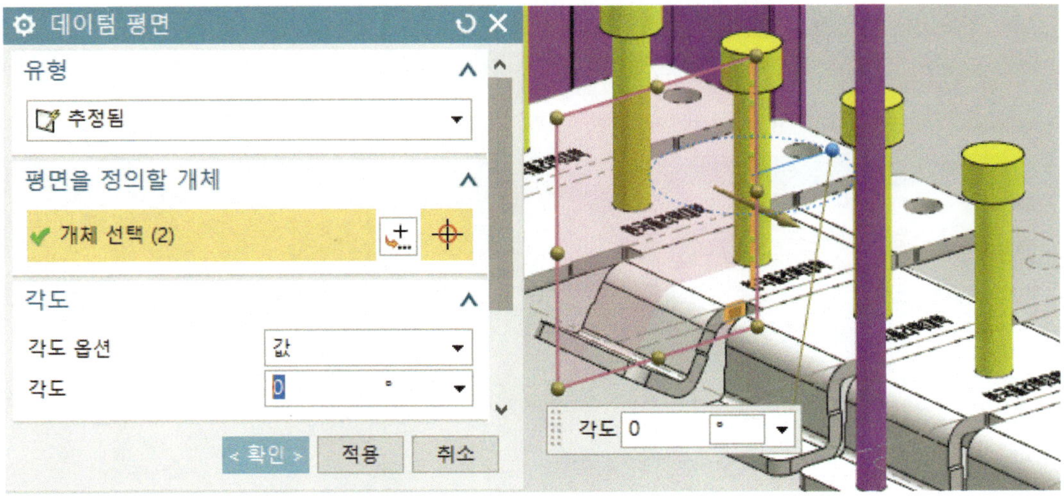

14) 이어서 스케치 아이콘을 클릭, 13)에서 생성한 데이텀 평면을 X-Y 평면으로 설정하고, 아래와 같이 스케치한 후 '스케치 종료' 클릭한다.

※ 스케치 작업성을 높이기 위해 펀치와 파일럿 핀은 잠시 숨기기하고, 투영한 곡선에 치수 적용할 때 곡선이 움직이지 않도록 형상 구속 '고정' 적용한다.

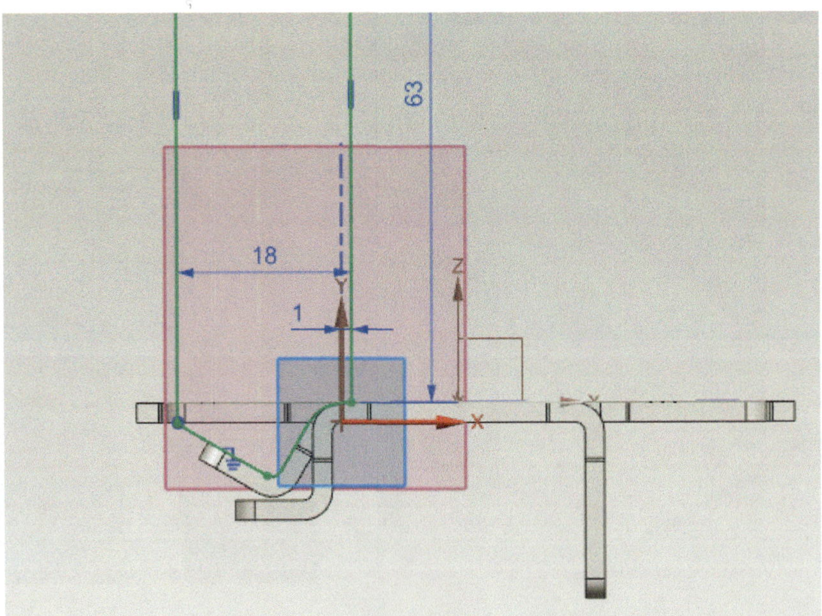

15) 이어서 Z벤딩 펀치를 생성하기 위해 돌출 아이콘을 클릭, 14)에서 생성한 '스케치'를 선택한 다음, 아래와 같이 입력하고, '확인' 클릭한다.

※ 프레스 원소재 재질에 따라 스프링백을 감안하여 벤딩 각도 조정한다.

※ 생성한 펀치는 구분하기 쉽게 'Ctrl+J' 이용, 'Cornflower' 색상으로 변경한다.

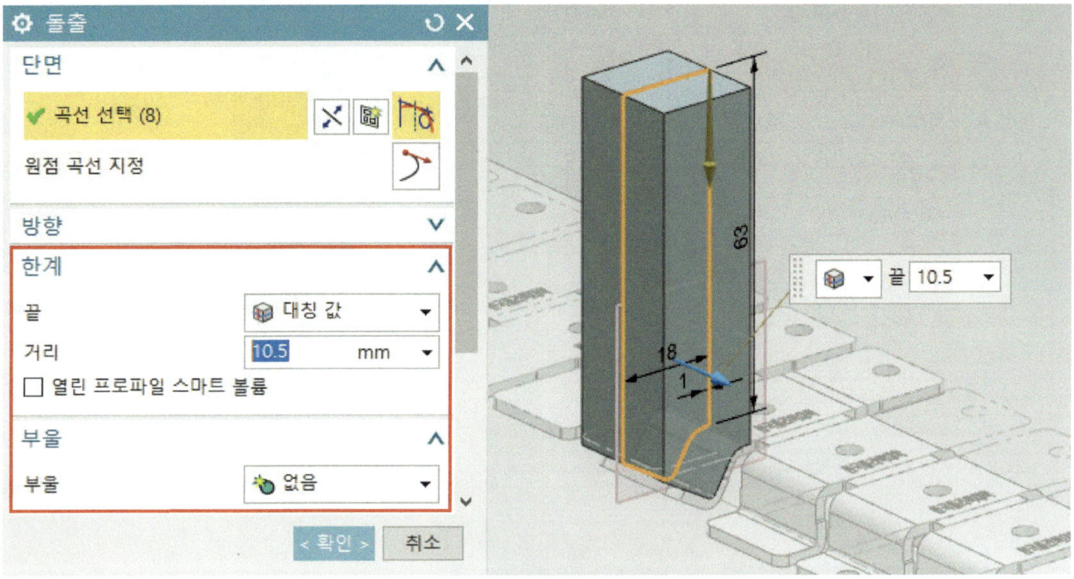

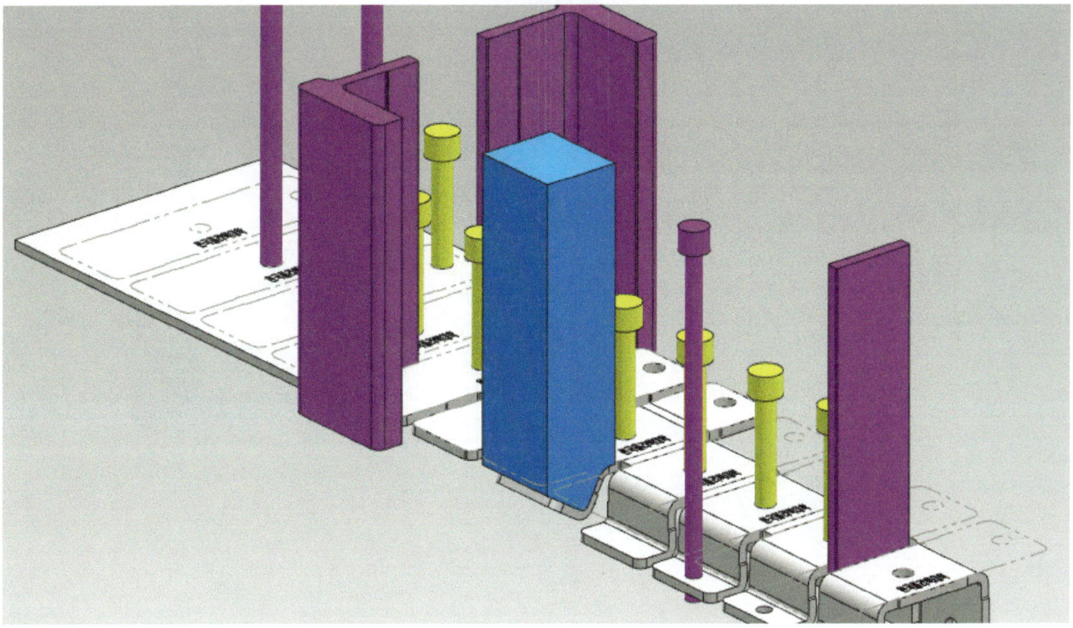

16) 다음은 7th L벤딩 펀치 형상을 만들어주기 위해 돌출 아이콘을 클릭, 선택 조건에서 '면 모서리' 선택하고, 벡터는 '+Z 방향', 굽힘 형상의 외측 라운드 면을 선택한 다음, 아래와 같이 정의하고, '확인' 클릭한다.

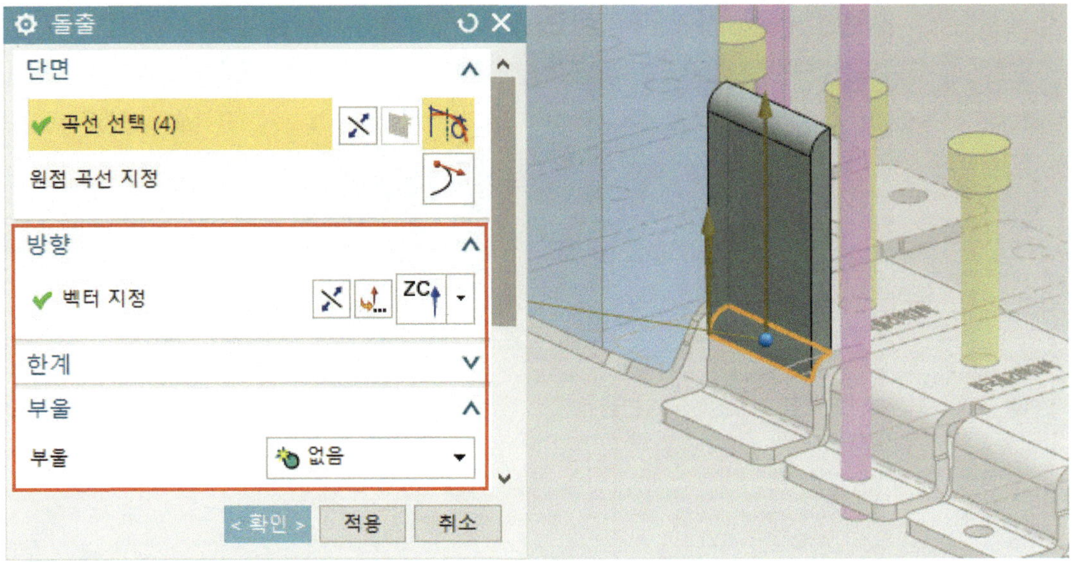

17) L벤딩 펀치의 윗면을 평면으로 만들어주기 위해 면 교체 아이콘을 클릭, 초기 면 그룹의 면 선택에서 돌출한 '벤딩 펀치의 라운드 면' 선택하고, 교체할 새로운 면 그룹의 '면 선택' 클릭한 다음, 기존에 생성된 'Z벤딩 펀치 윗면'을 선택하고, '확인' 클릭한다.

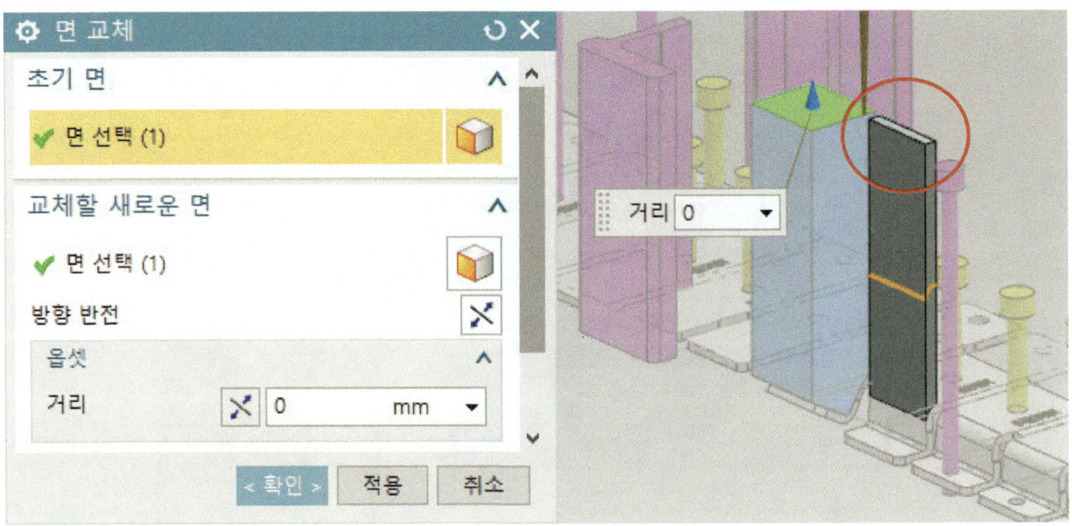

18) L벤딩 펀치의 폭을 확대하기 위해 면 당기기 아이콘을 클릭, 면 그룹의 면 선택에서, 17)에서 돌출한 벤딩 펀치의 측면을 선택한 다음, 벡터 확인하고, 아래와 같이 거리 값 '23' 입력하고, '확인' 클릭한다.

※ 거리 값 23은 대략적인 치수이며, 벤딩 전개 확인 후 재설정 필요!

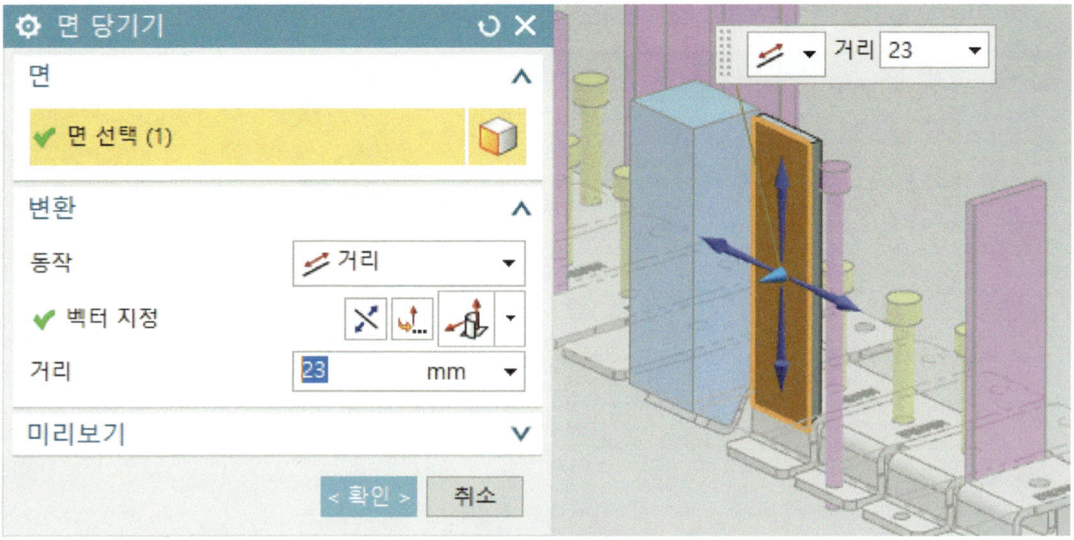

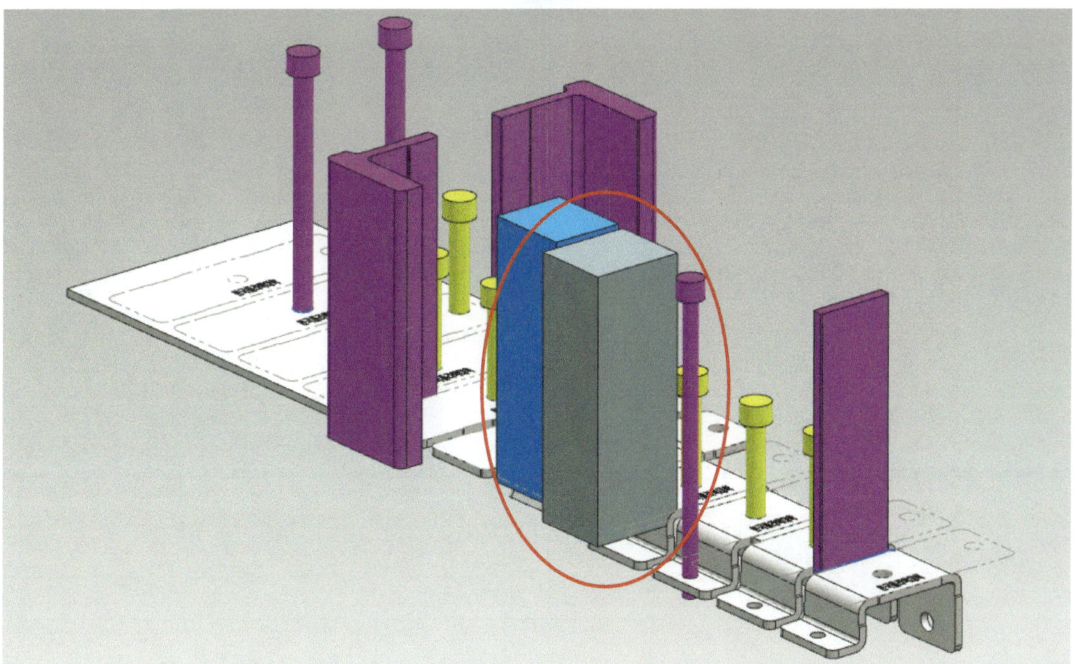

19) L벤딩 펀치의 반대쪽도 확대하기 위해 면 당기기 아이콘을 클릭, 면 그룹의 면 선택에서, 18)에서 면 당기기한 펀치의 반대 면을 선택한 다음, 벡터 확인하고, 아래와 같이 거리 값 '1' 입력하고, '확인' 클릭한다.

※ 작업성을 높이기 위해 스트립 레이아웃을 180° 회전한다.

※ 거리 값 1은 벤딩 부위 압착을 위한 평면으로 다이펀 설계 후 확인 필요!

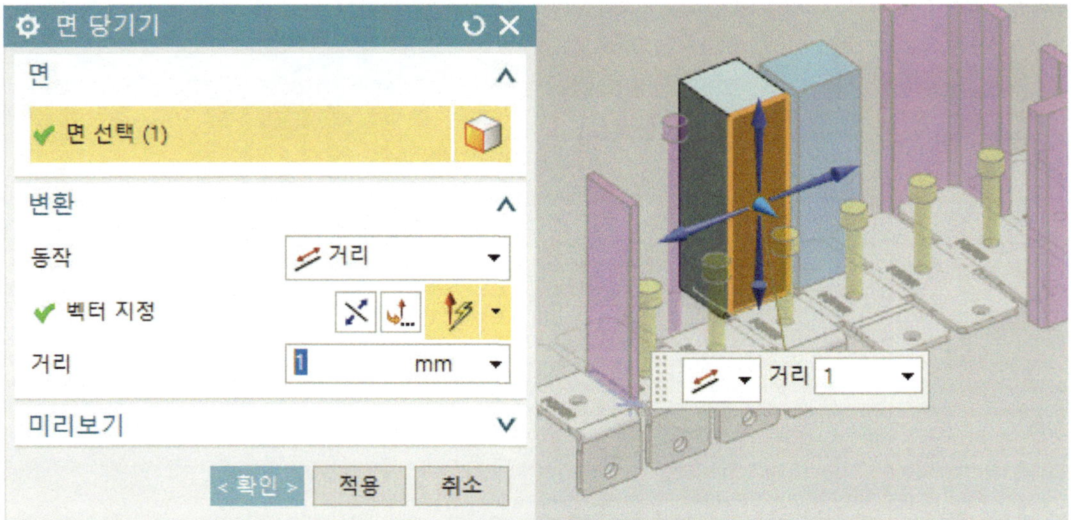

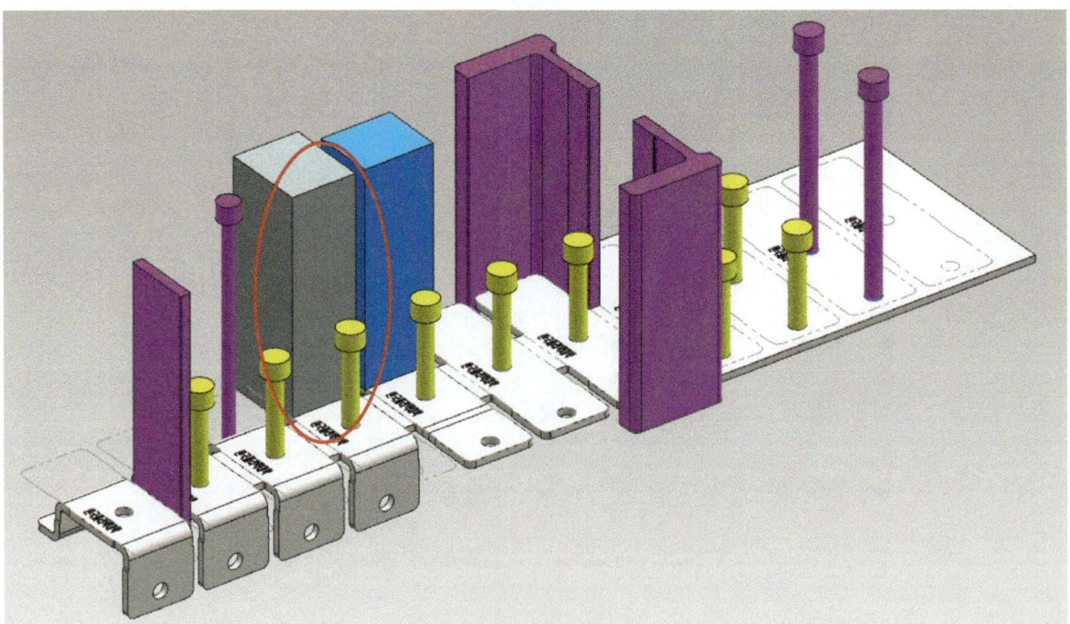

20) L벤딩 펀치의 바닥면(하면)을 확대하기 위해 면 당기기 아이콘을 클릭, 면 그룹의 면 선택에서, 벤딩 펀치의 하면을 선택한 다음, 벡터 확인하고, 아래와 같이 거리 값 '6.5' 입력하고, '확인' 클릭한다.

※ 거리: 6.5 (직선 길이, t의 2배 '4' + 펀치 선단부 R, t의 1.25배 '2.5')

※ 스프링 백 발생 시, L벤딩 펀치 내측 R값 확대(t의 10~15% 이내)

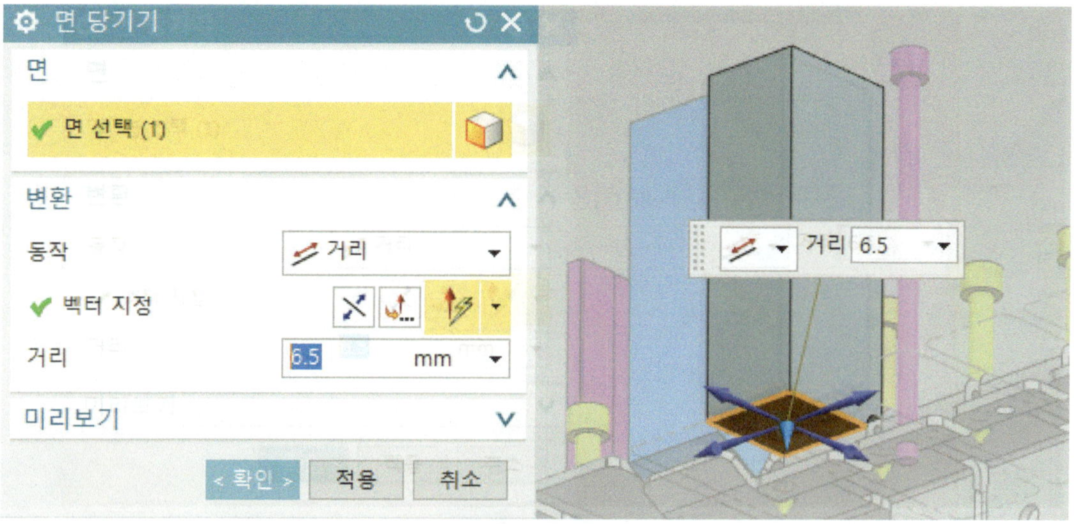

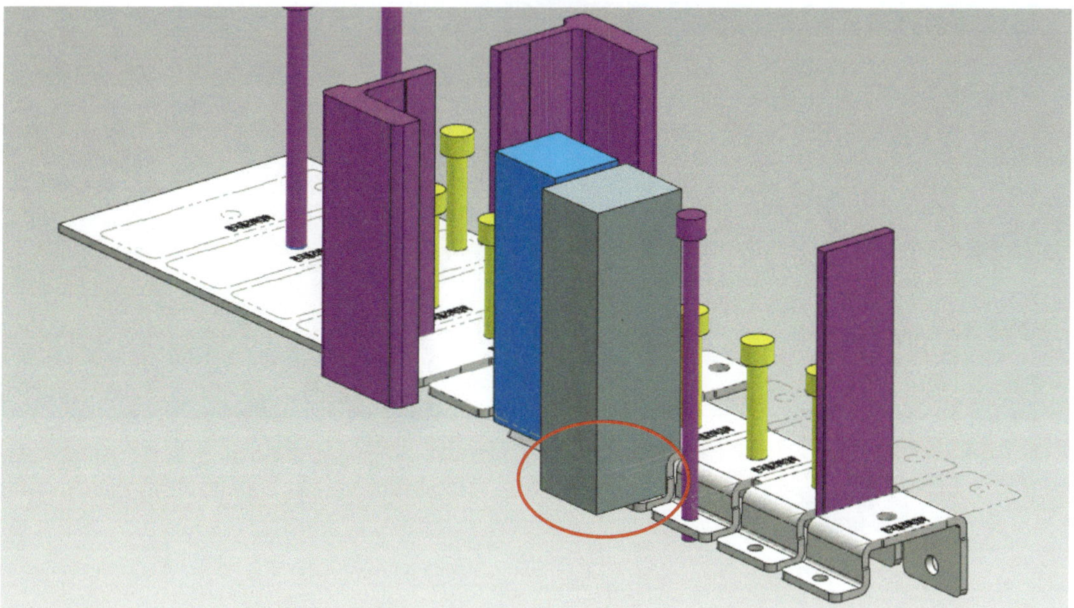

21) 벤딩 펀치에 백업 힐(Back up hill) 형상을 만들어주기 위해 스케치 아이콘을 클릭, 벤딩 펀치의 하면을 X-Y 평면으로 설정하고, 아래와 같이 스케치한 다음, '스케치 종료' 클릭한다.

※ 백업 힐(Back up hill): 벤딩(굽힘)가공 할 때 벤딩 펀치 밀림 방지 역할

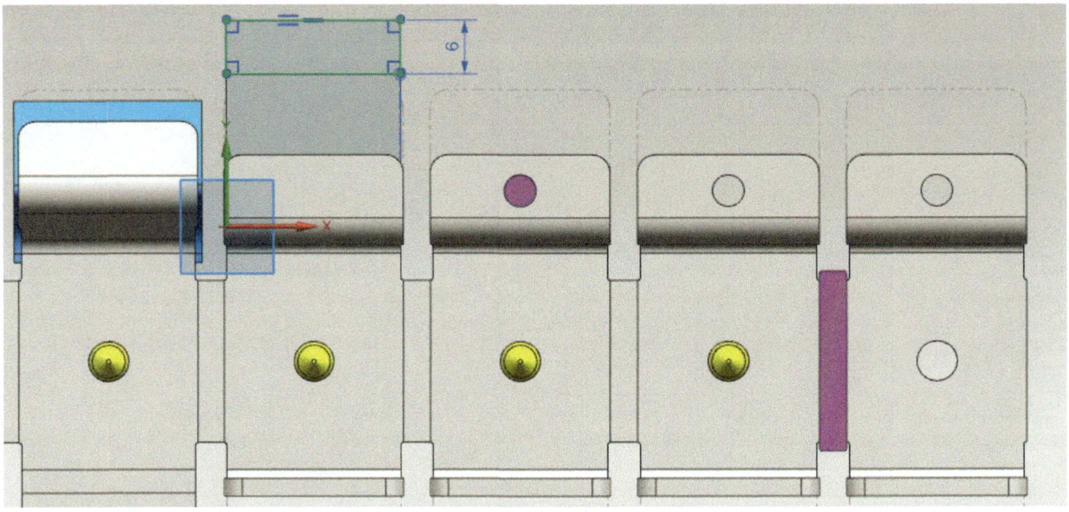

22) 백업 힐 형상을 생성하기 위해 돌출 아이콘을 클릭, 선택 박스에서 '연결된 곡선' 선택하고, 스케치한 곡선을 선택한 다음, 아래와 같이 거리 값 '7' 입력하고, '확인' 클릭한다.

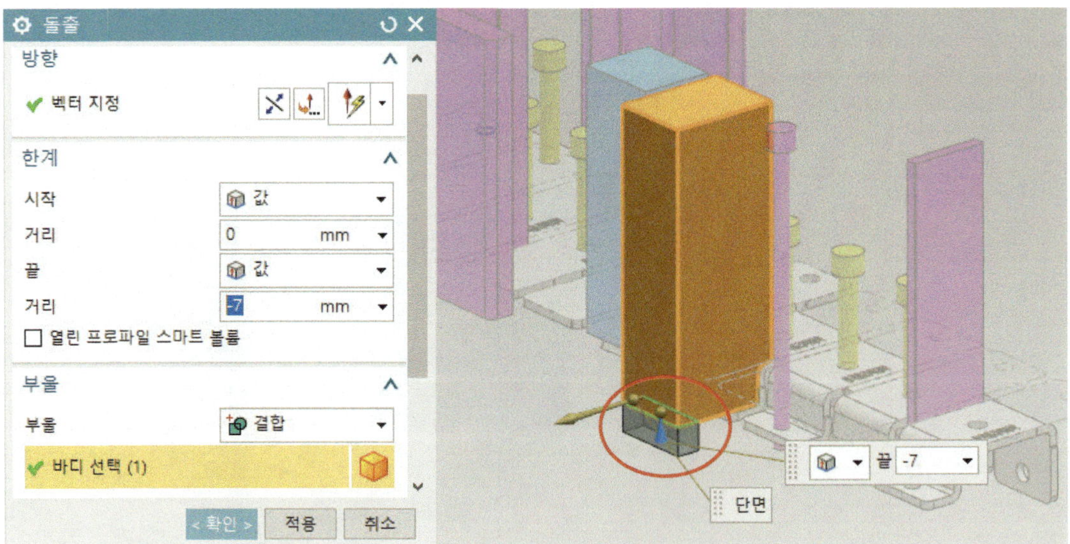

23) 다음은 스트립 레이아웃 기준, 전개된 굽힘 부위, 외곽에서 백업 힐 안쪽까지의 거리를 확인하기 위해 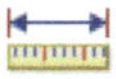 아이콘을 클릭, 유형은 '**투영 거리**', 벡터는 '**Y축**', 선택하고, 아래와 같이 두 점을 찍어서 거리 값을 확인한다. 측정한 거리 값은 1.785 스트립에 간섭받지 않으므로 '**확인**' 클릭한다.

※ 벤딩할 때 스트립과 백업 힐 사이 거리 값은 간섭 방지를 위해 1~2 적용

※ 참고로 1.785 치수를 조정하기 위해서는 18)에서 생성한 벤딩 펀치 폭 확대할 때 사용한 '**면 당기기**' 값(23)을 변경해주면 된다.

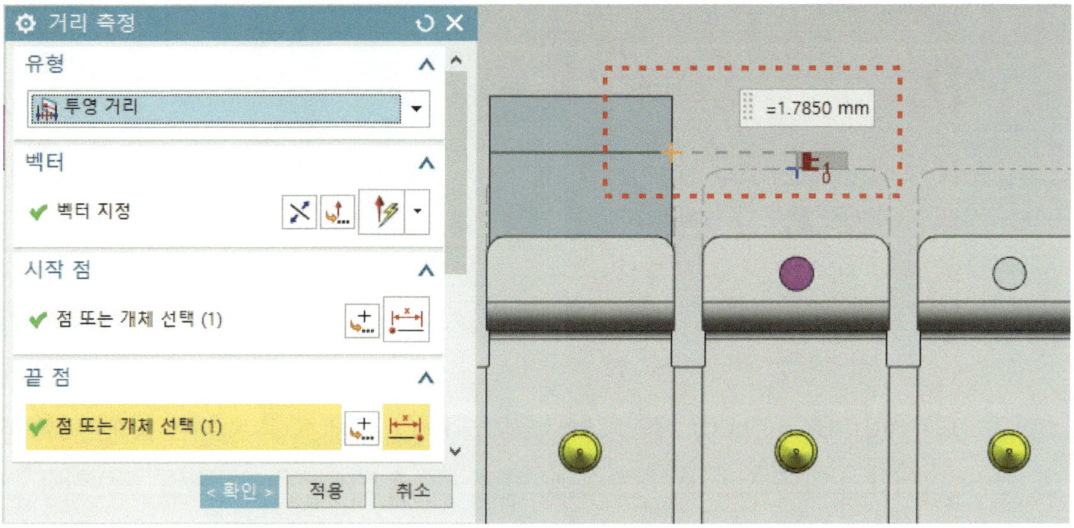

24) L벤딩 펀치의 폭을 제품의 굽힘 부위 폭 보다 편측으로 '0.5' 씩 확대하기 위해 옵셋면 아이콘을 클릭, 벤딩 펀치의 측면을 아래와 같이 입력한 다음, '확인' 클릭한다. (반대쪽도 동일하게 0.5 ㎜ 확대한다.)

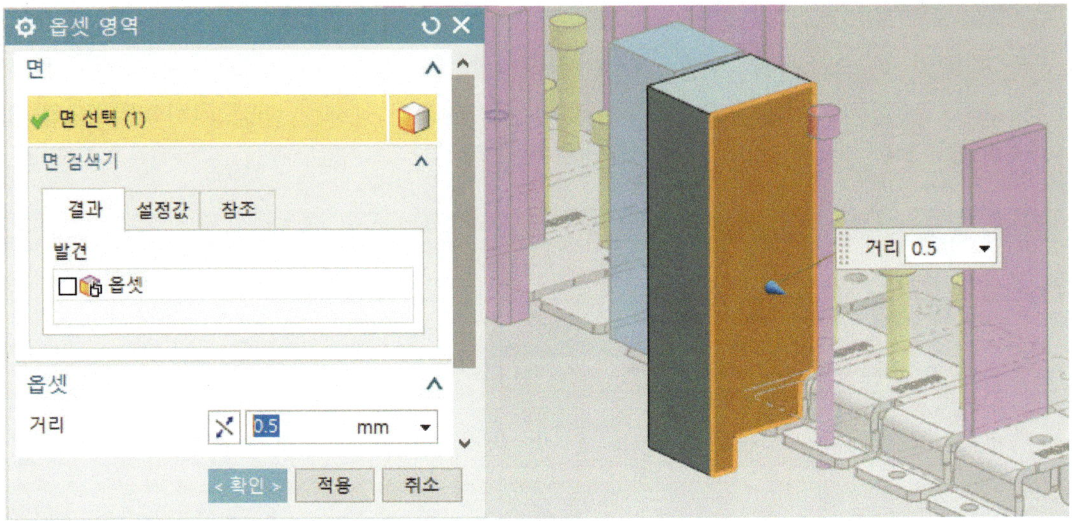

25) 이어서 L벤딩 펀치 선단부에 라운드 형상을 만들어주기 위해 모서리 블랜드 아이콘을 클릭, 아래와 같이 모서리 선택한 다음, 반경 1에 '2.5' 입력하고, '확인' 클릭한다.

※ 반경: 2.5 (벤딩 펀치의 선단부 R은 원재료 두께(t)의 1~1.5배 적용함)

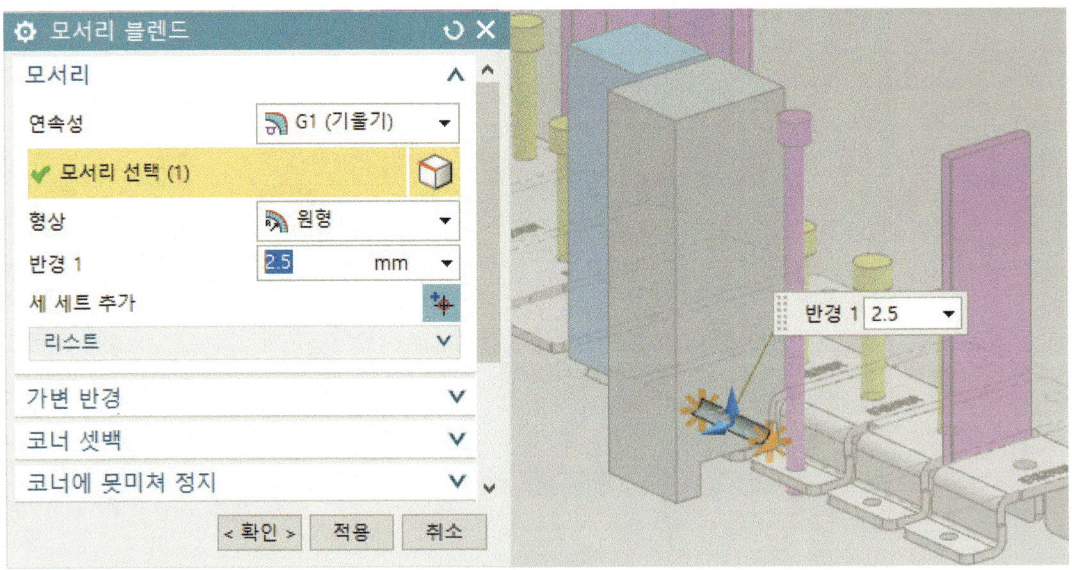

26) L벤딩 펀치의 외곽 모서리에 라운드 형상을 만들어주기 위해 모서리 블랜드 아이콘을 클릭, 아래와 같이 모서리 선택한 후 반경 1에 '2' 입력한 다음, '확인' 클릭한다.

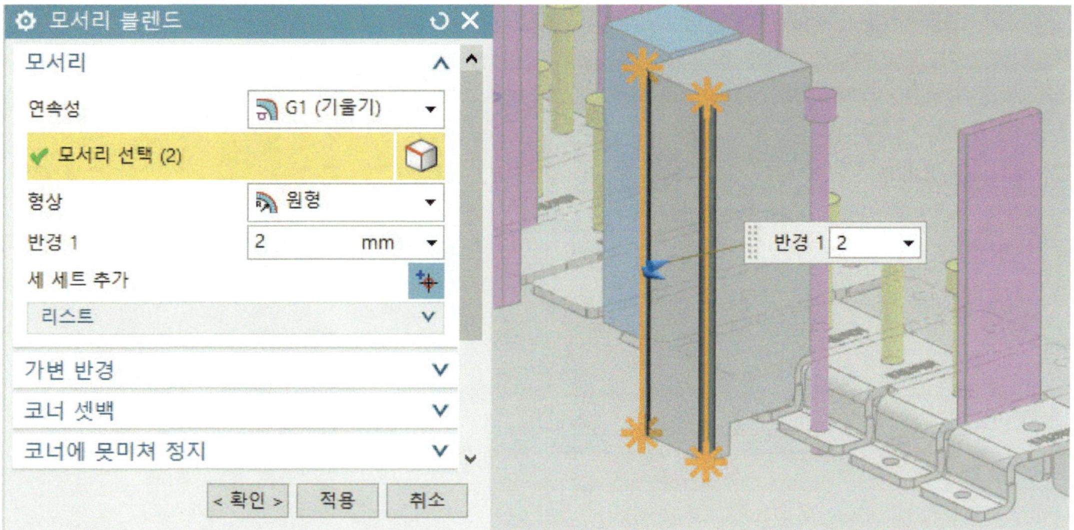

27) 벤딩 펀치를 구분하기 쉽게 'Ctrl+J' 이용, 색상을 'Cornflower'로 변경한다.

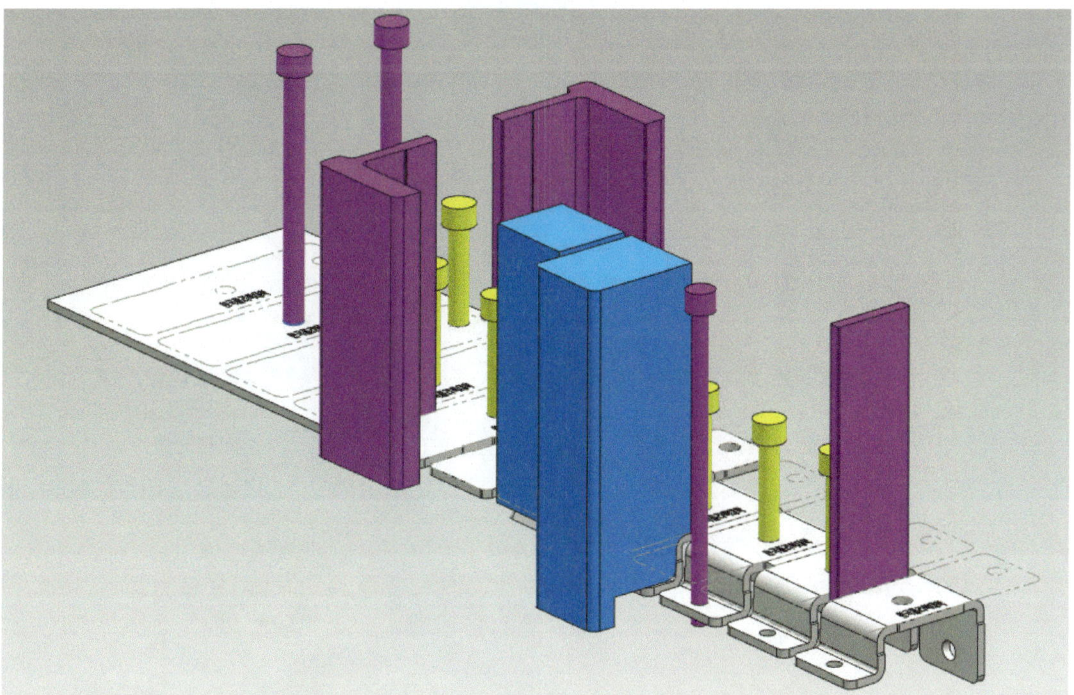

28) 반대편에도 L벤딩 펀치를 만들어주기 위해 대칭지오메트리 아이콘을 클릭, 복사할 벤딩 펀치를 선택하고, 평면 지정에서 이등분선 클릭, 제품의 굽힘 부위 양쪽 면을 선택한 다음, '확인' 클릭한다.

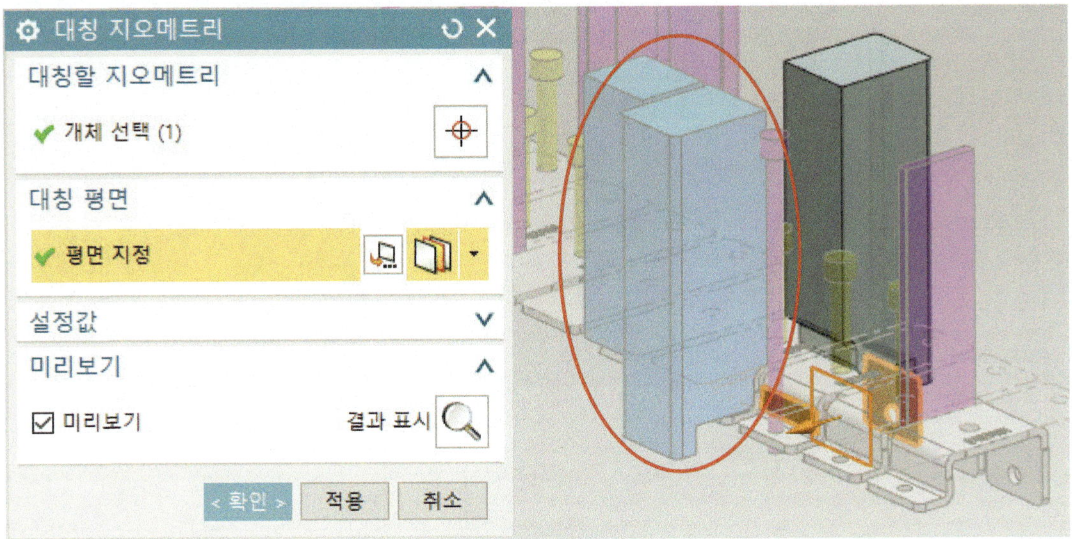

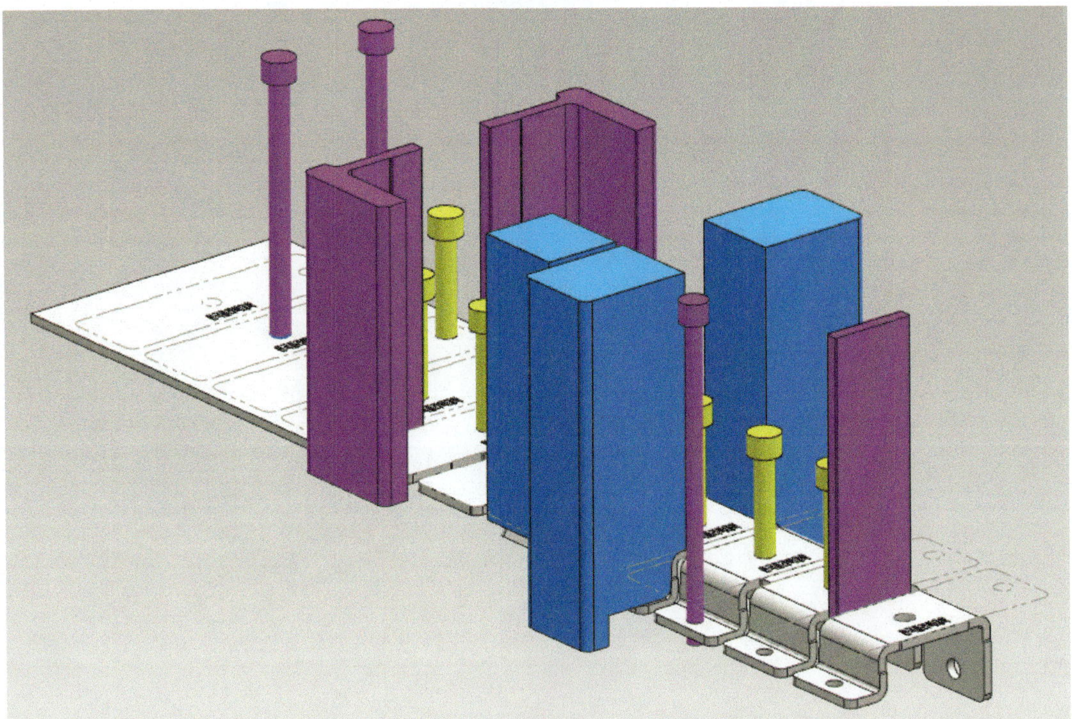

29) 반대쪽에 대칭 복사한 벤딩 펀치의 백업 힐 안쪽에서 전개된 굽힘 제품 외곽까지의 거리를 확인하기 위해 아이콘을 클릭, 유형은 '투영 거리', 벡터는 'Y축', 선택한 다음, 아래와 같이 두 점을 찍어서 간격 '0.39'를 확인하고, '확인' 클릭한다. (간격 1~2 ㎜ 확보 필요)

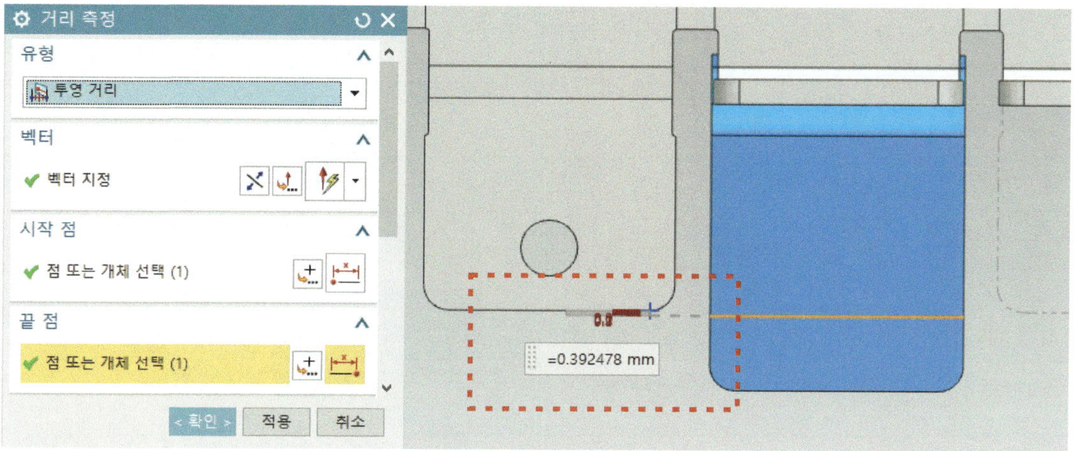

30) L벤딩 펀치 백업 힐 내측에서 전개된 굽힘 제품의 외곽 형상까지의 간격을 확대하기 위해 면 당기기 아이콘을 클릭, 면 선택에서, 벤딩 펀치의 백업 힐 부분을 드래그하여 선택한 다음, 벡터는 '-YC', 거리는 '2' 입력하고, '확인' 클릭한다.

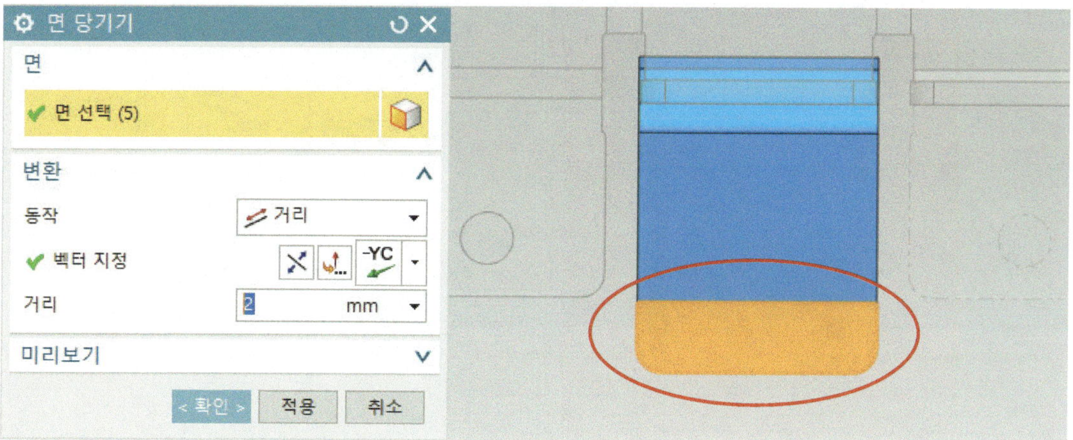

31) 다음은 생성한 펀치(각인, 노칭, Z벤딩, L벤딩, 파팅)에 턱걸이 형상을 만들어주기 위해 '**스케치**' 아이콘을 클릭, 노칭 펀치의 윗면을 X-Y 평면으로 설정하고, 아래와 같이 스케치 한 다음, '**스케치 종료**' 종료한다.

※ 턱걸이(플렌지) 생성 시, 두께는 2 ㎜, 폭은 5~15 ㎜ 정도 적용한다.

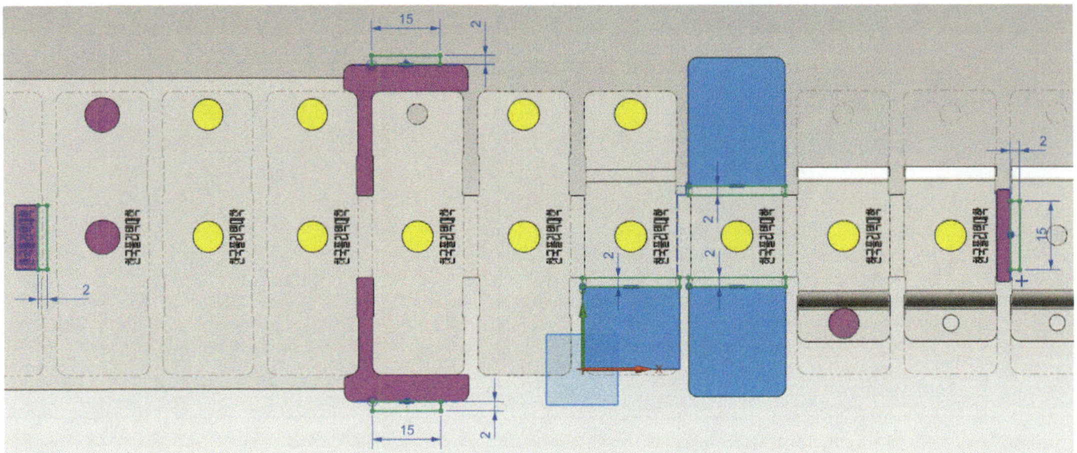

32) 이어서 돌출 아이콘을 클릭, 선택 박스에서 '**연결된 곡선**' 선택하고, 작성한 스케치를 모두 선택한 다음, 벡터 방향 확인한 다음, 아래와 같이 거리 값 '**-5**' 입력하고, '**확인**' 클릭한다.

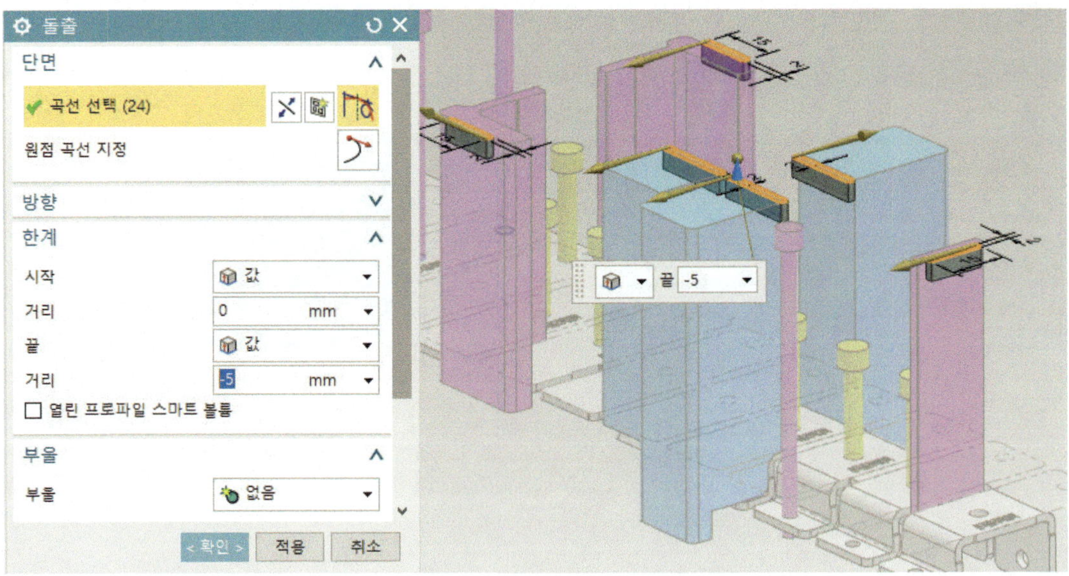

33) 다음은 생성한 턱걸이를 펀치와 결합하기 위해 결합 아이콘을 클릭, 타깃의 바디 선택에서 '파팅 펀치'를 선택하고, 공구의 바디 선택에서 '턱걸이' 형상을 선택한 다음, '확인' 클릭한다.

※ 참고로 타깃과 공구를 반대로 선택하면 색상(속성)이 변경된다.

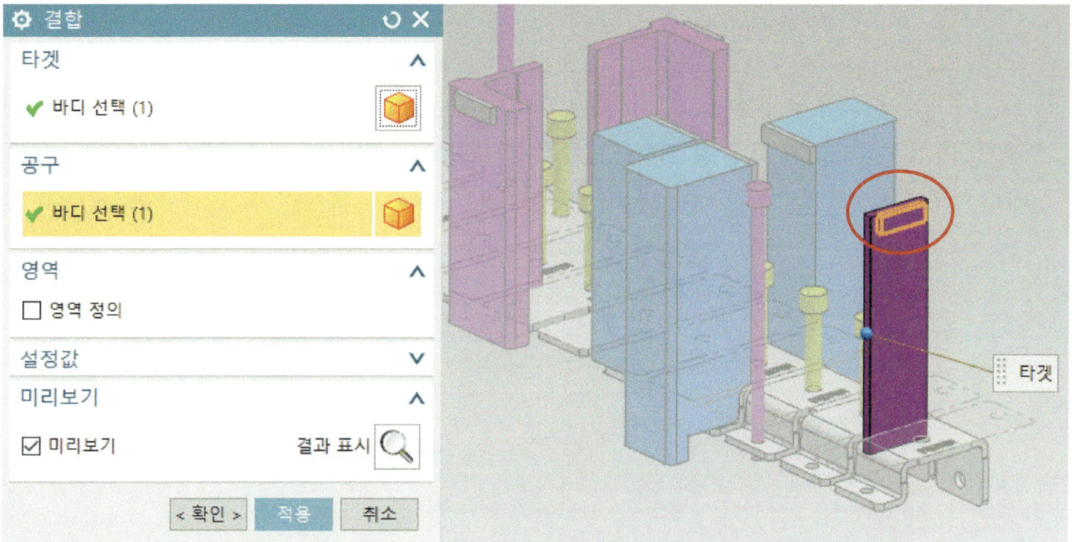

34) 나머지 각인, 노칭, 벤딩 펀치도 위와 동일한 방법으로 결합해 준다.

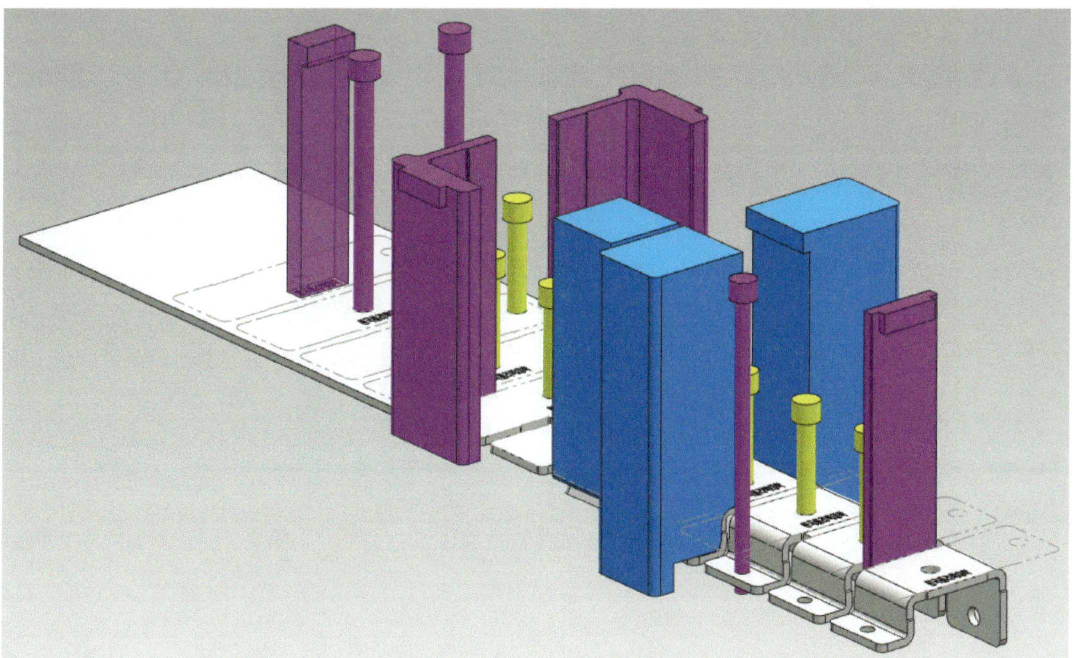

4.4 스트리퍼편 설계하기

본 금형에서는 Z벤딩 부위에 형성된 구멍의 치수 정밀도를 확보하기 위해 Z벤딩 가공 후 피어싱 가공한다. 또한 피어싱 가공할 때 펀치가 흔들리지 않도록 스트리퍼 플레이트에 별도의 스트리퍼편을 분할, 설치한다.

1) 8th 피어싱 공정에서 펀치를 정확히 안내하기 위한 스트리퍼편을 만들어주기 위해 '스케치' 아이콘을 클릭, 제품의 Z벤딩 형상 윗면을 X-Y 평면으로 설정하고, 아래와 같이 스케치한 다음, '스케치 종료' 종료한다.

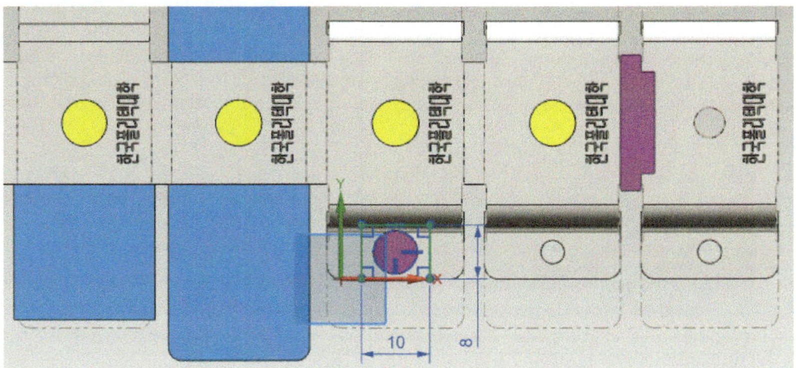

2) 이어서 스트리퍼편을 생성하기 위해 돌출 아이콘을 클릭, 선택 박스에서 '연결된 곡선' 선택하고, 작성한 스케치를 선택한 다음, 벡터 방향 확인한 다음, 거리 값 '38' 입력하고, '확인' 클릭한다.

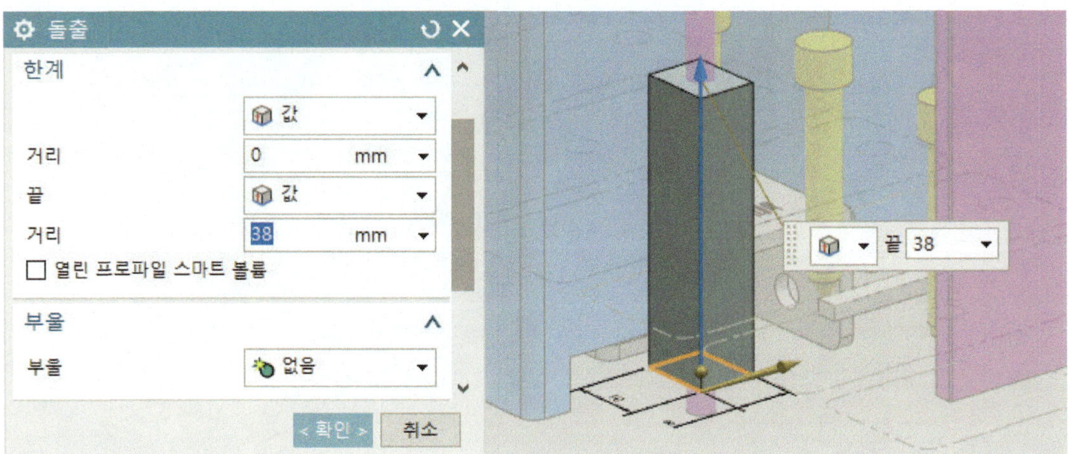

3) 다음은 스트리퍼편에서 펀치 형상을 분리하기 위해 빼기 아이콘을 클릭, 타깃 바디 선택에서 '스트리퍼편' 선택, 공구 바디 선택에서 '피어싱 펀치'를 선택하고, 피어싱 펀치는 계속 사용해야 하므로 설정값 항목에서 툴 유지 '체크'한 상태에서 '확인' 클릭한다.

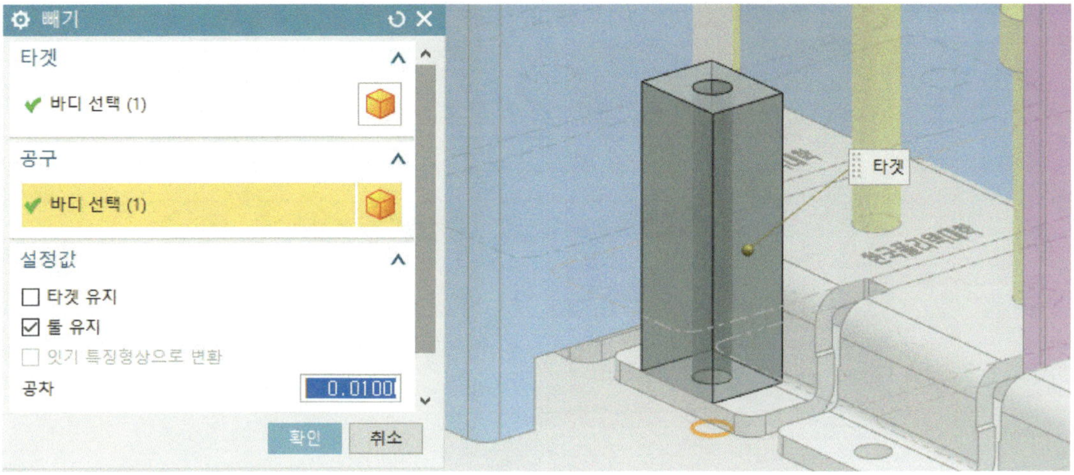

4) 이어서 스트리퍼편에 도피구를 생성하기 위해 돌출 아이콘을 클릭, 선택 박스에서 '단일 곡선' 선택하고, 스트리퍼편의 구멍 모서리를 선택한 다음, 거리 값 '23', 옵셋 한 면, 끝값에 '0.5' 입력하고, '확인' 클릭한다.

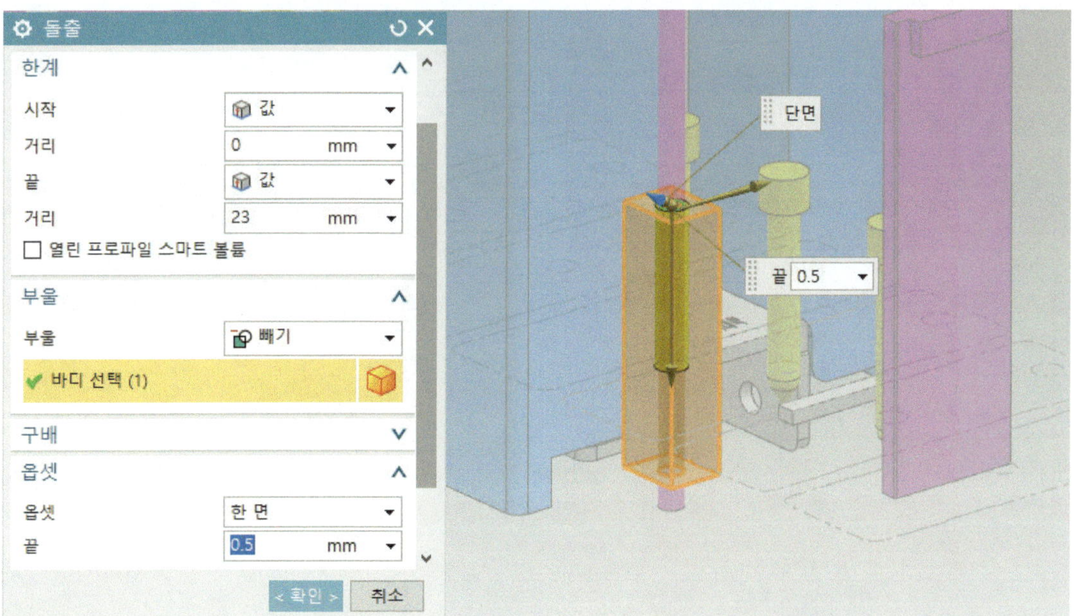

5) 다음은 생성한 스트리퍼편에 턱걸이 형상을 만들어주기 위해 '**스케치**' 아이콘을 클릭, 스트리퍼편의 윗면을 X–Y 평면으로 설정하고, 아래와 같이 스케치한 다음, '**스케치 종료**' 종료한다.

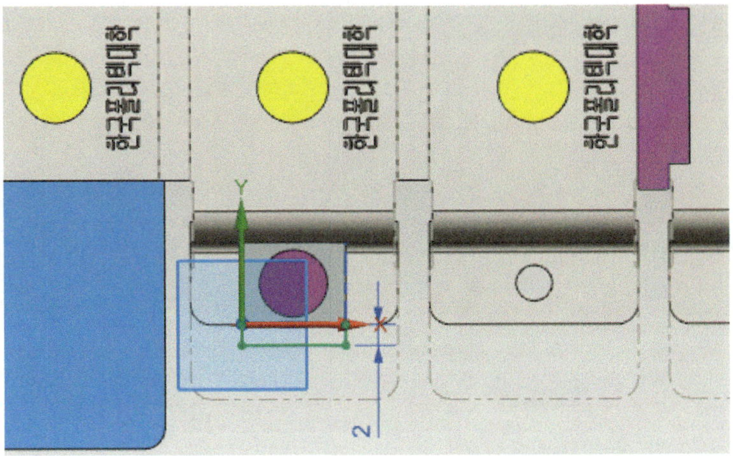

6) 스트리퍼편에 턱걸이 형상을 생성하기 위해 돌출 아이콘을 클릭, 선택 박스에서 '**연결된 곡선**' 선택하고, 작성한 스케치를 선택한 다음, 아래와 같이 입력하고, '**확인**' 클릭한다.

※ 스트리퍼편은 '**Yellow**' 색상으로 변경하고, 반투명도는 '**50%**' 적용한다.

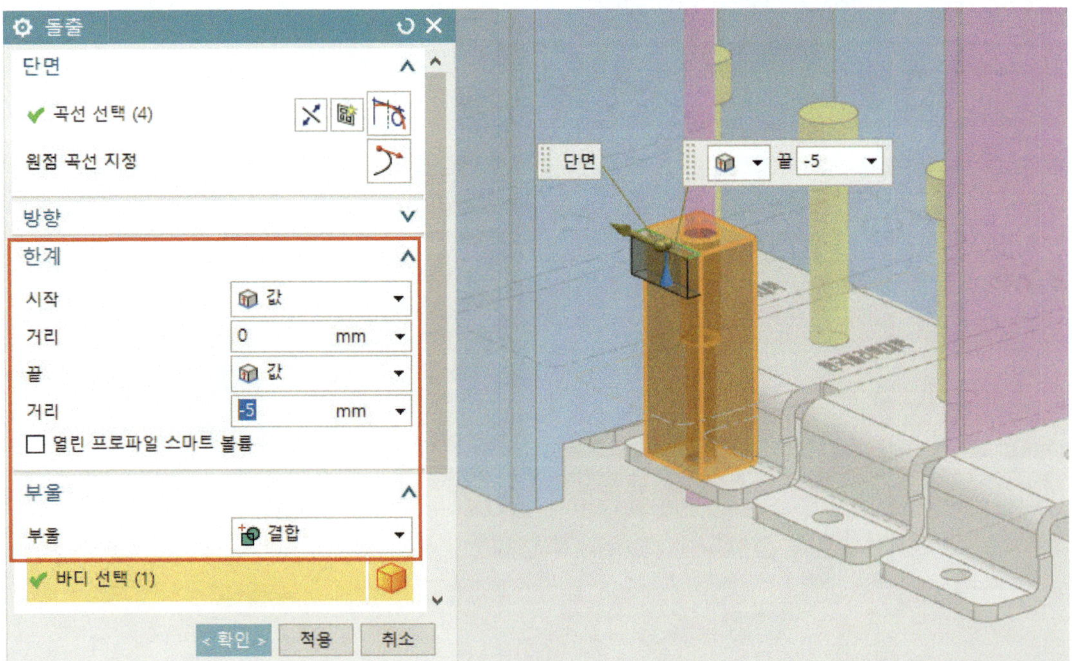

※ 스트리퍼편 설계 완료

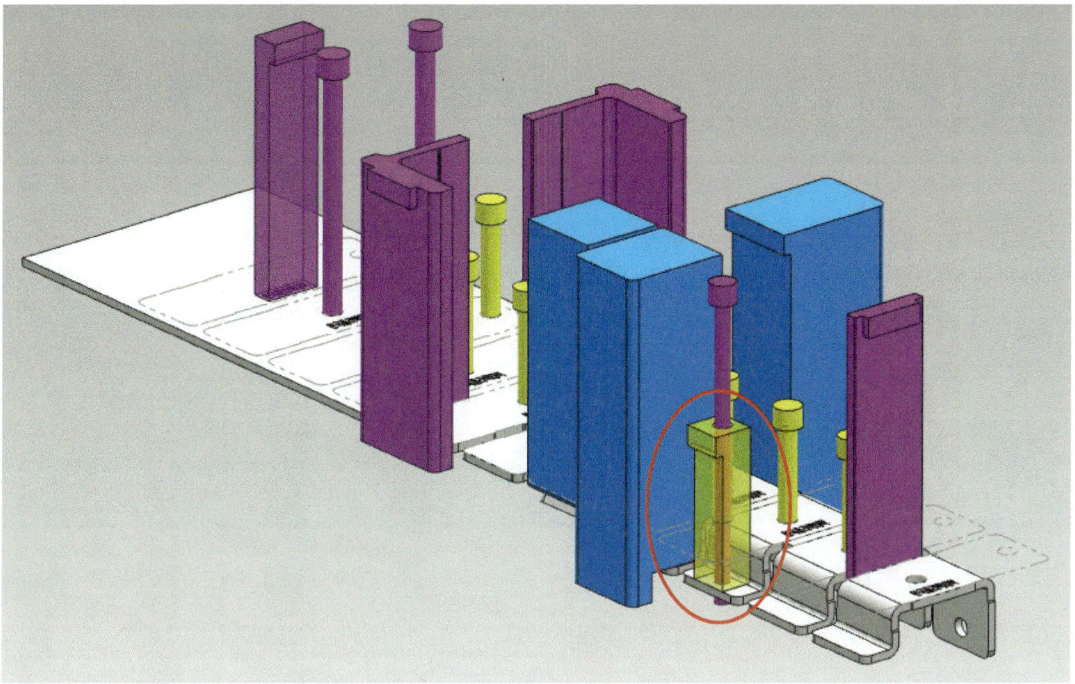

4.5 다이편 설계하기

본 금형에서는 피어싱, 노칭, 파팅 공정의 다이편은 분할하지 않고, 시험작업 중 벤딩 공정의 치수확보 및 생산 중 유지보수가 편리하도록 L, Z벤딩 공정만 다이편을 분할, 설치한다.

1) 6th Z벤딩 공정에서 다이편을 만들어주기 위해 데이텀 평면 아이콘을 클릭, 6th 파일럿 핀의 중심축을 선택하고, 아래와 같이 제품의 평면을 클릭한 다음, 각도에 '0°' 입력하고, '**확인**' 클릭한다.

※ 작업성을 높이기 위해 노칭 펀치 및 벤딩 펀치는 숨기기 한다.

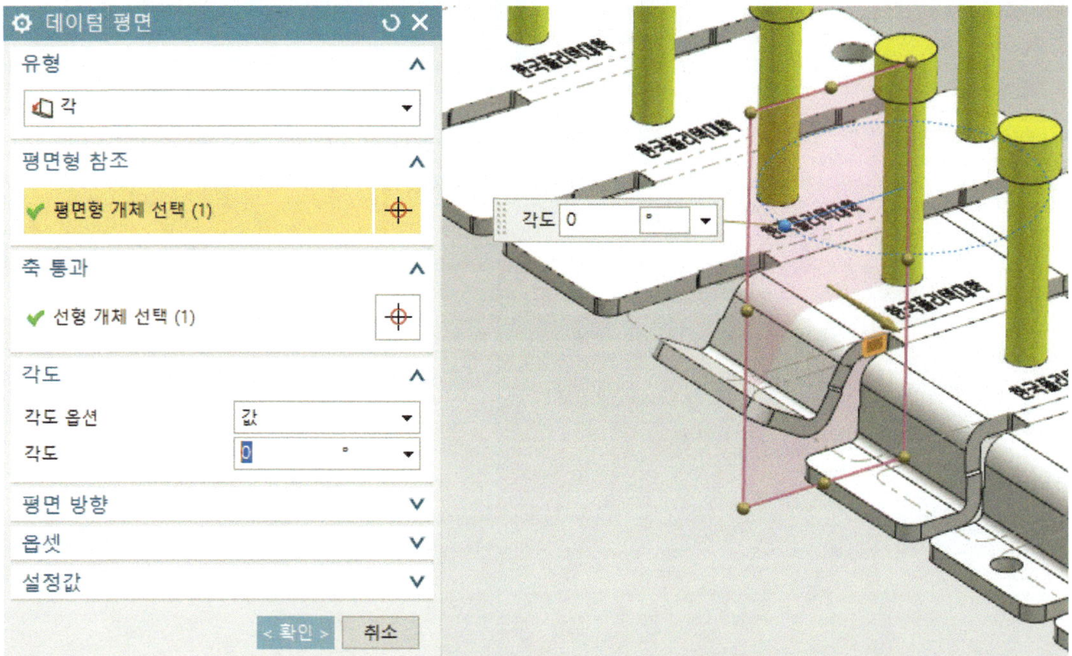

2) 이어서 스케치 아이콘을 클릭, 1)에서 생성한 데이텀 평면을 X-Y 평면으로 설정하고, 아래와 같이 스케치한 후 '**스케치 종료**' 클릭한다.

※ 스케치 작업성을 높이기 위해 스트립 레이아웃의 곡선을 '**투영**'하여 사용하고, 치수 적용할 때 투영 곡선이 움직이지 않도록 형상 구속 '**고정**' 적용한다.

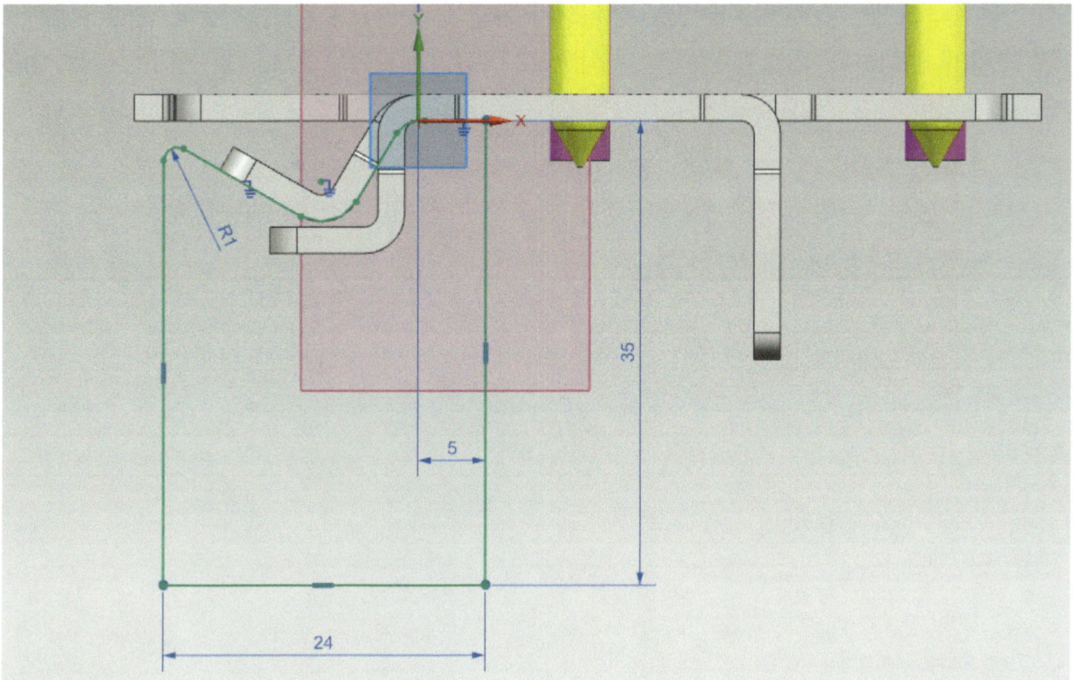

3) 계속해서 Z벤딩 다이편을 생성하기 위해 돌출 아이콘을 클릭, 2)에서 생성한 '스케치'를 선택한 다음, 아래와 같이 입력하고, '확인' 클릭한다.

※ 프레스 원소재 재질에 따라 스프링 백을 감안하여 벤딩 각도를 조정한다.

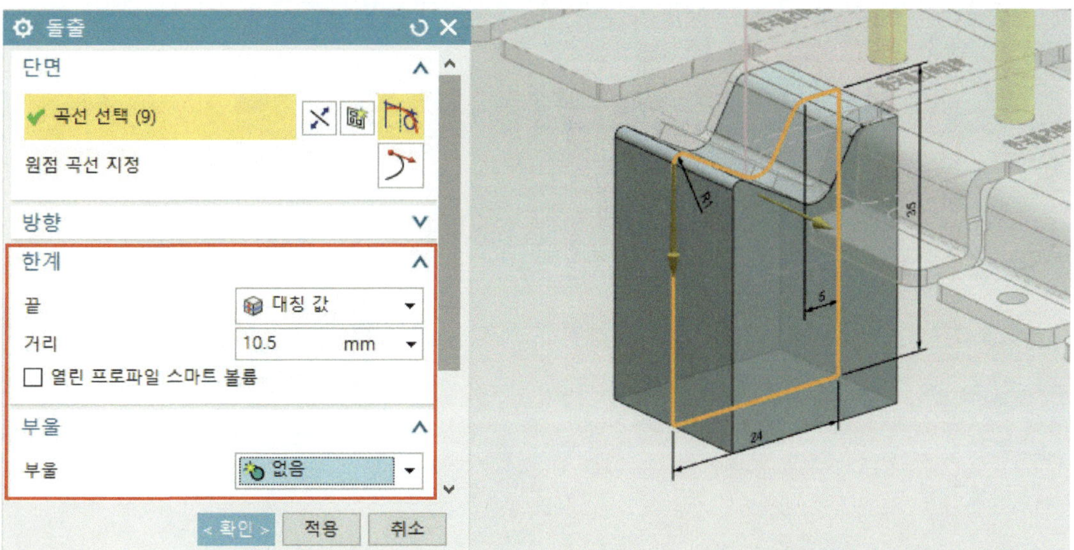

4) 다음은 7th L벤딩 공정의 다이편을 생성하기 위해 돌출 아이콘을 클릭, 선택 박스에서 '면 모서리' 선택하고, 돌출할 면(굽힘 형상 내측 바닥면과 R형상 2개소)을 선택한 다음, 아래와 같이 입력하고, '확인' 클릭한다.

※ 참고로 돌출할 때는 기준이 되는 바닥면을 먼저 클릭한다.

※ 다이편의 두께는 다이 플레이트 두께(H)를 계산하여 '35'로 적용한다.

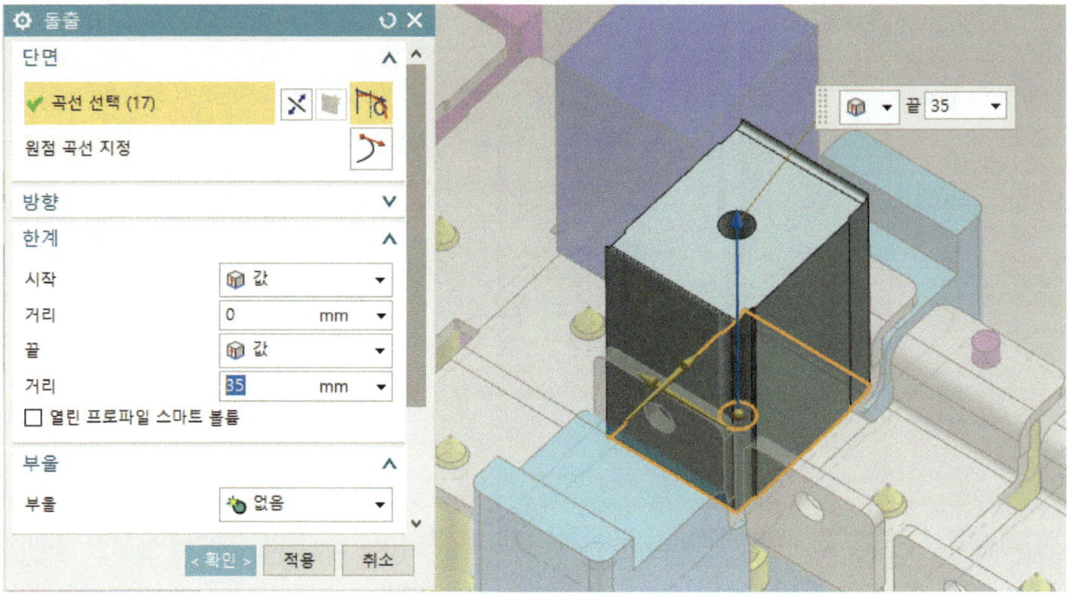

5) 다이편에 불필요한 면을 삭제하기 위해 면 삭제 아이콘을 클릭, 아래와 같이 삭제할 면을 선택한 다음, '확인' 클릭한다.

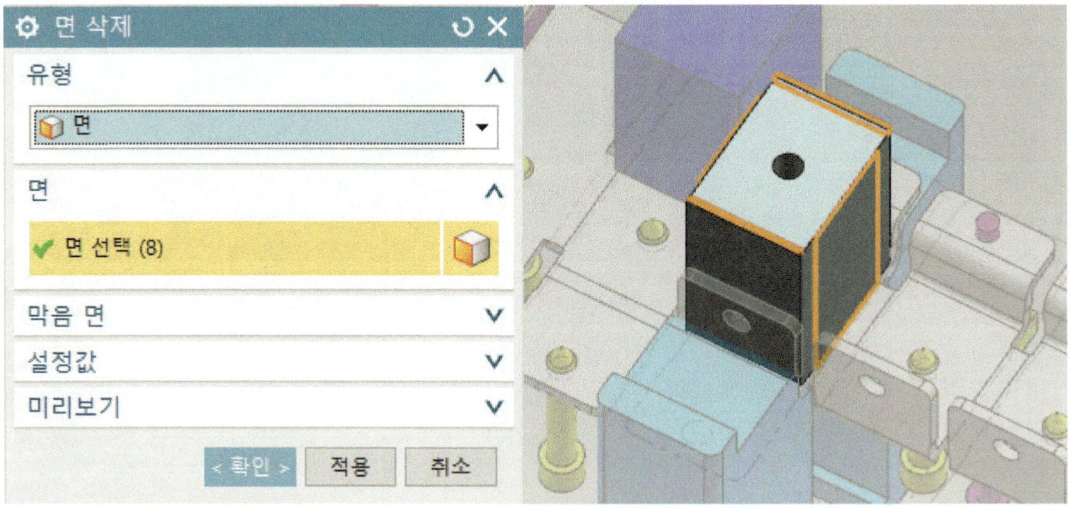

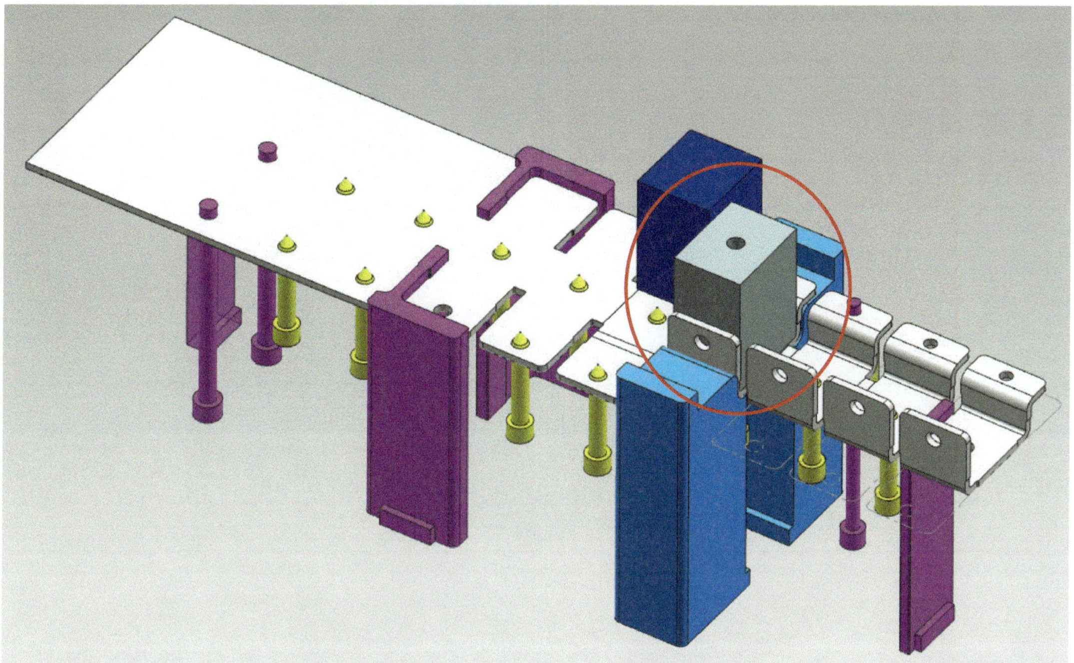

6) 이어서 벤딩 다이편의 폭을 펀치 폭과 동일하게 맞추기 위해 면 교체 아이콘을 클릭, 초기 면의 면 선택에서 '벤딩 다이편'의 측면을 선택하고, 교체할 새로운 면의 면 선택에서 '벤딩 펀치'의 측면을 선택한 다음, '확인' 클릭한다.

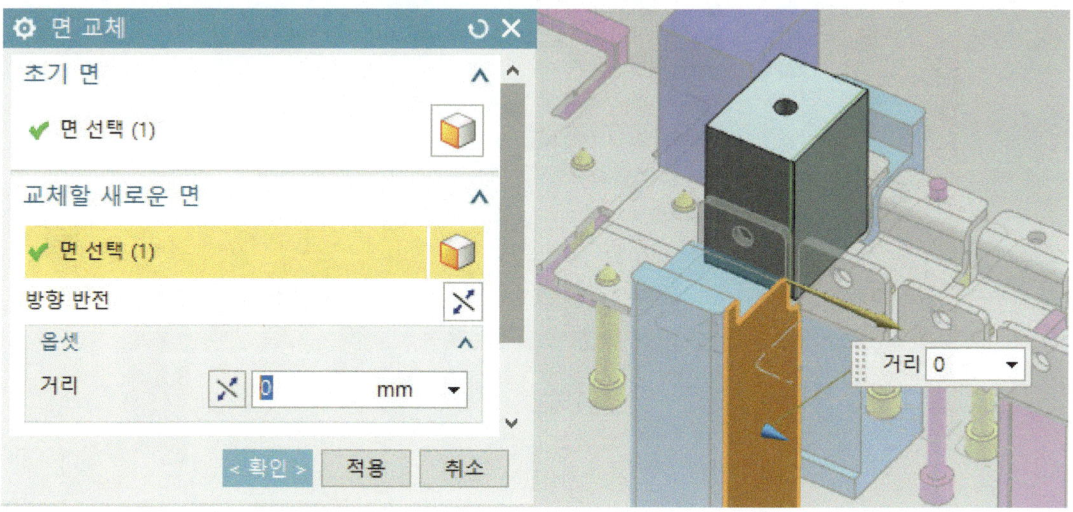

7) L벤딩 다이편의 반대쪽 면도 펀치와 동일한 면으로 맞추어준다.

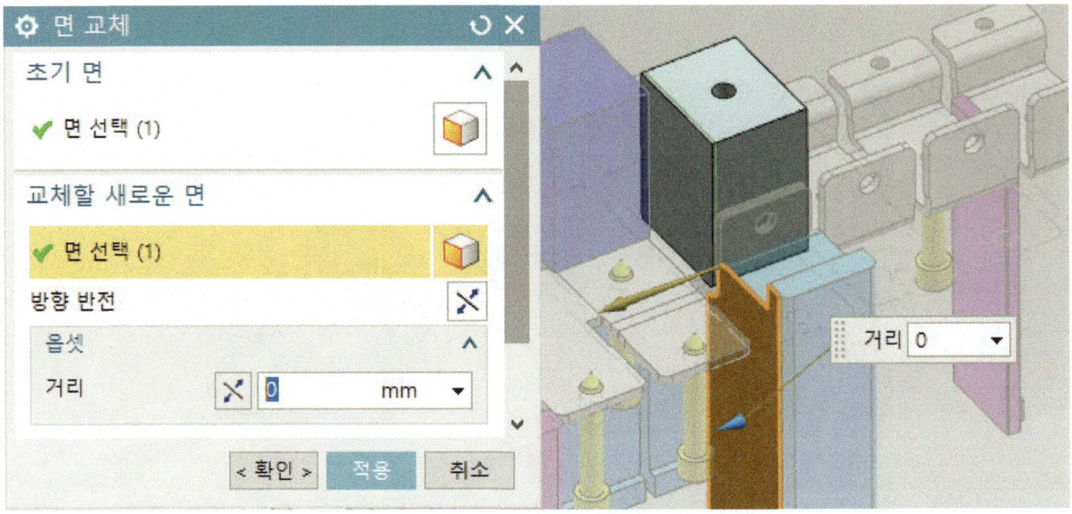

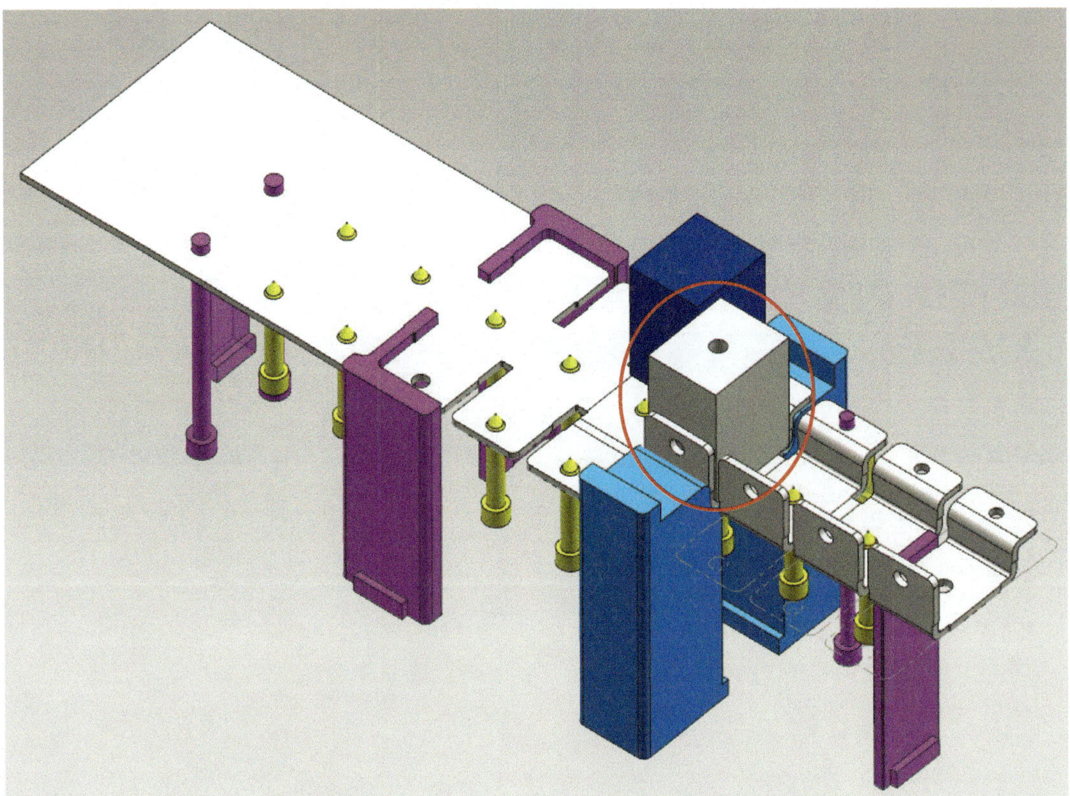

8) 다음은 7th 공정에서 벤딩 가공할 때 발생하는 스프링 백(Spring back)을 제어할 수 있는 압인(Coining) 형상을 L벤딩 다이편에 만들어주기 위해 '스케치' 아이콘을 클릭, 벤딩 다이편의 측면을 X-Y 평면으로 설정하고, 아래와 같이 스케치한 다음, '스케치 종료' 종료한다.

※ 화면에 L벤딩 다이편 형상만 남기고, 나머지 형상은 모두 숨긴다.

↳ Ctrl+Shift+U, 화면에 표시할 형상 선택 후 Ctrl+B → Ctrl+Shift+B

※ 스케치 치수 1.5 = 압인 폭 치수 0.5 + 벤딩 내측 반경 R1

※ 스케치 치수 0.3 = 프레스 원재료 두께(t2)의 15%

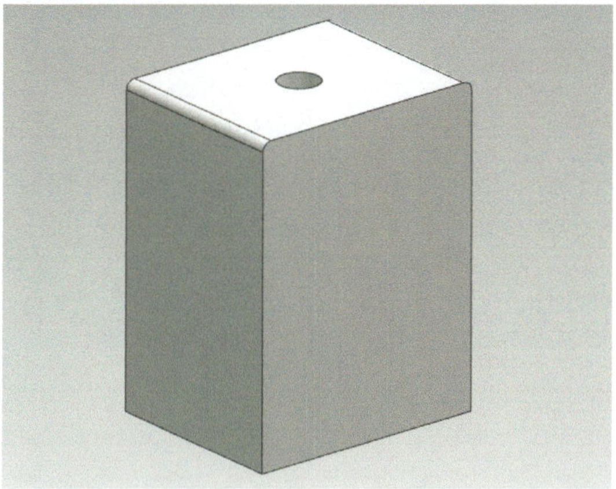

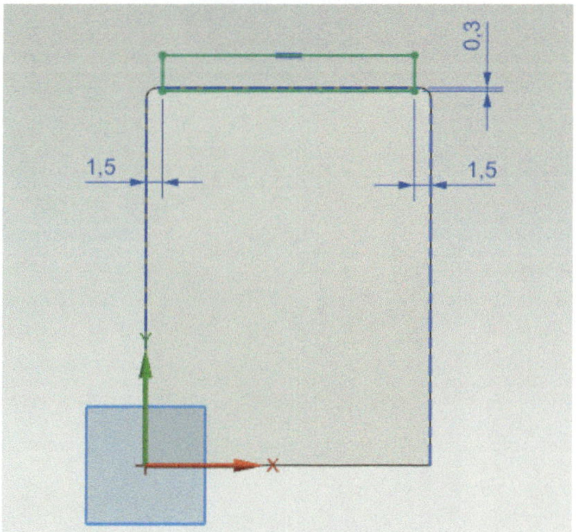

9) 이어서 돌출 아이콘을 클릭, 선택 박스에서 '연결된 곡선' 선택하고, 작성한 스케치를 선택한 다음, 아래와 같이 정의하고, '확인' 클릭한다.

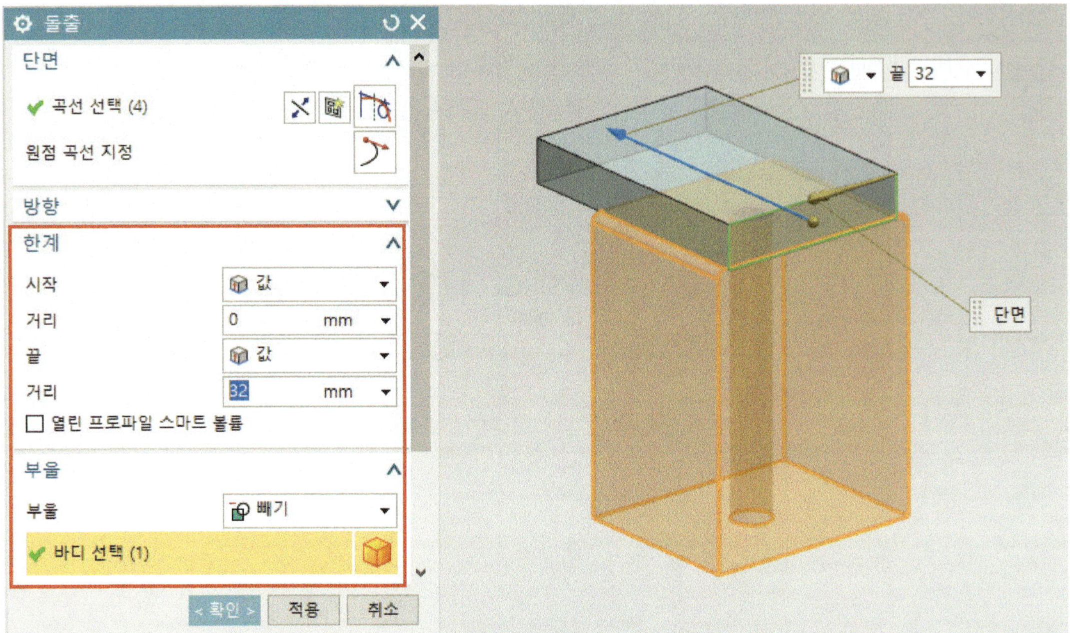

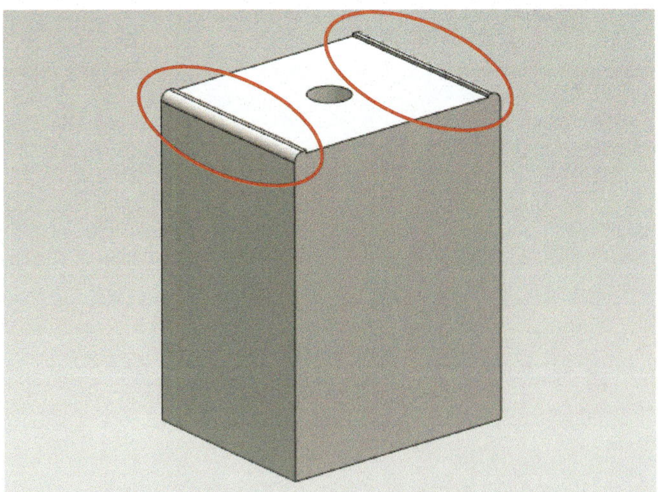

10) 안쪽으로 들어낸 압인 형상을 다이편 두께(35 mm) 방향으로 확대하기 위해 면 이동 아이콘을 클릭, 면 그룹의 면 선택에서 벤딩 다이편의 압인 형상을 드래그하여 선택한 다음, 벡터는 'ZC', 거리 값 '0.3' 입력하고, '확인' 클릭한다.

※ 다이편의 전체 두께는 35.8 mm (다이 플레이트 두께 35 + 압인 두께 0.3)

※ 벤딩 다이편은 구분하기 쉽게, 'Ctrl+J' 이용, 'Blue' 색상으로 변경한다.

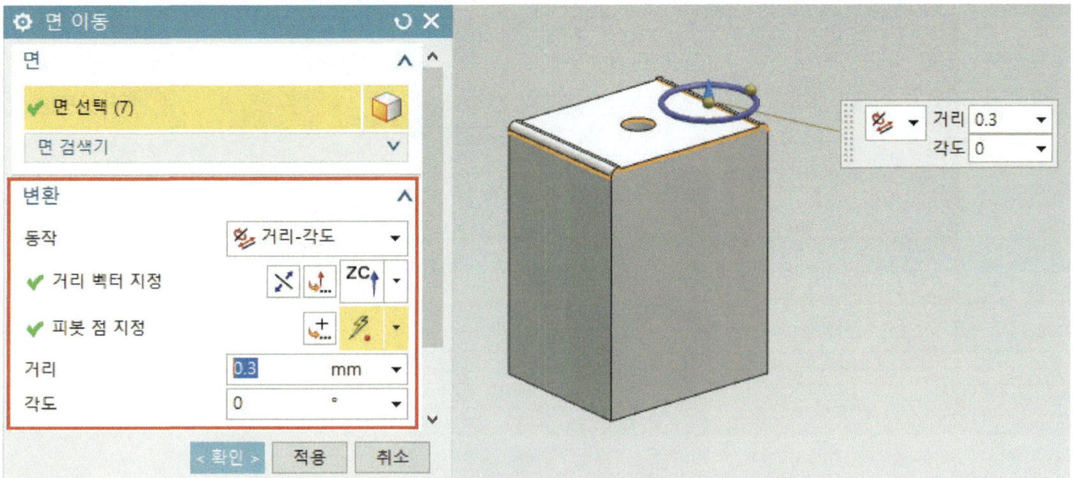

11) 다음은 L벤딩 펀치와 다이편의 직선구간 거리를 확인하기 위해 아이콘을 클릭, 유형은 '**투영 거리**', 벡터는 '**Y축**', 선택하고, 아래와 같이 두 점을 찍어서 직선구간 거리 값 '4.0'을 확인한다.

※ 굽힘 제품, 벤딩 펀치 및 다이편 형상만 남기고, 나머지는 모두 숨긴다.

※ 직선구간 거리 값 4.0 = 프레스 원재료 두께(t2)의 2배

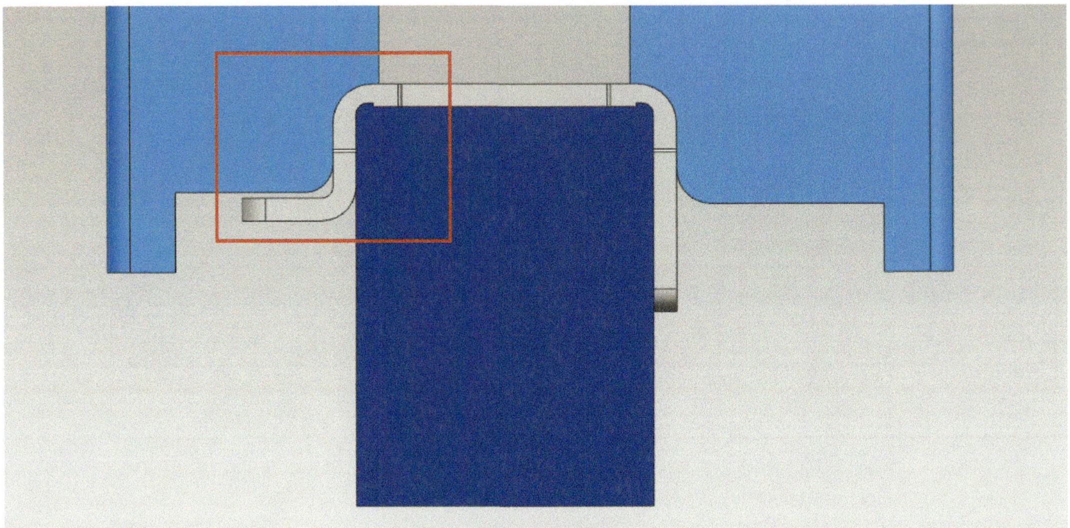

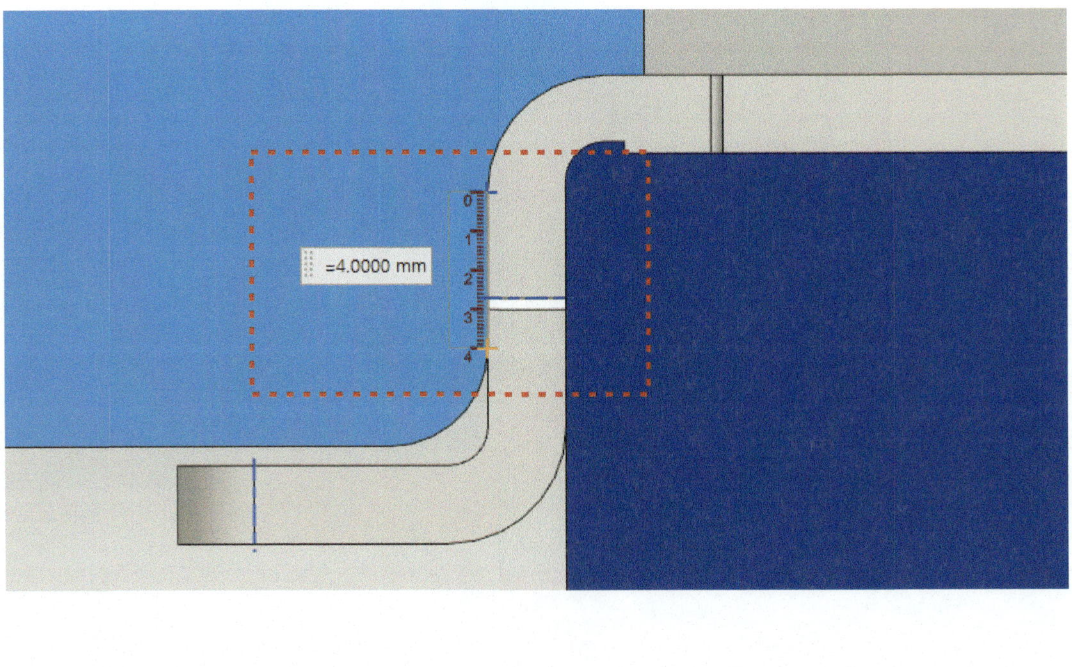

12) 다음은 벤딩 다이편의 길이를 벤딩 펀치와 동일하게 만들어주기 위해 '**스케치**' 아이콘을 클릭, 벤딩 다이편의 측면을 X-Y 평면으로 설정하고, 아래와 같이 스케치한 다음, '**스케치 종료**' 종료한다.

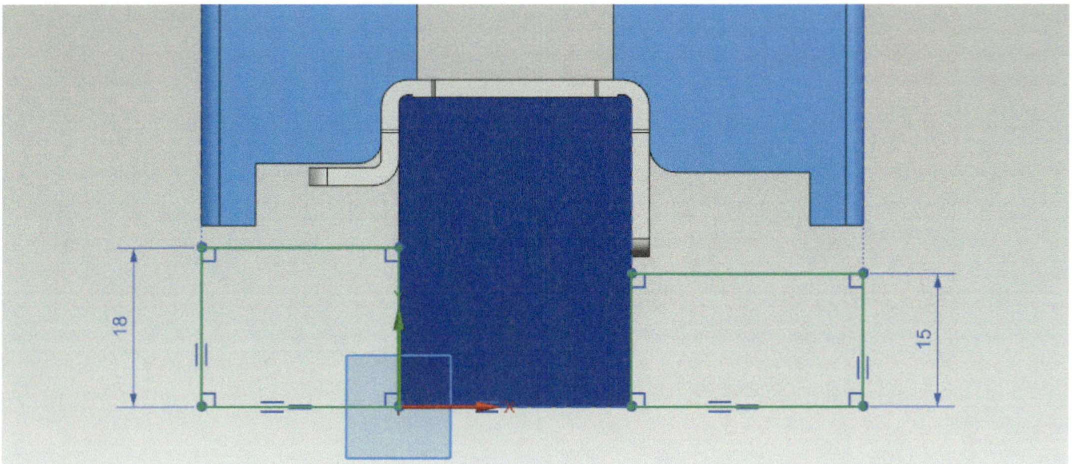

13) 이어서 돌출 아이콘을 클릭, 선택 박스에서 '**연결된 곡선**' 선택하고, 작성한 스케치를 모두 선택한 다음, 아래와 같이 입력하고, '**확인**' 클릭한다.

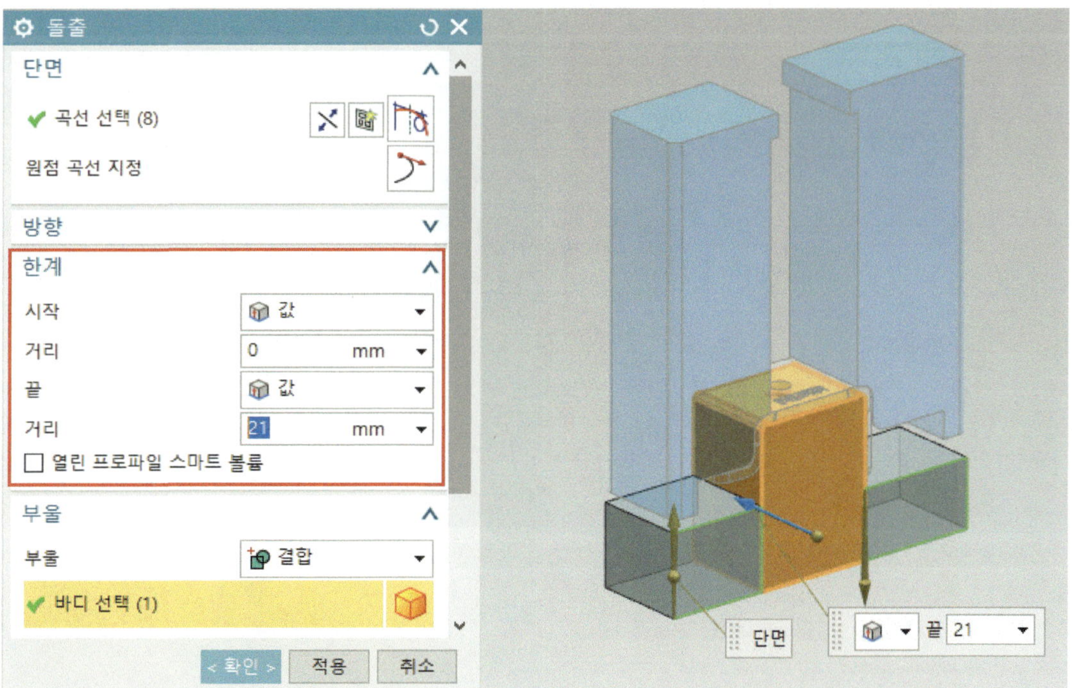

14) 다이편의 외곽 모서리에 라운드 형상을 만들어주기 위해 모서리 블랜드 아이콘을 클릭, 아래와 같이 모서리 4개소를 선택한 다음, 반경 1에 '2' 입력하고, '확인' 클릭한다.

※ L벤딩 펀치의 외곽 모서리 라운드와 동일하게 R2 적용한다.

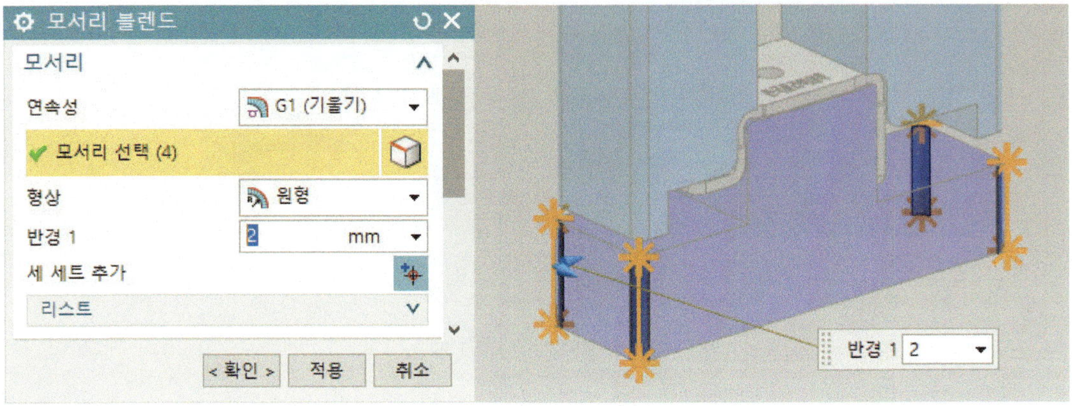

15) 다음은 벤딩 다이편에 턱걸이(플랜지)를 만들어주기 위해 '스케치' 아이콘을 클릭, 벤딩 다이편의 하면을 X-Y 평면으로 설정하고, 아래와 같이 스케치한 다음, '스케치 종료' 클릭한다.

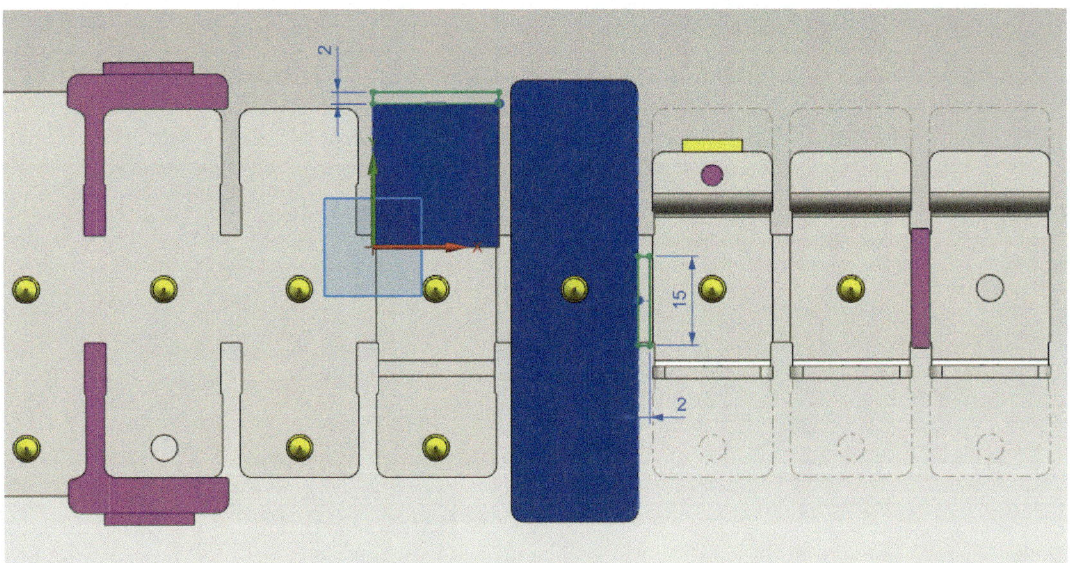

16) 이어서 L벤딩 다이편에 턱걸이 형상을 생성하기 위해 돌출 아이콘을 클릭, 선택 박스에서 '**연결된 곡선**' 선택하고, 작성한 스케치를 선택한 다음, 아래와 같이 입력하고, '**확인**' 클릭한다.

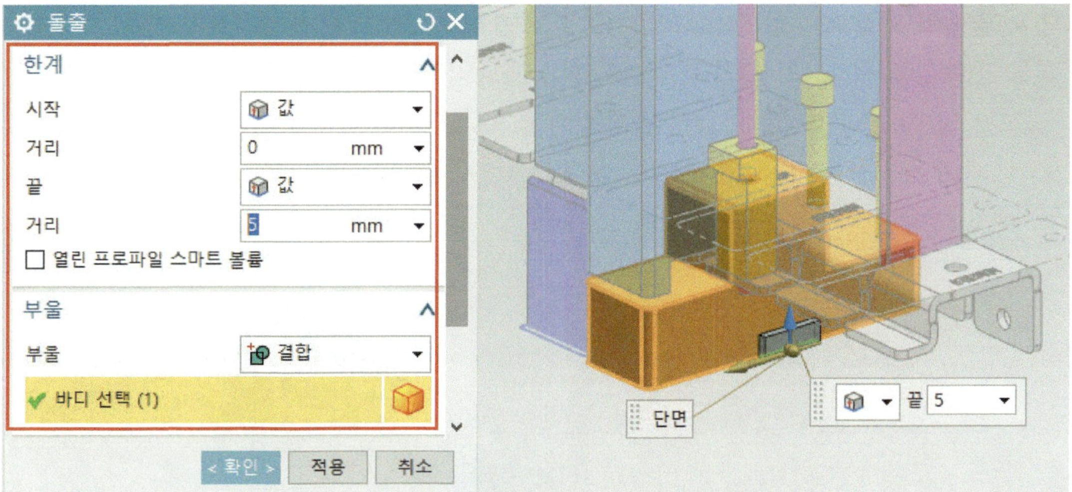

17) 나머지 Z벤딩 다이편도 위와 동일한 방법으로 생성해준다.

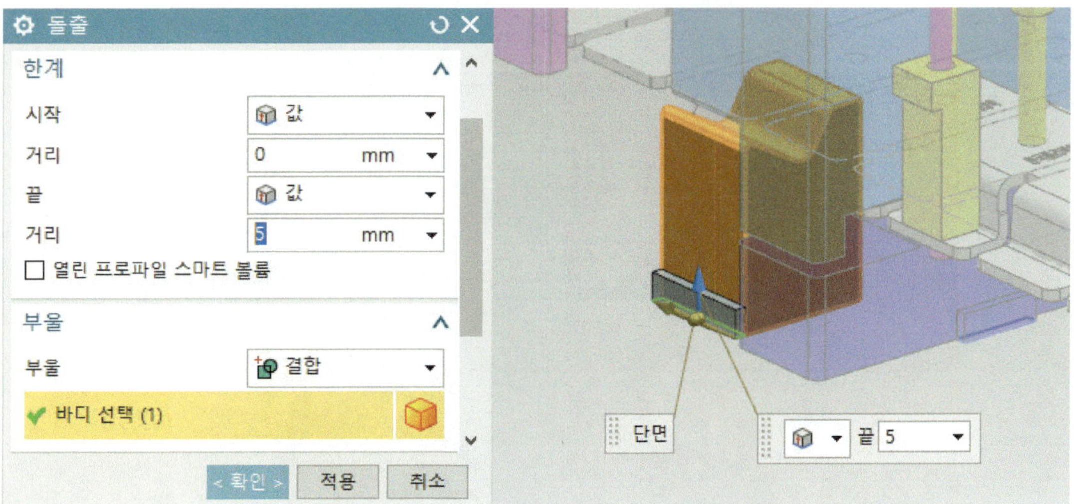

18) L벤딩 가공으로 굽힘 제품은 벤딩 다이편에 끼이는 현상이 발생하게 되며, 이와 같은 문제점을 해결하기 위해서 벤딩 다이편에 직접 또는 주변에 밀핀을 설치한다. 본 금형은 벤딩 다이편에 ∅10 밀핀을 직접 설치한다.

먼저 밀핀의 외경 치수를 결정하기 위해 면 크기 조정 아이콘을 클릭, 벤딩 다이편의 홀을 선택한 다음, 크기 그룹의 직경에 '10.05', 입력하고, '확인' 클릭한다.

※ 소재 안내용, 가이드 리프터 핀 직경과 동일하게 ∅10 밀핀을 사용한다.

※ 작업 화면에 L벤딩 다이편만 남기고, 나머지 형상은 모두 숨긴다.

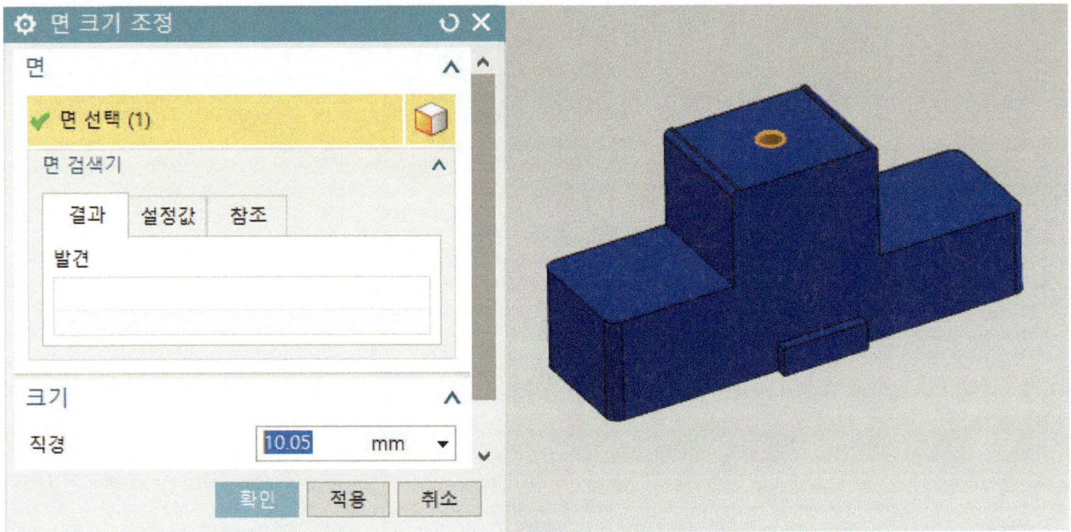

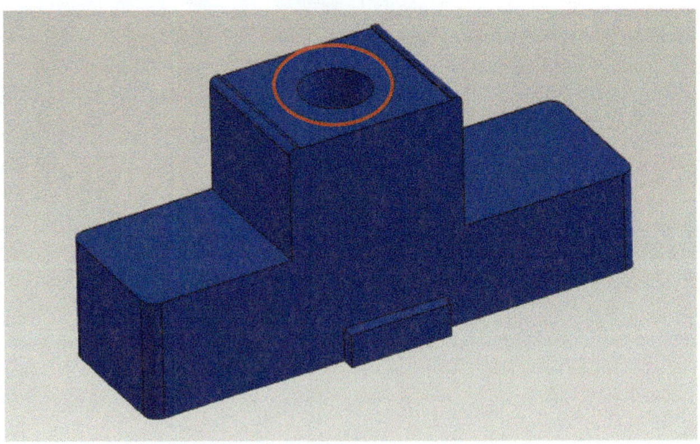

19) 돌출 아이콘을 클릭, 선택 박스에서 '단일 곡선' 선택하고, 벤딩 다이편의 윗면, 구멍 모서리를 선택한 다음, 거리 값 '45' 입력하고, '확인' 클릭한다.

※ 거리 45 = 다이 플레이트 두께 35 + 밀핀 작동량 10

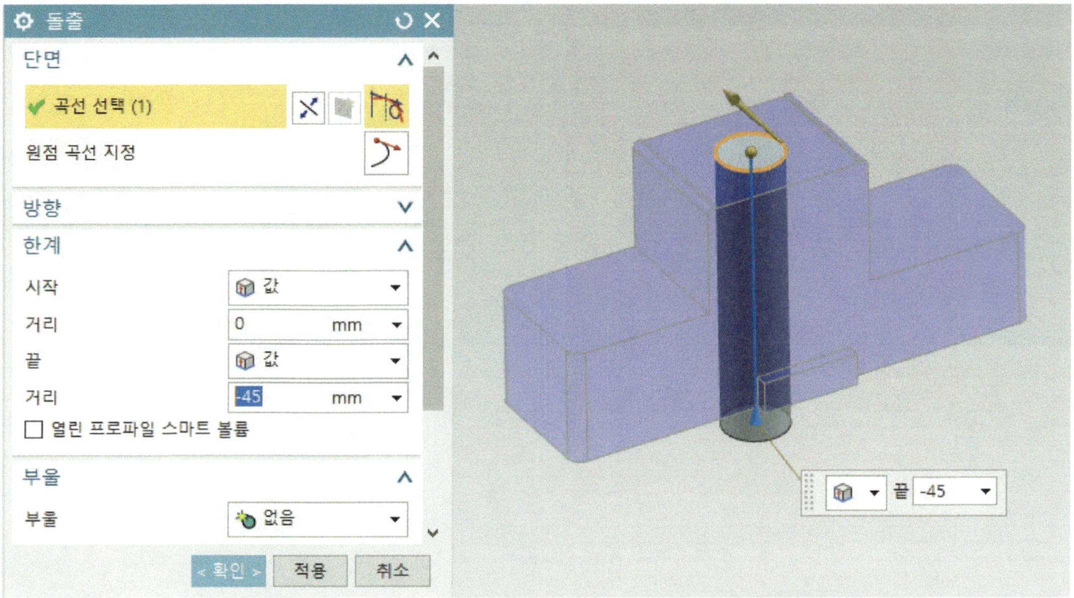

20) 이어서 밀핀의 외경 치수를 결정하기 위해 면 크기 조정 아이콘을 클릭, 생성한 밀핀을 선택한 다음, 크기 그룹의 직경에 '10', 입력하고, '확인' 클릭한다.

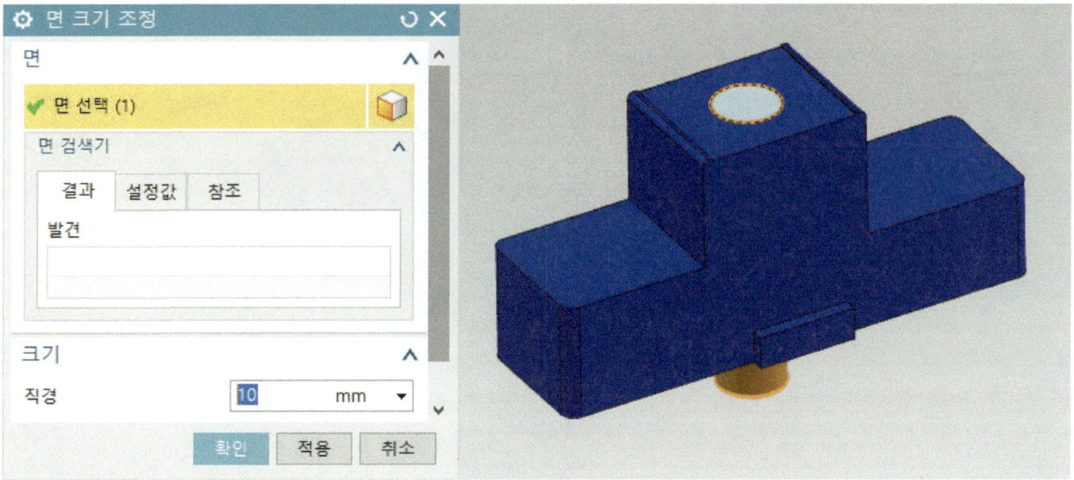

21) 계속해서 밀핀에 턱걸이를 생성하기 위해 돌출 아이콘을 클릭, 선택 박스에서 '**단일 곡선**' 선택하고, 20)에서 생성한 밀핀의 하면 모서리를 선택한 다음, 아래와 같이 입력하고, '**확인**' 클릭한다.

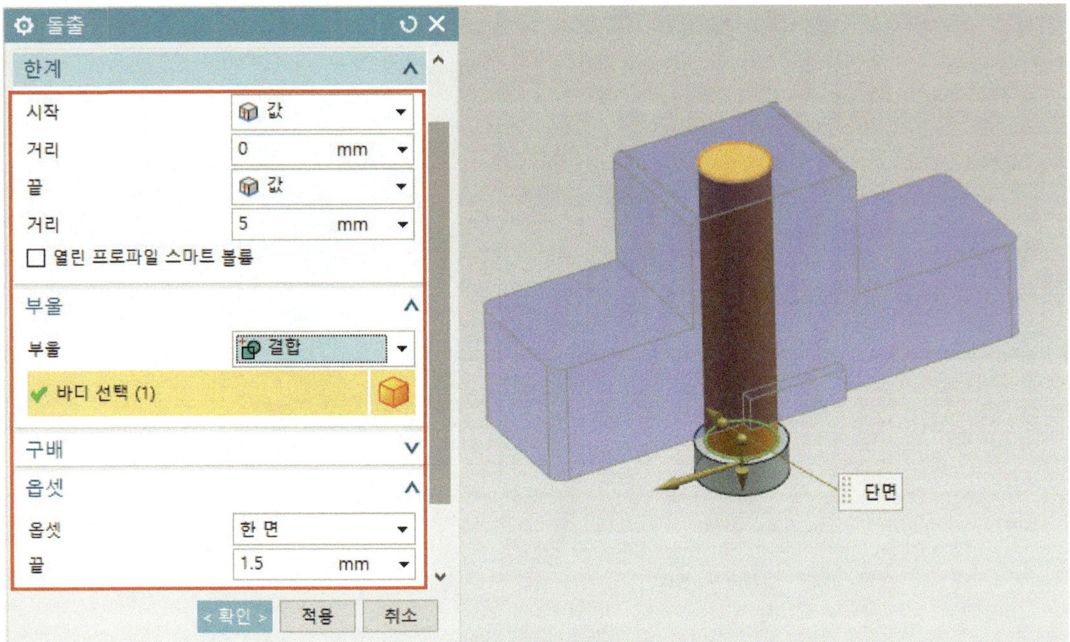

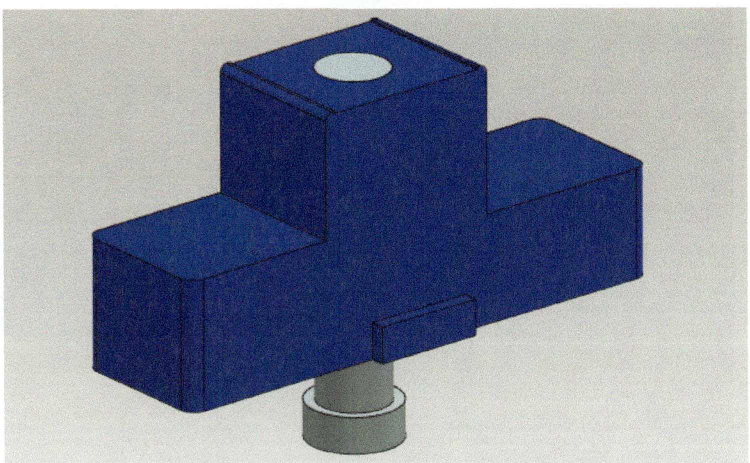

22) 다음은 생성한 밀핀에 파일럿 핀 도피구를 생성하기 위해 구멍 아이콘을 클릭, 유형은 '일반 구멍' 선택하고, 점 지정은 밀핀의 상면 모서리에 마우스를 근접시켜 '중심점' 클릭, 치수 그룹의 직경 값은 '5', 깊이 한계는 '바디 통과', 부울은 '빼기' 선택한 다음, '확인' 클릭한다.

※ 직경 값 Ø5 = 파일럿 핀 직경 Ø4.5 + 여유 0.5

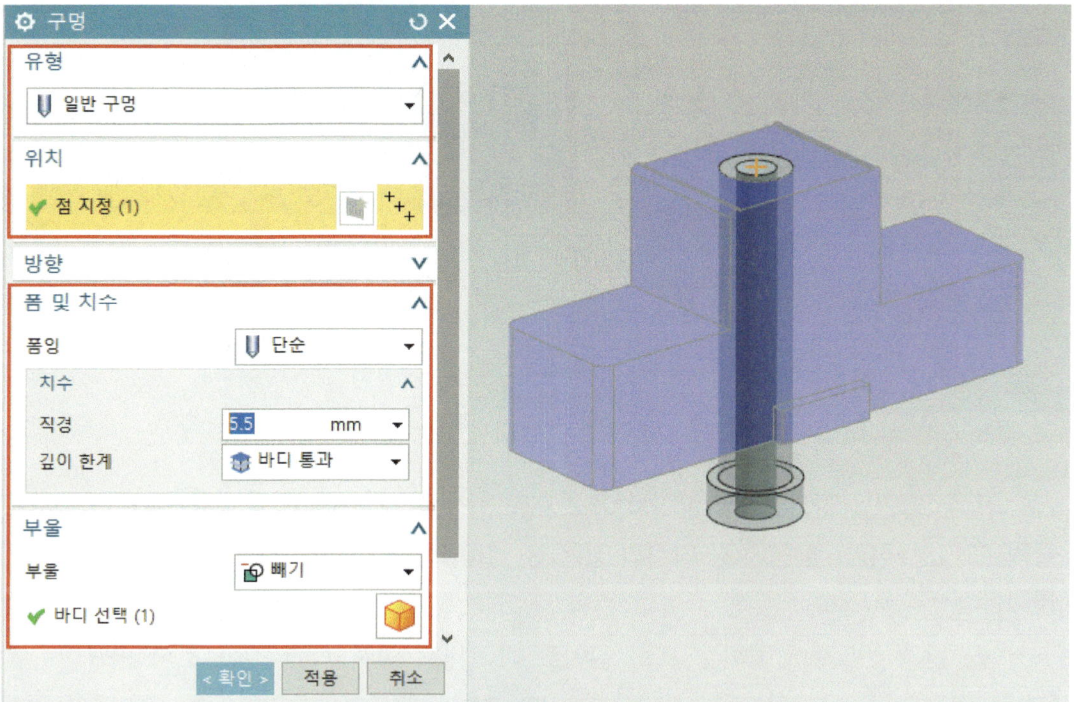

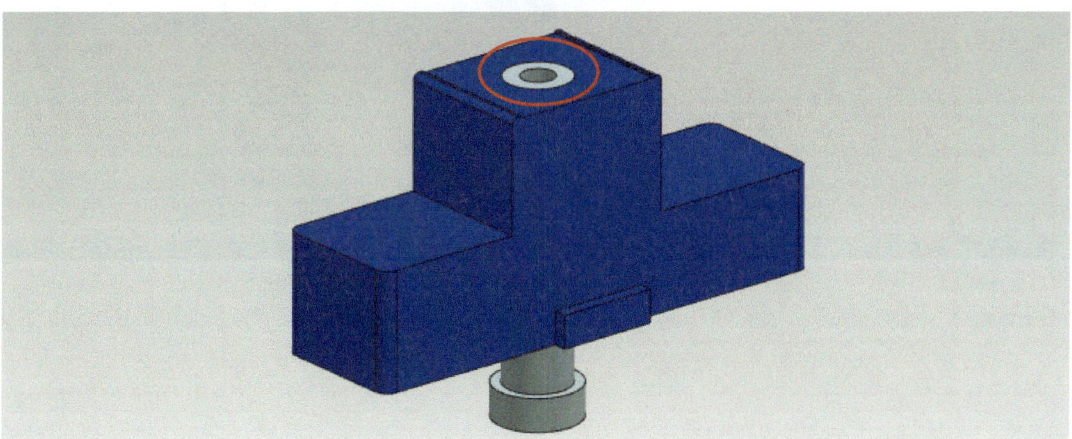

23) 벤딩 다이편에 설치한 밀핀의 작동 거리를 확인하기 위해 아이콘을 클릭, 유형은 '투영거리', 벡터는 'Z축', 선택하고, 아래와 같이 두 점을 클릭하여 밀핀 작동량 '10' ㎜ 확인한 다음, '확인' 클릭한다.

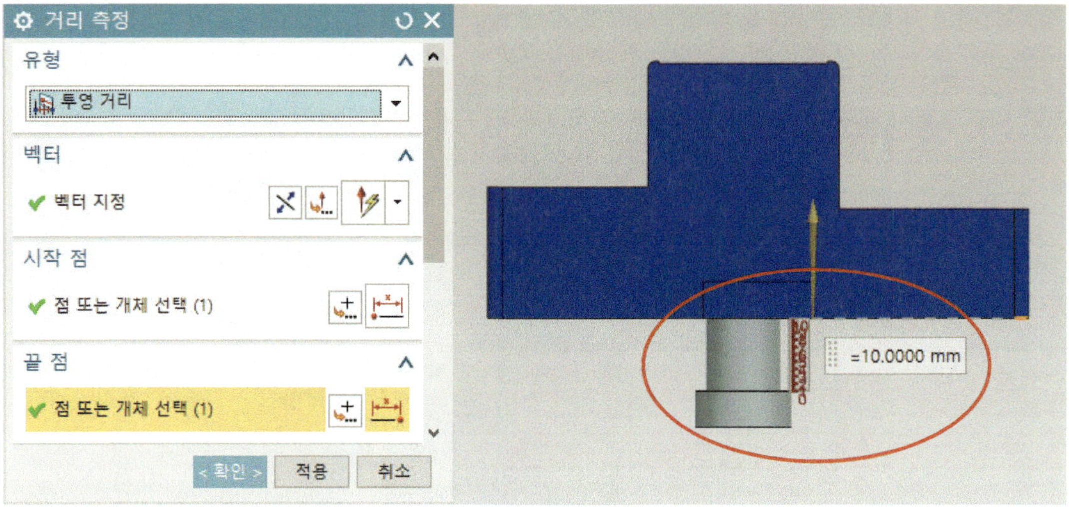

24) 다음은 밀핀을 밀어주기 위한 와이어 스프링 형상을 만들어주기 위해 나선 아이콘을 클릭, 크기는 '직경', 값은 '13', 피치의 값은 '3', 길이의 끝 한계는 '-35', 입력한 다음, '확인' 클릭한다.

※ 끝 한계 -35는 와이어 스프링 길이로 다이세트 설계할 때 길이 조정 필요

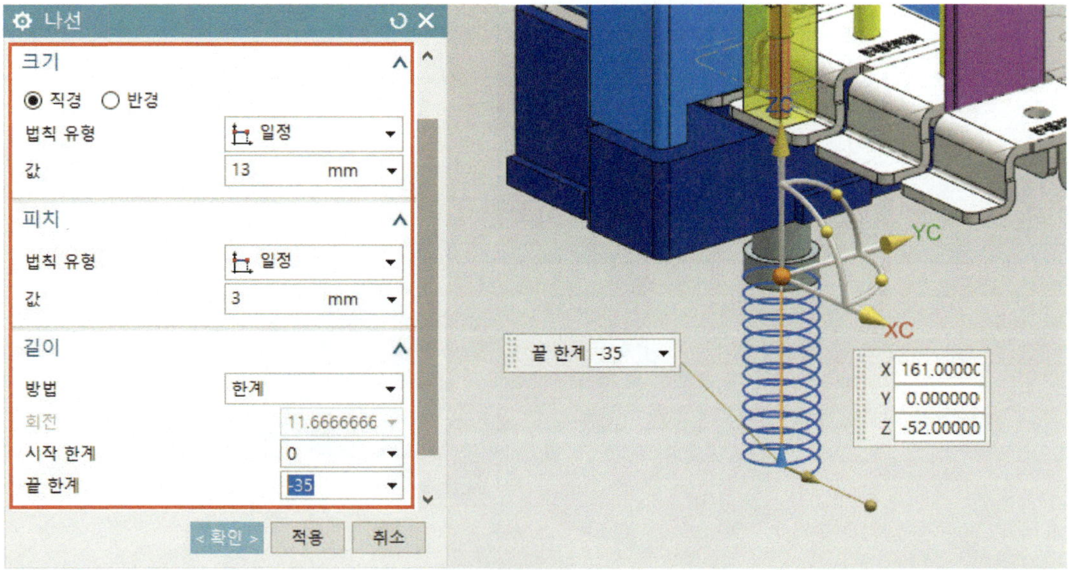

25) 계속해서 와이어 스프링을 조여주기 위한 무드볼트(Screw Plugs) 형상을 만들어주기 위해 돌출 아이콘을 클릭, 선택 박스에서 '단일 곡선' 선택하고, 밀핀의 턱걸이 하면 모서리를 선택한 다음, 아래와 같이 입력하고, '확인' 클릭한다.

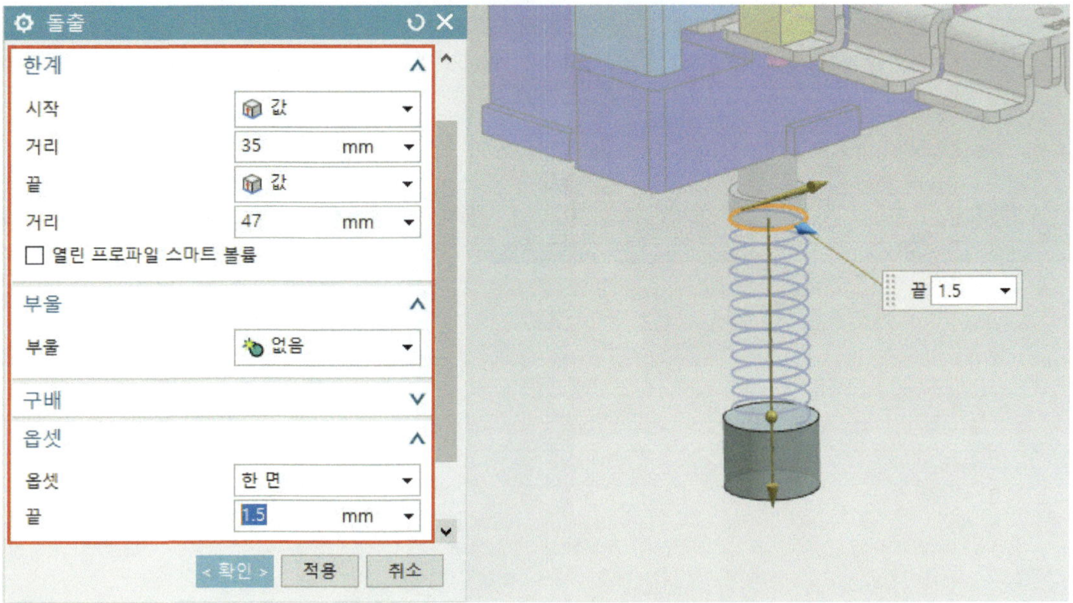

26) 생성한 무드볼트에 모따기 '1', 적용하고 색상은 'Iron Gray' 적용한다.

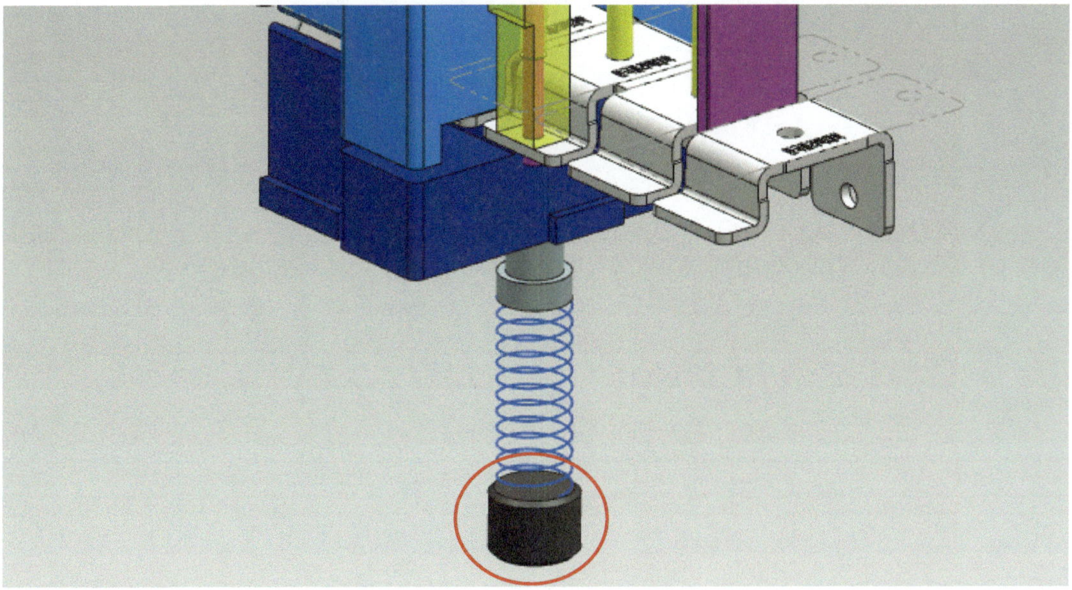

27) Z, L벤딩 다이편 및 밀핀 설계 완료

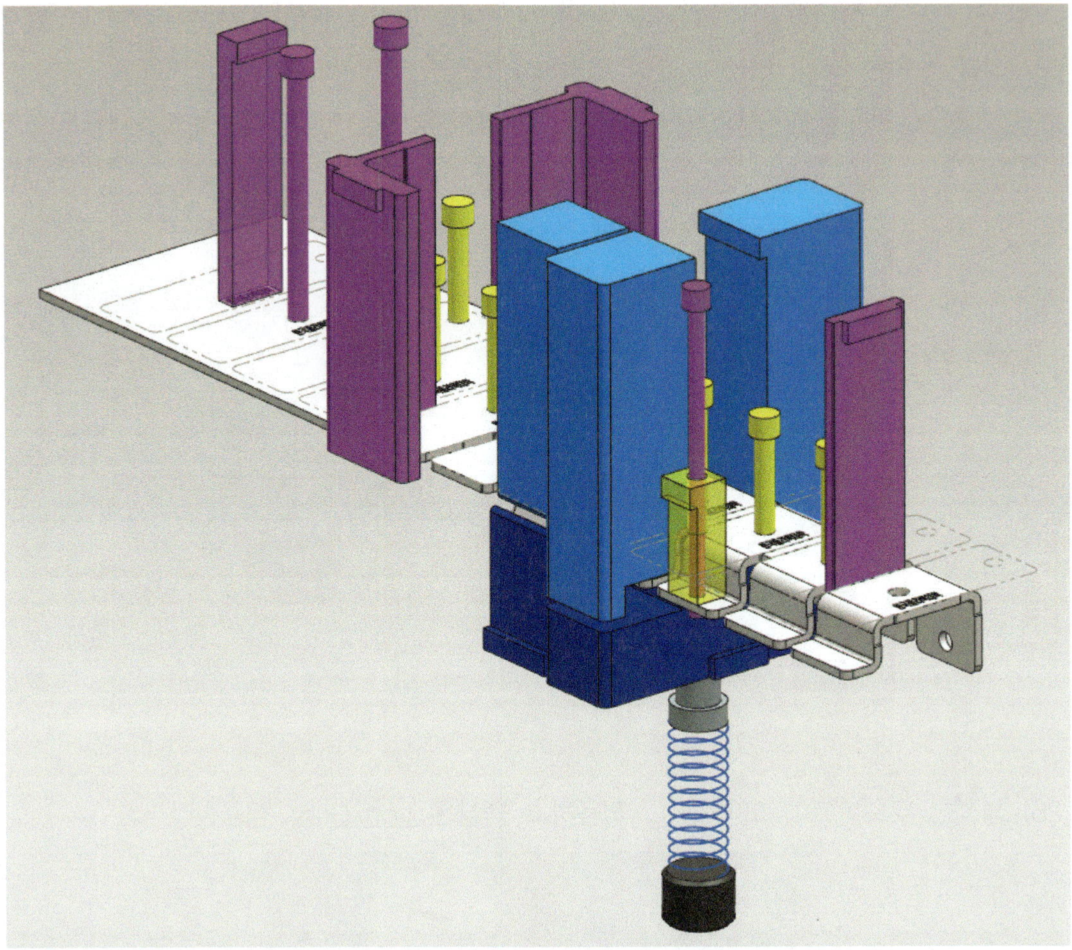

4.6 다이 인선 및 스크랩 배출구 설계하기

프레스 금형에서 피어싱, 노칭, 파팅 등 전단가공을 위해서는 다이 플레이트에 인선(날) 부위를 만들어주어야 하며, 인선(날)은 적정 클리어런스를 적용하여 여유각과 함께 만들어주고, 인선 길이는 보통 3~5㎜ 정도 적용한다.

다이 배킹플레이트는 다이 플레이트를 통과한 스크랩이 걸림 없이 배출될 수 있도록 편측으로 1㎜ 정도 크게 옵셋하여 배출구를 만들어준다.

하홀더는 다이 배킹플레이트를 통과한 스크랩이 걸림 없이 잘 배출될 수 있도록 편측으로 1㎜ 정도 옵셋하여 배출구를 만들어준다.

1) 다이 플레이트에 '∅4.55 피어싱, 노칭, 파팅 가공' 인선(날) 형상을 만들어주기 위해 돌출 아이콘을 클릭, 선택 박스에서 '연결된 곡선' 선택, 방향은 '-ZC', 스트립 레이아웃 상면에 스케치 형상(∅4.5 피어싱, 노칭, 파팅 가공)을 선택한 다음, 아래와 같이 입력하고, '확인' 클릭한다.

※ 화면에 스트립 레이아웃과 펀치의 스케치 형상만 남기고, 모두 숨긴 다음, 스트립 레이아웃의 아랫면이 보이도록 회전한다.

※ 옵셋 끝 0.1 = 편측 클리어런스(판재 두께 t에 5% 적용)

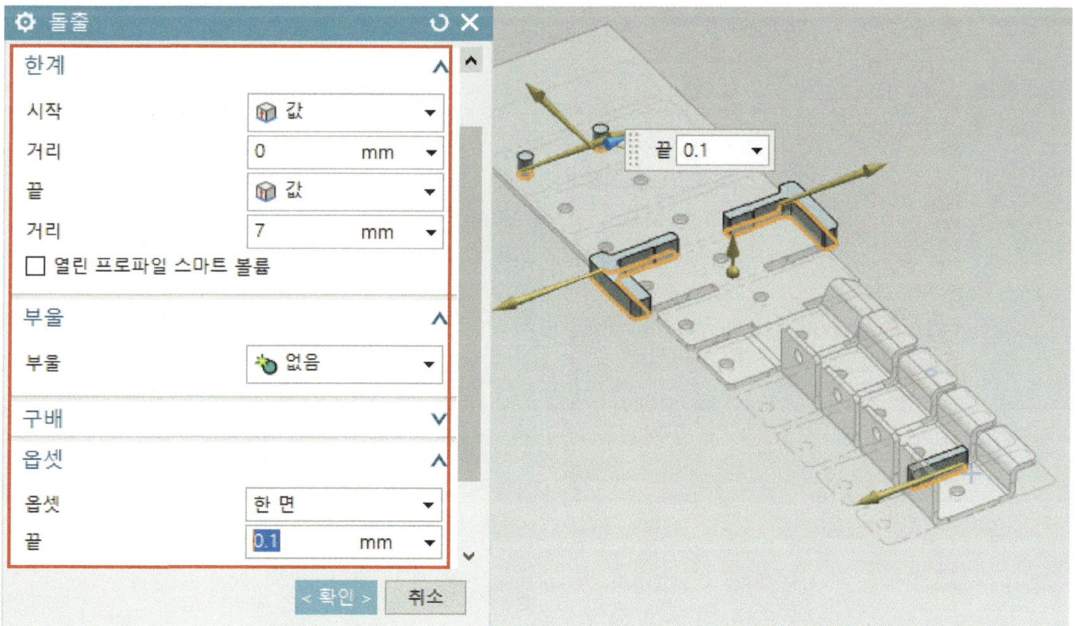

2) 이어서 다이 플레이트에 '∅4.55 피어싱, 노칭, 파팅 가공' 여유각 형상을 만들어주기 위해 돌출 아이콘을 클릭, 선택 박스에서 '면 모서리' 선택, 1)에서 돌출한 형상의 평면을 선택한 다음, 아래와 같이 입력하고, '확인' 클릭한다.

※ 거리 30 = 다이 플레이트 두께 35.0 - 인선(날) 5.0

※ 각도 −1 = 테이터 각도(편측), 테이퍼 각도는 금형의 종류, 프레스 원소재의 종류, 또는 설계 기준(제작 방법 및 프레스 생산 환경)에 따라 1° 이하 또는 1° 이상으로 적용한다.

※ 여유각 형상을 돌출할 때는 선택 박스에서 반드시 면 모서리를 선택한다.

※ 참고로 하형 다이세트의 다이 플레이트 두께는 '35', 다이 배킹플레이트 두께는 '15', 하홀더(다이 홀더) 두께는 '55' 적용한다.

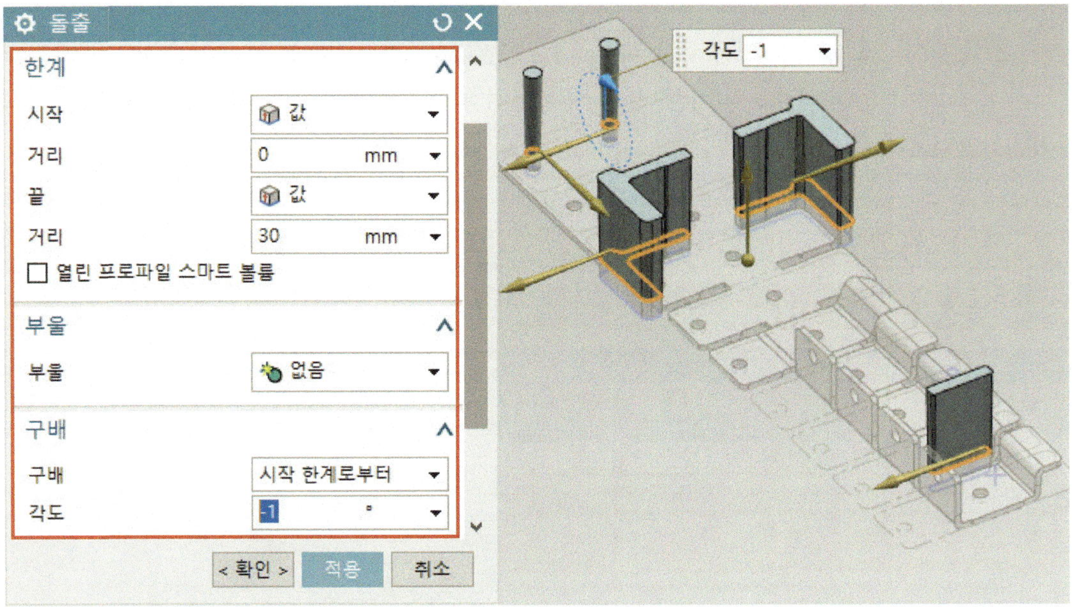

3) 다이 배킹플레이트에 '∅4.55 피어싱, 노칭, 파팅 가공' 스크랩 배출구를 만들어주기 위해 돌출 아이콘을 클릭, 선택 박스에서 '면 모서리' 선택, 2)에서 돌출한 형상의 평면을 선택한 다음, 아래와 같이 입력하고, '확인' 클릭한다.

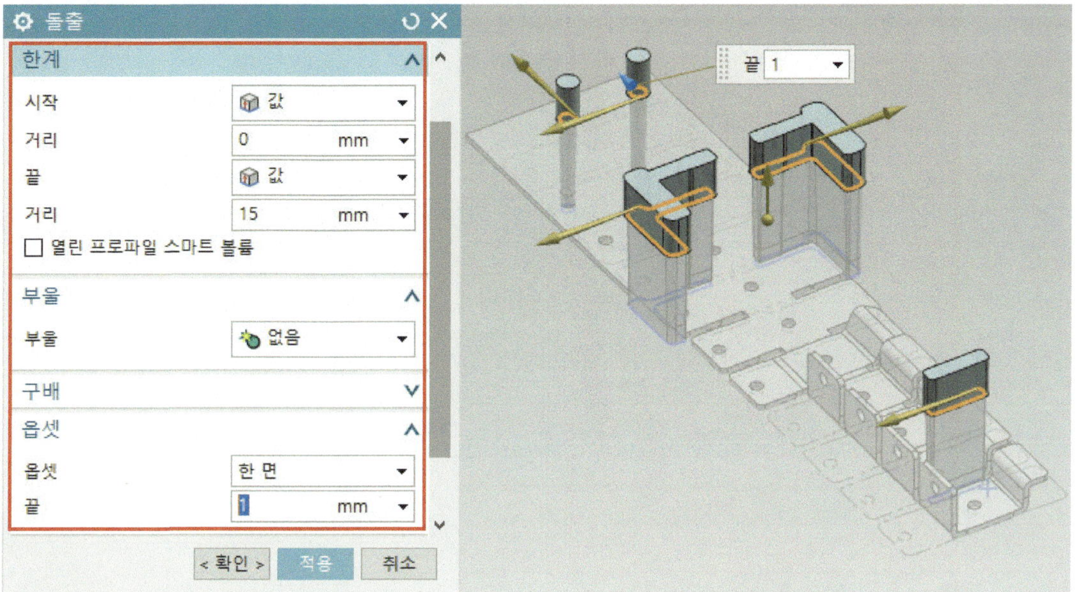

4) 하홀더에 '∅4.55 피어싱, 노칭, 파팅 가공' 스크랩 배출구를 만들어주기 위해 돌출 아이콘을 클릭, 선택 박스에서 '면 모서리' 선택, 3)에서 돌출한 형상의 평면을 선택한 다음, 아래와 같이 입력하고, '확인' 클릭한다.

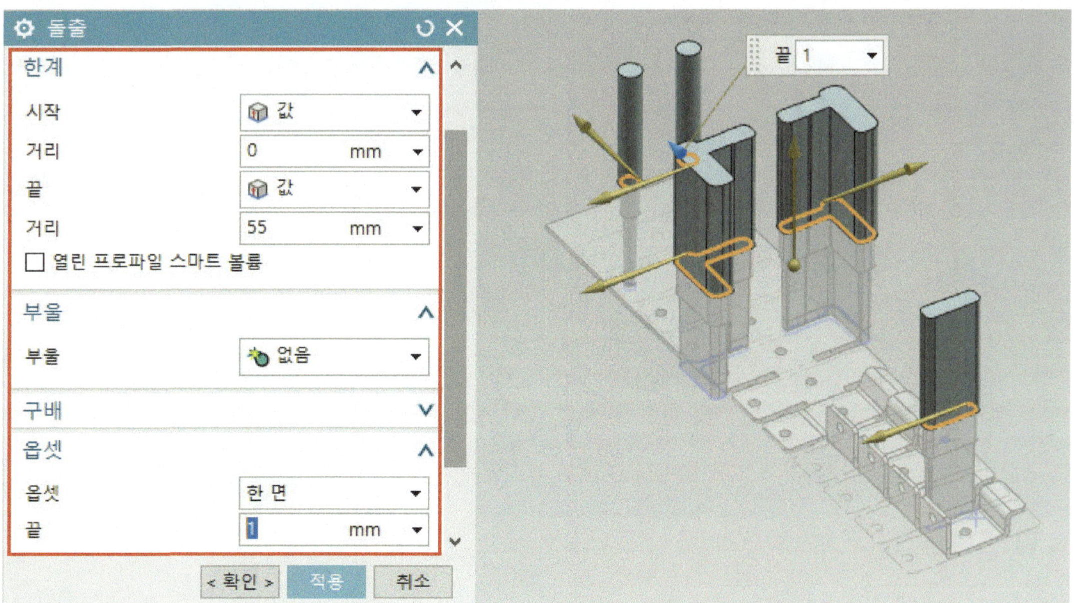

5) 먼저 '**∅4.55 피어싱 가공**' 스크랩 배출구 형상을 결합하기 위해 결합 아이콘을 클릭, 결합할 형상 4개소를 선택한 다음, '**확인**' 클릭한다.

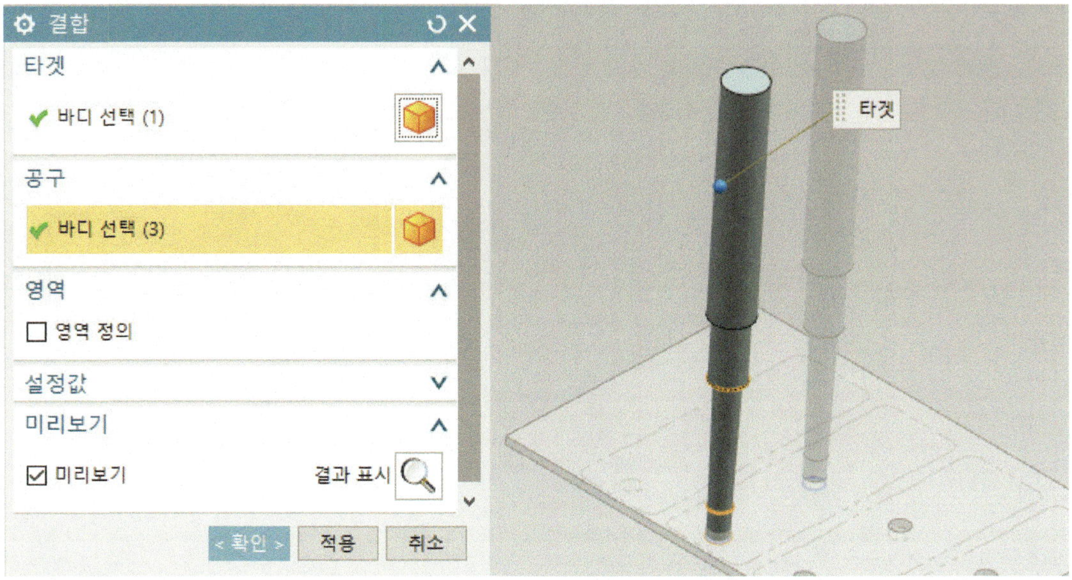

※ 나머지(노칭, 파팅) 스크랩 배출구도 위와 동일한 방법으로 결합해 준 다음, 색상은 '**Yellow**', 선의 형식은 '**이점 쇄선**', 반 투명도는 '**50%**' 정도로 적용한다.

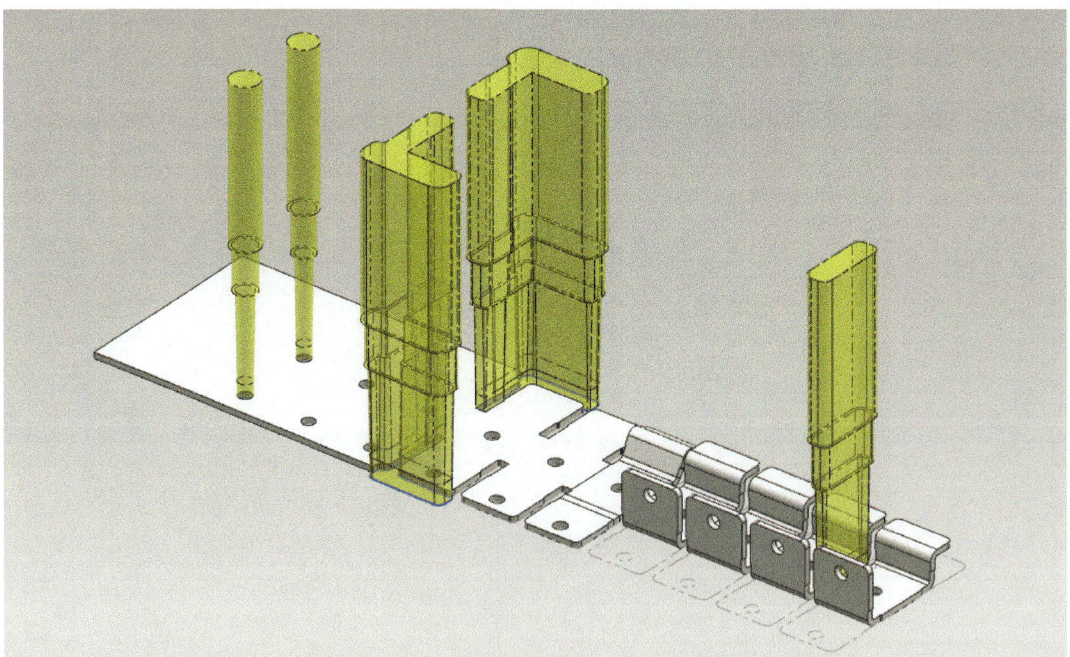

6) 계속해서 다이 플레이트에 8th '**∅3.55 피어싱 가공**' 인선 형상을 만들어주기 위해 돌출 아이콘을 클릭, 선택 박스에서 '**연결된 곡선**' 선택, 방향은 '**-ZC**', 부울은 '**없음**', 스트립 레이아웃의 ∅3.55 피어싱 스케치 형상을 선택한 다음, 아래와 같이 입력하고, '**확인**' 클릭한다.

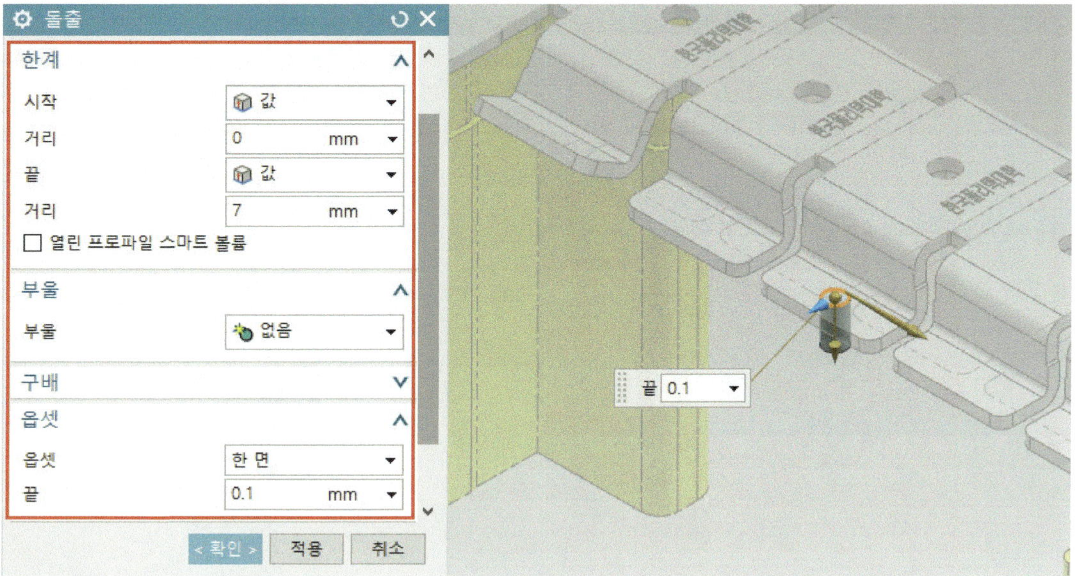

7) 이어서 다이 플레이트에 '**∅3.55 피어싱 가공**' 여유각 형상을 만들어주기 위해 돌출 아이콘을 클릭, 선택 박스에서 '**면 모서리**' 선택, 6)에서 돌출한 형상의 평면을 선택한 다음, 아래와 같이 입력하고, '**확인**' 클릭한다.

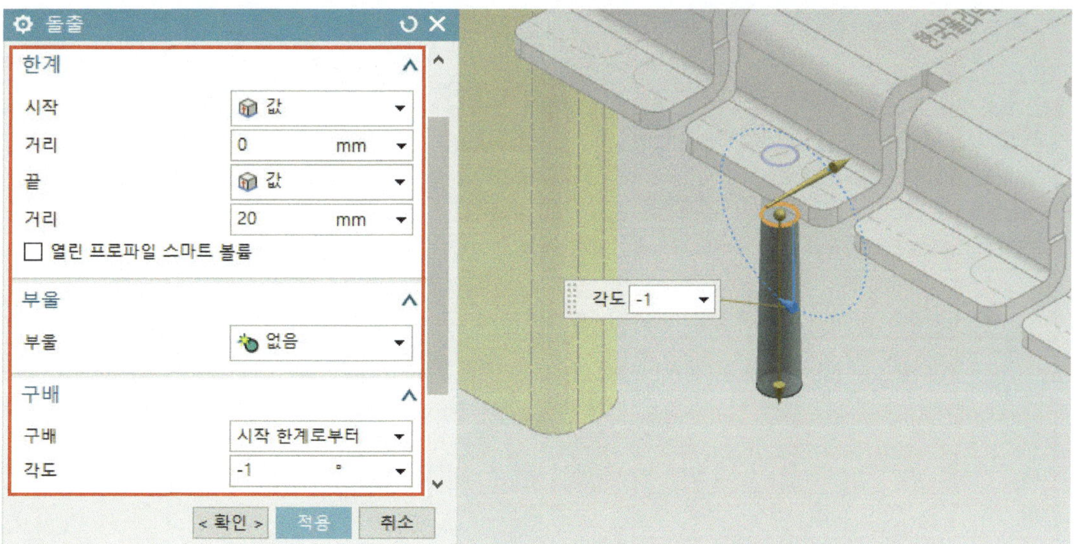

8) 다이 배킹플레이트에 '∅3.55 피어싱 가공' 스크랩 배출구를 만들어주기 위해 돌출 아이콘을 클릭, 선택 박스에서 '면 모서리' 선택, 7)에서 돌출한 형상의 평면을 선택한 다음, 아래와 같이 입력하고, '확인' 클릭한다.

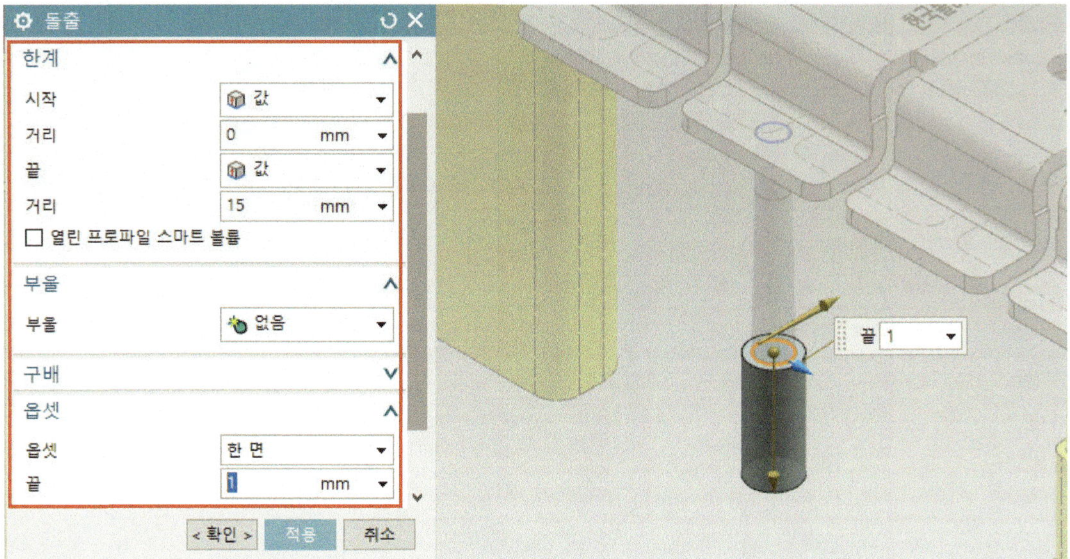

9) 하홀더에 '∅3.55 피어싱 가공' 스크랩 배출구를 만들어주기 위해 돌출 아이콘을 클릭, 선택 박스에서 '면 모서리' 선택, 8)에서 돌출한 형상의 평면을 선택한 다음, 아래와 같이 입력하고, '확인' 클릭한다.

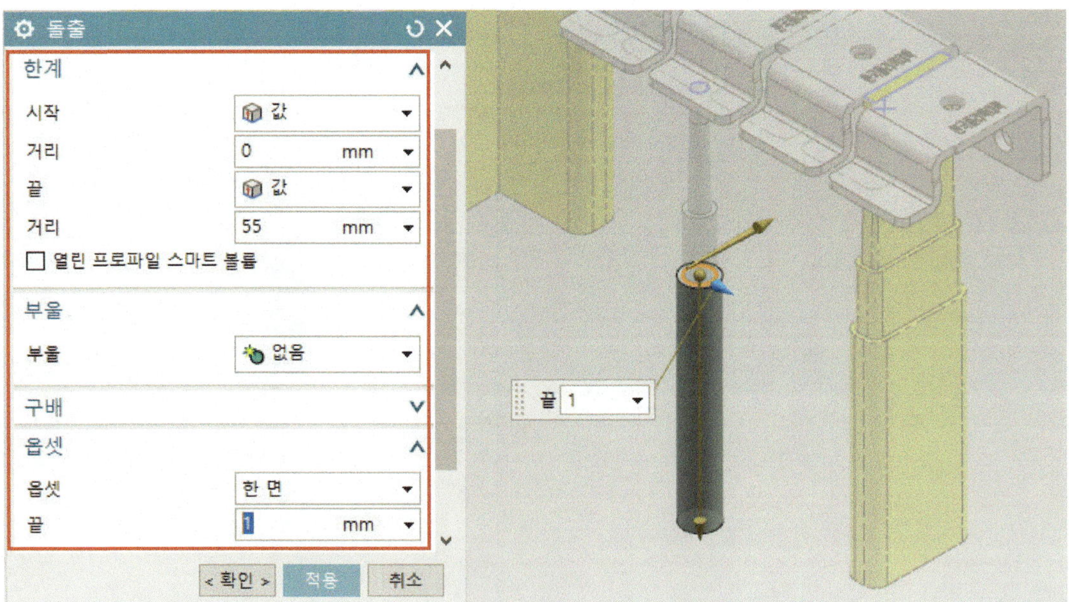

10) 이어서 '∅3.55 피어싱 가공' 스크랩 배출구 형상을 결합해주기 위해 결합 아이콘을 클릭, 결합할 형상 4개소를 순서대로 선택한 다음, '확인' 클릭한다.

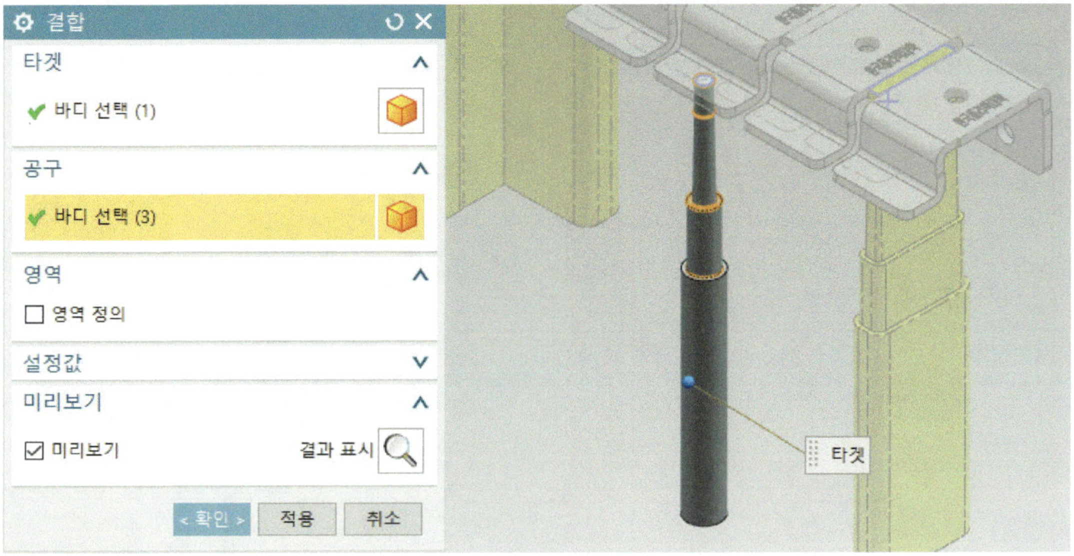

※ 색상은 'Yellow', 선의 형식은 '이점 쇄선', 반 투명도는 '50%' 정도 적용한다.

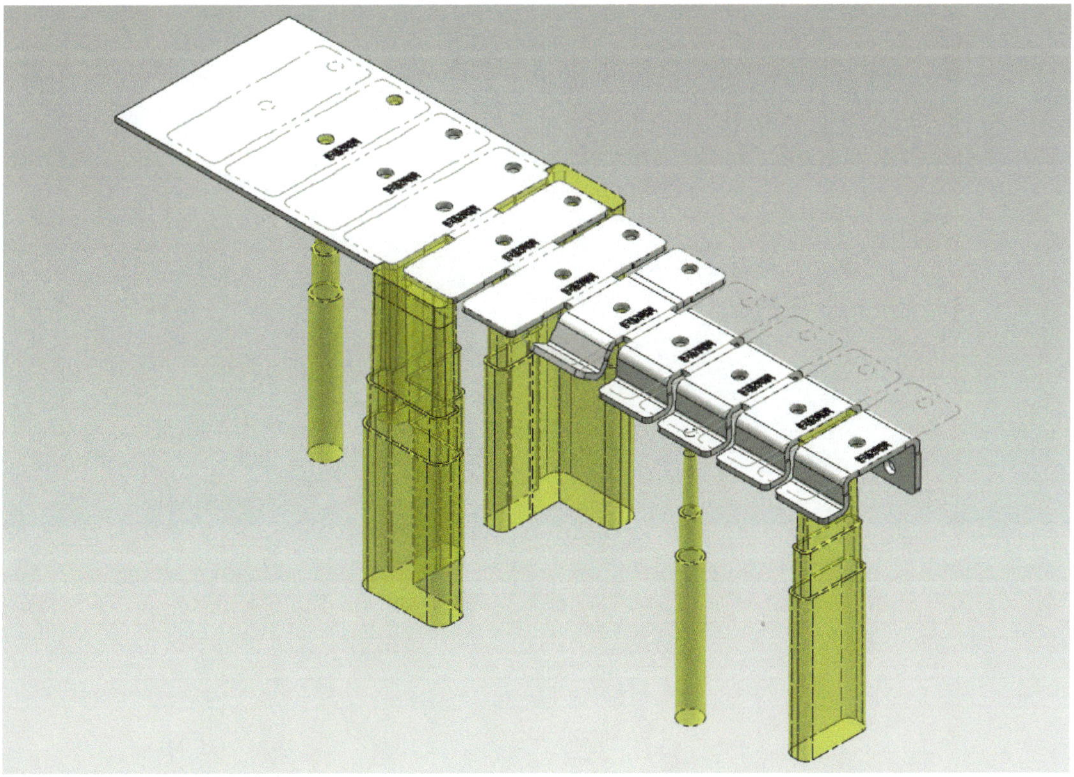

11) 다음은 다이세트에 '파일럿 핀 도피구'를 생성하기 위해 돌출 아이콘을 클릭, 선택 박스에서 '단일 곡선' 선택, 스트립 레이아웃 상면의 파일럿 핀 구멍 모서리를 모두 선택한 다음, 아래와 같이 입력하고, '확인' 클릭한다.

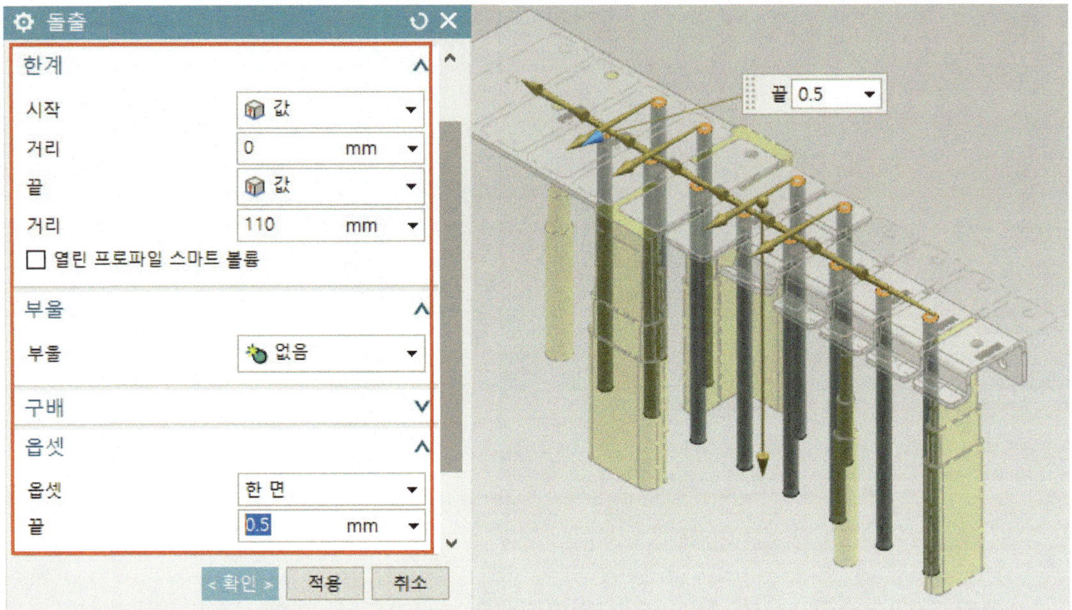

※ 파일럿 핀 도피구는 구분하기 쉽게, 색상은 'Yellow', 선의 형식은 '이점 쇄선', 반 투명도는 '50%' 정도 적용한다.

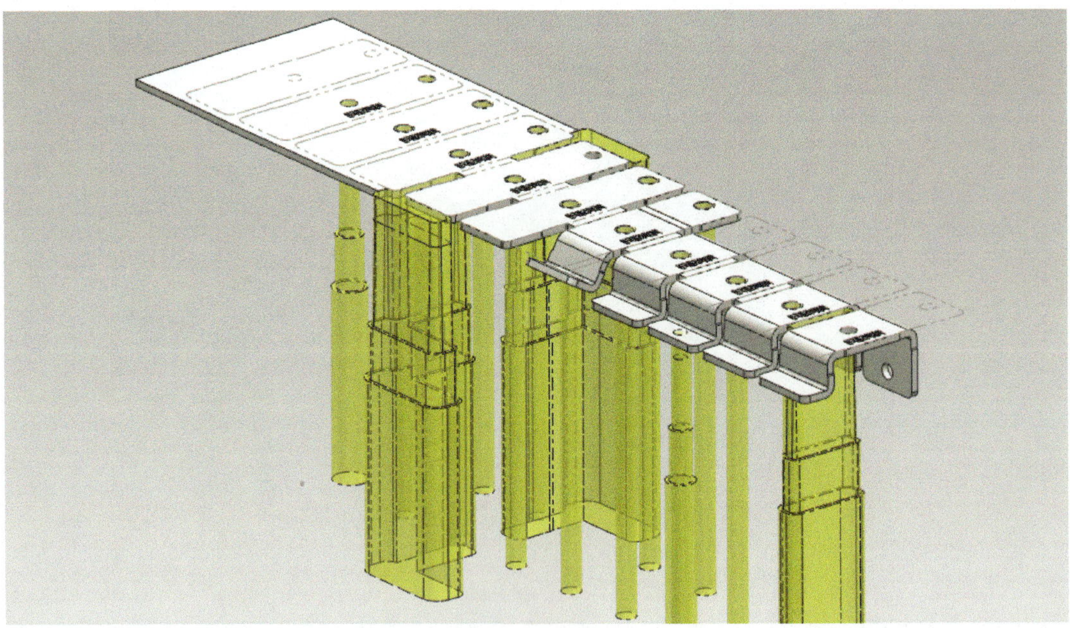

12) 하형 다이세트에 '벤딩 밀핀 도피구'를 만들어주기 위해 원통 아이콘을 클릭, 유형에서 '단축, 반경, 높이' 선택, 밀핀 턱걸이 바닥면의 중심점 클릭한 다음, 아래와 같이 입력하고, '확인' 클릭한다.

※ L벤딩 다이편의 밀핀은 표시하고, 파일럿 핀 도피구는 모두 숨기기 한다.

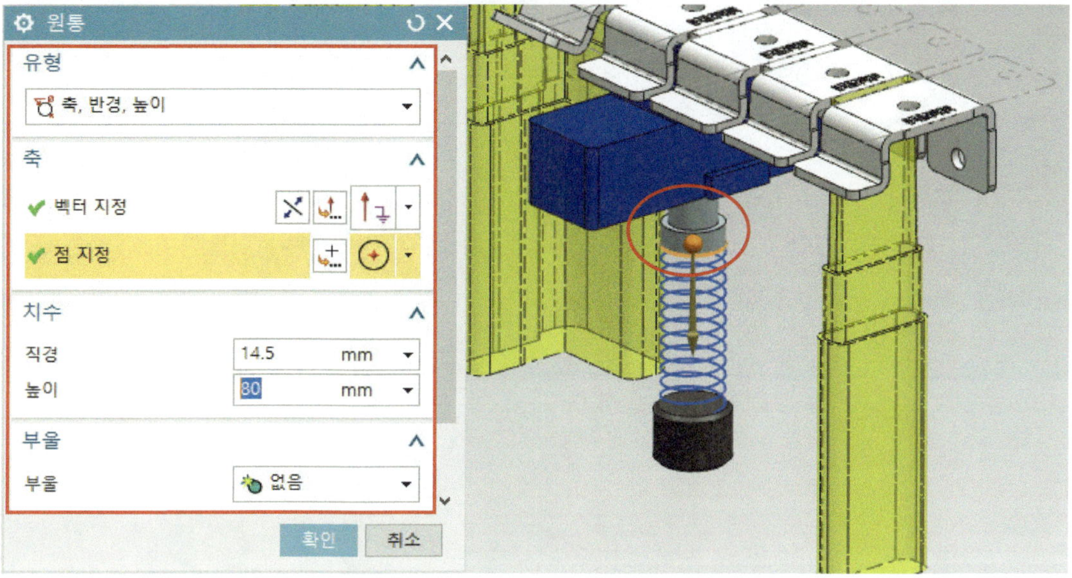

※ L벤딩 밀핀의 도피구도 스크랩 배출구와 동일한 속성 적용한다.

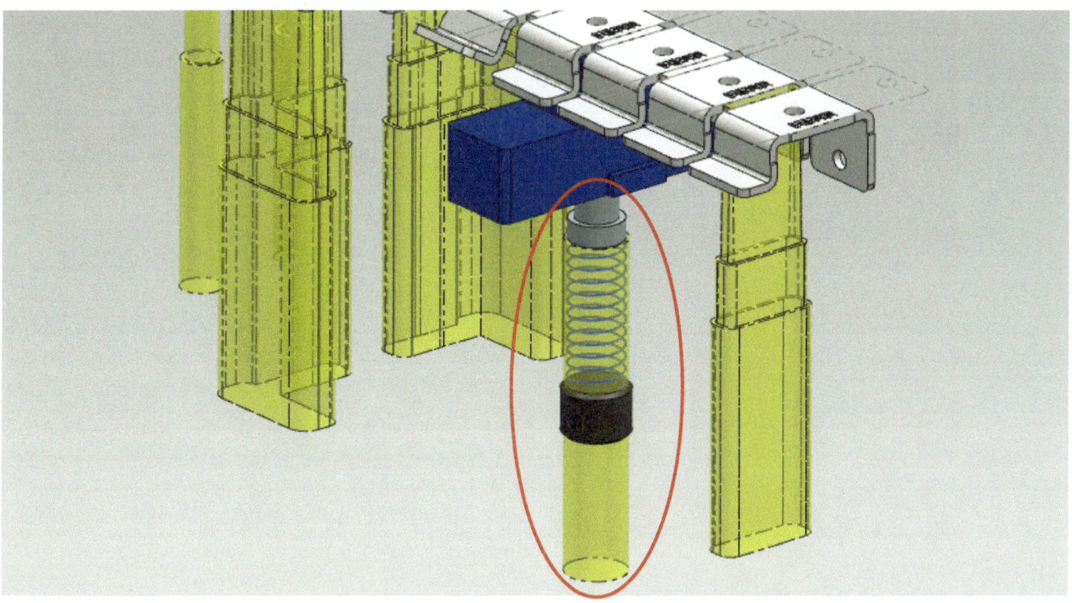

13) 전단가공 스크랩 배출구 및 도피구(파일롯 핀, L벤딩 밀핀) 설계 완료

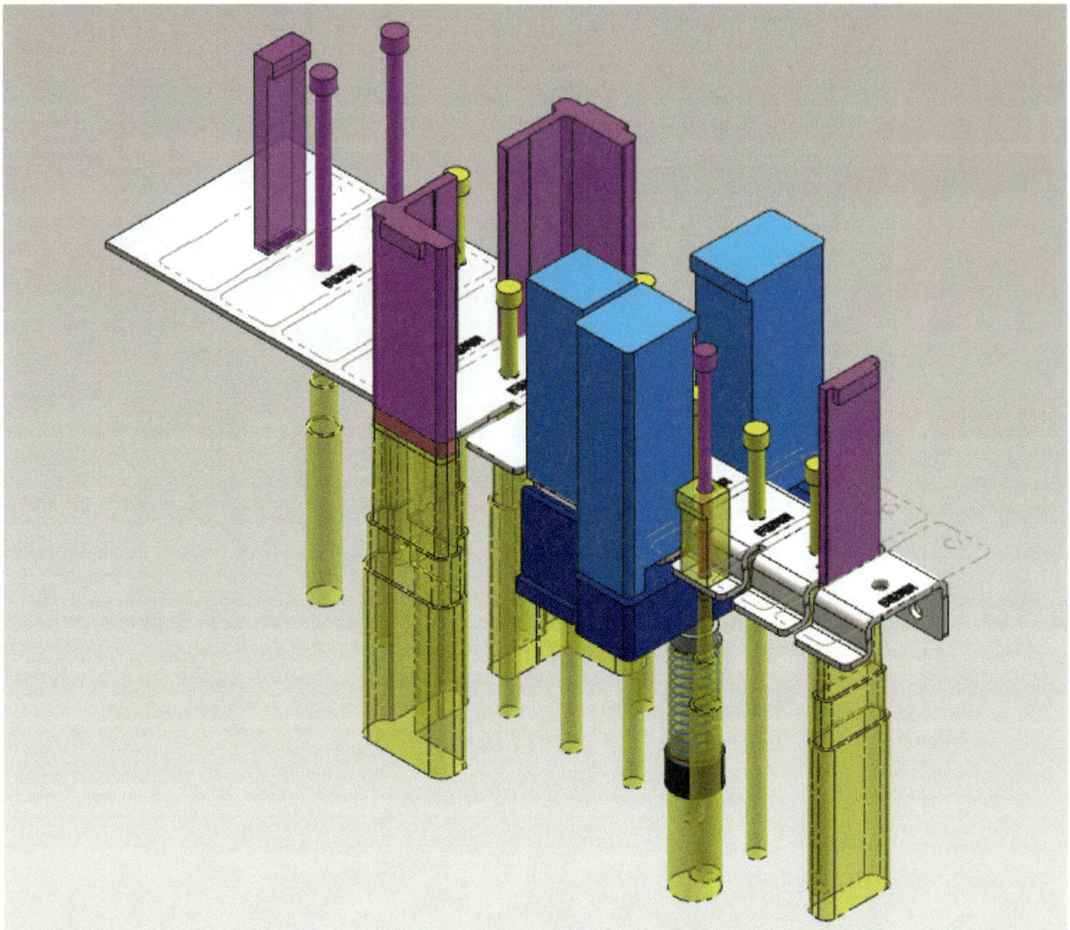

4.7 다이세트 설계하기

다이세트 설계의 경우, 프레스금형 설계 편람을 참고하여 다이세트 라이브러리를 미리 만들어 놓고, 스트립 레이아웃과 펀치 및 다이편 그리고 스크랩 배출구 및 도피구 등의 설계가 완료되는 시점에서 다이세트 라이브러리를 불러와서 조합하여 설계한다.

따라서 다이세트 설계하기는 4.6)의 스크랩 배출구 및 도피구 설계가 완료되면, 먼저 다이 플레이트의 외곽 치수를 결정해야 하며, 외곽 치수를 결정하기 위해서는 아래와 같이 전단력(P)을 계산한 다음, 다이 플레이트 두께(H)를 계산해야 한다.

※ 전단력(P): **13,741** kgf

= L(전단 길이) × t(판재 두께) × τ (전단응력)

= 214.7 × 2.0 × 32.0

= 13,741 kgf

※ 다이 플레이트 두께(H): **35.0** ㎜

= k × $\sqrt[3]{P}$, 여기서 k는 보정 계수, P 는 전단력

k: 1.37 = 전단 길이가 150~300 ㎜

k: 1.50 = 전단 길이가 300~500 ㎜

= 1.37 × $\sqrt[3]{13.741}$

= 32.81 ㎜ (다이 플레이트 두께는 35.0으로 결정함)

1) 다이 플레이트의 외곽 크기를 확정하기 위해 스케치 아이콘을 클릭, 스트립 레이아웃의 '상면(윗면) 왼쪽 아래 꼭짓점'을 클릭한 다음, 아래와 같이 1st 스케치하고, 2nd 치수 최적화를 거친 후 '확인' 클릭한다.

※ 52.5 = 다이 플레이트 두께 35.0 + 안전율 1.5

※ 1st 스케치: 다이 플레이트 외곽 크기를 스케치한다.

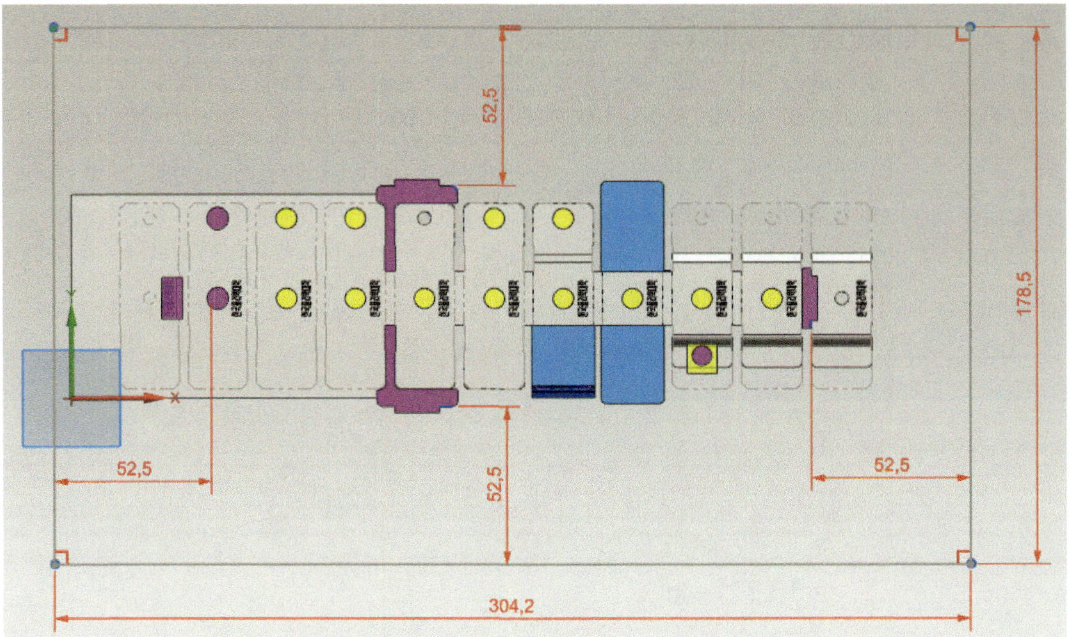

※ 2nd 치수 최적화: 다이 플레이트 외곽 크기를 '320×200'으로 확정한다.

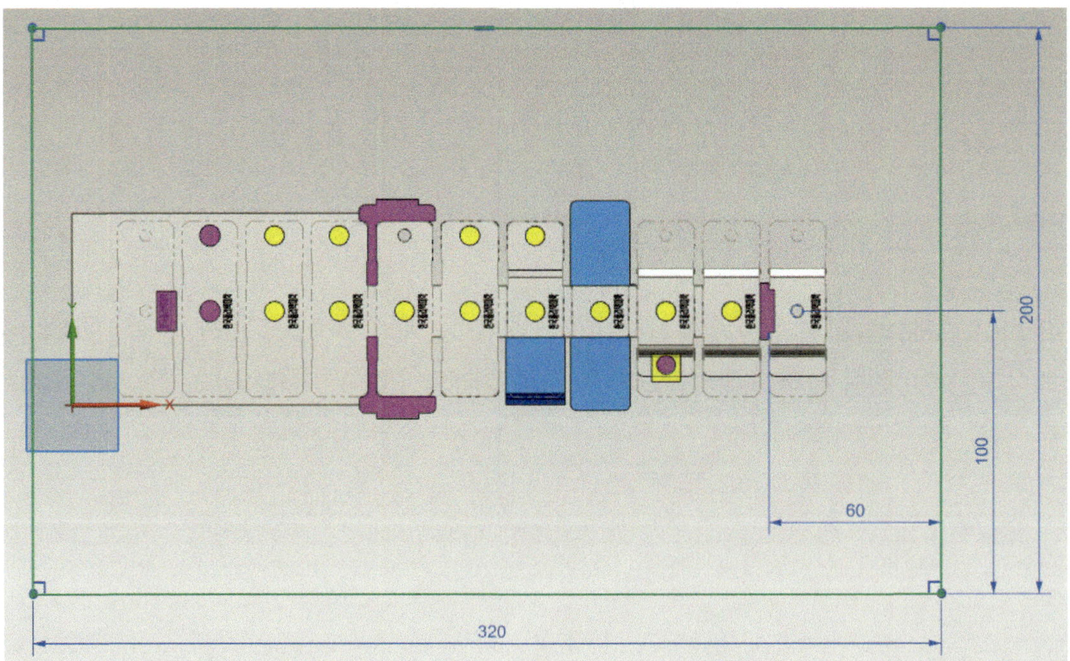

2) 다이세트 설계는 관련 부품을 하나씩 설계하는 것이 아니라 미리 만들어놓은 다이세트 라이브러리 중, 다이 플레이트 가로×세로 크기와 스트리퍼 볼트 작동 거리에 적합한 다이세트 라이브러리를 불러와서 스트립 레이아웃과 조합하는 방식으로 설계하는데, 만들어진 다이세트를 불러오기 위해서는 다이세트의 기준점과 스트립 레이아웃의 기준점을 맞추어서 불러와야 한다.

다이세트를 불러오기 위해, 메인메뉴에서 '파일' → '가져오기' → '파트' 클릭, 파트 가져오기 팝업창에서 '확인' 클릭한 다음, '프레스금형 표준부품'의 다이세트 폴더에서 'FR320-200-ST11' 파일을 선택하고, 'OK' 클릭한 다음, 1)에서 스케치한 다이 플레이트의 '왼쪽 아래 꼭짓점'을 클릭한다.

다이세트 불러오기가 완료되면, 기준점이 정확히 맞는지 확인하여 이상 없으면, '취소' 클릭한다.

※ FR320-200-ST11 : FR320-200(볼 리테이너 포스트 4개 형식, 다이 플레이트 가로 320×세로 200), ST11는 스트리퍼 볼트 작동 거리 11.0 ㎜
(벤딩 펀치 작동 거리(벤딩 펀치 내측 R3 + 직선거리 4.0 + 선단부 R3 + 여유 1.0)

※ '취소' 클릭하지 않고, 확인 클릭하면, 다이세트를 두 번 불러온다.

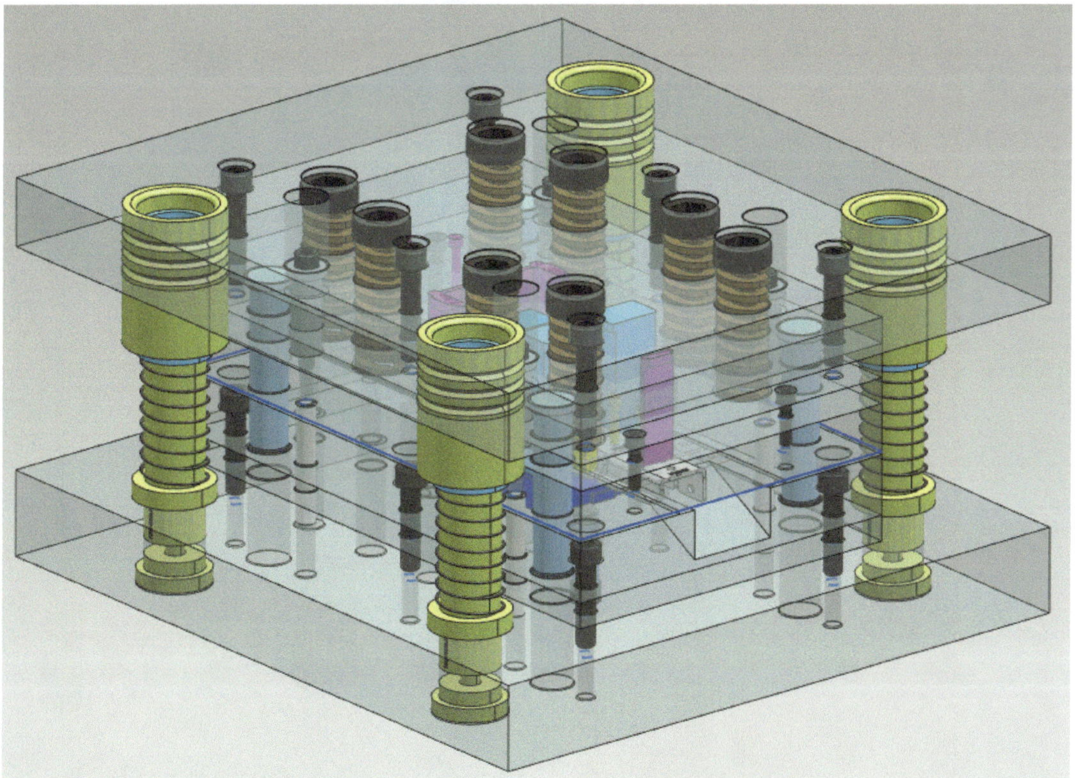

3) 다이세트의 경우, 각 공정별로 발생하는 스크랩(Scrap)이 금형 밑으로 간섭 없이 빠져나갈 수 있도록 배출구를 만들어주어야 한다.

미리 만들어 놓은 배출구 형상을 하형다이세트의 각 플레이트 별로 '빼기' 명령어를 사용하여 분리시켜서 배출구를 만들어주면 된다.

※ 하형다이세트의 뒷면이 잘 보일 수 있도록 회전시킨 다음, 'Ctrl + J' 클릭, 하형다이세트의 플레이트 3개의 반 투명도를 '0'으로 변경해 준다.

먼저 하홀더에 배출구를 생성하기 위해 빼기 아이콘을 클릭하고, 타깃 바디 선택에서 '하홀더' 선택, 공구 바디 선택에서 '배출구(스크랩+밀핀 및 파일럿 핀 도피구)' 형상을 모두 선택해 준다. 그리고 배출구 형상은 계속 사용해야 하므로 설정값 항목에서 툴 유지 '체크'하고, '확인' 클릭한다.

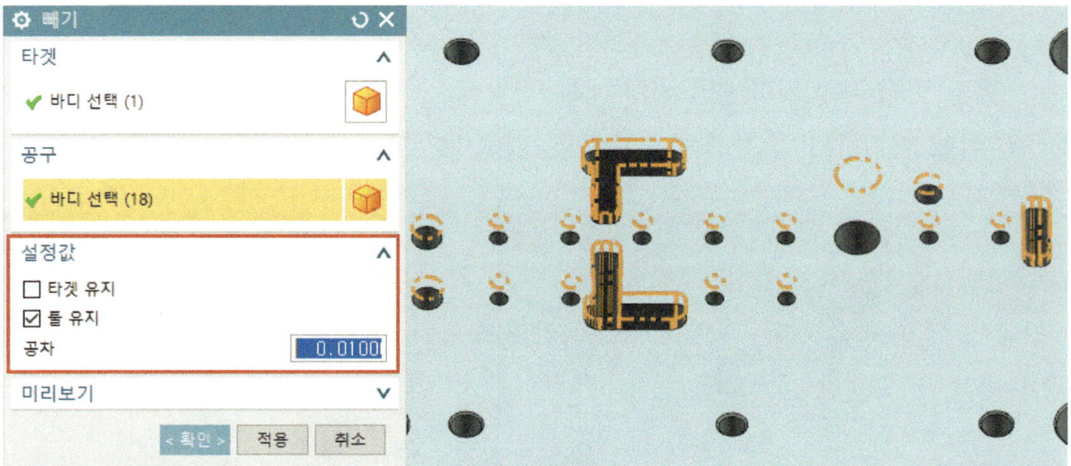

※ 정상적으로 분리되면, 구멍 모서리 부분이 진하게 된 것을 확인할 수 있다.

4) 다음은 다이 배킹플레이트에 배출구를 생성하기 위해 빼기 아이콘을 클릭하고, 타깃 바디 선택에서 '다이 배킹플레이트' 선택, 공구 바디 선택에서 '배출구(스크랩 + 파일럿 핀 도피구)' 형상을 모두 선택해 준다. 그리고 배출구 형상은 계속 사용해야 하므로 설정값 항목에서 툴 유지 '체크'하고, '확인' 클릭한다. (L벤딩 밀핀 구멍 도피구는 제외)

※ 작업성을 높이기 위해 빼기 완료된 하홀더는 숨기기 한다.

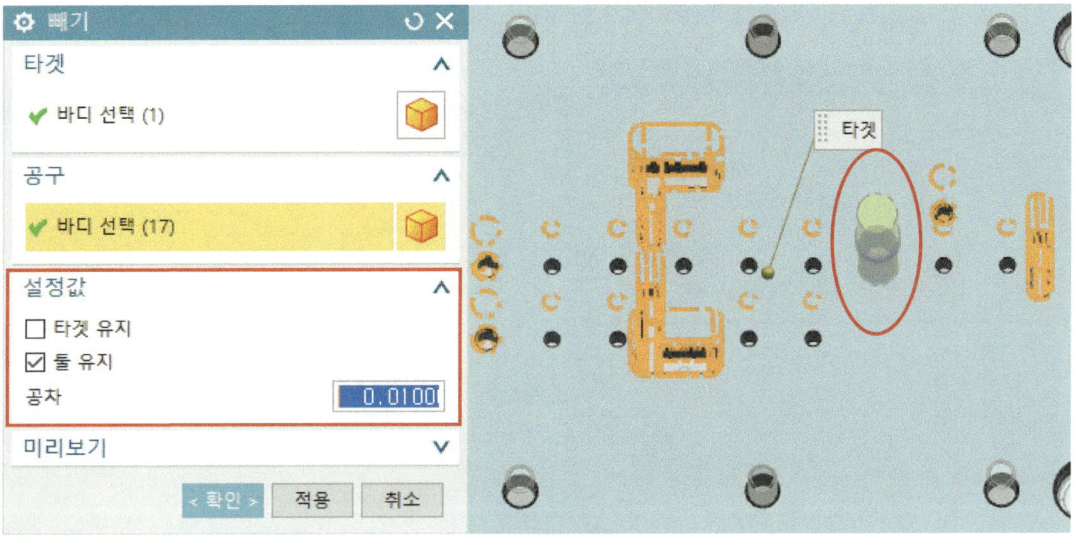

※ 정상적으로 분리되면, 구멍 모서리 부분이 진하게 된 것을 확인할 수 있다.

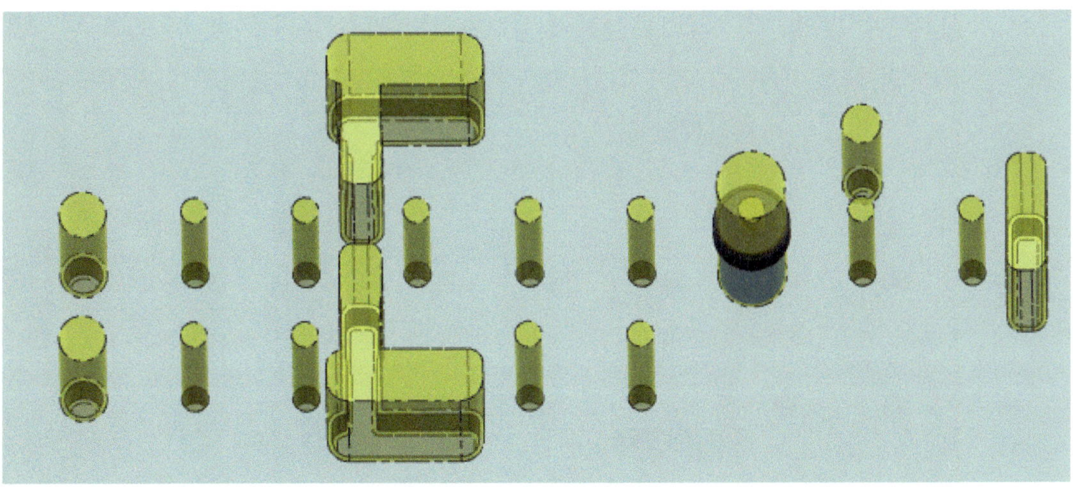

5) 마지막으로 다이 플레이트에 배출구를 생성하기 위해 빼기 아이콘을 클릭하고, 타깃 바디 선택에서 '**다이 플레이트**' 선택, 공구 바디 선택에서 '**배출구(스크랩 + 파일럿 핀 도피구)**' 형상을 선택한 다음, 설정값 항목에서 툴 유지 체크 '**해제**'하고, '**확인**' 클릭한다.

※ 공구 바디 선택에서 L벤딩 밀핀 구멍 도피구 형상은 선택하지 않는다.
(선택하면, 분리할 대상이 없어 Error 발생할 수 있다)

※ 작업성을 높이기 위해 빼기 완료된 다이 배킹플레이트는 숨기기 한다.

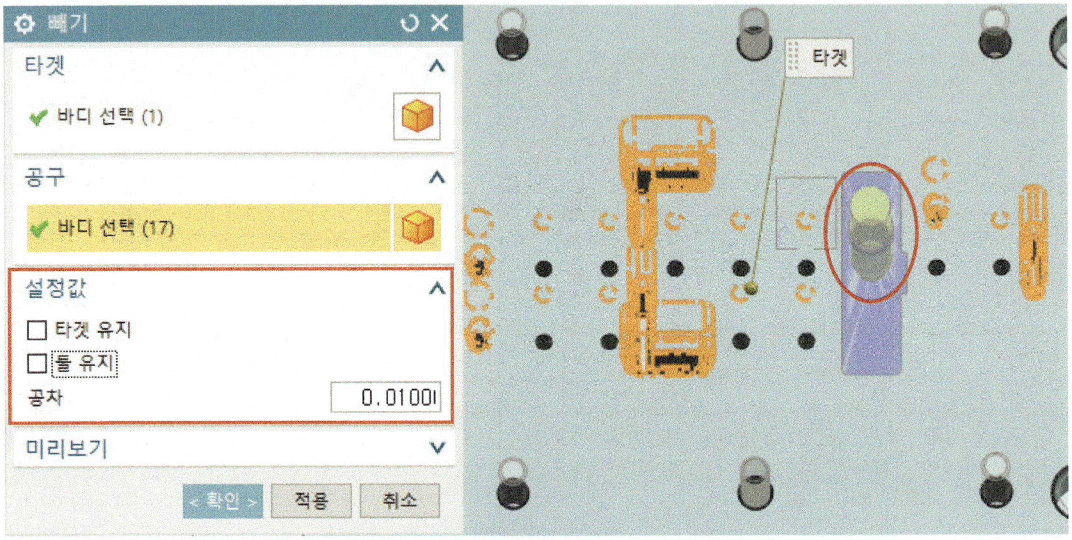

※ 정상적으로 분리되면, 아래와 같이 배출구가 생성된 것을 확인할 수 있다.

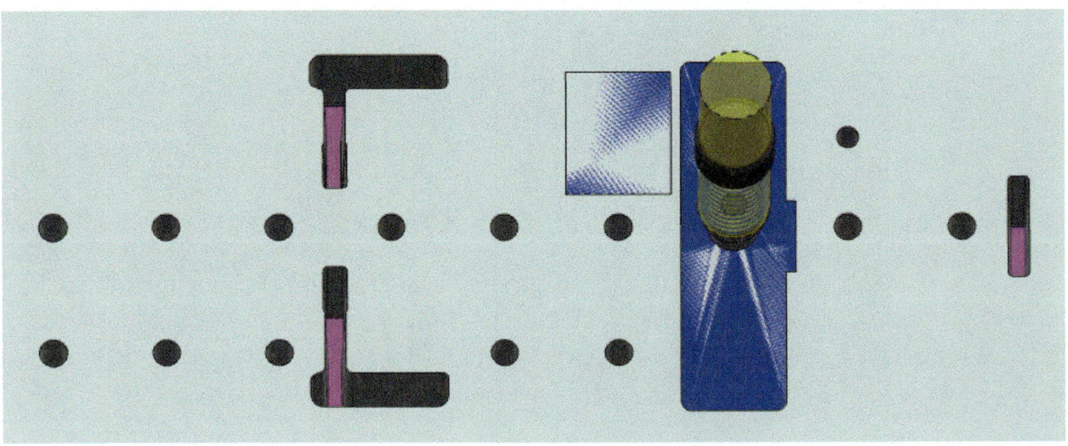

6) 다이 플레이트 하면에 남아 있는 L벤딩 밀핀 구멍 도피구 형상을 삭제하기 위해 바디 삭제 아이콘을 클릭, 삭제할 바디 선택에서 '밀핀 구멍 도피구' 형상을 선택한 다음, '확인' 클릭한다.

※ 작업성을 높이기 위해 빼기 완료된 다이 배킹플레이트는 숨기기 한다.

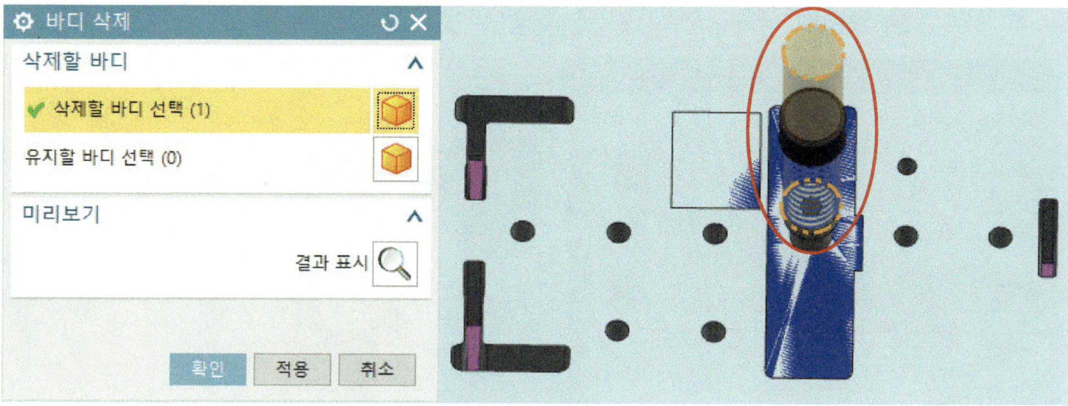

7) 다음은 다이 플레이트에서 Z, L벤딩 다이편 형상을 분리하기 위해 빼기 아이콘을 클릭하고, 타깃 바디 선택에서 '다이 플레이트' 선택, 공구 바디 선택에서 'Z, L벤딩 다이편' 형상을 선택한다. 그리고 벤딩 다이편은 금형 부품으로 계속 사용해야 하므로 설정 값 항목에서 툴 유지 '체크'하고, '확인' 클릭한다.

※ 작업성을 높이기 위해 L벤딩 밀핀, 스프링, 무드볼트는 숨기기한다.

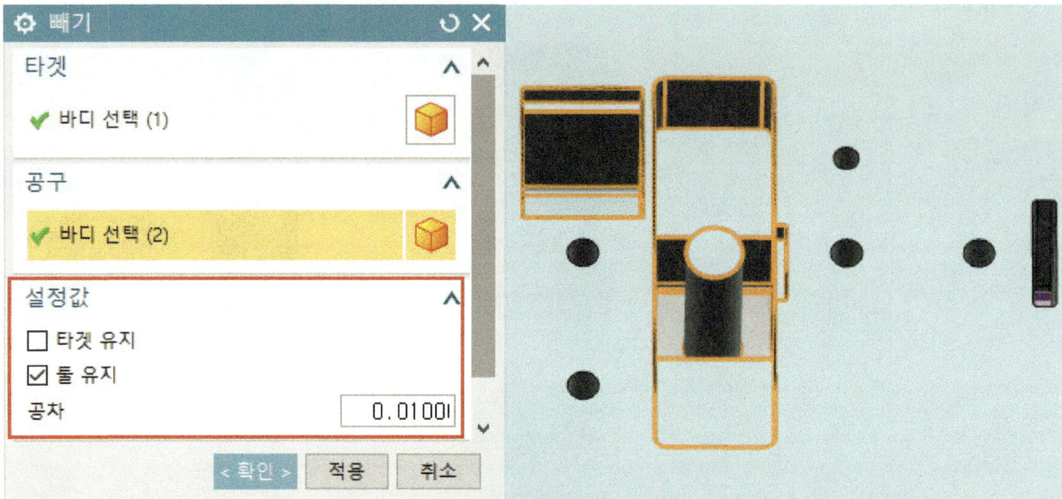

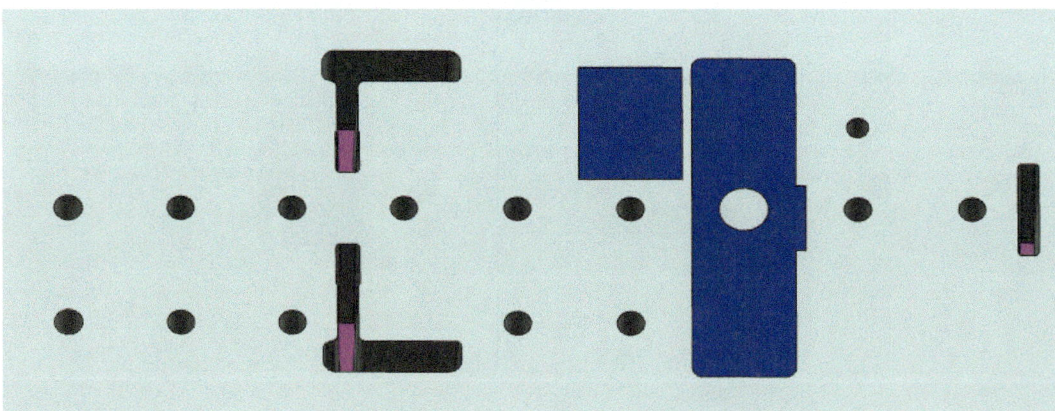

8) 다이 플레이트 L벤딩 다이편의 밀핀 구멍에 남아 있는 원기둥 형상을 삭제하기 위해 바디 삭제 아이콘을 클릭, 삭제할 바디 선택에서 L벤딩 다이편 구멍의 '원기둥 형상' 형상을 선택한 다음, '확인' 클릭한다.

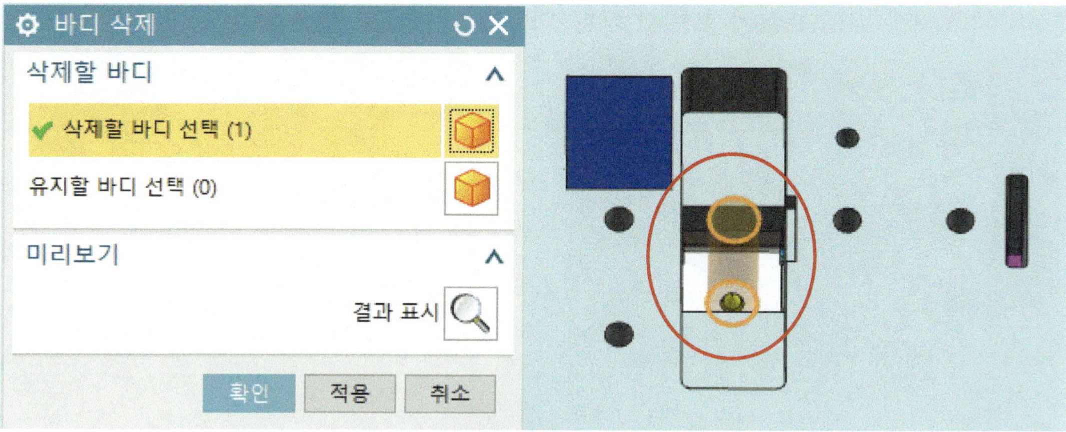

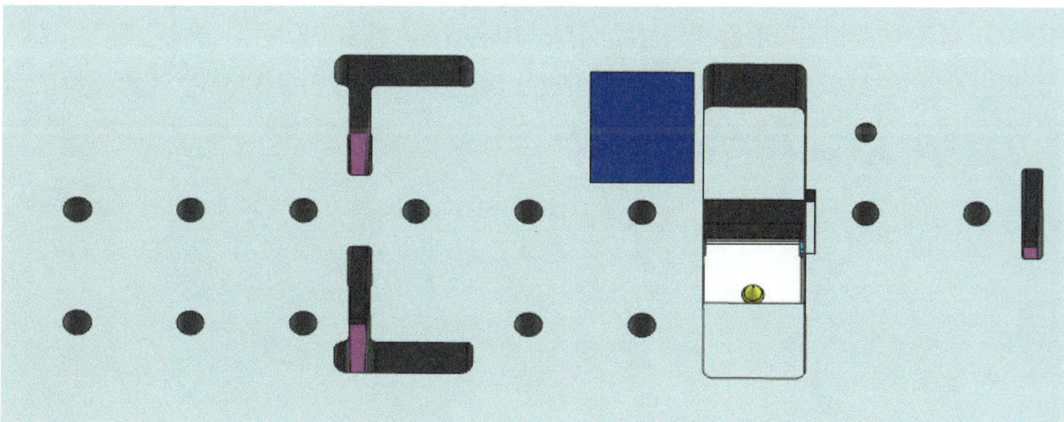

9) 다음은 다이 플레이트에 제거되지 않고 남아 있는 Z, L벤딩 다이편 잔여 형상을 삭제하기 위해 '스케치' 아이콘을 클릭, 다이 플레이트의 하면을 X-Y 평면으로 설정하고, 아래와 같이 스케치한 다음, '스케치 종료' 클릭한다.

※ 스케치 작업성을 높이기 위해 벤딩 다이편의 형상을 '투영'하여 사용한다.

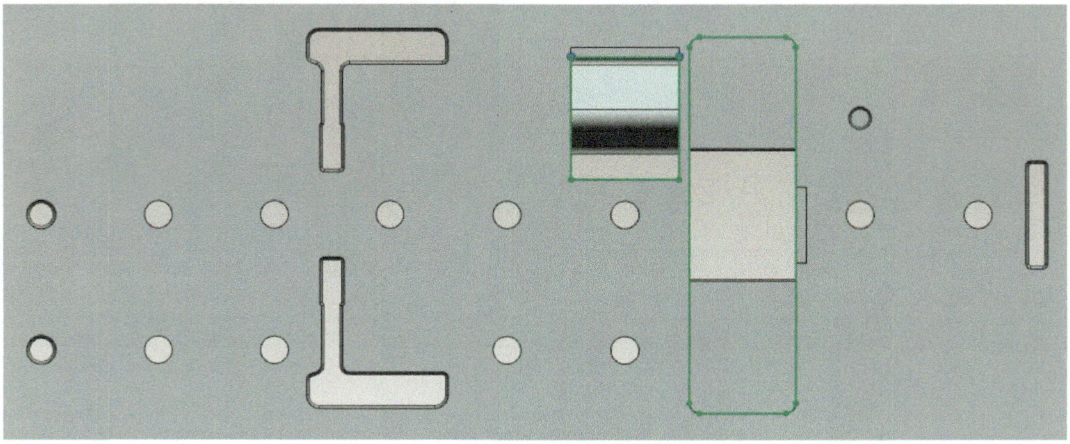

10) 이어서 Z, L벤딩 다이편 잔여 형상을 삭제하기 위해 돌출 아이콘을 클릭, 선택 박스에서 '연결된 곡선' 선택하고, 작성한 스케치를 선택한 다음, 아래와 같이 정의하고, '확인' 클릭한다.

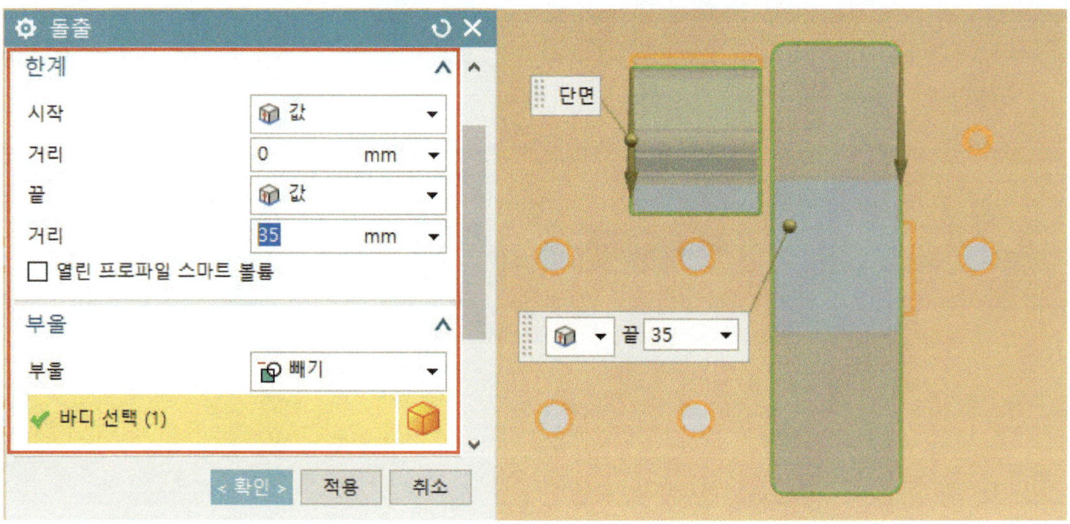

※ 하형 다이세트에 다이 인선(날), 스크랩 배출구, 파일럿 핀 도피구, Z벤딩, L벤딩 다이편 분리 등 설계가 완료된 상태

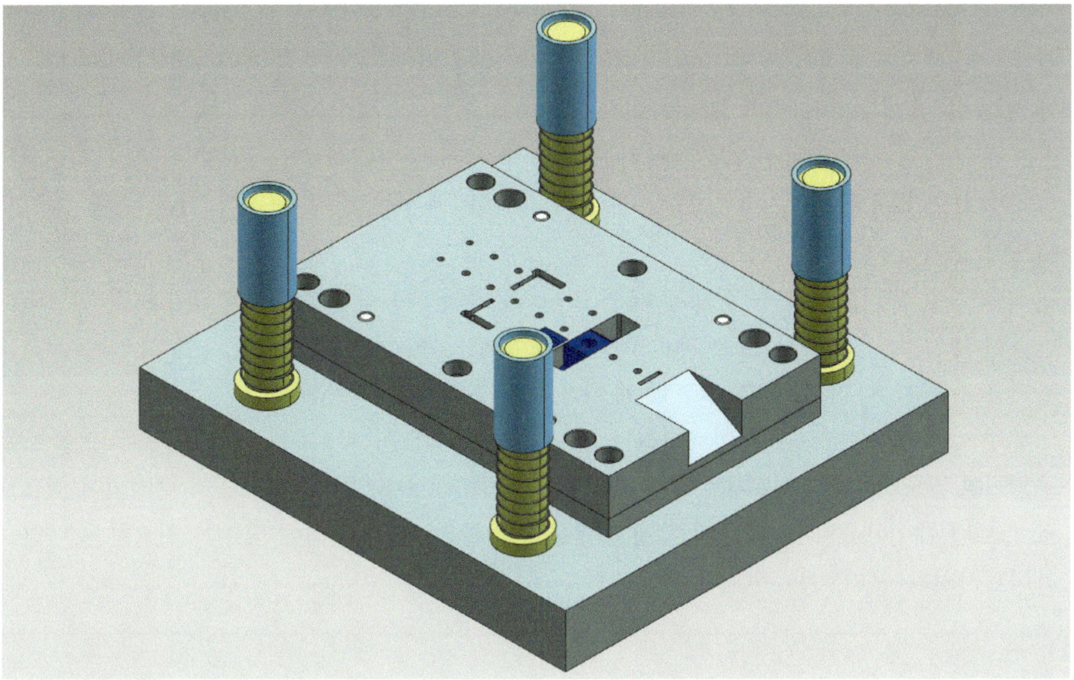

4.8 가이드 리프터 핀 설계하기

프로그레시브(Progressive) 즉, 순차이송금형에서 스트립 레이아웃이 정해진 피치만큼 이동할 때 프레스 원소재의 처짐이나 치우침, 간섭 없이 다음 공정으로 이송되어야 하는데, 이때 필요한 금형부품이 소재 안내가이드 장치이다.

프레스 원소재가 금형 안으로 정확히 들어갈 수 있도록 안내해 주는 금형부품으로 재료가이드, 가이드 리프터 핀 등이 있는데, 본 금형에서는 가공 공정이 비교적 적은 원형 가이드 리프터 핀을 적용한다.

원형 가이드 리프터 핀을 설계할 때는 프레스금형 설계편람을 기준으로 라이브러리로 미리 만들어 놓고, 하형 다이세트에 배출구 설계가 완료되는 시점에서 원형 가이드 리프터 핀을 불러와서 하형 다이세트 및 스트립 레이아웃과 조합하여 사용한다.

원형 가이드 리프터 핀 라이브러리는 원형 가이드 리프터 핀, 와이어 스프링, **무드 볼트로 구성되어 있으며, 하형 다이세트에 ∅10 원형 가이드 리프터 핀** 구멍이 미리 생성되어 있으므로 스트립 레이아웃의 소재 폭에 맞게 치수를 변경한 다음, 기준점에 맞추어 필요한 수량만큼 라이브러리를 불러오면 된다.

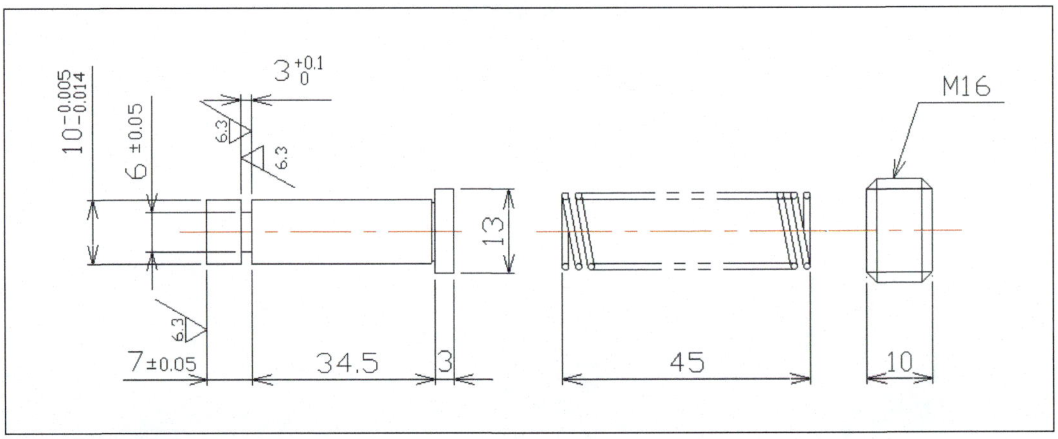

※ 설계 작업성을 높이기 위해, 하형 다이세트와 스트립 레이아웃만 남기고 나머지는 모두 숨기기한 다음, 하형 다이세트의 다이 플레이트가 평면으로 보일 수 있도록 한다. (단축키 F8 활용)

1) 스트립 레이아웃, 폭 치수 '67.8'에 가이드 리프터 핀 내경(∅6)과 간격을 맞춰주기 위해 다이 플레이트에 생성된 가이드 리프터 핀, 구멍 중심의 스케치 '점'을 더블 클릭한 다음, 치수를 '3.2'로 변경한다.

※ 3.2 = 가이드 리프터 핀 내경(∅6.0)의 1/2인 '3.0' + 스트립 외곽 폭과 리프터 핀 내경과의 편측 여유 치수 '0.2'

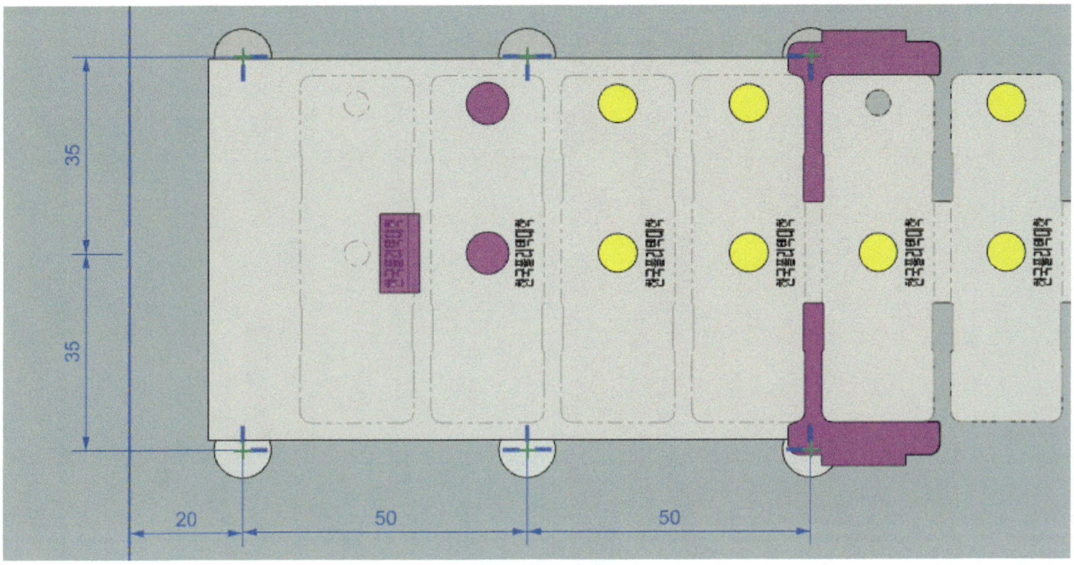

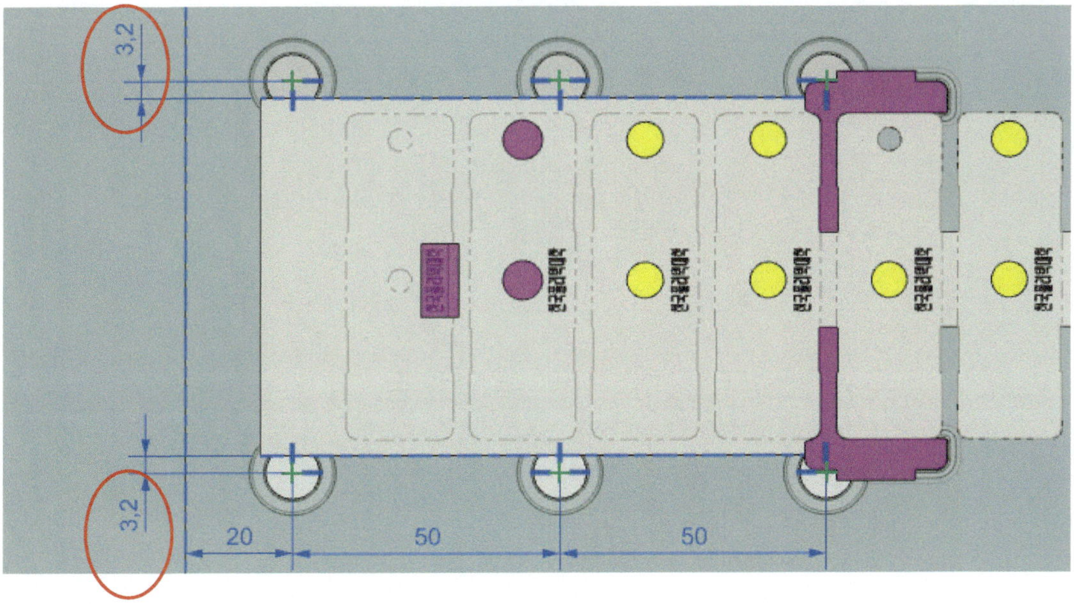

2) 다음은 스트립 레이아웃이 이송 중 처지거나 틀어지지 않도록 가이드 리프터 핀의 간격을 조정해주기 위해 다이 플레이트에 생성된 가이드 리프터 핀, 홀 중심의 스케치 '**점**'을 더블 클릭한 다음, 아래와 같이 치수를 변경한다.

※ 가이드 리프터 핀 간격을 조정할 때, Scrap 배출구 형상과 겹치지 않도록 주의한다. (겹치게 되면, 스크랩 배출 시, 간섭으로 금형파손 발생 우려)

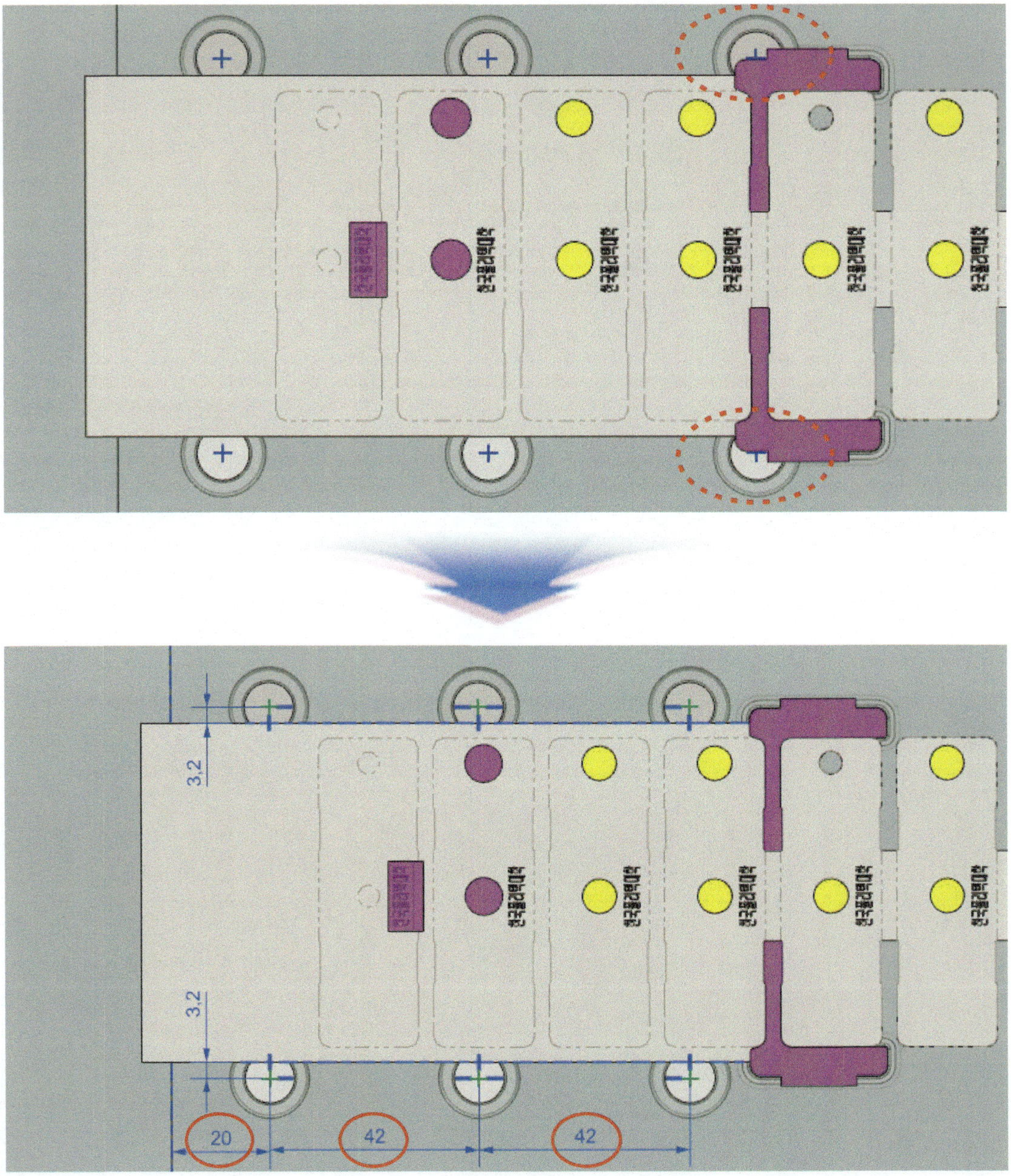

3) 다음은 가이드 리프터 핀을 불러오기 위해, 메인메뉴에서 '파일' → '가져오기' → '파트' 클릭한 다음, 파트 가져오기 팝업창에서 '확인' 클릭한다.

바탕화면의 프레스금형 표준 부품 폴더의 '가이드 리프터 핀 세트' 폴더에서 'D10-L45-A4' 파일을 선택한 후 'OK' 클릭한 다음, 기준점으로 다이 플레이트 '하면(아랫면)'에 생성한 가이드 리프터 핀, '구멍 중심점' 6개소를 선택한다. 불러오기가 완료되면, 생성된 가이드 리프터 핀이 다이 플레이트의 구멍 중심에 정확히 맞는지 확인하여 이상 없으면, '취소' 클릭한다.

※ '취소' 클릭하지 않고, 확인 클릭하면 동일한 위치에 두 번 불러온다.

※ 작업성을 높이기 위해 상형(다이세트, 펀치, 파일럿 핀) 전체를 숨기기 한 다음, 다이 플레이트의 아랫면이 잘 보일 수 있도록 'Ctrl + J' 클릭하여 하형 다이세트의 플레이트 3개의 반 투명도를 '80' 정도로 변경해 준다.

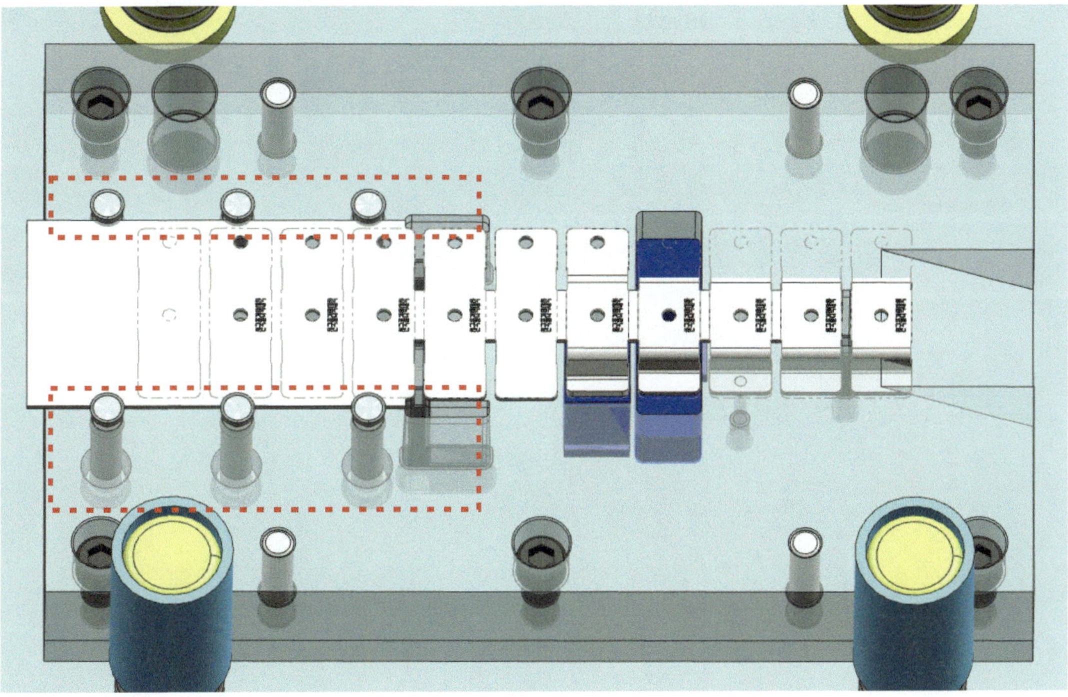

4) 가이드 리프터 핀의 작동 거리를 확인하기 위해 아이콘을 클릭, 유형은 '투영거리', 벡터는 'Z축', 선택하고, 아래와 같이 두 점을 클릭하여 가이드 리프터 핀의 작동량 '10.0' ㎜를 확인한다.

※ 참고로 가이드 리프터 핀의 작동량(10.0)은 벤딩 다이편의 밀핀 작동량과 동일해야 한다.

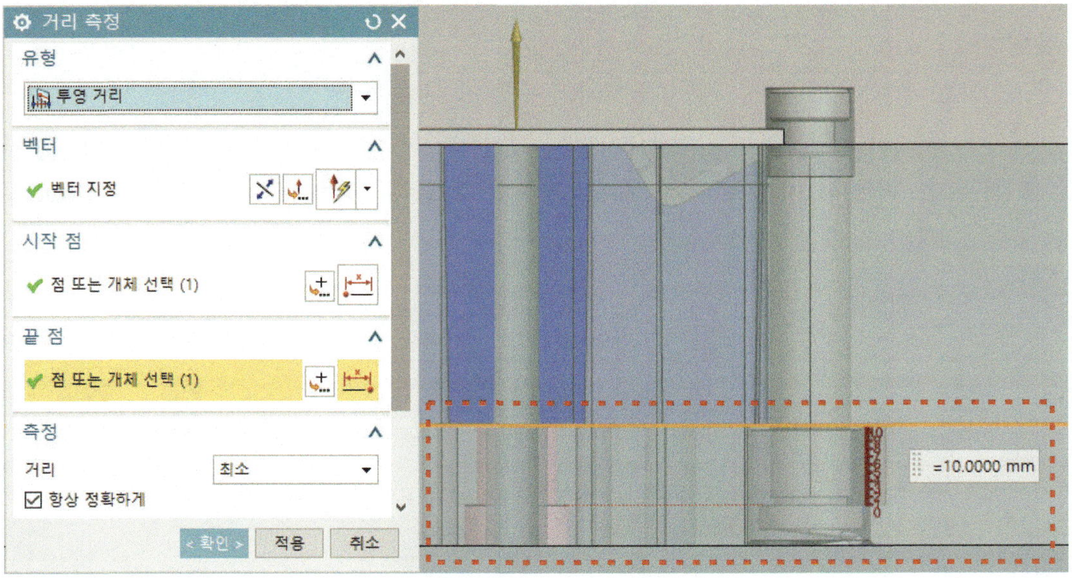

※ **하형 다이세트에 원형 가이드 리프터 핀 설계가 완료된 상태**

※ 참고로 프레스금형 설계는 상형과 하형이 닫힌 상태로 설계하며, 아래 평면조립도에는 제품형상에 대한 도피구 설계가 적용되지 않은 상태이다.

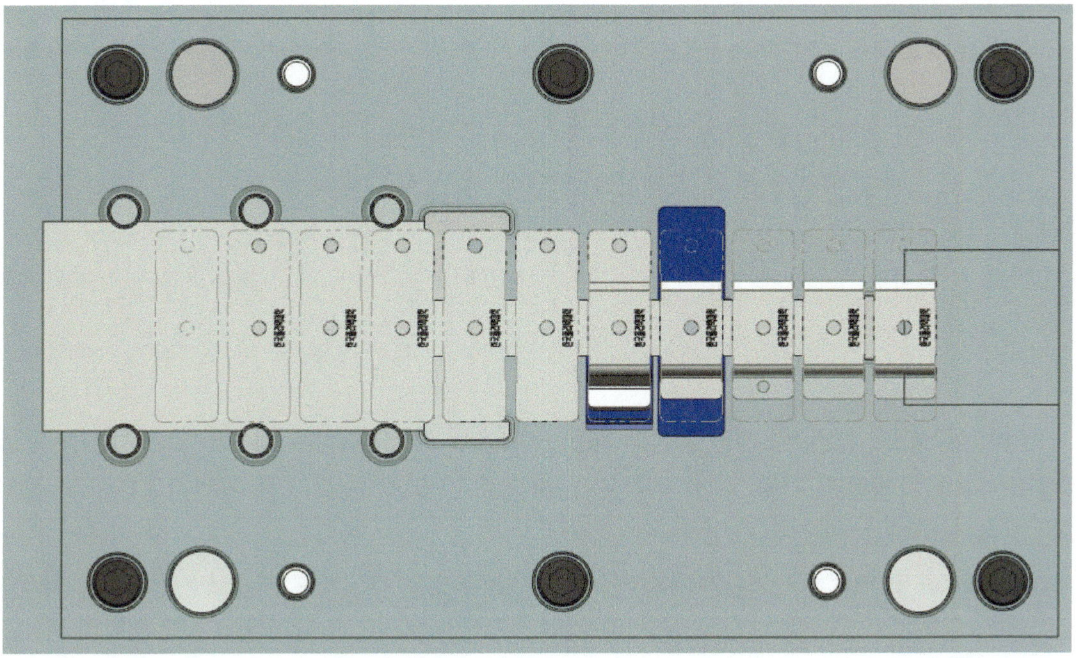

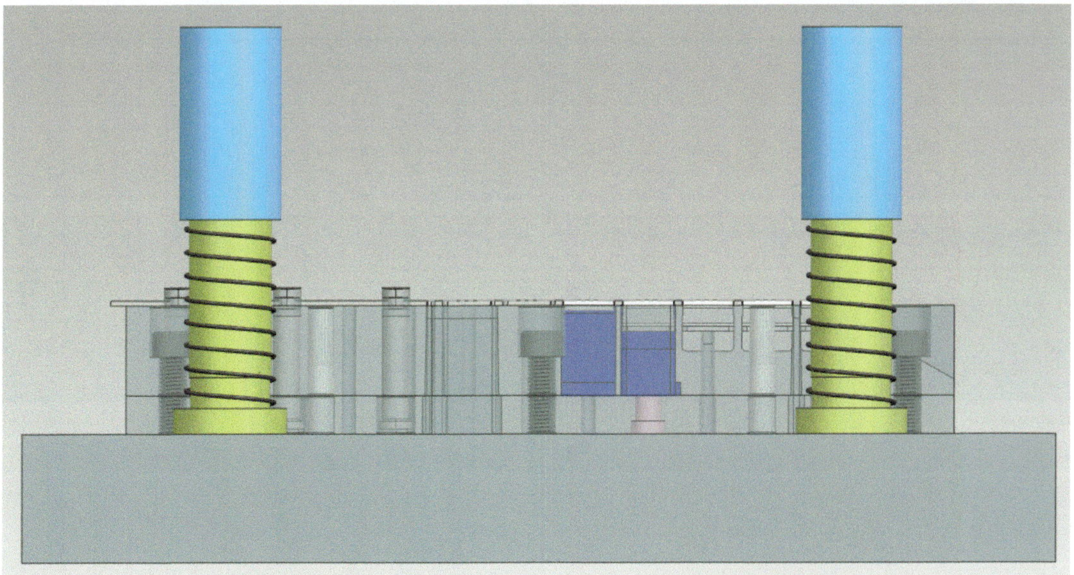

4.9 제품 형상 도피구 설계하기

프로그레시브(Progressive) 순차이송금형에서 스트립 레이아웃이 다음 공정으로 이동할 때, 전 공정에서 만들어진 벤딩 등의 형상이 있을 때는 다음 공정에 반드시 도피구를 만들어주어야 한다. 도피구를 만들어주지 않으면, 제품 형상이 변형 또는 파손되며, 결국에는 금형 파손으로 이어질 수 있다.

본 금형에서 도피구가 필요한 부분은 두 가지로 확인할 수 있다.

첫째, 7th L벤딩 이후에 다이 플레이트 상면에 벤딩 형상에 대한 도피구를 만들어주어야 하고,

둘째, 스트리퍼 배킹플레이트 상면에 가이드 리프터 핀 형상에 대한 도피구를 만들어주어야 한다.

1) 다이 플레이트 상면에 L벤딩 형상에 대한 도피구를 만들어주기 위해  '스케치' 아이콘을 클릭, 다이 플레이트 면을 X-Y 평면으로 설정하고, 아래와 같이 스케치한 다음, '스케치 종료' 클릭한다.

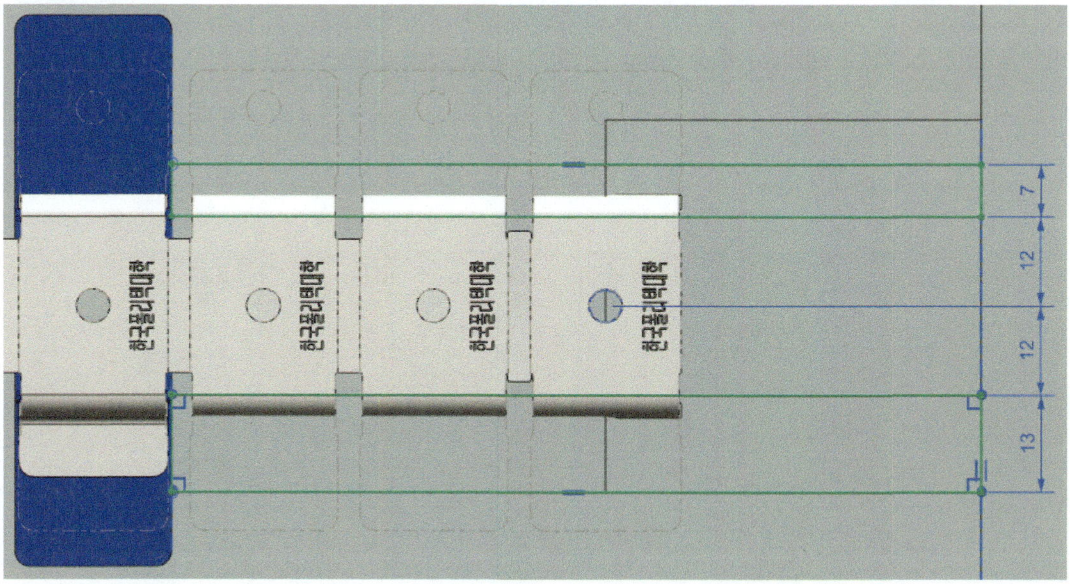

2) Z벤딩 형상에 대한 도피구를 만들어주기 위해 돌출 아이콘을 클릭, 선택 박스에서 '연결된 곡선' 선택, 아래와 같이 입력한 후 '확인' 클릭한다.

※ Z벤딩 길이가 10 mm이므로 여유 3 mm 적용하여 13 mm 돌출한다.

※ 작업성을 높이기 위해 스트립 레이아웃은 숨기기 한다.

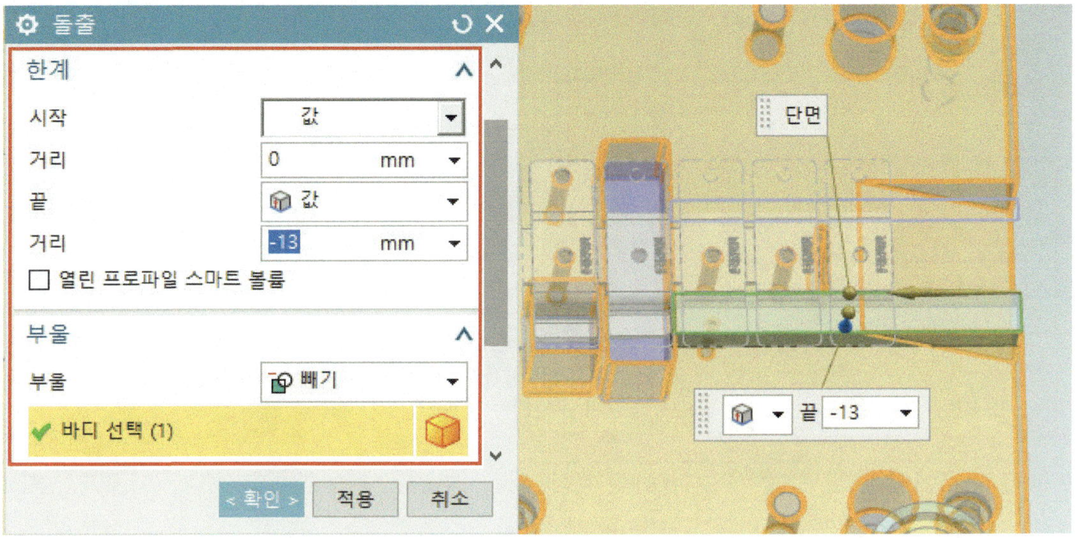

※ 반대쪽 L벤딩 형상에 대한 도피구도 만들어준다.

※ L벤딩 길이가 18 mm 이므로 여유 3 mm 적용하여 21 mm 돌출한다.

※ 돌출 후 양쪽 모서리는 R0.5 라운드 처리한다. (제품 내측 스크래치 방지)

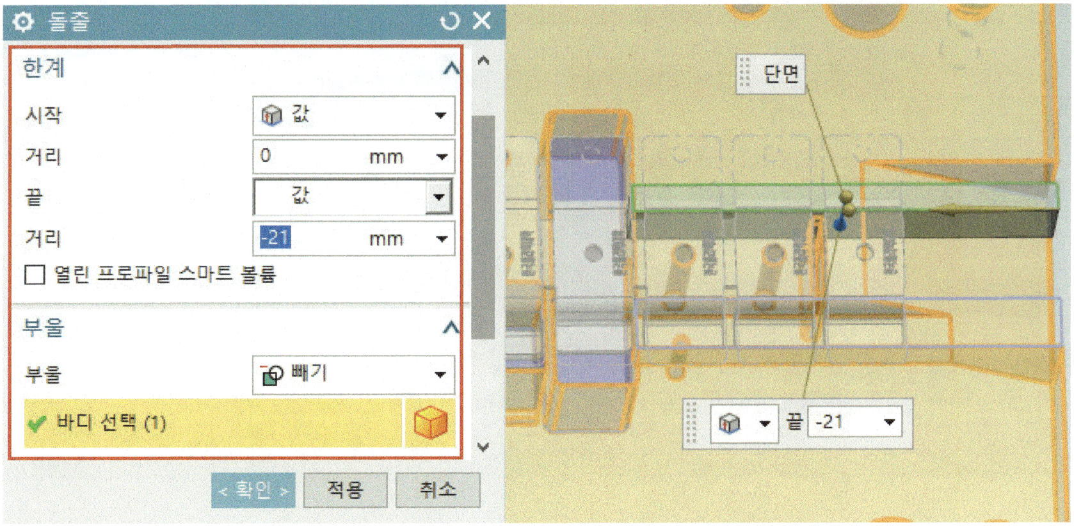

3) 다음은 9th 파팅 가공으로 분리된 제품이 금형 밖으로 취출될 수 있도록 다이 플레이트에 미리 만들어놓은 구배 면을 더블 클릭한 다음, 아래와 같이 치수를 변경한 다음, '확인' 클릭한다.

※ 작업성을 높이기 위해 'Ctrl + J' 클릭, 반 투명도를 '0'으로 변경한다.

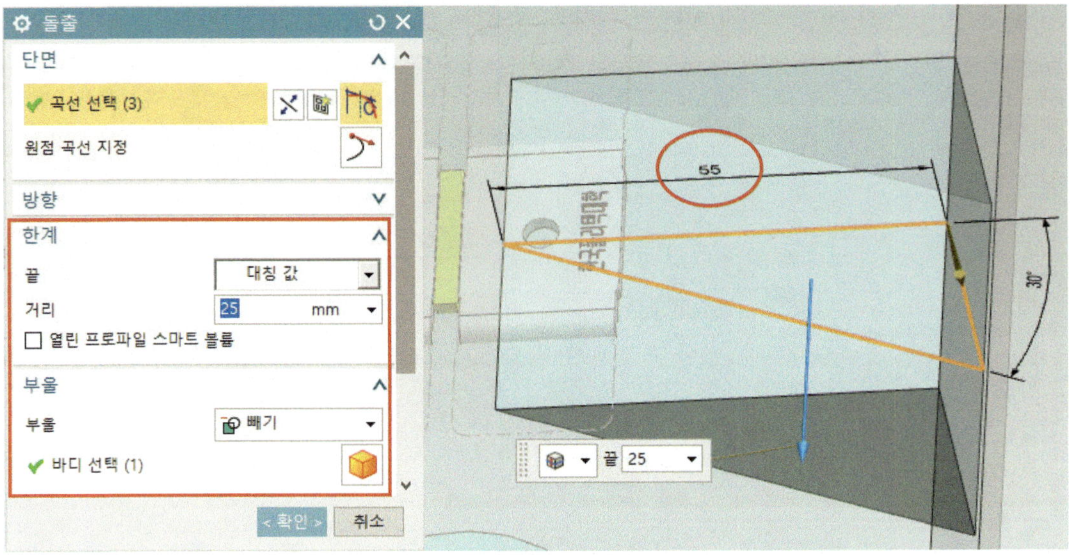

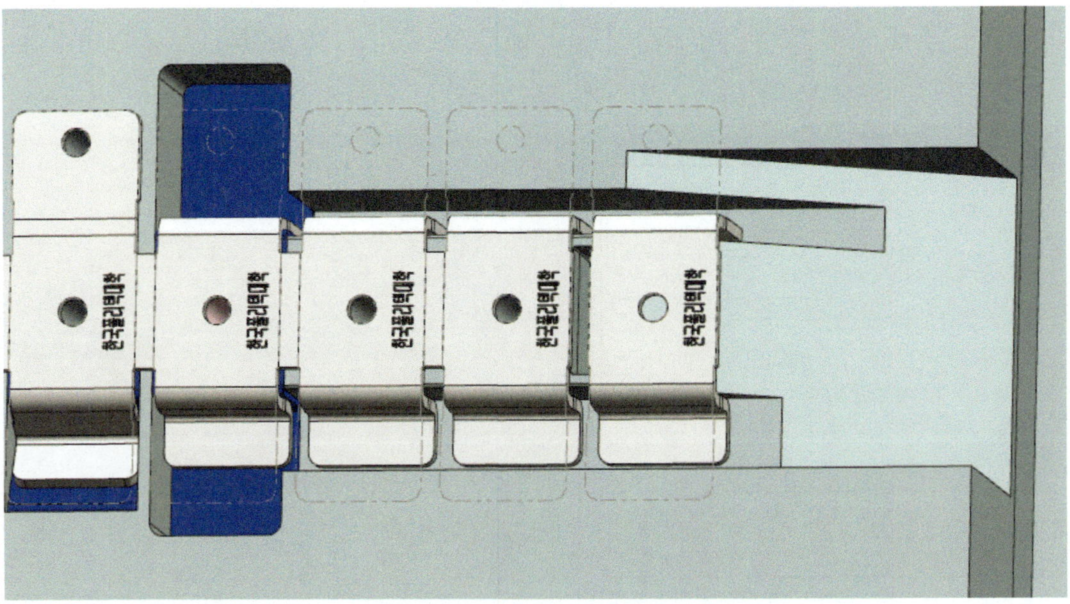

4) 스트리퍼 배킹플레이트에 원형 가이드 리프터 핀 도피구를 만들어주기 위해 빼기 아이콘을 클릭, 타깃 바디 선택에서 '스트리퍼 배킹플레이트' 선택, 공구 바디 선택에서 '가이드 리프터 핀의 도피구' 형상을 선택한다.

※ 작업성을 높이기 위해 원형 가이드 리프터 핀과 스트리퍼 플레이트만 화면에 표시하고, 나머지는 모두 숨기기 한다.

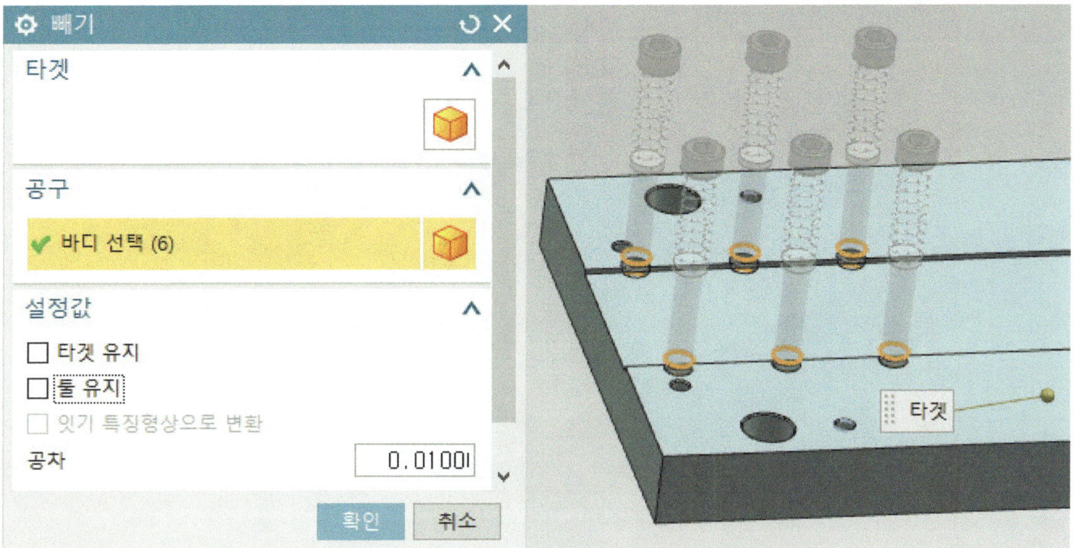

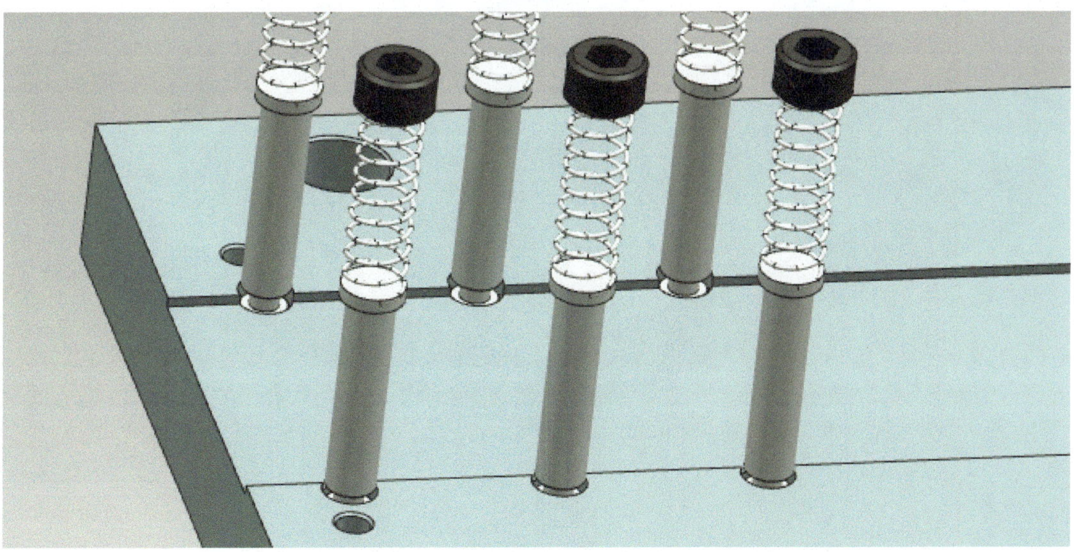

※ 다이 플레이트와 스트리퍼 배킹플레이트에 도피구 설계가 완료된 상태

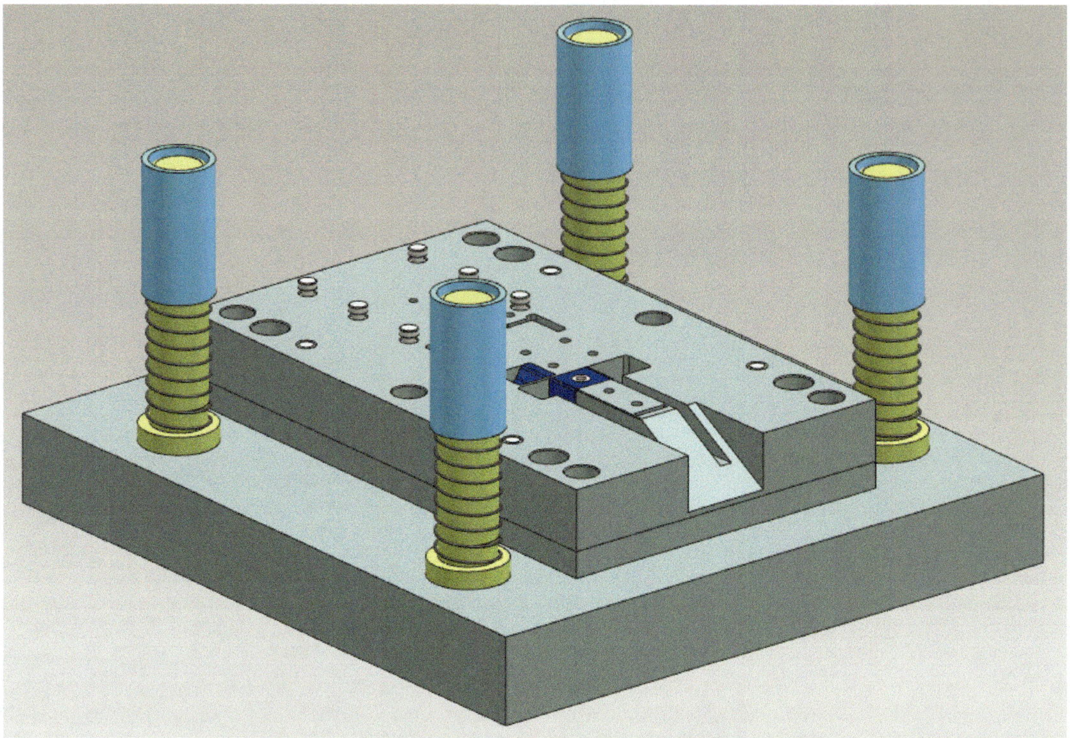

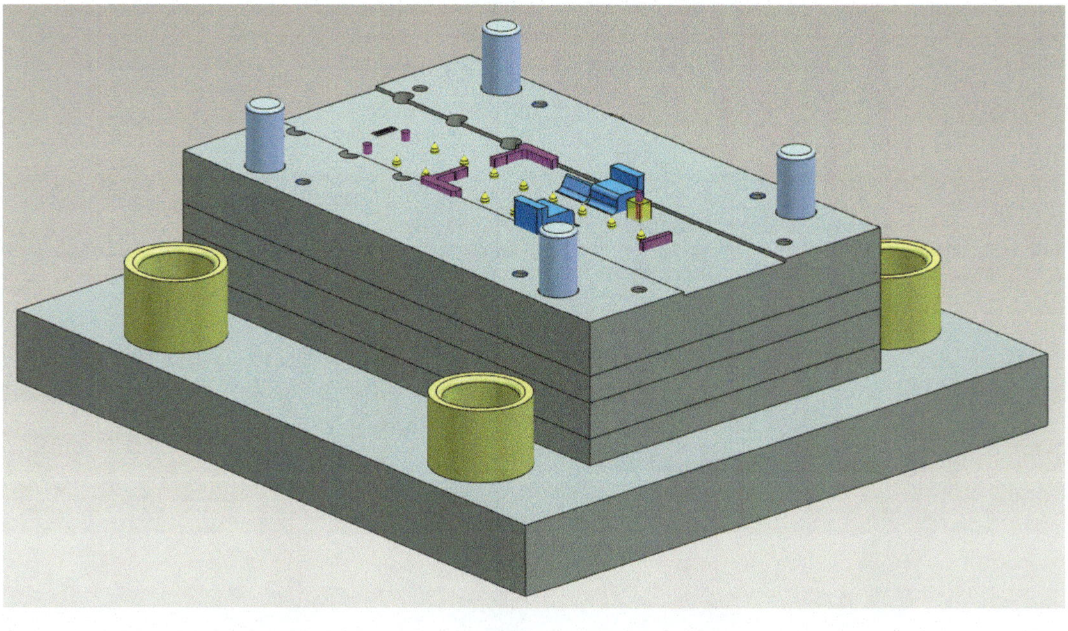

4.10 상형 플레이트 펀치 형상 설계하기

상형의 펀치 플레이트, 스트리퍼 배킹플레이트, 스트리퍼 배킹플레이트에는 각 공정별 펀치와 파일럿 핀 등을 조립할 수 있도록 구멍 형상을 만들어주어야 한다.

플레이트에 각 공정별 펀치와 파일럿 핀 구멍 형상을 만들 때는 공차를 적용해야 하는데, 펀치 플레이트의 경우, 일반적으로 편측 +0.01 ㎜ 적용하고, 스트리퍼 배킹플레이트의 경우, 일반적으로 편측 +0.005 ㎜ 적용한다.

(참고로 공차는 2D 도면에 표기)

각 공정별 펀치 및 파일럿 핀과 상형의 펀치 플레이트, 스트리퍼 배킹플레이트, 스트리퍼 배킹플레이트만 화면에 표시하고, 나머지는 모두 숨기기 한다.

1) 먼저 펀치 플레이트에 펀치 형상을 만들어주기 위해  빼기 아이콘을 클릭하고, 타깃 바디 선택에서 '**편치 플레이트**' 선택, 공구 바디 선택에서 '**각인, 피어싱, 노칭, 벤딩, 파팅 펀치**'를 선택한 다음, 펀치는 계속 사용해야 하므로 설정값 항목에서 '**툴 유지 체크**'하고, '**확인**' 클릭한다.

※ 정상적으로 분리되면, 구멍 모서리 부분이 진하게 된 것을 확인할 수 있다.

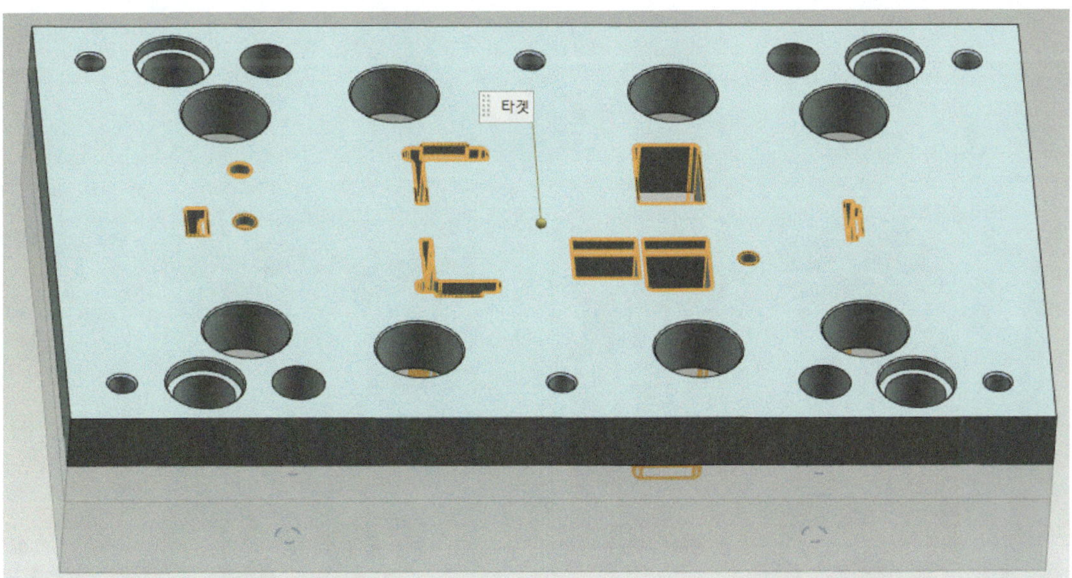

2) 다음은 스트리퍼 배킹플레이트에 펀치 형상을 만들어주기 위해 빼기 아이콘을 클릭하고, 타깃 바디 선택에서 '**스트리퍼 배킹플레이트**' 선택, 공구 바디 선택에서 '**각 공정별 펀치**'를 선택한 다음, 펀치는 계속 사용해야 하므로 설정값 항목에서 '**툴 유지 체크**'하고 '**확인**' 클릭한다.

※ 작업이 완료된 펀치 플레이트는 숨기기 한다.

※ 정상적으로 분리되면, 구멍 모서리 부분이 진하게 된 것을 확인할 수 있다.

3) 다음은 스트리퍼 배킹플레이트에 펀치와 파일럿 핀 형상을 만들어주기 위해 빼기 아이콘 클릭하고, 타깃 바디 선택에서 '**스트리퍼 배킹플레이트**' 선택, 공구 바디 선택에서 '**각 공정별 펀치, 파일럿 핀, 스트리퍼편**'을 선택한 다음, 펀치와 파일럿 핀 그리고 스트리퍼편은 계속 사용해야 하므로 설정 값 항목에서 '**툴 유지 체크**'하고 '**확인**' 클릭한다.

※ 작업이 완료된 스트리퍼 배킹플레이트는 숨기기 한다.

※ 정상적으로 분리되면, 구멍 모서리 부분이 진하게 된 것을 확인할 수 있다.

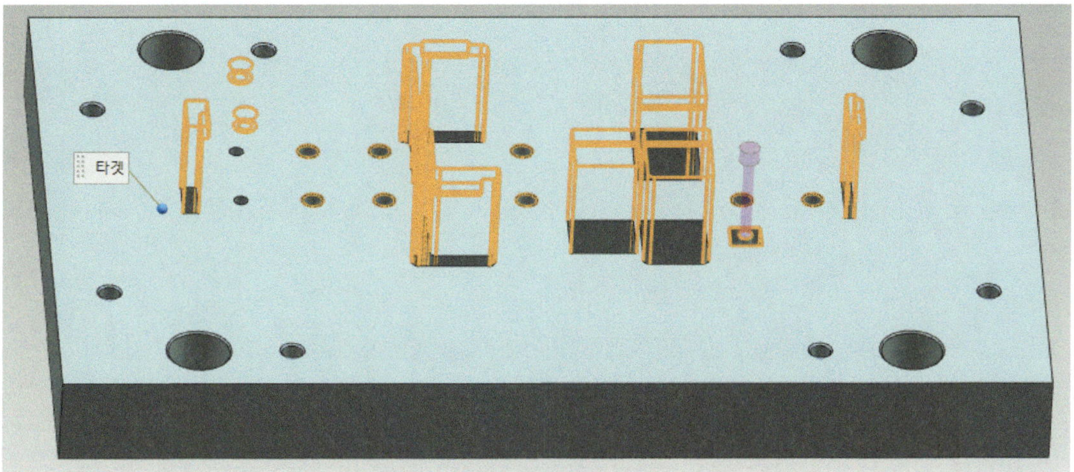

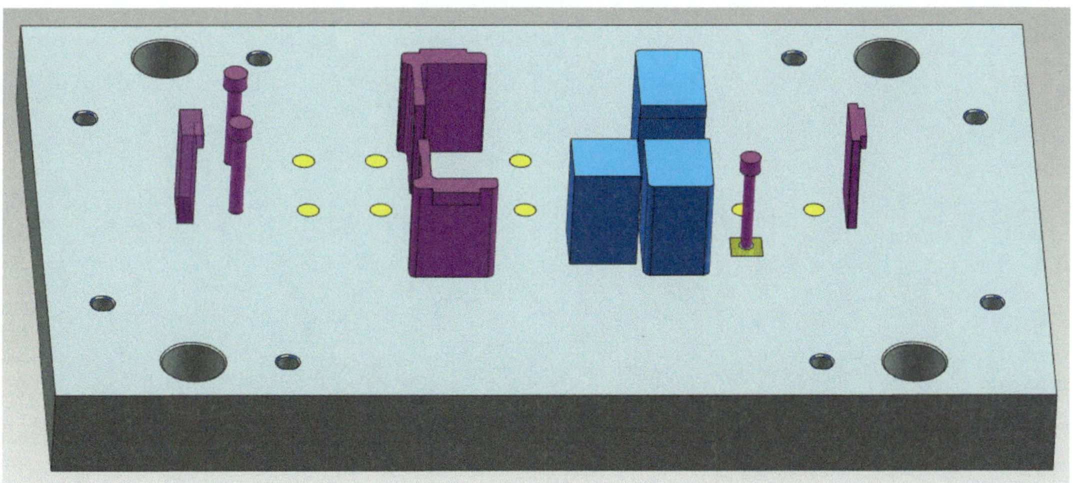

4) 다음은 스트리퍼 배킹플레이트에 펀치 조립 시, 간섭으로 받지 않도록 편측으로 1~2 ㎜ 정도 크게 만들어주기 위해 옵셋 영역 아이콘을 클릭, 면 선택에서 '각인, 피어싱, 노칭, 파팅, 벤딩 펀치' 형상을 선택한 다음, 옵셋의 거리 값에 '2.0' 입력하고, 방향 확인한 다음, '확인' 클릭한다.

※ 화면에 스트리퍼 배킹플레이트만 남기고 나머지는 모두 숨기기 한다.

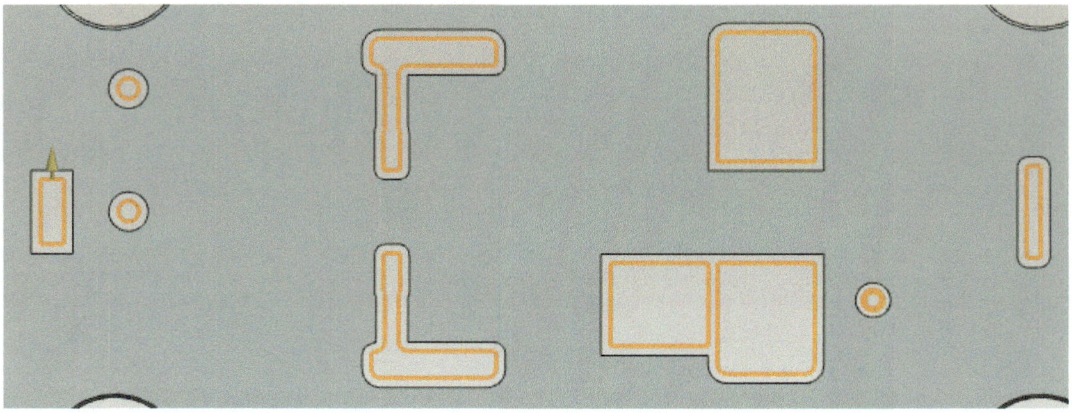

5) 형상을 단순화하여 범용 밀링 또는 MCT로 완성 가공할 수 있도록 코너에 R3 라운드를 적용한다. (R3 이하의 라운드는 R3으로 변경해준다)

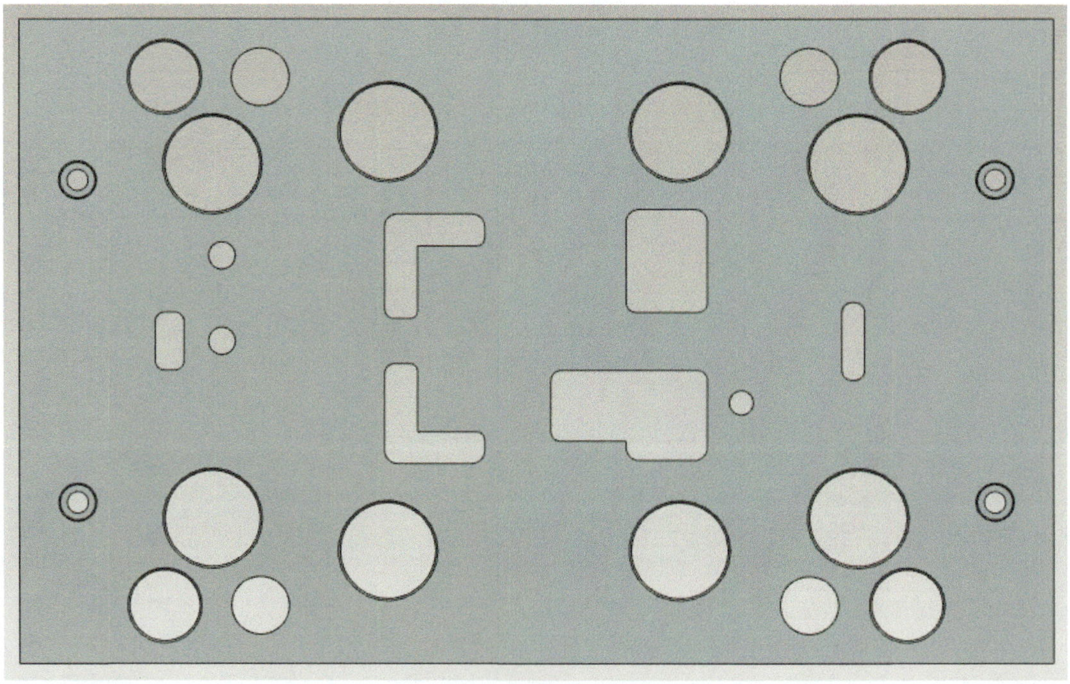

6) 다음은 펀치 플레이트에 펀치 조립 시 턱걸이 부분이 간섭받지 않도록 펀치 턱걸이에 도피구를 만들어주기 위해 '스케치' 아이콘 클릭, 펀치 플레이트를 X-Y 평면으로 설정하고, 아래와 같이 스케치한 다음, '스케치 종료' 종료한다.

※ 화면에 펀치 플레이트만 남기고, 나머지 형상은 모두 숨긴다.

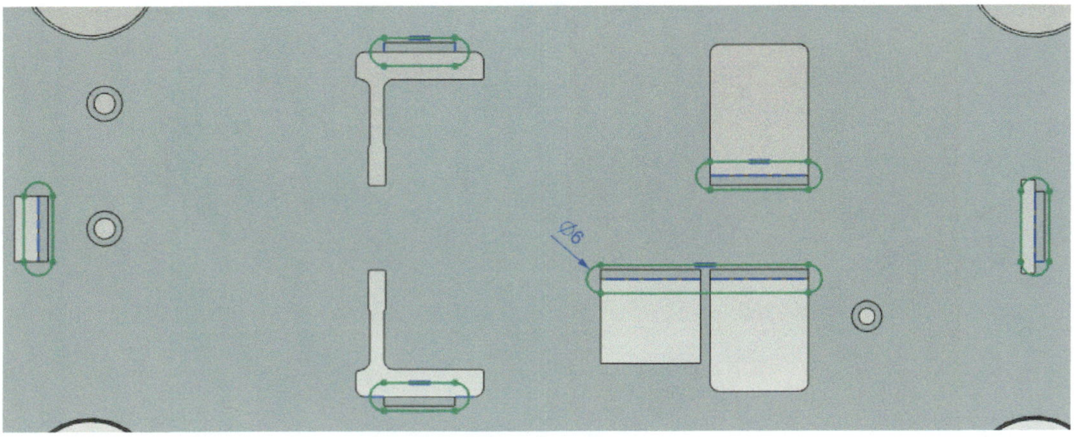

7) 이어서 돌출 아이콘을 클릭, 선택 박스에서 '연결된 곡선' 선택한 다음, 돌출 거리는 '-5', 부울은 '빼기' 입력하고, '확인' 클릭한다.

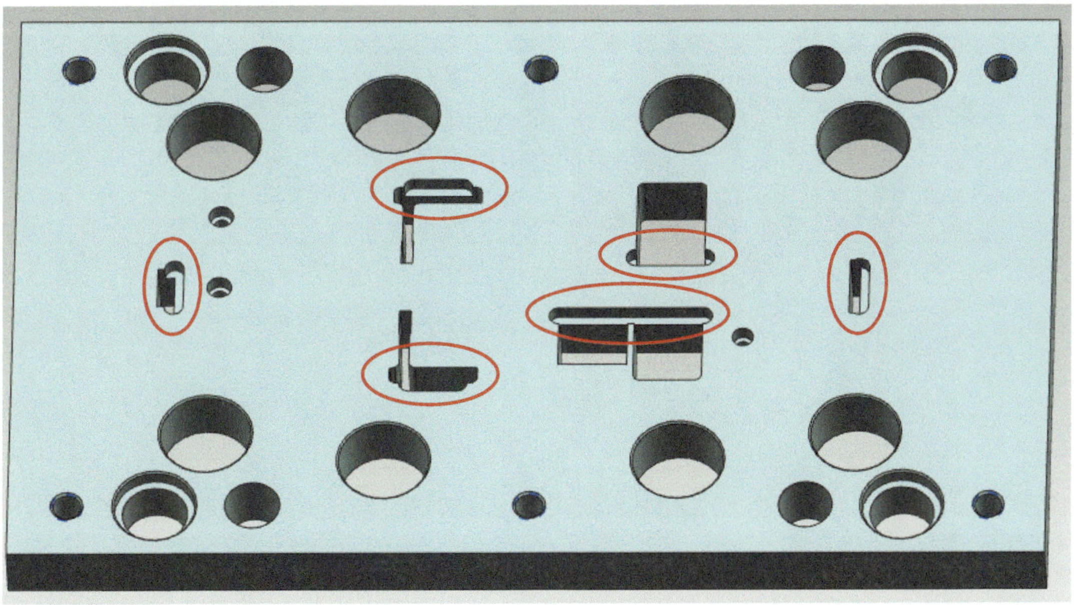

※ 상형 플레이트에 펀치, 파일럿 핀, 스트리퍼편 형상 설계가 완료된 상태

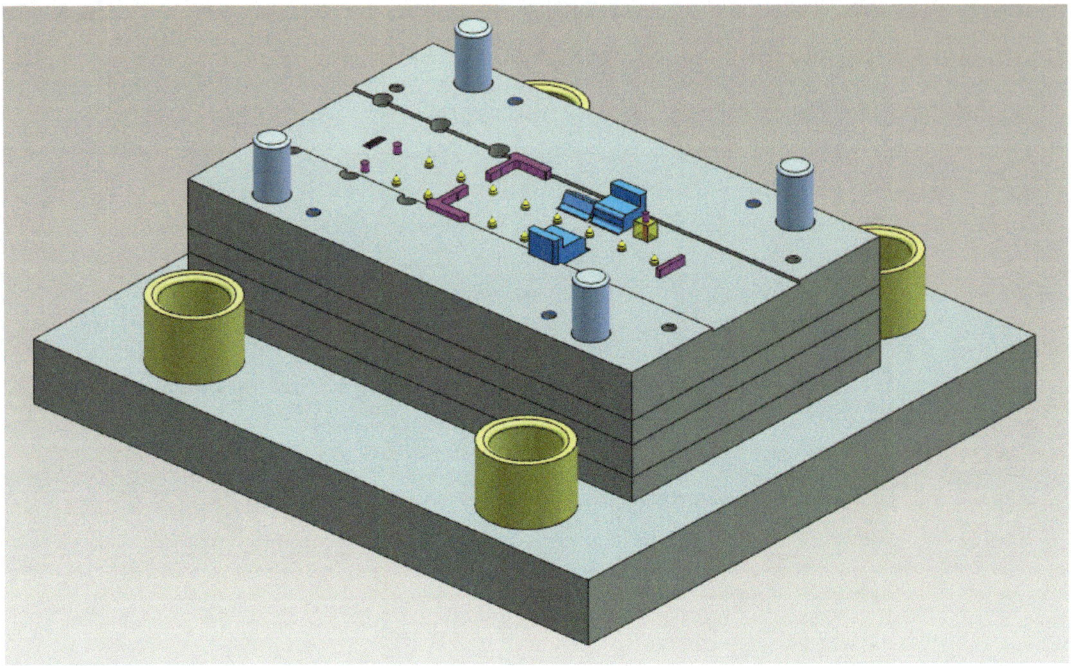

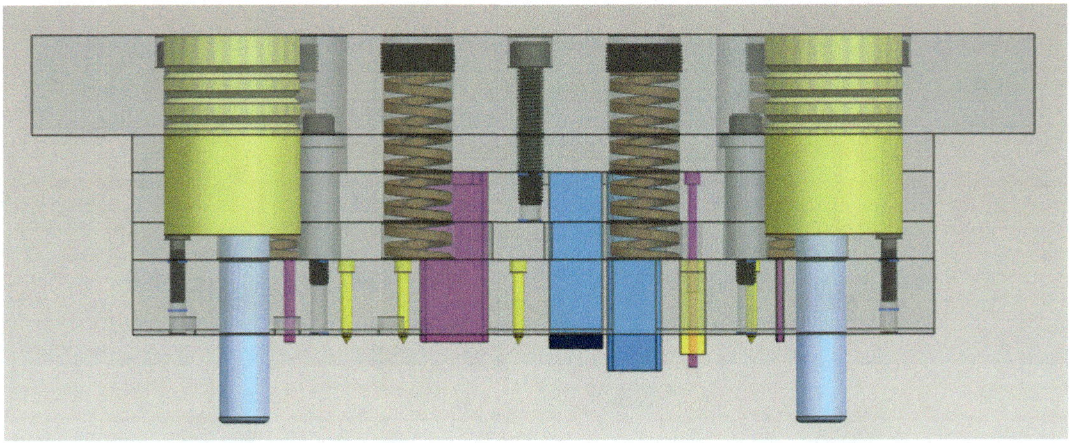

저 자 소 개

조 민 진

- 現 한국폴리텍대학 교수
- 前 LS산전 생산기술센터 과장
- 前 LG전자 MC사업본부 선임연구원
- 前 현대중공업 전기전자시스템사업본부 팀장
- 前 현대일렉트릭&에너지시스템 중저압차단기사업부 부서장

저자와의 협의에 의해 인지 생략

프레스 금형설계 실무 응용

1판 2쇄	2026년 3월 3일
저 자	조민진
발행인	송광헌
발행처	**복두(더)**
주 소	서울특별시 영등포구 경인로82길 3-4 센터플러스 807호 (우) 07371
전 화	02-2164-2580
FAX	02-2164-2584
등 록	1993. 11. 22. 제 10-902 호

정가 : 24,000원

ISBN : 979-11-6675-577-4 93550

한국과학기술출판협회 회원사